자동차 운전면허 시험안내

1 장내기능시험

채점기준 *기능시험의 채점은 전자채점방식으로 한다.

1) 기본조작

시험항목	감점 기준	감점방법
가) 기어변속	5	· 시험관이 주차 브레이크를 완전히 정지 상태로 조작하고, 응시생에게 시동을 켜도록 지시하였을 때, 응시생이 정지 상태에서 시험관의 지시를 받고 기어변속(클러치 페달조작을 포함한다)을 하지 못한 경우
나) 전조등 조작	5	· 정지 상태에서 시험관의 지시를 받고 전조등 조작하지 못한 경우(하향, 상향 각 1회씩 전조등 조작시험을 실시한다)
다)방향지시등 조작	5	· 정지 상태에서 시험관의 지시를 받고 방향지시등을 조작하지 못한 경우
라) 앞유리창닦이기(와이퍼) 조작	5	· 정지 상태에서 시험관의 지시를 받고 앞유리창닦이기(와이퍼)를 조작하지 못한 경우

비고 : 기본조작 시험항목은 가)~라) 중 일부만을 무작위로 실시한다.

2) 기본 주행 등

시험항목	감점 기준	감점방법
가) 차로 준수	15	· 나)~차)까지 과제수행 중 차의 바퀴 중 어느 하나라도 중앙선, 차선 또는 길가장자리구역선을 접촉하거나 벗어난 경우
나) 돌발상황에서 급정지	10	· 돌발등이 켜짐과 동시에 2초 이내에 정지하지 못한 경우 · 정지 후 3초 이내에 비상점멸등을 작동하지 않은 경우 · 출발 시 비상점멸등을 끄지 않은 경우
다) 경사로에서의 정지 및 출발	10	· 경사로 정지검지구역 내에 정지한 후 출발할 때 후방으로 50센티미터 이상 밀린 경우
라) 좌회전 또는 우회전	5	· 진로변경 때 방향지시등을 켜지 않은 경우
마) 가속코스	10	· 가속구간에서 시속 20킬로미터를 넘지 못한 경우
바) 신호교차로	5	· 교차로에서 20초 이상 이유 없이 정차한 경우
사) 직각주차	10	· 차의 바퀴가 검지선을 접촉한 경우 · 주차브레이크를 작동하지 않을 경우 · 지정시간(120초) 초과 시(이후 120초 초과시마다 10점 추가 감점)
아) 방향지시등 작동	5	· 출발시 방향지시등을 켜지 않은 경우 · 종료시 방향지시등을 켜지 않은 경우
자) 시동상태 유지	5	· 가)부터 아)까지 및 차)의 시험항목 수행 중 엔진시동 상태를 유지하지 못하거나 엔진이 4천RPM이상으로 회전할 때마다
차) 전체지정시간(지정속도유지) 준수	3	· 가)부터 자)까지의 시험항목 수행 중 별표23 제1호의2 비고 제6호다목1)에 따라 산정한 지정시간을 초과하는 경우 5초마다 · 가속 구간을 제외한 전 구간에서 시속 20킬로미터를 초과할 때마다

합격기준

각 시험항목별 감점기준에 따라 감점한 결과 100점 만점에 80점 이상을 얻은 경우 합격으로 한다. 다만 다음의 어느 하나에 해당하는 경우에는 실격으로 한다.

실격

가) 점검이 시작될 때부터 종료될 때까지 좌석안전띠를 착용하지 않은 경우
나) 시험 중 안전사고를 일으키거나 차의 바퀴가 하나라도 연석에 접촉한 경우
다) 시험관의 지시나 통제를 따르지 않거나 음주, 과로 또는 마약 대마 등 약물 등의 영향으로 정상적인 시험 진행이 어려운 경우
라) 특별한 사유 없이 출발지시 후 출발선에서 30초 이내 출발하지 못한 경우
마) 경사로에서 정지하지 않고 통과하거나, 직각주차에서 차고에 진입해서 확인선을 접촉하지 않거나, 가속코스에서 기어변속을 하지 않는 등 각 시험코스를 어느 하나라도 시도하지 않거나 제대로 이행하지 않은 경우
바) 경사로 정지구간 이행 후 30초를 초과하여 통과하지 못한 경우 또는 경사로 정지구간에서 후방으로 1미터 이상 밀린 경우
사) 신호 교차로에서 신호위반을 하거나 앞 범퍼가 정지선을 넘어간 경우

2 도로주행시험

채점기준

시험항목	세부항목	감점
1. 출발전 준비	차문닫힘 미확인	5
2. 운전자세	출발 전 차량점검 및 안전 미확인	7
3. 출발	주차 브레이크 미해제	10
	정지 중 기어 미중립	5
	20초 내 미출발	10
	10초 내 미시동	7
	주변 교통방해	7
	엔진 정지	7
	급조작·급출발	7
	심한 진동	5
	신호 안함	5
	신호 중지	5
	신호계속	5
	시동장치 조작 미숙	5
4. 가속 및 속도유지	저속	5
	속도 유지 불능	5
	가속 불가	5
5. 제동 및 정지	엔진브레이크 사용 미숙	5
	제동방법 미흡	5
	정지 때 미제동	5
	급브레이크 사용	7
6. 조향	핸들조작 미숙 또는 불량	7
7. 차체 감각	우측 안전 미확인	7
	1미터 간격 미유지	7
8. 통행구분	지정차로 준수위반	7
	앞지르기 방법 등 위반	7
	끼어들기 금지 위반	7
	차로유지 미숙	5
9. 진로변경	진로변경 시 안전 미확인	10
	진로변경 신호 불이행	7
	진로변경 30미터 전 미신호	7
	진로변경 신호 미유지	7
	진로변경 신호 미중지	7
	진로변경 과다	7
	진로변경 금지장소에서의 진로변경	7
	진로변경 미숙	7

시험항목	세부항목	감점
10. 교차로 통행 등	서행 위반	10
	일시정지 위반	10
	교차로 진입통행 위반	7
	신호차 방해	7
	꼬리물기	7
	신호 없는 교차로 양보 불이행	7
	횡단보도 직전 일시정지 위반	10
11. 주행 종료	종료 주차브레이크 미작동	5
	종료 엔진 미정지	5
	종료 주차확인 기어 미작동	5

합격기준

① 도로주행시험은 100점을 만점으로 하되, 70점 이상을 합격으로 한다.

② 다음의 어느 하나에 해당하는 경우에는 시험을 중단하고 실격으로 한다.

1. 3회 이상 출발불능, 클러치 조작 불량으로 인한 엔진정지, 급브레이크 사용, 급조작·급출발 또는 그 밖에 운전능력이 현저하게 부족한 것으로 인정할 수 있는 행위를 한 경우
2. 안전거리 미확보나 경사로에서 뒤로 1미터 이상 밀리는 현상 등 운전능력부족으로 교통사고를 일으킬 위험이 현저한 경우 또는 교통사고를 야기한 경우
3. 음주, 과로, 마약·대마 등 약물의 영향이나 휴대전화 사용 등 정상적으로 운전하지 못할 우려가 있거나, 교통안전과 소통을 위한 시험관의 지시 및 통제에 불응한 경우
4. 법 제5조에 따른 신호 또는 지시에 따르지 않는 경우
5. 법 제10조부터 제12조까지, 제12조의2 및 제27조에 따른 보행자 보호의무 등을 소홀히 한 경우
6. 법 제12조 및 제12조의2에 따른 어린이보호구역, 노인 및 장애인 보호구역에 지정되어 있는 최고 속도를 초과한 경우
7. 법 제13조제3항에 따라 도로의 중앙으로부터 우측 부분을 통행하여야 할 의무를 위반한 경우
8. 법령 또는 안전표지 등으로 지정되어 있는 최고 속도를 시속 10킬로미터 초과한 경우
9. 법 제29조에 따른 긴급자동차의 우선통행 시 일시정지하거나 진로를 양보하지 않은 경우
10. 법 제51조에 따른 어린이통학버스의 특별보호의무를 위반한 경우
11. 시험시간 동안 좌석안전띠를 착용하지 않은 경우

3 응시자격

1. 연령 및 경력

① 제1종 또는 제2종 보통 및 소형면허 : 18세 이상
② 원동기장치 자전거 면허 : 16세 이상
③ 제1종 대형 또는 특수면허 : 19세 이상으로 운전경력 1년

2. 결격사유

(1) 응시할 수 없는 경우

① 만 18세 미만인 자(원동기장치자전거는 만 16세 미만)
② 정신질환(정신병, 정신미약, 간질병 등)이 있는 자
③ 앞을 보지 못하는 자, 앉지 못하는 자
④ 마약, 대마, 향정신성의약품 또는 알코올 중독자
⑤ 듣지 못하는 자(다만, 제1종 운전면허에 한함)

(2) 일정기간 응시할 수 없는 경우

① 1년 제한 : 무면허 운전, 2회까지 주취운전, 벌점초과 등으로 면허가 취소된자
② 2년 제한 : 허위 부정한 방법으로 면허 취득, 3회 이상 주취운전으로 면허가 취소된 자
③ 3년 제한 : 음주운전으로 인해 3회 이상 교통사고를 낸 자
④ 4년 제한 : 음주운전, 무면허, 약물복용, 과로운전 이외의 사유로 사상사고를 낸 후 도주하여 면허가 취소된 자
⑤ 5년 제한 : 음주운전, 무면허, 약물복용, 과로운전 중 사상 사고를 낸 후 도주하여 면허가 취소된 자

참고 **결격기간이 없는 경우**
면허증 갱신기간을 경과하여 면허가 취소된 자

3. 응시원서 접수

① 원서 작성 : 운전면허시험장에 응시원서를 교부받아 기재(원동기장치자전거면허는 관할 경찰서에 신청 가능)
② 구비서류 : 반명함판 컬러사진 2매, 주민등록증, 도장 필히 지참.
③ 응시 수수료(운전면허시험장에서 운전면허시험 영수필증을 구입하여 응시원서 뒷면에 부착한다.)
④ 시험일자 지정 : 응시원서 접수시 응시자가 원하는 시험일자를 신청할 수 있고, 인터넷 홈페이지(www.dia.go.kr)에서도 예약 가능하다.

4. 적성검사(신체검사)

① 시험 장소 : 운전면허시험장의 신체검사실이나 지정된 적성검사 병원에서 신체검사를 받아 합격 판정된 "신체검사서" 를 응시원서 접수시 제출
※ 단, 신체적 장애가 있는 사람은 운전면허시험장에 설치된 "운동능력 평가 기기"에 의한 측정에 합격해야 함

■ 적성검사(신체검사)기준

항목	제 1 종 운전면허	제 2 종 운전면허
시 력 (안경이나 렌즈 포함)	·두 눈을 동시에 뜨고 잰 시력 0.8이상 ·양쪽 눈의 시력 각각 0.5이상	·두 눈을 동시에 뜨고 잰 시력 0.5이상 ·한쪽 눈을 보지 못하는 자는 다른 한쪽 눈이 0.6이상
색 맹	·적색, 녹색, 황색의 색채 식별 가능	
청 력	·55데시벨의 소리를 들을 수 있는 자(제1종에 한함) ·보청기 사용자는 40데시벨의 소리를 들을 수 있는 자	
신 체 상 태	·조향장치 그 밖의 장치를 조작할 수 있는 등 정상 운전이 가능한 자 ·보조수단 사용자는 운동능력 평가기기 측정 결과 정상 운전이 가능한 자	

5. 교통안전교육

학과시험 응시전에 반드시 교통안전교육을 이수하여야 한다. 학과시험 응시전 지방경찰청장이 정하는 교육기관에서 시청각 교육(1시간)을 받아야

한다(다만, 자동차운전전문학원의 경우 학과교육수료로 면제된다).

※취소 후 재취득자는 특별안전교육(6시간)을 수강하여야 함.

	취소자 안전교육	취소자 안전교육
교육대상	운전면허를 취득하고자 하는 사람	면허취소 후 재취득하고자 하는 사람
교육시간	학과시험 전까지 1시간	학과시험 전까지 6시간
교육내용	시청각교육	취소사유별 법규반, 음주반
준 비 물	수수료 무료 신분증(신분증 인정범위)	수수료 24,000원 신분증(신분증 인정범위)

6. 학과시험 및 합격기준

2010년 7월 1일부터 기존 종이 학과시험에서 컴퓨터를 이용한 학과시험을 전면적으로 실시한다.

(1) 시험방법

① 응시원서 접수 후 빈자리가 있을 경우 즉시 응시가 가능하다(시험일자 예약접수는 불가).

② 시험관이 지정하는 번호와 좌석 번호가 일치하여야만 시험에 응시할 수 있다.

③ PC를 이용한 학과시험은 컴퓨터의 모니터 화면을 통해 문제를 보고 마우스로 정답을 클릭(또는 손가락으로 터치)하는 방식으로 시험을 치른다.

④ 컴퓨터 수성 싸인펜이 필요없으며 기존 종이 시험과 달리 잘못된 정답을 수정할 수 있다.

⑤ 컴퓨터에 익숙하지 않은 사람도 응시가 가능하다.

⑥ 시험문제의 유형은 응시자나 컴퓨터마다 각각 다를 수 있다.

⑦ 3지선다형 1택, 4지선다형 1택 또는 2택, 5지선다형 2택 유형의 문장형 문제, 안전표지 문제, 사진형 문제, 일러스트형 문제로 39문제 출제 및 동영상 1문제, 총 40문제

(2) 시험내용

① 운전면허의 종류와 관리 등

② 자동차 운전에 필요한 지식

(3) 주의사항

① 50분간 실시하며 시험시간 경과시 자동 종료되며, 시작 후 30분간 퇴실불가

※지각시 입장불가(불참·불합격 처리됨)

② 응시원서에 기재된 시간 10분 전 입실완료

③ 신분증 소지, 지정좌석 착석, 대리시험 여부 등 확인

④ 시험종료 후 문제지·답안지를 시험관에게 제출하고 퇴실

(4) 합격기준 및 결과발표

① 문제를 풀고 종료 버튼을 클릭하면 바로 합격, 불합격 판정이 되므로 종료 버튼을 신중하게 클릭한다.

② 점수를 확인 후 시험관에게 응시표를 제출하여 합격, 불합격 판정 도장을 받는다(1종:70점이상, 2종:60점 이상 합격)

(5) 기타

학과 합격시 합격일로부터 1년이내 기능시험에 합격해야 함, 1년이내 기능시험 불합격시 신규접수)

(6) 문제유형별 문항수 및 배점

문항별	문장형		안전표지	사진형	일러스트형	영상형
형태별	4지 1답	4지 2답	4지 1답	5지 2답	5지 2답	4자 1답
배점	2점	3점	2점	3점	3점	5점
문항수	17	4	5	6	7	1
점수 (100)	34	12	10	18	21	5

※ 합격 기준 : 제1종 면허 70점 이상
제2종 면허 60점 이상

7. (장내)기능시험

최초 1종 보통, 2종 보통 기능시험 전에 기능의무교육 3시간을 이수해야 한다.

(1) 채점항목

굴절, 곡선, 방향전환(전면주차방식), 교차로, 평행주차, 철길건널목, 횡단보도, 경사로, 지정시간 준수, 기어변속, 돌발, 급정지 등 11개 항목

(2) 채점방식

100점 만점 기준 감점방식으로 전자채점

(3) 합격기준

① 컴퓨터 채점기에 의항여 감점방식으로 채점

② 1종 대형 및 1, 2종 보통: 80점 이상

③ 1종 특수, 2종 소형, 원동기: 90점 이상

(4) 실격기준

① 특별한 사유 없이 30초 이내 출발하지 못한 때

② 경사로 코스, 굴절 코스, 곡선 코스, 방향전환 코스, 기아변속 코스 및 평행주차 코스를 어느 하나라도 이행하지 아니한 때

③ 특별한 사유 없이 교차로 내에서 30초 이상 정차한 때

④ 시험 중 안전사고를 일으키거나 단 1회라도 차로를 벗어난 때

(5) 기타

① 필기시험 합격일로부터 1년 이내에 기능시험에 합격하고 연습운전면허를 발급받아야 함.

② 응시원서의 유효기간은 최초의 필기시험일부터 1년간으로 하되, 제1종 보통연습면허 또는 제2종 보통연습면허를 받은 때에는 그 연습운전면허의 유효기간으로 함.

③ 기능시험 응시 후 불합격자는 불합격 다음날부터 3일 경과 후에 재응시가 가능

④ 30분전까지 입장완료해야 함.

8. 도로주행연습

① 장내기능(코스)시험에 합격한 응시자에게는 연습운전면허증을 교부하여 주고 또한 운전면허시험장에서 응시표에 표기해 주기도 한다.

② 연습운전면허에 유효기간은 1년이고, 정식 운전면허를 취득한 경우에는 그 효력이 상실된다.

③ 연습운전면허 소지자는 자율적으로 도로주행 연습을 한 후 도로 주행시험에 응시할 수 있다.
④ 연습운전면허 소지자가 도로주행연습을 하고자 할 때에는 운전면허를 받은 지 2년이 경과된 사람과 함께 승차하여 연습하되, 주행연습면허 표지를 부착해야 한다.

9. 도로주행시험

① 도로주행시험은 제1종 보통 및 제2종 보통면허를 취득하고자 하는 사람에 대해서만 실시한다.
② 도로주행시험은 시험관이 동승하여 응시자의 실제 도로상의 운전능력을 측정한다.
③ 도로주행시험 실시거리는 지정된 5km 도로구간에서 실시되며, 시험관의 지시에 따라 시험관이 요구하는 사항을 이행할 수 있어야 한다.
④ 합격기준 : 총 배점 100점 중 제1·2종 공히 70점 이상 득점시 합격
⑤ 불합격한 사람은 불합격한 날부터 3일 이상 경과해야 재응시 할 수 있다.

참고 2010. 2. 24 도로주행시험 개정사항

- 도로주행시험 31개 항목(4개 항목 폐지): 수신호, 지시속도 도달, 핸들 급조작, 차로이탈
- 실격기준 강화(4개) : 보행자 보호 위반, 신호위반, 중앙선 침범, 어린이 통학버스 보호위반

(1) 시험응시
응시당일 신분증, 응시표 준비하여 지정시간 30분전까지 도로주행 교육장으로 입장, 안전운전 상식 등 교양을 받아야 함.

(2) 시험항목
운전자세, 제동장치 및 조향장치 조작, 직진 및 좌·우회전, 진로변경, 속도 유지 등 운전능력, 법규준수 사항 등 31개 항목

(3) 합격기준
통행구분, 진로변경, 속도유지 등 운전능력, 법규준수 사항등을 31개 항목으로 구분 채점하여 100점 만점에 70점 이상 합격

(4) 실격기준
① 3회 이상 출발불능시 또는 운전미숙으로 시험 포기한 경우
② 교통사고 야기한 경우 및 야기 우려
③ 시험관의 지시 및 통제에 불응한 경우
④ 5회 이상 "클러치 조작으로 인한 엔진정지"등 기타 사유로 운전능력이 현저하게 부족한 것으로 인정되는 경우
⑤ 이미 감점한 점수의 합계가 합격기준에 미달됨이 명백한 경우
⑥ 보행자 보호위반, 신호위반, 중앙선 침범, 어린이 통학버스 보호위반 등을 위반한 경우

(5) 기타
① 연습면허 유효기간 내에 도로주행시험 합격해야 함(유효기간이 지났을 경우 새로 학과, 기능시험 합격 후에 연습면허를 다시 발급 받아야 함)
② 도로주행시험 응시 후 불합격자는 불합격한 날부터 3일 경과 후에 재응시가 가능합니다.

10. 운전면허증 교부

① 운전면허시험에 합격한 사람은 사진 2매, 수수료 첨부하여 운전면허증 교부신청을 하면 30일 이내에 운전면허증을 교부받게 된다.
② 운전면허의 효력은 본인이나 대리인이 운전면허증을 교부받은 때부터 발생한다.(면허증을 교부받기 전에 운전하면 무면허운전으로 처벌됨)

11. 적성검사 및 면허증 갱신

(1) 제1종 운전면허의 정기적성검사
① 면허증상 표기된 적성검사기간
② 적성검사 주기: 99. 4. 30일 이후 면허취득자 및 적성검사자 7년(65세 이상 5년)

(2) 제2종 운전면허
① 갱신기간 만료일이 2001. 6. 29 이전인 2종 면허증 소지자: 면허증상 표기된 갱신기간
② 갱신기간 만료일이 2001. 6. 30 이후인 면허증 소지자:
면허증 유효기간이 9년으로 자동연장됨
뒤로 미루어진 갱신기간(6개월)은 "사이버민원 적성검사(면허갱신)기간조회"에서 확인

참고 수시적성검사

정신병, 간질병, 마약, 알코올 중독, 신체장애 등 상당한 이유가 있을 때 실시

참고 정기적성검사의 연기

법 규정에 의한 사유로 정기적성검사의 연기를 받은 사람은 그 사유가 없어진 날부터 3월 이내에 정기적성검사를 받아야 한다.

12. 운전면허 종류별 운전할 수 있는 차량

(1) 제1종 면허는 ①대형 ②보통 ③소형 ④특수면허로 구분
제1종 면허는 사업용 및 비사업용 자동차 모두를 운전할 수 있다.
① 제1종 대형면허 : 승용차, 승합차, 화물차, 긴급차, 건설기계(덤프트럭 외 8종 및 3톤 미만의 지게차), 위험물 3,000L 초과 적재한 자동차를 운전할 수 있다.
② 제1종 보통면허 : 승용차, 승합차(15인 이하), 화물차(12톤 미만), 10톤 미만의 특수차(트레일러 및 레커 제외), 지게차(3톤 미만), 12인승 이하 긴급자동차, 위험물 3,000L 이하 적재한 화물자동차 운전
③ 제1종 특수면허 : 트레일러, 레커, 제2종 보통면허로 운전할 수 있는 차량 운전

(2) 제2종 면허는 ①보통 ②소형 ③원동기장치자전거 면허로 구분
제 2종 면허는 사업용 자동차를 운전할 수 없다(단, 영업용 택시 제외).
① 제2종 보통면허 : 승용차, 승합차(10인 이하), 화물차(4톤 이하), 3.5톤 이하의 특수차(트레일러 및 레커)운전
② 제2종 소형면허 : 125cc 초과 2륜차 및 원동기장치자전거 운전
③ 원동기장치자전거 : 모든 면허로 운전할 수 있다.

운전면허 학과시험 요점정리

1 도로교통법의 목적및 용어의 정의

1 도로교통법의 목적

도로에서 일어나는 교통상의 모든 위험과 장해를 방지하고 제거하여 교통의 흐름을 안전하고 원활하게 하는데 그 목적이 있다.

2 용어의 정의

(1) 도 로

① 『도로법』에 의한 도로 : 고속국도, 일반국도, 특별(광역)시도, 지방도, 시도, 군도, 구도

② 『유료도로법』에 의한 유료도로 : 통행료를 징수하는 도로

③ 『농어촌도로 정비법』에 따른 농어촌도로 : 농어촌 지역 주민의 교통편익과 생산·유통 활동 등에 공용되는 공로 중 고시된 도로

④ 그 밖에 현재 특별하지 않은 여러 사람이나 차량이 통행되고 있는 개방된 곳(공지, 해변, 광장, 공원, 유원지, 제방, 사도 등)

※ 개방되지 아니하고 출입이 제한된 아파트 단지 내의 주차장이나 학교 교정, 또는 유료주차장 내 등은 도로교통법상 도로에 해당되지 않는다.

(2) 자동차 전용도로

자동차만 통행할 수 있는 도로로서 어느 특정된 자동차만 통행할 수 있는 도로는 아니다. 예를 들면 고속도로, 고가도로 등과 같이 자동차만 통행할 수 있는 자동차 전용의 도로를 말한다.

(3) 고속도로

자동차의 고속교통에만 사용하기 위하여 지정된 도로.

※ 보행자 및 이륜차 등은 통행이 금지된다.

(4) 차 도

연석선(차도와 보도를 구분하는 돌, 또는 콘크리트 등으로 이어진 선), 안전표지나 그와 비슷한 공작물로써 경계를 표시하여 모든 차의 교통에 사용하도록 된 도로의 부분을 말한다.

(5) 중앙선

차마의 통행을 방향별로 명확하게 구분하기 위하여 도로에 황색실선 또는 황색점선 등의 안전표지로 표시한 선이나 중앙분리대·울타리 등으로 설치한 시설물을 말하며, 가변차로가 설치된 경우에는 신호기가 지시하는 진행방향의 가장 왼쪽의 황색점선을 말한다.

※ 중앙선 표시는 편도 1차로인 경우 황색실선 또는 황색점선으로 표시하고, 편도 2차로 이상의 경우에는 황색복선으로 설치한다. 고속도로의 경우는 황색복선 또는 황색실선과 점선을 복선으로 설치한다.

(6) 차로

차마가 한 줄로 도로의 정하여진 부분을 통행하도록 차선에 의하여 구분되는 차도의 부분을 말한다.

(7) 차 선

차로와 차로를 구분하기 위하여 그 경계지점을 안전표지에 의하여 표시한 선.

※ 차선은 백색점선(떨어져 있는 선)으로 표시하는 것이 원칙이나 교차로, 횡단보도, 철길건널목 등은 표시하지 않는다.

※ 백색점선(파선)은 자동차 등이 침범할 수 있는 선이며, 백색실선(이어져 있는 선)은 자동차가 침범할 수 없는 선이다.

(8) 자전거도로

안전표지, 위험방지용 울타리나 그와 비슷한 공작물로써 경계를 표시하여 자전거의 교통에 사용하도록 된 『자전거 이용 활성화에 관한 법률』 제3조 각호의 도로를 말한다.

(9) 보 도

연석선, 안전표지나 그와 비슷한 공작물로써 그 경계를 표시하여 보행자(유모차 및 보행보조용 의자차를 포함)의 통행에 사용하도록 된 도로의 부분〈개정〉

※ "보행보조용 의자차"라 함은 수동 휠체어, 전동 휠체어 및 의료용 스쿠터를 말한다.

※ 유모차, 보행보조용 의자차를 밀고 가는 사람은 보도로 통행하여야 한다.

(10) 길가장자리 구역

보도와 차도가 구분되지 아니한 도로에서 보행자의 안전을 확보하기 위하여 안전표지 등으로 경계를 표시한 도로의 가장자리 부분을 말한다.

(11) 횡단보도

보행자가 도로를 횡단할 수 있도록 안전표지로써 표시한 도로의 부분을 말한다.

(12) 교차로

'+'자로, 'T'자로 그 밖에 둘 이상의 도로(보도와 차도가 구분되어 있는 도로에서는 차도)가 교차하는 부분을 말한다.

(13) 안전지대

도로를 횡단하는 보행자나 통행하는 차마의 안전을 위하여 안전표지 그와 비슷한 공작물로써 표시한 도로의 부분을 말한다.

※ ① 보행자용 안전지대 : 노폭이 비교적 넓은 도로의 횡단보도 중간에 "교통섬"을 설치하여 횡단하는 보행자의 안전을 기한다.

② 차마용 안전지대: 광장, 교차로 지점, 노폭이 넓은 중앙지대에 안전지대 표시로 표시한다.

(14) 신호기

문자·기호 또는 등화로써 진행·정지·방향·전환·주의 등의 신호를 표시하기 위하여 사람이나 전기의 힘에 의하여 조작되는 장치를 말한다.

※ 신호기는 도로에 설치되어 차마의 교통에 사용된다. 철길건널목에 설치된 경보등과 차단기 또는 도로바닥에 표시된 문자, 기호 등은 신호기 등에 해당되지 않는다.

(15) 안전표지

주의·규제·지시 등을 표시하는 표지판이나 도로의 바닥에 표시하는 기호·문자 또는 선 등을 말한다.

(16) 차마(車馬) : 차와 우마를 말한다.

1) 차(車)

① 자동차 ② 건설기계

③ 원동기장치 자전거 ④ 자전거

⑤ 사람 또는 가축의 힘이나 그 밖의 동력에 의하여 도로에서 운전되는 것(철길이나 가설된 선에 의하여 운전되는 것과 유모차와 보행보조용 의자차를 제외)

2) 우마(牛馬) : 교통운수에 사용되는 가축을 말한다.

(17) 자동차

철길이나 가설된 선에 의하지 아니하고 원동기를 사용하여 운전되는 차(견인되는 자동차도 자동차의 일부로 본다)

1) 『자동차관리법』에 의한 다음의 자동차(원동기장치자전거 제외)

① 승용자동차 ② 승합자동차

③ 화물자동차 ④ 특수자동차

⑤ 이륜자동차

2) 『건설기계관리법』의 규정에 의한 다음의 건설기계

① 덤프 트럭 ② 아스팔트 살포기

③ 노상안정기 ④ 콘크리트 믹서 트럭

⑤ 콘크리트 펌프 ⑥ 천공기(트럭적재식)

⑦ 3톤 미만의 지게차

(18) 원동기장치자전거

① 『자동차관리법』에 의한 이륜자동차 중 배기량 125cc이하의 이륜자동차

② 배기량 50cc미만(전기를 동력으로 하는 경우에는 정격출력 0.59Kw미만)의 원동기를 단 차

※ 이륜차 중 배기량 125cc를 초과하는 것은 이륜자동차이지만 배기량 125cc 이하의 것은 원동기장치자전거에 해당한다.

(19) 자전거

『자전거이용 활성황에 관한 법률』 제2조 제1호에 따른 자전거를 말한다.

(20) 긴급자동차

다음의 자동차로서 그 본래의 긴급한 용도로 사용되고 있는 자동차를 말한다.

① 소방자동차 ② 구급자동차

③ 혈액 공급차량

④ 그 밖에 대통령령이 정하는 자동차

(21) 주 차

운전자가 승객을 기다리거나 화물을 싣거나 고장이나 그 밖의 사유로 인하여 차를 계속하여 정지 상태에 두는 것 또는 운전자가 차로부터 떠나서 즉시 그 차를 운전할 수 없는 상태에 두는 것을 말한다.

(22) 정 차

운전자가 5분을 초과하지 아니하고 정지시키는 것으로서 주차 외의 정지상태를 말한다.

※ 차가 정차할 경우 차도의 우측 가장자리에 정차해야 한다.

(23) 운 전

도로에서 차마를 그 본래의 사용방법에 따라 사용하는 것을 말한다. (조종을 포함한다)

※ 운전이 아닌경우 : 도로가 아닌 곳, 차가 아닌 것, 내려서 끌고 가는 행위

(24) 초보운전자

처음 운전면허를 받은 날(2년이 경과되기 전에 운전면허 취소처분을 받은 경우에는 그 후 다시 운전면허를 받은 날)부터 2년이 경과되지 아니한 사람을 말한다.

이 경우 원동기장치자전거 면허만을 받은 사람이 원동기장치자전거 면허 외의 운전면허를 받은 경우에는 운전면허를 받은것으로 본다.

(25) 서 행

운전자가 차를 즉시 정지시킬 수 있는 정도의 느린 속도로 진행하는 것을 말한다.

※ 브레이크를 조작하여 정지하기까지의 거리가 1m 이내의 속도(대략 10km/h 이하)

(26) 앞지르기

차의 운전자가 앞서가는 다른 차의 옆을 지나서 그 차의 앞으로 나가는 것을 말한다.

※ 다른 교통에 주의하면서 앞차의 좌측으로 앞지르기 하여야 한다.

(27) 일시정지

차의 운전자가 그 차의 바퀴를 일시적으로 완전히 정지시키는 것을 말한다.

※ 자동차가 위험방지와 경찰공무원의 지시 등, 또는 즉시 출발할 수 있는 경우로서 정차나 주차 이외의 일시정지하는 경우를 말한다.

(28) 보행자전용도로

보행자만이 다닐 수 있도록 안전표지나 그와 비슷한 공작물로써 표시된 도로를 말한다.

2 운전자의 책임과 운전예절

1 운전자의 사회적 책임

① 도로교통법규를 준수하고 안전운전을 하여야 한다.
② 차량검사를 필하고 자동차손해배상책임보험 등에 가입된 자동차 등을 운전하여야 한다.
③ 자동차 소유자 또는 운전자는 타인의 교통을 방해하지 않도록 한다.

2 안전운전의 마음가짐

① 인명존중과 양보하는 마음가짐
② 안전운전과 방어운전
③ 공익정신과 준법정신 · 질서 지키기
④ 교통예절 지키기
⑤ 겸손과 상대방을 배려하는 마음가짐

3 교통사고 발생 시 책임

① 형사상의 책임 : 징역, 금고, 벌금 등
② 행정상의 책임 : 운전면허 취소 및 정지 등
③ 민사상의 책임 : 손해배상 등

3 자동차의 점검 및 고장분별

1 동력발생장치(엔진)

자동차를 주행시키기 위해서는 차륜을 계속 돌리는 힘(구동력)이 필요한데, 그 힘을 발생시키는 장치가 엔진이다.
자동차의 엔진에는 가솔린(휘발유) 엔진, 디젤(경유) 엔진, 액화가스(LPG) 엔진 등이 있다.

(1) 가솔린 엔진

연료와 공기의 혼합가스를 전기불꽃에 의하여 폭발시켜 동력을 얻는다.

(2) 액화석유가스(LPG) 엔진

가솔린 엔진에서 연료장치만을 개조하여 가솔린 대신 액화석유가스(LPG)를 연료로 하여 동력을 얻는다.

(3) 디젤 엔진

실린더 내에 흡입된 공기만을 흡입, 압축공기에 경유를 분사시켜 「자연 착화로 동력」을 얻는다.

※ 디젤 엔진은 주로 무거운 물건을 운반하는 대형차 종류인 화물차나 버스 등에 많이 사용된다.

2 연료 · 윤활 · 냉각장치

(1) 연료장치

연료 탱크에 있는 가솔린을 연료 펌프에 의하여 기화기(또는 연료분사장치)까지 압송시켜 연소하기 쉬운 혼합기를 만들어서 실린더에 공급한다.

※ 연료공급순서 : 연료 탱크 → 연료 필터 → 연료 펌프 → 기화기(또는 연료분사장치)

(2) 윤활장치

자동차 엔진의 작동부분에 윤활유(엔진 오일)를 공급하여 원활한 작동과 기계마모방지 및 냉각, 방청작용 등을 위한 역할을 한다.

♣ 엔진 오일 레벨 게이지(유량계) 점검요령

① 평탄한 곳에서 시동을 걸기 전에 점검한다.
② 오일 레벨 게이지의 L과 F 사이에서 F 문자선까지 엔진 오일을 유지하게 한다.
③ 엔진 오일의 색(담황색)과 점도를 점검
　1. 검은색 오일 : 엔진 오일 심한 오염
　2. 우유색 오일 : 냉각수가 혼입된 상태의 오일
　3. 엔진 오일 과다 주입 : 머플러에서 백색연기 배출
④ 엔진 오일 교환은 차종이나 사용상태에 따라 다르며, 정기적으로 새 오일로 교환해 준다.

(3) 냉각장치

엔진이 계속 작동하게 되면 혼합가스의 폭발열에 의해 고온이 되어 엔진이 과열된다. 이 과열된 엔진을 적정온도로 유지할 수 있게 냉각시켜 엔진의 작동을 원활하게 하는 장치이다.

♣ 냉각수의 점검

엔진 시동을 끄고 평탄한 곳에서 라디에이터 캡을 열고 점검한다.
① 냉각수가 부족할 때에는 산성이나 알칼리성이 없는 물인 증류수나 수돗물 등의 깨끗한 물로 보충한다.
② 냉각수가 부족하거나 누수되면 엔진 과열(오버 히트)의 원인이 된다.
③ 겨울철에는 엔진이 얼지 않도록 냉각수에 부동액을 넣어 사용한다.

♣ 엔진 시동 시 주의사항

① 엔진 스위치를 돌려 시동되면 즉시 키에서 손을 뗀다. (엔진이 시동되었는데도 스위치를 계속 돌리면 시동 모터의 전기자가 소손된다)
② 시동 스위치를 돌려 시동 모터를 5~10초 회전시켰는데도 엔진이 시동되지 않을 때에는 잠시 쉬었다가 다시 시동을 걸어 본다.
③ 시동이 걸렸으면 여름철에는 1분 정도, 겨울철에는 2분 정도 엔진을 워밍 업(난기운전)을 시킨 후 출발한다.
④ 야간 시동 시에는 전조등을 끄고 시동(시동 모터에 강한 전류를 공급하여 기동력을 크게 한다)해야 한다.

3 동력전달장치

(1) 클러치

엔진의 동력을 변속기에 전달하거나 차단하는 장치이며, 변속을 용이하게 한다.

♣ 클러치 페달의 조작상 주의

① 페달을 밟을 때에는 빠르게 밟고, 발을 뗄 때에는 천천히(조용히) 놓는다.
② 운전중 페달에 발을 올려놓지 않는다.
③ 반클러치는 출발시나 저속시에 사용하고 필요 이상 사용하지 않는다.

(2) 변속기(트랜스미션)

클러치 뒷부분에 설치되어 엔진의 회전력을 차의 주행 상태에 맞게 기어의 물림을 바꾸어서 회전력이나 회전수를 증감시키거나 후진시키는 등의 역할을 한다.

♣ 변속 레버의 조작 시 주의

① 시동시에는 기어 위치를 중립위치로 해야 한다.
※ 겨울철 시동은 변속기의 기어 오일이 굳어 있으므로 클러치를 밟고 시동한다.
② 변속시는 클러치 페달을 끝까지 밟고 변속조작한다.
③ 후진시 자동차를 완전히 정지시킨 후 변속 레버를 조작한다.
④ 변속 레버가 잘 들어가지 않을 때에는 클러치 페달을 밟은 후 다른 기어에 넣었다가 다시 넣는다.

4 조향 및 제동장치

(1) 조향장치

자동차의 진행방향을 바꾸어 주는 장치로서 운전자가 핸들을 돌려 자동차 바퀴를 변환하는 장치이다.

♣ 핸들 조작시 주의사항

① 핸들은 속도가 빠르면 핸들 각을 작게 돌리고 속도가 느리면 핸들 각을 크게 한다.
② 자동차 정지중 핸들을 무리하게 돌리면 각 연결부나 타이어가 손상되어 핸들작동이 좋지 않게 된다.
③ 주행중 급히 핸들을 돌리면 원심력에 의하여 옆으로 미끄러지거나 전복하게 된다.
④ 주행중 타이어가 펑크나면 핸들을 빼앗겨 위험하게 되므로 핸들을 꼭 잡고 똑바로 한다.

※ 올바른 운전자세 : 좌석의 위치는 페달을 밟을 때 무릎이 약간 굽혀지도록 하고, 등받이는 핸들에 손을 얹었을 때 팔꿈치가 약간 굽히는 상태로 한다

(2) 제동장치

1) 풋(발) 브레이크

발로 페달을 밟아 주행중의 자동차를 정지시키는 브레이크로서 드럼식과 디스크식이 있다.

2) 핸드(수동) 브레이크

손으로 브레이크 레버를 당겨 제동시키는 브레이크로서 주차용으로 사용하는 것 외에 풋 브레이크를 보조한다.

3) 엔진 브레이크

엔진의 저속 회전저항을 이용하여 감속하는 브레이크로서 저속 기어일수록 엔진 브레이크 효과가 크다.

※ 엔진 브레이크는 긴 내리막길 또는 눈이나 비가 온 미끄러운 길 등에서 사용한다. 긴 내리막길에서는 엔진 브레이크와 풋 브레이크를 같이 사용한다.

♣ 제동장치의 조작상 주의

① 풋 브레이크 조작은 미리하고, 가볍게 여러 번에 나누어 밟아 제동한다.
② 급브레이크는 위급한 상황 이외에는 하지 않는다.
③ 물이 고인 곳을 주행하면 브레이크 드럼에 물이 들어가 브레이크가 듣지 않을 우려가 있다.
④ 고속으로 주행하다가 감속할 때에는 먼저 엔진 브레이크로 속도를 줄인 후 풋 브레이크를 사용한다.
⑤ 긴 내리막길에서는 풋 브레이크를 자주 사용하면 페이드 현상이나 베이퍼 록 현상이 일어나게 되므로 엔진 브레이크를 주로 사용한다.

5 타이어

(1) 타이어의 공기압

타이어 공기압은 규정치에 의하여 적합하게 들어가야 한다.

① 공기압이 낮을 때 : 주행저항이 크고 연료비가 증대하며, 핸들이 무겁고 트레드 양단의 마모가 증대하며 타이어가 과열된다.
② 공기압이 높을 때 : 노면의 충격이 흡수되지 않고 진동이 크다. 트레드의 중앙부가 마모되고 제동 시 미끄러지기 쉽다.
③ 고속주행시는 규정치보다 타이어 공기압을 10~20% 정도 더 주입하고 주행한다(스탠딩 웨이브 현상 방지를 위해)

(2) 타이어의 점검

① 타이어의 공기압이 적정 규정 압력인가를 점검한다.
② 타이어 트레드 홈 깊이를 점검한다(1.6mm정도가 사용한계).
③ 타이어의 균열 및 못 등의 이물질을 점검한다.
④ 휠 밸런스가 틀리지 않았나 점검한다(정비공장에서).
⑤ 타이어 편마모 방지를 위하여 약 20,000km 주행 시마다 주기적으로 타이어의 위치를 교환한다.

(3) 타이어의 이상현상

① 수막(하이드로플레이닝 : hydroplaning)현상 : 물이 노면에 막을 형성하여 자동차가 수상스키를 탄 것과 같이 미끄러지는 현상.
② 스텐딩웨이브(standing wave)현상 : 고속주행 시 타이어가 물결모양으로 변형되는 현상(타이어공기압을 기준값보다 약 20% 높여 예방)

4 신호기 · 교통안전표지

1 신호기

(1) 신호등의 종류 · 배열 · 신호순서

신호등의 종류		등화의 배열순서	신호(표시)순서
차량등	4색등	적 · 황 · 녹색 화살 · 녹	① 녹 → ② 황 → ③ 적 및 녹색화살 → ④ 적 및 황 → ⑤ 적
	3색등	적 · 황 · 녹	① 녹 → ② 황 → ③ 적
보행등	2색등	적 · 녹	①녹 → ②녹색점멸 → ③적

※ 교차로와 교통여건상 특별히 필요하다고 인정되는 장소에서는 신호의 순서를 달리하거나 녹색화살표시 및 녹색 등화를 동시에 표시할 수 있다.

(2) 신호의 종류와 뜻

1) 차량 신호등 <개정>

① 원형등화

신호의 종류	신호의 뜻
① 녹색의 등화	1. 차마는 직진 또는 우회전할 수 있다. 2. 비보호 좌회전표지 또는 비보호 좌회전표시가 있는 곳에서는 좌회전할 수 있다.
② 황색의 등화	1. 차마는 정지선이 있거나 횡단보도가 있을 때에는 그 직전이나 교차로의 직전에 정지하여야 하며, 이미 교차로에 차마의 일부라도 진입한 경우에는 신속히 교차로 밖으로 진행하여야 한다. 2. 차마는 우회전할 수 있고 우회전하는 경우에는 보행자의 횡단을 방해하지 못한다.
③ 적색의 등화	차마는 정지선, 횡단보도 및 교차로의 직전에서 정지하여야 한다. 다만, 신호에 따라 진행하는 다른 차마의 교통을 방해하지 아니하고 우회전할 수 있다.
④ 황색등화의 점멸	차마는 다른 교통 또는 안전표지의 표시에 주의하면서 진행할 수 있다.
⑤ 적색등화의 점멸	차마는 정지선이나 횡단보도가 있을 때에는 그 직전이나 교차로의 직전에 일시정지한 후 다른 교통에 주의하면서 진행할 수 있다.

① 화살표 등화

신호의 종류	신호의 뜻
① 녹색화살표 등화	차마는 화살표시 방향으로 진행할 수 있다.
② 황색화살표 등화	화살표시 방향으로 진행하려는 차마는 정지선이 있거나 횡단보도가 있을 때에는 그 직전이나 교차로의 직전에 정지하여야 하며, 이미 교차로에 차마의 일부라도 진입한 경우에는 신속히 교차로 밖으로 진행하여야 한다.
③ 적색화살표 등화	화살표시 방향으로 진행하려는 차마는 정지선, 횡단보도 및 교차로의 직전에서 정지하여야 한다.
④ 황색화살표 등화 점멸	차마는 다른 교통 또는 안전표지의 표시에 주의하면서 화살표시 방향으로 진행할 수 있다.
⑤ 적색화살표 등화 점멸 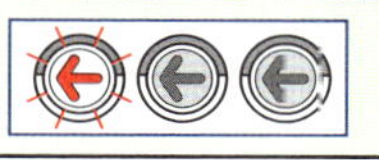	차마는 정지선이나 횡단보도가 있을 때에는 그 직전이나 교차로의 직전에 일시정지한 후 다른 교통에 주의하면서 화살표시 방향으로 진행할 수 있다.

2) 사각등화 (차량 가변등) : 가변차로에 설치

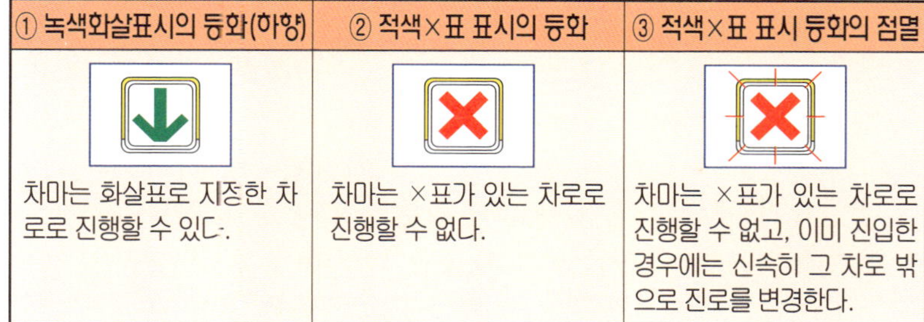

① 녹색화살표시의 등화(하향)	② 적색×표 표시의 등화	③ 적색×표 표시 등화의 점멸
차마는 화살표로 지정한 차로로 진행할 수 있다.	차마는 ×표가 있는 차로로 진행할 수 없다.	차마는 ×표가 있는 차로로 진행할 수 없고, 이미 진입한 경우에는 신속히 그 차로 밖으로 진로를 변경한다.

3) 보행 신호등 : 횡단보도에 설치

녹 색 의 등 화	녹색등화의 점멸	적 색 의 등 화
보행자는 횡단보도를 횡단할 수 있다.	보행자는 횡단을 시작하여서는 아니되고, 횡단하고 있는 보행자는 신속하게 횡단을 완료하거나 그 횡단을 중지하고 보도로 되돌아와야 한다.	보행자는 횡단을 하여서는 아니된다.

(3) 신호기의 신호와 수신호가 다른 때

도로를 통행하는 보행자와 운전자는 교통안전시설이 표시하는 신호 또는 지시와 교통정리를 위한경찰공무원 등의 신호 또는 지시가 다른 경우에는 경찰공무원 등의 신호 또는 지시에 따라야 한다.

※ 경찰공무원의 진행신호인 경우에는 적색신호의 교차로에서도 진행할 수 있다.

(4) 자전거 신호등

1) 자전거 주행 신호등

① 녹색 : 자전거는 직진 또는 우회전할 수 있다.

② 황색 : 자전거는 정지선이 있거나 횡단보도가 있을 때에는 그 직전이나 교차로의 직전에 정지해야 하며, 이미 교차로에 차마의 일부라도 진입했으면 신속히 교차로 밖으로 진행해야 한다. 자전거는 우회전할 수 있지만 우회전할 때 보행자의 횡단을 방해하지 못한다.

③ 적색 : 자전거는 정지선, 횡단보도 및 교차로의 직전에서 정지해야 한다. 다만, 신호에 따라 진행하는 다른 차마의 교통을 방해하지 않고 우회전할 수 있다.

2) 자전거 횡단 신호등

① 녹색 : 자전거는 자전거횡단도를 횡단할 수 있다.

② 적색점멸 : 자전거는 횡단을 시작하면 안되고, 횡단하고 있는 자전거는 신속하게 횡단을 종료하거나, 횡단을 중지하고 진행하던 차도 또는 자전거도로로 되돌아와야 한다.

③ 적색 : 자전거는 자전거횡단도를 횡단해서는 안된다.

※ 자전거를 주행할 때 자전거주행신호등이 설치되지 않은 장소에서는 차량신호등의 지시에 따른다.

※ 자전거횡단드에 자전거횡단 신호등이 설치되지 않은 경우 자전거는 보행신호등의 지시에 따른다.

2 교통안전표지 · 도로안내표지

(1) 안전표지의 종류 (책 뒷면 지 참조)

1) 주의 표지: 도로의 상태가 위험하거나 그 부근에 위험물이 있는 경우 미리 안전조치를 할 수 있도록 도로 사용자에게 알리는 표지
2) 규제 표지: 도로교통의 안전을 위하여 각종 제한 · 금지 등의 규제를 도로 사용자에게 알리는 표지
3) 지시 표지: 도로의 통행방법, 통행구분 등 필요한 지시를 도로 사용자가 이에 따르도록 알리는 표지
4) 보조 표지: 주의 · 규제 · 지시 등의 안전표지의 주기능을 보충하여 도로 사용자에게 알리는 표지
5) 노면 표지: 주의 · 규제 · 지시 등의 내용을 노면에 기호 · 문자 · 선 등으로 도로 사용자에게 알리는 표시

(2) 도로안내표지의 구분 (책 뒷면 표지 참조)

1) 시외도로: 사각형 — 녹색바탕 — 백색글자
2) 시내도로: 사각형 — 청색바탕 — 백색글자
3) 관광지: 사각형 — 갈색바탕 — 백색글자

※ 도로의 종류별 노선상징 마크

24	92	1
일반 국도	일반 시도	고속도로
88	368	70
자동차전용 시도	지방도	국가지원지방도

5 차마의 통행방법

1 차마의 통행

(1) 보도와 차도가 구분된 도로

차마의 운전자는 보도와 차도가 구분된 도로에서는 차도를 통행하되, 차도의 중앙(중앙선이 설치되어 있는 경우에는 그 중앙선) 우측부분을 통행하여야 한다.

(2) 도로 이외의 곳을 출입하는 때

차마의 운전자는 도로 외의 곳에 출입하는 때에는 보도를 횡단할 수 있으며, 보도를 횡단하기 직전에 일시정지하여 보행자의 통행을 방해하지 아니하도록 횡단하여야 한다.

※ 도로 이외의 장소를 출입할 경우: 주유소, 차고, 주차장 등에 들어갈 때

(3) 도로의 중앙이나 좌측부분을 통행할 수 있는 경우

1) 도로가 일방통행인 경우
2) 도로의 파손, 도로공사나 그 밖의 장애 등으로 도로의 우측부분을 통행할 수 없는 경우
3) 도로 우측부분의 폭이 6m가 되지 아니하는 도로에서 다른 차를 앞지르고자 하는 경우
다만, 다음의 경우에는 그러하지 아니한다.
① 도로의 좌측부분을 확인할 수 없는 경우
② 반대방향의 교통을 방해할 우려가 있는 경우
③ 안전표지 등으로 앞지르기가 금지되거나 제한되어 있는 경우
4) 도로의 우측부분의 폭이 차마의 통행에 충분하지 아니한 경우
5) 가파른 비탈길의 구부러진 곳에서 지방경찰청장이 필요하다고 인정하여 구간 및 통행방법을 지정하고 있는 경우

(4) 자전거도로 및 길가장자리 구역 통행금지

차마의 운전자는 안전표지로 통행이 허용된 장소를 제외하고 자전거도로 또는 길가장자리 구역을 통행하여서는 아니된다. <10. 6. 30. 시행>

2 자전거의 통행방법 (특례)

(1) 자전거의 도로통행

1) 자전거 도로가 설치되어 있는 곳: 자전거의 운전자는 자전거 도로가 따로 설치되어 있는 곳에서는 그 자전거 도로를 통행하여야 한다.
2) 자전거 도로가 설치되지 아니한 곳: 자전거의 운전자는 자전거 도로가 설치되지 아니한 곳에서는 도로의 우측 가장자리에 붙어서 통행하여야 한다.
3) 길가장자리 구역을 통행: 안전표지로 자전거 통행을 금지한 구간을 제외하고 도로의 길가장자리 구역을 통행할 수 있다. 이 경우 보행자의 통행에 방해가 되는 때에는 서행하거나 일시정지하여야 한다.

(2) 자전거의 보도통행

1) 보도를 통행할 수 있는 경우: 보도의 중앙으로부터 차도쪽 또는 안전표지로 지정된 곳으로 서행하여야 하며, 보행자의 통행에 방해되는 때에는 일시정지하여야 한다.
① 어린이, 노인 또는 신체장애인이 자전거를 운전하는 경우
② 안전표지로 자전거의 통행이 허용된 경우
③ 도로의 파손, 도로공사 그 밖의 장애로 도로를 통행할 수 없는 경우
2) 나란히(병진) 통행금지: 자전거의 운전자는 안전표지로 통행이 허용된 경우를 제외하고 2대 이상이 나란히 차도를 통행하여서는 아니된다.

(3) 자전거의 도로횡단

1) 보행자의 횡단보도로 횡단하는 경우: 자전거의 운전자가 횡단보도를 이용하여 도로를 횡단하고자 하는 때에는 자전거에서 내려서 자전거를 끌고 보행하여야 한다.
2) 자전거횡단도로 횡단하는 경우:
① 자전거의 운전자가 자전거를 타고 도로를 횡단하고자 하는 때에는 자전거횡단도를 이용하여야 한다.
② 차마의 운전자는 자전거가 자전거횡단도를 통행하고 있는 때에는 자전거 횡단을 방해하거나 위험을 주지 아니

하도록 그 자전거횡단도 앞(정지선이 설치되어 있는 곳에서는 그 정지선)에서 일시정지하여야 한다.

3 차로에 따른 통행

(1) 차로에 따라 통행할 의무

① 차마의 운전자는 차로가 설치되어 있는 도로에서는 그 차로를 따라 통행하여야 한다.

② 지방경찰청장이 통행방법을 따로 지정한 때에는 그 지정한 방법에 따라 통행하여야 한다.

♣ 차로의 설치

① 차로의 설치는 지방경찰청장이 한다.

② 도로에 차로를 설치할 때에는 노면표시(안전표지 참조)로 표시하여야 한다.

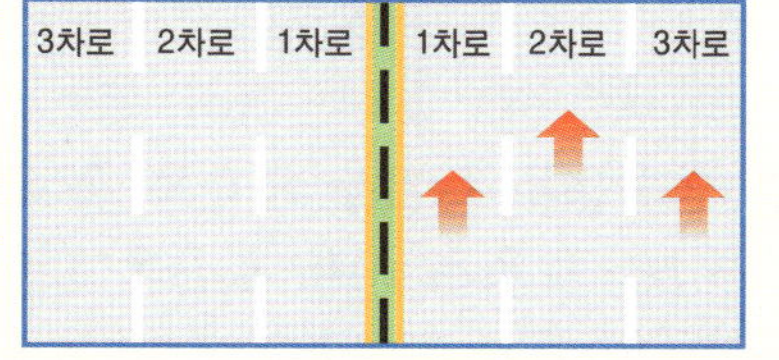

③ 차로의 너비는 3m 이상(좌회전 전용차로의 설치 등 부득이한 때 275cm 이상)

④ 차로는 횡단보도 · 교차로 및 철길건널목에는 설치할 수 없다.
※ 비포장도로에는 차로를 설치할 수 없다.

⑤ 보도와 차도의 구분이 없는 도로에 차로를 설치하는 때에는 보행자가 안전하게 통행할 수 있도록 그 도로의 양쪽에 길가장자리 구역을 설치해야 한다.

(2) 차로에 따른 통행구분

① 도로의 중앙에서 오른쪽으로 2 이상의 차로(전용차로가 설치되어 운용되고 있는 도로에서는 전용차로를 제외한다)가 설치된 도로 및 일방통행로에 있어서 그 차로에 다른 통행차의 기준은 다음 표와 같다.

차로에 따른 통행차의 기준(일반도로) <10. 11. 24 시행>

차종 / 도로(차로)	승용 자동차, 중·소형 승합자동차(35인 승 이하)	대형 승합차(36인 승 이상), 적재중량 1.5톤이하 화물자동차	적재중량 1.5톤초과 화물자동차, 특수자동차, 건설기계, 이륜자동차, 원동기장치자전거, 자전거 및 우마차
편도 4차로	1, 2 차로	3 차로	4 차로
편도 3차로	1 차로	2 차로	3 차로
편도 2차로	1 차로	2 차로	2 차로

(주) 1. 모든 차는 위 지정된 차로의 오른쪽(우측) 차로로 통행할 수 있다.
2. 앞지르기할 때는 위 통행기준에 지정된 차로의 바로 옆 왼쪽 차로로 통행할 수 있다.
3. 이 표에서 열거한 것 외의 차마와 위험물 등을 운반하는 자동차는 도로의 오른쪽 가장자리 차로로 통행하여야 한다.

② 차로의 순위는 도로의 중앙선쪽에 있는 차로부터 1차로(일방통행도로에서는 도로의 왼쪽부터 1차로)로 한다.

(3) 전용차로 통행금지

전용차로로 통행할 수 있는 차가 아닌 차는 전용차로로 통행하여서는 아니된다.

다만, 다음의 경우에는 그러하지 아니한다.

① 긴급자동차가 그 본래의 긴급한 용도로 운행되고 있는 경우

② 전용차로 통행차의 통행에 장해를 주지 아니하는 범위 안에서 택시가 승객의 승 · 하차를 위하여 일시 통행하는 경우

③ 도로의 파손 · 공사나 그 밖의 부득이한 경우

전용차로로 통행할 수 있는 차

전용차로의 종류		통행할 수 있는 차량
버스 전용 차로	일반 도로	1. 36인승 이상의 대형 승합자동차 2. 36인승 미만의 시내 · 시외 · 농어촌 사업용 승합자동차 3. 어린이 통학버스(신고필증 교부차에 한함) 4. 노선을 지정하여 운행하는 16인승 이상 통학 · 통근용 승합자동차 5. 국제행사 참가인원 수송의 승합자동차(기간 내에 한함) 6. 25인승 이상의 외국인 관광객 수송용 승합자동차
	고속 도로	9인승 이상 승용자동차 및 승합자동차(승용자동차 또는 12승 이하의 승합자동차는 6인 이상이 승차한 경우에 한한다)
다인승 전용차로		3인 이상 승차한 승용 · 승합자동차
자전거전용차로		자전거

※ 전용차로의 차선설치는 편도 3차로 이상의 도로에 설치(청색실선과 점선)
• 단선 : 출 · 퇴근 시간에만 운영하는 구간
• 복선 : 그 외의 시간까지 운영하는 구간

4 진로변경

(1) 차의 신호

모든 차의 운전자는 좌회전 · 우회전 · 횡단 · 유턴 · 서행 · 정지 또는 후진하거나 같은 방향으로 진행하면서 진로를 바꾸려고 하는 때에는 손이나 방향지시기 또는 등화로써 그 행위가 끝날 때까지 신호를 하여야 한다.

1) 신호를 행할 시기

① 좌 · 우회전 시: 교차로 가장자리에 이르기 전 30m 이상의 지점부터 신호한다(좌 · 우측 방향지시기를 사용할 것).

② 일반도로에서는 30m 이상의 지점부터 신호한다.

③ 고속도로에서는 100m 이상의 지점부터 신호한다.

④ 정지, 후진, 서행 시에는 그 행위를 하고자 할 때에 신호한다.

⑤ 뒤차에 앞지르기를 시키고자 할 때에는 그 행위를 시키고자 할 때에 신호한다.

2) 신호의 방법

① 좌 · 우회전, 횡단, 유턴, 진로변경 시에는 방향지시기를 조작한다.
※ 수신호 • 좌회전 시 : 왼쪽팔을 수평으로 펴서 차체의 좌측 밖으로 내밀 것
• 우회전 시 : 왼팔을 좌측 밖으로 내어 팔꿈치를 굽혀 수직을 올릴 것

② 정지할 때는 제동등을 켠다.
※ 수신호 : 팔을 차체 밖으로 내어 45도 밑으로 펼 것

③ 후진할 때는 후진등을 켠다.
※ 수신호 : 팔을 차체 밖으로 내어 45도 밑으로 펴서 손바닥을 뒤로 향하게 하여 그 팔을 앞뒤로 흔들 것

② 서행할 때는 제동등을 점멸한다.
※ 수신호 : 팔을 차체 밖으로 내어 45도 밑으로 펴서 상하로 흔들 것

(2) 진로변경 금지

1) 진로변경 금지

모든 차의 운전자는 차의 진로를 변경하고자 하는 경우에 그 변경하고자 하는 방향으로 오고 있는 다른 차의 정상적인 통행에 장애를 줄 우려가 있는 때에는 진로를 변경하여서는 아니된다.

2) 제한선상에서의 진로변경 금지

차마의 운전자는 안전표지(진로변경 제한선 표시)로써 특별히 진로변경이 금지된 곳에서는 진로를 변경하여서는 아니된다.

다만, 도로의 파손 또는 도로공사 등으로 인하여 장애물이 있는 때에는 그러하지 아니하다.

3) 횡단 · 유턴 · 후진 금지

차마의 운전자는 보행자나 다른 차마의 정상적인 통행을 방해할 우려가 있는 때에는 도로를 횡단하거나 유턴 또는 후진하여서는 아니된다.

(3) 진로양보 의무

1) 느린속도로 가고자 하는 경우

모든 차(긴급자동차를 제외한다)의 운전자는 뒤에서 따라오는 차보다 느린 속도로 가고자 하는 경우에는 도로의 우측 가장자리로 피하여 진로를 양보하여야 한다.

2) 서로 마주보고 진행하는 때

좁은 도로에서 자동차(긴급자동차 제외)가 서로 마주보고 진행하는 때에는 다음의 자동차가 도로의 우측 가장자리로 피하여 진로를 양보하여야 한다.

① 비탈진 좁은 도로에서는 올라가는 자동차가 양보
② 비탈진 좁은 도로 외에서는 사람이나 물건을 싣지 않은 빈 자동차가 양보

(4) 끼어들기(새치기) 금지

모든 차의 운전자는 법에 의한 명령 또는 경찰공무원의 지시에 따르거나 위험방지를 위하여 정지 또는 서행하고 있는 다른 차 앞에 끼어들지 못한다.

※ 긴급자동차가 긴급업무 수행시는 예외로 한다.

5 앞지르기

(1) 앞지르기 방법

① 모든 차의 운전자는 다른 차를 앞지르고자 하는 때에는 앞차의 좌측으로 통행하여야 한다.
② 앞지르고자 하는 모든 차의 운전자는 반대방향의 교통 상황과 앞차 앞쪽의 교통에도 주의를 충분히 기울여야 하며, 앞차의 속도 · 진로, 그 밖의 도로상황에 따라 방향지시기 · 등화 · 또는 경음기를 사용하는 등 안전한 속도와 방법으로 앞지르기를 하여야 한다.

(2) 자전거의 앞지르기 방법

자전거의 운전자는 서행하거나 정지한 다른 차를 앞지르고자 하는 때에는 앞차의 우측으로 통행할 수 있다.

이 경우 앞의 정지한 차에서 승차 또는 하차하는 사람의 안전에 유의하여 서행하거나 필요한 경우 일시정지 하여야 한다.

(3) 앞지르기 방해 금지

모든 차의 운전자는 앞지르기를 하는 때에는 속도를 높여 경쟁하거나 앞지르기를 하는 차의 앞을 가로막는 등 앞지르기를 방해하여서는 아니된다.

(4) 앞지르기 금지시기(경우)

① 앞차의 좌측에 다른 차가 앞차와 나란히 가고 있는 경우
② 앞차가 다른 차를 앞지르고 있거나, 앞지르고자 하는 경우
③ 앞차가 법의 명령 · 경찰공무원지시에 따르거나, 위험방지를 위하여 정지 또는 서행하고 있을 때

(5) 앞지르기 금지장소

① 교차로, 터널 안, 다리 위
② 도로의 구부러진 곳
③ 비탈길의 고갯마루 부근 또는 가파른 비탈길의 내리막
④ 지방경찰청장이 안전표지에 의하여 지정한 곳

6 긴급자동차

(1) 긴급자동차의 정의

긴급자동차라 함은 소방자동차, 구급자동차, 혈액공급차량, 그 밖의 다음의 대통령령이 정하는 자동차로서 그 본래의 긴급한 용도로 사용되고 있는 자동차를 말한다.

1) 대통령령이 정한 긴급자동차

① 경찰용자동차 중 범죄수사 · 교통단속 그 밖에 긴급한 경찰업무수행에 사용되는 자동차
② 국군 및 주한 국제연합군용 자동차 중 군내부의 질서유지나 부대의 이동을 유도하는데 사용되는 자동차
③ 수사기관의 자동차 중 범죄수사에 사용되는 자동차
④ 다음의 시설 또는 기관의 자동차 중 도주자의 체포 또는 피수용자 · 피관찰자의 호송 · 경비를 위하여 사용되는(교도소 · 소년교도소 · 구치소 또는 보호감호소 · 소년원 또는 소년분류심사원 · 보호관찰소) 자동차

2) 사용자 신청에 의해 지방경찰청장이 지정하는 긴급자동차

① 전기사업 · 가스사업 그 밖의 공익사업기관에서 응급작업에 사용되는 자동차
② 민방위업무를 수행하는 기관에서 긴급예방 또는 복구에 사용되는 자동차
③ 도로관리를 위하여 응급작업에 사용되는 자동차
④ 전신 · 전화의 수리공사 등 응급작업에 사용되는 자동차와 우편물의 운송에 사용되는 자동차 중 긴급배달 우편물의 운송에 사용되는 자동차 및 전파감시 업무에 사용되는 자동차

3) 긴급자동차로 보는 자동차

① 경찰용의 긴급자동차에 의하여 유도되고 있는 자동차
② 국군 및 주한 국제연합군용의 긴급자동차에 의하여 유도되고 있는 국군 및 주한 국제연합군의 자동차
③ 생명이 위급한 환자나 부상자를 운반 중인 자동차

(2) 긴급자동차의 운행

① 긴급자동차가 운행중 우선 · 특례의 적용을 받고자 하는 때에는 사이렌을 울리거나 경광등을 켜야 한다.
다만, 속도위반 자동차 등을 단속하는 경우의 긴급자동차와 경호업무수행에 사용되는 긴급자동차는 그러하지 아니하다.
② 긴급자동차로 보는 자동차는 전조등 또는 비상표시등을 켜거나 그 밖에 적당한 방법으로 표시하여야 한다.

※ 긴급차의 등광색

1. 소방자동차 · 범죄수사자동차 · 교통단속자동차 : 적색 · 청색
2. 구급자동차 : 녹색
3. 지방경찰청장이 지정하는 긴급자동차 : 황색

(3) 긴급자동차의 우선 및 특례

1) 긴급자동차의 우선 통행

긴급자동차는 긴급하고 부득이한 경우에는

① 도로의 중앙이나 좌측부분을 통행할 수 있다.

② 정지하여야 하는 경우에도 불구하고 정지하지 아니할 수 있다. 이 경우 교통의 안전에 특히 주의하면서 통행하여야 한다.

※ 정지하여야 할 경우란: 신호등의 표시에 다른 정지, 보도 등에서의 직전정지, 건널목의 직전정지, 횡단보도 등의 직전정지, 지정장소에서의 일시정지 등이다.

2) 긴급자동차에 대한 특례

긴급자동차에 대하여는 다음을 적용하지 아니한다.

① 자동차 등의 속도제한(다만, 긴급자동차에 속도를 제한한 경우에는 제한을 적용한다)

② 앞지르기의 금지

③ 끼어들기의 금지

※ 소방자동차가 화재를 진화하러 출동중일 때에는 긴급자동차에 해당되나, 화재를 진화하고 소방서로 되돌아갈 때에는 긴급용무가 끝났으므로 긴급자동차 업무수행으로 보지 않는다.

(4) 긴급자동차에 대한 피양

① 교차로 또는 그 부근에서 긴급자동차가 접근할 때: 교차로를 피하여 도로의 우측 가장자리에 일시정지
(다만, 일방통행 도로에서 우측 가장자리로 피하여 정지하는 것이 긴급자동차의 통행에 지장을 주는 때에는 좌측 가장자리로 피하여 일시정지)

② 교차로 이외의 곳에서 긴급자동차가 접근한 때: 도로의 우측 가장자리로 피하여 진로를 양보
(다만, 일방통행 도로에서 우측 가장자리로 피하는 것이 긴급자동차의 통행에 지장을 주는 때에는 좌측 가장자리로 피하여 양보)

6 정차와 주차

1 정차 및 주차 금지장소

① 차도와 보도가 구분된 도로의 보도(단, 차도와 보도에 걸쳐 설치된 노상주차장에 주차하는 경우는 제외)

② 교차로와 그 가장자리부터 5m 이내의 곳

③ 도로의 모퉁이로부터 5m 이내의 곳

④ 횡단보도와 그 횡단보도로부터 10m 이내의 곳

⑤ 건널목과 그 건넒혹으로부터 10m 이내의 곳

⑥ 안전지대 사방으로부터 10m 이내의 곳

⑦ 버스의 운행시간 중 버스정류장을 표시하는 기둥, 판, 선이 설치된 곳으로부터 10m 이내의 곳

⑧ 지방경찰청장이 안전표지로 지정한 곳

2 주차 금지장소

① 터널 안 또는 다리 위

② 화재경보기로부터 3m 이내의 곳

③ 소방용 기계나 기구가 설치된 곳으로부터 5m 이내의 곳

④ 소방용 방화물통으로부터 5m 이내의 곳

⑤ 소화전이나 소방용 방화물통의 흡수구 흡수관을 넣는 구멍으로부터 5m 이내의 곳

⑥ 도로공사를 하고 있는 경우에는 그 공사구역의 양쪽 가장자리 5m 이내의 곳

⑦ 지방경찰청장이 안전표지로 지정한 곳

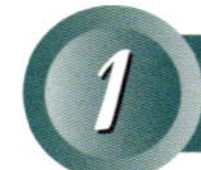

7 교차로 통행방법

1 교차로의 통행

(1) 우회전 방법

미리 도로의 우측 가장자리를 서행하면서 우회전하여야 한다. 이 경우 우회전하는차의 운전자는 신호에 따라 정지 하거나 진행하는 보행자 또는 자전거에 주의하여야 한다.

※ 교차로 측단 30m 이상 지점에서부터 우측 방향지시기를 켠 후 우측 차로를 따라 서행으로 교차로를 통과한다.

(2) 좌회전 방법

미리 도로의 중앙선을 따라 서행하면서 교차로의 중심 안쪽을 이용하여 좌회전하여야 한다. 다만, 지방경찰청장이 교차로의 상황에 따라 특히 필요하다고 인정하여 지정한 곳에서는 교차로의 중심 바깥쪽을 통과할 수 있다.

※ 교차로에 이르기전 30m 이상 지점부터 좌측 방향지시기를 켠 후 중앙선을 따라 교차로 증심 안쪽으로 서행한다.

(3) 우 · 좌회전 차의 진행방해 금지

우회전이나 좌회전을 하기 위하여 손이나 방향지시기 또는 등화로써 신호를 하는 차가 있는 경우에 그 뒤차의 운전자는 신호를 한 앞차의 진행을 방해하여서는 아니 된다.

2 교차로 통행 시 주의

(1) 우 · 좌회전 시 말려듬 방지

모든 차의 운전자는 우 · 좌회전 시 내륜차로 인하여 보행자나 자전거 등이 말려들지 않도록 주의한다.

(2) 교차로 내에서 정차 시 진입금지

모든 차의 운전자는 신호기로 교통정리를 하고 있는 교차로에 들어가려는 경우에는 진행하려는 진로의 앞쪽 교차로(정지선이 설치되어 있는 경우에는 그 정지선을 넘은 부분)에 정지하게 되어 다른 차의 통행에 방해가 될 우려가 있는 경우에는 그 교차로에 들어가서는 아니 된다.

(3) 교차로 통행자의 진행방해 금지

모든 차의 운전자는 교통정리를 하고 있지 아니하고 일시정

지나 양보를 표시하는 안전표지가 설치되어 있는 교차로에 들어가려고 할 때에는 다른 차의 진행을 방해하지 아니하도록 일시정지하거나 양보하여야 한다.

3 교통정리가 없는 교차로에서 양보운전

(1) 먼저 진입한 차에 진로양보

이미 교차로에 들어가 있는 다른 차가 있을 때에는 그 차에 진로를 양보하여야 한다.

(2) 폭 넓은 도로 차에 진로양보

통행하고 있는 도로의 폭보다 교차하는 도로의 폭이 넓은 경우에는 서행하여야 하며, 폭이 넓은 도로로부터 교차로에 들어가려고 하는 다른 차가 있을 때에는 그 차에 진로를 양보하여야 한다.

(3) 우측도로 차에 진로양보

교차로에 동시에 들어가려고 하는 차의 운전자는 우측도로의 차에 진로를 양보하여야 한다.

(4) 직진 및 우회전차에 진로양보

교차로에서 좌회전하려고 하는 차의 운전자는 그 교차로에서 직진하거나 우회전하려는 다른 차가 있을 때에는 그 차에 진로를 양보하여야 한다.

8 안전한 속도와 보행자 등의 보호

1 자동차 등의 속도

(1) 속도의 준수

① 안전표지로써 규제되어 있는 제한속도보다 빠르게 운전하여서는 아니된다.

② 안전표지로써 속도가 제한되어 있지 않은 도로에서는 법정 최고속도보다 빠르게 운전하거나 최저속도보다 느리게 운전하여서는 아니된다. 다만, 교통이 밀리거나 그 밖의 부득이한 사유로 최저속도보다 느리게 운전할 수 밖에 없는 경우에는 그러하지 아니하다.

(2) 법에서 정한 규제속도

① 일반도로 : 편도 1차로(최고 60km/h), 2차로 이상(최고 80km/h)

② 자동차전용도로 : 최저 30km/h, 최고 90km/h

③ 고속도로

- 중부 · 서해안 : 최저 60km/h, 최고 110km/h
  (단, 1.5톤초과화물, 특수, 건설기계 : 최고 90km/h)
- 편도 2차로 이상 : 최저 50km/h, 최고 100km/h
  (단, 1.5톤초과화물, 특수, 건설기계 : 최고 80km/h)
- 편도 1차로 : 최저 40km/h, 최고 80km/h
  (단, 1.5톤초과화물, 특수, 건설기계 : 최고 80km/h)

④ 이상기후 시 감속 운행기준

- 20/100감속 : 비가 내려 습기가 있을 때, 눈이 20mm 미만 쌓인 때
- 50/100감속
  - 가시거리가 100mm 이내인 때(폭우, 폭설, 안개 등으로)
  - 눈이 20mm 이상 쌓인 때
  - 노면이 얼어붙은 때

※ 감속기준의 적용: 일반도로, 자동차전용도로, 고속도로 등 모든 도로에서 적용

2 안전거리

(1) 안전거리의 확보

① 일반도로 : 앞차와 추돌사고를 피할 만 한 거리 확보

② 고속도로 : 앞차와 100~110m 이상의 거리를 확보

(2) 정지거리=공주거리+제동거리

① 공주거리 : 브레이크가 듣기 전까지 자동차가 진행한 거리

※ 공주거리가 길어지는 이유: 음주, 과로운전

② 제동거리 : 브레이크가 듣기 시작하여 멈출 때까지 진행한 거리

※ 제동거리가 길어지는 이유: 타이어 심한 마모, 노면이 미끄러울 때

3 서행 · 일시정지

(1) 서행장소

「서행」이란 운전자가 차를 즉시 정지시킬 수 있는 정도의 느린 속도로 진행하는 것을 말한다.

① 교통정리가 행하여지고 있지 아니한 교차로

② 도로가 구부러진 부근

③ 비탈길 고갯마루 부근

④ 가파른 비탈길 내리막

(2) 일시정지장소

① 교통정리가 없으며 좌우를 확인할 수 없는 교차로

② 교통정리가 없으며 교통이 빈번한 교차로

③ 철길건널목 등

4 보행자의 도로통행 방법

(1) 보행자의 통행

① 보도와 차도가 구분된 도로 : 언제나 보도로 통행하여야 한다(다만, 차도를 횡단하는 경우, 도로공사 등으로 보도의 통행이 금지된 경우나 그 밖의 부득이한 경우에는 그러하지 아니하다).

② 보도와 차도가 구분되지 아니한 도로 : 차마와 마주보는 방향의 길가장자리 또는 길가장자리 구역으로 통행하여야 한

다(다만, 도로의 통행 방향이 일방통행인 경우에는 차마를 마주보지 아니하고 통행할 수 있다).

③ 보행자는 보도에서는 우측통행을 원칙으로 한다.

(2) 행렬 등의 통행

① 차도의 우측을 통행하여야 하는 경우
- 학생의 대열, 군의 부대 그 밖에 이에 준하는 단체의 행렬
- 말・소 등의 큰 동물을 몰고 가는 사람
- 사다리・목재나 그 밖에 보행자의 통행에 지장을 줄 우려가 있는 물건을 운반 중인 사람
- 도로의 청소 또는 보수 등 도로에서 작업 중인 사람
- 기 또는 현수막 등을 휴대한 행렬 및 장의 행렬

② 차도 중앙을 통행할 수 있는 경우 : 사회적으로 중요한 행사에 따른 행렬등이 시가행진하는 경우에는 차도 중앙을 통행할 수 있다.

(3) 어린이 등의 통행방법

① 어린이, 유아의 보호
- 어린이(13세미만) : 교통이 빈번한 도로에서 어린이를 놀게 하여서는 아니 된다.
- 어린이(6세미만) : 교통이 빈번한 도로에서 유아가 혼자 보행하게 하여서는 아니 된다.
- 어린이의 보호자 : 도로에서 어린이가 자전거를 타거나 위험성이 큰 움직이는 놀이기구를 탈 때에는 어린이의 보호자는 인명을 보호할 수 있는 승차용 안전모를 착용하도록 하여야 한다.

※ 위험성이 큰 놀이기구: 킥보드, 롤러스케이트, 롤러블레이드, 스케이트보드 등

② 앞을 보지 못하는 사람(이에 준하는 사람)의 보호
도로를 보행할 때에는 흰색 지팡이를 갖고 다니도록 하거나 앞을 보지 못하는 사람에게 길을 안내하는 개(맹인안내견)를 동반한다.

※ 앞을 보지 못하는 사람에 준하는 사람
- 듣지못하는 사람
- 신체 평형기능에 장애가 있는 사람
- 의족 등을 사용하지 아니하고는 보행이 불가능한 사람
- 보행보조용 의자차에 의지하여 몸을 이동하는 사람

(4) 보행자의 도로횡단 방법

① 보행자는 횡단보도, 지하도・육교나 그 밖의 도로 횡단시설이 설치되어 있는 도로에서는 그 곳으로 횡단하여야 한다. 다만, 지하도 또는 육교 등의 도로 횡단시설을 이용할 수 없는 지체장애인의 경우에는 다른 교통에 방해가 되지 아니하는 방법으로 도로 횡단시설을 이용하지 아니하고 도로를 횡단할 수 있다.

② 횡단보도가 설치되어 있지 아니한 도로에서는 가장 짧은 거리로 횡단하여야 한다.

③ 횡단보도로를 횡단하거나 신호나 지시에 따라 횡단하는 경우를 제외하고 차의 바로 앞이나 뒤로 횡단하여서는 아니 된다.

④ 보행자는 안전표지 등에 의하여 횡단이 금지되어 있는 도로의 부분에서는 그 도로를 횡단하여서는 아니 된다.

5 차마의 보행자 등 보호

(1) 횡단중인 보행자 보호

① 횡단보도 앞에서 일시정지 : 모든 차의 운전자는 보행자의 횡단을 방해하거나 위험을 주지 아니하도록 그 횡단보도 앞(정지선이 설치되어 있는 곳에서는 그 정지선)에서 일시정지하여야 한다.

② 신호 및 지시에 따라 횡단하는 보행자 우선 : 모든 차의 운전자는 교차로에서 좌회전이나 우회전을 하려는 경우에는 신호기 또는 경찰공무원 등의 신호나 지시에 따라 도로를 횡단하는 브행자의 통행을 방해하여서는 아니 된다.

③ 횡단보도가 없는 곳에서의 횡단보행자 보호 : 모든 차의 운전자는 교통정리를 하고 있지 아니하는 교차로 또는 그 부근의 도로를 횡단하는 보행자의 통행을 방해하여서는 아니되며, 보행자가 횡단보도가 설치되어 있지 아니한 도로를 횡단하고 있을 때에는 안전거리를 두고 일시정지하여 보행자가 횡단할 수 있도록 하여야 한다.

(2) 보행자 옆을 지나는 경우 서행

모든 차의 운전자는 도로에 설치된 안전지대에 보행자가 있는 경우와 차르가 설치되지 아니한 좁은 도로에서 보행자의 옆을 지나는 경우에는 안전한 거리를 두고 서행하여야 한다.

(3) 어린이나 앞을 보지 못하는 사람 등의 보호

모든 차의 운전자는 다음에 해당하는 경우에 일시정지할 것.

① 어린이가 보호자 없이 도로를 횡단할 때, 어린이가 도로에서 앉아 있거나 서 있을 때 또는 어린이가 도로에서 놀이를 할 때 등 어린이에 대한 교통사고의 위험이 있는 것을 발견한 경우

② 앞을 보지 못하는 사람이 흰색 지팡이를 가지거나 맹인안내견을 동반하고 도로를 횡단하고 있는 경우

③ 지하도나 육교 등 도로 횡단시설을 이용할 수 없는 지체장애인이나 노인 등이 도로를 횡단하고 있는 경우

(4) 어린이나 노인 등 보호구역에서의 안전에 유의

모든 차의 운전자는 어린이 보호구역 이나 노인(65세이상) 또는 장애인 보호구역에서 교통사고의 위험으로부터 보호하기 위한 조치를 준수하고 안전에 유의하면서 운행하여야 한다.

6 어린이 통학버스의 보호

(1) 어린이통학버스의 특별보호

① 어린이통학버스가 도로에 정차하여 어린이나 유아가 타고 내리는중임을 표시하는 점멸등 등 장치를 작동 중인 때
- 어린이통학버스가 정차한 차로와 그 차로의 바로 옆차로로 통행하는 차의 운전자는 어린이통학버스에 이르기 전에 일시정지하여 안전을 확인한 후 서행하여야 한다.
- 중앙선이 설치되지 아니한 도로와 편도 1차로인 도로에서는 반대방향에서 진행하는 차의 운전자도 어린이통학버스에 이르기 전에 일시정지하여 안전을 확인한 후 서행하여야 한다.

② 통행중인 어린이통학버스의 보호 : 모든 차의 운전자는 어린이나 유아를 태우고 있다는 표시를 한 상태로 도로를 통행하는 어린이통학버스를 앞지르지 못한다.

(2) 어린이통학버스 운전자 및 운영자의 의무

① 어린이나 유아가 타고 내리는 경우에만 점멸등 등의 장치를 작동하여야 하며, 어린이나 유아를 태우고 운행중인 경우에만 표시를 하여야 한다.

② 어린이나 유아가 어린이통학버스를 탈 때에는 어린이나 유아가 좌석에 앉았는지 확인한 후에 출발하여야 하며, 내릴 때에는 보도나 길가장자리 구역 등 차로부터 안전한 장소에 도착한 것을 확인한 후에 출발하여야 한다.

③ 어린이통학버스에 어린이나 유아를 태울 때에는 보호자를 함께 태우고 운행하여야 한다.

9 건널목, 등화, 승차 · 적재 등 요점정리

1 철길 건널목 통과방법

(1) 일시정지와 안전확인

모든 차의 운전자는 철길 건널목을 통과하려는 경우에는 건널목 앞에서 일시정지하여 안전한지 확인한 후에 통과하여야 한다.

(2) 일시정지의 예외

건널목의 신호기 또는 간수가 진행신호를 할 경우에는 정지하지 아니하고 통과할 수 있다.

(3) 차단기, 경보기에 의한 진입금지

모든 차의 운전자는 건널목의 차단기가 내려져 있거나 내려지려고 하는 경우 또는 건널목의 경보기가 울리고 있는 동안에는 그 건널목으로 들어가서는 아니 된다.

(4) 건널목에서 운행할 수 없게 된 때의 조치

모든 차의 운전자는 건널목을 통과하다가 고장 등의 사유로 건널목 안에서 차를 운행할 수 없게 된 경우에는,

① 즉시 승객을 대피시킨다.

② 비상신호기 등을 사용하거나 그 밖의 방법으로 철도공무원이나 경찰공무원에게 알린다.

③ 차량을 건널목 이외의 곳으로 이동조치한다.

※ 승객대피 → 철도공무원에게 연락 → 건널목 밖으로 이동조치

※ 건널목 통과 시에 기어변속을 하지 않는다.

2 차의 등화

(1) 밤에 켜야 할 등화

밤(해가 진 후부터 해가 뜨기 전까지)에 도로에서 차를 운행하는 경우에 켜야 하는 등화는 다음과 같다.

① 자동차 : 자동차안전기준에서 정하는 전조등 · 차폭등 · 미등 · 번호등과 실내조명등(실내조명등은 승합자동차와 여객자동차운송사업용 승용자동차에 한한다)

② 원동기장치자전거 : 전조등 및 미등

③ 견인되는 차 : 미등 · 차폭등 및 번호등

④ 자동차 등 외의 차에 있어서는 지방경찰청장이 정하는 등화

(2) 밤 또는 안개 등 도로에서 정차 · 주차하는 때의 등화

밤 또는 안개가 끼거나 비 또는 눈이 올 때 및 커널 안을 운행하거나 고장 그 밖의 사유로 도로에서 정차 · 주차하는 경우에 켜야 하는 등화는 다음과 같다.

① 자동차 : 미등 및 차폭등

② 이륜자동차(원동기장치자전거 포함) : 미등(후부반사기를 포함)

③ 자동차 등 외의 차 : 지방경찰청장이 정하는 등화

(3) 밤에 마주보고 진행하는 경우의 등화조작

① 밤에 차가 서로 마주보고 진행하는 경우 : 전조등의 밝기를 줄이거나, 빛의 방향을 아래로 향하게 하거나, 일시 등을 끌 것(서로간의 교통을 방해할 우려가 없는 경우에는 예외)

② 앞차의 바로 뒤를 따라가는 경우에는 전조등 불빛의 방향을 아래로 향하도록 하여야 하며, 전조등 불빛의 밝기를 함부로 조작하여 앞차의 운전을 방해하지 아니할 것

※ 마주 오는 차의 전조등에 현혹되지 않으려면 도로의 정면보다 약간 우측을 보는 것이 좋다.

(4) 밤에 교통이 빈번한 곳을 운행할 때

교통이 빈번한 곳을 운행하는 경우에는 전조등의 불빛을 계속 아래로 유지하여야 한다.

※ 좌우를 살필 수 없는 곳이나 커브에서는 조사(비추는) 방향을 상향하거나 점멸하여 차의 접근을 알린다.

3 승차 · 적재

(1) 승차 · 적재방법

① 승차인원 · 적재중량 및 적재용량에 관하여 운행상의 안전기준을 넘어서 승차시키거나 적재한 상태로 운전하여서는 아니 된다. 다만, 출발지를 관할하는 경찰서장의 허가를 받은 경우에는 그러하지 아니하다.

② 운전중 타고 있는 사람 또는 타고 내리는 사람이 떨어지지 아니하도록 문을 정확히 여닫는 등 필요한 조치를 하여야 한다.

③ 운전중 실은 화물이 떨어지지 아니하도록 덮개를 씌우거나 묶는 등 확실하게 고정될 수 있도록 필요한 조치를 하여야 한다.

④ 유아나 동물을 안고 운전장치를 조작하거나 운전석 주위에 물건을 싣는 등 안전에 지장을 줄 우려가 있는 상태로 운전하여서는 아니 된다.

(2) 운행상 안전기준

① 자동차(고속버스 및 화물 자동차 제외)의 승차인원 : 승차정원의 11할 이내. 다만, 고속도로에서는 승차정원을 넘어서 운행할 수 없다.

② 고속버스 운송사업용 자동차 및 화물자동차의 승차인원 : 승차정원 이내
③ 화물자동차의 적재중량 : 구조 및 성능에 따르는 적재중량의 11할 이내
④ 화물자동차의 적재용량은 다음 기준을 넘지 아니할것
- 길이 : 자동차 길이의 1/10의 길이를 더한 길이(이륜차 : 승차·적재장치 길이에 30cm를 더한 길이)
- 너비 : 후사경으로 후방을 확인할 수 있는 범위
- 높이 : 지상 4m(도로구조의 보전과 통행의 안전에 지장이 없다고 인정하여 고시한 도로 노선의 경우에는 4.2m, 소형 3륜 2.5m, 이륜 2m)

(3) 안전기준을 넘는 승차·적재의 허가

① 운행상 안전기준을 넘는 승차·적재를 하고자 할 때 출발지를 관할하는 경찰서장의 허가를 받을 수 있는 경우는 다음과 같다.
- 전신·전화·전기공사, 수도공사, 제설작업 그 밖의 공익을 위한 공사 또는 작업을 위하여 부득이 화물자동차의 승차정원을 넘어서 운행하고자 하는 경우
- 분할이 불가능하여 적재중량 및 적재용량의 기준을 적용할 수 없는 화물을 수송하는 경우

② 운행상 안전기준을 넘는 승차·적재 허가를 받은 경우에는 다음과 같이 한다.
- 안전기준 초과 승차·적재 허가증을 비치할 것
- 화물에는 길이 또는 폭의 양 끝에 너비 30cm, 길이 50cm 이상 빨간 헝겊으로 된 표지를 달것(밤에 운행하는 경우에는 반사체로 된 표지를 달 것)

※예비군 훈련시 인원수송, 이삿짐, 모래, 자갈 등 건축자재를 운송시에는 경찰서장의 안전기준 초과 허가 대상에 해당되지 않는다.

4 정비불량차

(1) 정비불량차의 운전금지

모든 차의 사용자, 정비 책임자 또는 운전자는 장치가 정비되어 있지 아니한 차(정비불량차)를 운전하도록 시키거나 운전하여서는 아니 된다.

(2) 정비불량차의 점검

① 경찰공무원은 정비불량차에 해당한다고 인정하는 차가 운행되고 있는 경우 : 그 차를 정지시킨 후, 자동차등록증 또는 자동차운전면허증을 제시하도록 요구하고, 그 차의 장치를 점검할 수 있다.
② 점검한 결과 정비불량 사항이 발견된 경우 : 응급조치를 하게 한 후에 운전을 하도록 하거나, 통행구간·통행로와 필요한 조건을 정한 후 운전을 계속하게 할 수 있다.
③ 정비상태가 매우 불량하여 위험발생의 우려가 있는 경우 : 자동차등록증을 보관하고 운전의 일시정지를 명할 수 있으며, 필요하면 10일의 범위에서 그 차의 사용을 정지시킬 수 있다.

(3) 유사 표지의 제한 및 운행금지

누구든지 자동차 등에 교통단속용 자동차·범죄수사용 자동차나 그 밖의 긴급자동차와 유사하거나 혐오감을 주는 다음의 도색이나 표지 등을 하거나 그러한 자동차 등을 운전하여서는 아니 된다.
① 긴급자동차로 오인할 수 있는 색칠 또는 표시
② 욕설을 표시하거나 음란한 행위를 묘사하는 등 다른 사람에게 혐오감을 주는 그림·기호 또는 문자

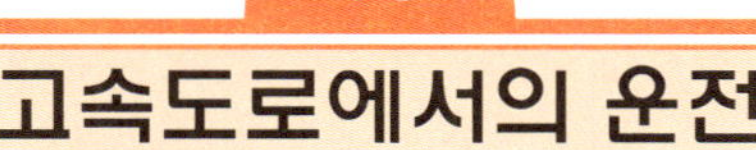

10 고속도로에서의 운전

1 운행전 점검사항

(1) 자동차 점검

① 연료량, 엔진오일 누유 여부
② 냉각수 유무와 누수 상태
③ 냉각장치 및 팬 벨트 상태
④ 라디에이터 캡 작동 상태
⑤ 타이어의 공기압과 마모 상태
⑥ 스페어 타이어, 비상수리공구 및 고장차량 표지판 휴대 여부 상태를 철저히 점검한 후 주행

(2) 화물의 점검

① 화물의 전락 방지조치를 철저히 할 것
② 휴식시간마다 다시 한번 확인할 것

(3) 도로 및 교통상황을 사전 파악

기상정보, 고통상황, 공사구간, 정체구간, 우회도로, 휴게소, 주유소 위치 등을 파악하여 적절한 운행 계획을 세운다.

2 고속도로 주행 시 주의사항

(1) 고속도로 통행 금지

자동차(이륜자동차는 긴급자동차에 한한다) 외의 차마의 운전자 또는 보행자는 고속도로 등을 통행하거나 횡단하여서는 아니된다.

(2) 횡단 등의 금지

자동차의 운전자는 그 차를 운전하여 고속도로 등을 횡단하거나 유턴 또는 후진하여서는 아니된다.
(다만, 긴급자동차 또는 도로의 보수·유지 등의 작업을 하는 자동차로서 응급조치작업에 사용되는 경우에는 그러하지 아니하다)

(3) 정차·주차 금지

자동차의 운전자는 고속도로 등에서 차를 정차 또는 주차시켜서는 아니된다.
다만, 다음의 경우에는 그러하지 아니하다.

① 법령의 규정 또는 경찰공무원의 지시에 따르거나 위험을 방지하기 위하여 일시정차 또는 주차시키는 경우
② 정차 또는 주차할 수 있도록 안전표지를 설치한 곳이나 정류장에서 정차 또는 주차시키는 경우
③ 고장 그 밖의 부득이한 사유로 길가장자리 구역(갓길)에 정차 또는 주차시키는 경우
④ 통행료를 지불하기 위하여 통행료를 받는 곳에서 정차하는 경우
⑤ 도로의 관리자가 고속도로 등을 보수·유지 또는 순회하기 위하여 정차 또는 주차시키는 경우
⑥ 경찰용 긴급자동차가 고속도로 등에서 범죄수사·교통단속 그 밖의 경찰업무수행을 위하여 정차 또는 주차시키는 경우
⑦ 교통이 밀리거나 그 밖의 부득이한 사유로 움직일 수 없는 때에 고속도로 등의 차로에 일시정차 또는 주차시키는 경우

※ 고속도로에서 주·정차할 수 없는 경우
① 휴식을 위해 갓길 정차·주차 금지
② 사진촬영을 위해 정차·주차 금지
③ 운전자 교대시 갓길 정차·주차 금지
④ 교통사고를 구경하기 위해 정차·주차 금지

(4) 고속도로 진입 시 우선 관계

① 자동차(긴급자동차를 제외)의 운전자는 고속도로에 들어가고자 하는 때에는 그 고속도로를 통행하고 있는 다른 자동차의 통행을 방해하여서는 아니된다.
② 긴급자동차 외의 자동차의 운전자는 긴급자동차가 고속도로에 들어가는 때에는 그 진입을 방해하여서는 아니된다.

(5) 갓길 통행 금지

자동차 고장 등 부득이한 사정이 있는 경우를 제외하고는 행정안전부령이 정하는 차로에 따라 통행해야 하며, 갓길로 통행해서는 안된다. 다만, 긴급자동차와 고속도로의 보수·유지 작업을 하는 자동차는 통행할 수 있다.

3 고장 등의 조치

(1) 고장 그 밖의 사유로 운행할 수 없게 된 때(주간)

① 고장차를 도로의 우측 가장자리로 이동조치한다.
② 고장차의 보닛 또는 트렁크를 열어 고장차임을 표시한다.
③ 고장차의 뒤쪽 100m 이상의 지점에 고장차량 표지판을 설치한다.

(2) 밤에 운행할 수 없게 된 때

① 고장차를 도로 가장자리로 이동조치한다.
② 고장차의 뒤쪽 100m 이상의 지점에 고장차량 표지판을 설치한다.
③ 사방 500m 지점에서 식별할 수 있는 적색 섬광신호, 전기제등 또는 불꽃신호를 200m 이상 뒤쪽 도로상에 설치한다.

(3) 하이패스 차로의 사고유형

① 과속이나 졸음운전으로 하이패스 차로에 진입하면서 요금소를 충돌한다.
② 하이패스 단말기에 전원이 공급되지 않거나 배터리가 방전되어 급제동하면서 추돌사고가 발생한다.
③ 충전식 하이패스 카드를 충전하지 않고 진행하다가 갑자기 정지하면서 추돌사고가 발생한다.
④ 단말기의 센서 위에 설치한 연락처나 아파트 주거표지때문에 센서가 작동되지 않아 급제동하면서 추돌사고가 발생한다.
⑤ 요금정산 등의 부득이한 사유로 하이패스 차로를 무단횡단하는 보행자를 충격한다.
⑥ 속도를 줄이지 않고 하이패스 차로를 통과하다 차단기를 미처 발견하지 못하고 급제동하여 추돌사고가 발생한다.

(4) 하이패스 장착차량 주의사항

① 하이패스 차로를 횡단하는 보행자나 부득이한 사유로 정차하는 자동차에 대비하며 진입 전 충분히 감속하여 즉시 정지할 수 있는 속도로 진입한다.
② 고속도로 운행계획이 있으면 충전식 카드의 잔액과 하이패스 단말기의 전원 연결 여부, 배터리 잔량을 확인하고 단말기 센서부 근처에 장애물을 제거하는 등 하이패스 단말기 작동을 미리 점검한다.
③ 만일 하이패스 차로 진입 시 문제가 발생하면 당황하지 않고 진출한 후에 문제를 해결하는 것이 안전한 방법이다.

11 운전자의 의무 및 준수사항

1 운전자의 의무

(1) 교통사고 발생 시 운전자의 조치

누구든지 지방경찰청장으로부터 운전면허를 받지 아니하거나 운전면허의 효력이 정지된 경우에는 자동차 등을 운전하여서는 아니된다.

♣ 무면허 운전이 되는 경우
① 면허를 받지 않고 운전하는 것
② 정기적성검사기간 또는 제2종 면허는 면허증 갱신기간이 지나고 1년이 넘은 면허증으로 운전하는 것
③ 면허의 취소처분을 받은 사람이 운전하는 것
④ 면허의 효력정지기간중에 운전하는 것
⑤ 면허시험 합격 후 면허증 교부 전에 운전하는 것
⑥ 면허 종별 외 운전(제2종 면허로 제1종 면허를 필요로 하는 자동차를 운전하는 것 등)
※ 운전면허를 휴대하지 아니하고 운전하는 경우는 면허증 휴대의무 위반이다.

(2) 술에 취한 상태에서의 운전의 금지

① 누구든지 술에 취한 상태에서 자동차 등(건설기계를 포함)을 운전하여서는 아니된다.
② 경찰공무원은 술에 취한 상태에서 자동차 등을 운전하였다고 인정할만한 상당한 이유가 있는 때에는 운전자가 술에 취하였는지의 여부를 호흡조사에 의하여 측정할 수 있다. 이 경우 운전자는 경찰 공무원의 측정에 응하여야 한다.

③ 술에 취하였는지의 여부를 측정한 결과에 불복하는 운전자에게는 그 운전자의 동의를 얻어 혈액채취 등의 방법으로 다시 측정할 수 있다.
④ 운전이 금지되는 술에 취한 상태의 기준은 혈중알콜농도가 0.03% 이상으로 한다.

• 술에 취한 상태에서 운전할 때 면허 정지
• 만취운전 상태(혈중알코올농도 0.1% 이상) 또는 주취측정에 불응한 때에는 운전면허 취소처분과 동시 5년 이하의 징역이나 2천만원 이하의 벌금
• 음주운전으로 사람을 상해한 자는 15년 이하의 징역 또는 1천만원 이상 3천만원 이하의 벌금(사망의 경우 무기 또는 3년 이상의 징역) 【특가법 제5조의11】

(3) 과로한 때 등의 운전금지

자동차 등의 운전자는 과로・질병 또는 약물(마약・대마 및 향정신성 의약품과 그 밖의 영향)로 인하여 정상적으로 운전하지 못할 우려가 있는 상태에서 자동차 등을 운전하여서는 아니된다.

※ 그 밖의 영향이라 함은, 운전이 금지되는 약물로서 흥분・환각 또는 마취의 작용을 일으키는 유해화학물질(신나・접착제・풍선류 또는 도료・부탄가스)을 말한다.【시행규칙 제28조】

(4) 공동 위험행위 금지

자동차 등의 운전자는 도로에서 2인 이상이 공동으로 2대 이상의 자동차 등을 정당한 사유없이 앞뒤로 또는 좌우로 줄지어 통행하면서 다른 사람에게 위해를 주거나, 교통상 위험을 발생하게 하여서는 아니된다.

2 운전자의 준수사항

(1) 운전자의 준수사항

모든 차의 운전자는 다음 사항을 지켜야 한다.

① 물이 고인 곳을 운행하는 때에는 고인 물을 튀게 하여 다른 사람에게 피해를 주는 일이 없도록 할 것

※ 물이 고인 장소를 통과할 때에는 일시정지 또는 속도를 감속하고 무이 튀지 않게 주의한다.

② 자동차의 앞면 창유리 및 운전석 좌우 옆면 창유리의 암도(暗度)가 낮아서 교통안전 등에 지장을 줄 수 있는 정도로서 가시광선의 투과율이 다음의 기준 미만인 차를 운전하지 아니할 것
다만, 요인 경호용・구급용 및 장의용 자동차는 제외한다.
1. 앞면 창유리의 경우 70% 미만
2. 운전석 좌우 옆면 창유리의 경우 40% 미만

③ 교통 단속용 장비의 기능을 방해하는 장치를 한 차나 그 밖에 안전운전에 지장을 줄 수 있는 것으로서 다음의 기준에 적합하지 아니한 장치를 한 차를 운전하지 아니할 것
1. 경찰관서에서 사용하는 무전기와 동일한 주파수의 무전기
2. 긴급자동차가 아닌 자동차에 부착된 경광등, 사이렌 또는 비상등

④ 도로에서 자동차를 세워 둔 채 시비・다툼 등의 행위를 함으로써 다른 차마의 통행을 방해하지 아니할 것

⑤ 운전자가 운전석으로부터 떠나는 때에는 원동기의 발동을 끄고 제동장치를 철저하게 하는 등 차의 정지상태를 안전하게 유지하고 다른 사람이 함부로 운전하지 못하도록 조치를 할 것

⑥ 운전자는 안전을 확인하지 아니하고 차의 문을 열거나 내려서는 아니되며, 승차자가 교통의 위험을 일으키지 아니하도록 필요한 조치를 할 것

⑦ 운전자는 정당한 사유없이 다음에 해당하는 행위를 하여 다른 사람에게 피해를 주는 소음을 발생시키지 아니할 것
1. 자동차 등을 급히 출발시키거나 속도를 급격히 높이는 행위
2. 자동차 등의 원동기 동력을 차 바퀴에 전달시키지 아니하고 원동기의 회전수를 증가시키는 행위
3. 반복적이거나 연속적으로 경음기를 울리는 행위

⑧ 운전자는 승객이 차 안에서 안전운전에 현저히 장해가 될 정도로 춤을 추는 등 소란행위를 하도록 내버려 두고 차를 운행하지 아니할 것

⑨ 운전자는 자동차 등의 운전중에는 휴대용 전화(자동차용 전화를 포함)를 사용하지 아니할 것
다만, 다음에 해당하는 경우에는 그러하지 아니하다.
1. 자동차 등이 정지하고 있는 경우
2. 긴급자동차를 운전하는 경우
3. 각종 범죄 및 재해 신고 등 긴급한 필요가 있는 경우
4. 손으로 잡지 아니하고도 휴대용 전화를 그 본래의 용도로 사용할 수 있는 장치를 이용하는 경우

⑩ 운전자는 자동차의 화물 적재함에 사람을 태우고 운행하지 아니할 것

⑪ 그 밖에 지방경찰청장이 교통안전과 교통질서 유지상 필요하다고 인정하여 지정・공고한 사항에 따를 것

(2) 특정 운전자의 준수사항

① 자동차를 운전하는 때에는 좌석안전띠를 매어야 하며, 그 옆 좌석의 승차자에게도 좌석안전띠(유아인 경우는 유아보호용 장구를 장착한 후 좌석안전띠)를 매도록 하여야 한다. 다만, 질병 등으로 다음의 사유가 있는 때에는 그러하지 아니하다.
1. 부상・질병・장애 또는 임신 등으로 좌석안전띠의 착용이 적당하지 아니한 때
2. 자동차를 후진시키는 때
3. 신장・비만 그 밖의 신체의 상태가 적당하지 아니한 때
4. 긴급자동차가 그 본래의 용도로 운행되고 있는 때
5. 경호 등을 위한 경찰용 자동차에 호위되거나 유도되고 있는 때
6. 국민투표운동・선거운동 및 국민투표・선거관리업무에 사용되는 자동차의 경우
7. 우편물의 집배, 폐기물의 수집, 그 밖의 빈번히 승강하는 업무에 종사하는 때
8. 여객운송사업용 자동차의 운전자가 승객의 주취・약물복용 등으로 좌석안전띠를 매도록 할 수 없는 때

② 운전자는 옆좌석 외의 좌석의 승차자에게도 좌석안전띠를 매도록 주의를 환기시켜야 하며, 승용자동차에 있어서 유아가 옆좌석 외의 좌석에 승차하는 경우에는 좌석안전띠를 매도록 하여야 한다.

③ 이륜자동차 및 원동기장치자전거(자전거 포함)의 운전자는 인명보호장비를 착용하고 운행하여야 하며, 승차자에게도 이를 착용하도록 하여야 한다(야간 운행시 반사체 부착).

④ 운송사업용자동차 또는 화물자동차 등의 운전자는 다음 행

위를 하여서는 아니된다.

1. 운행기록계가 설치되어 있지 아니하거나 고장 등으로 사용할 수 없는 운행기록계가 설치된 자동차를 운전하는 행위
2. 운행기록계를 원래의 목적대로 사용하지 아니하고 자동차를 운전하는 행위

⑤ 사업용 승용자동차의 운전자는 합승행위 또는 승차거부를 하거나 신고한 요금을 초과하는 요금을 받아서는 아니된다.

⑥ 자전거 운전자는 술에 취한 상태 또는 약물의 영향과 그 밖의 사유로 인하여 정상적으로 운전하지 못할 우려가 있는 상태에서 자전거를 운전하여서 아니된다.

12 교통사고 처리특례

1 교통사고 발생 시 조치

(1) 교통사고 발생 시 운전자의 조치

① 즉시 정지하여 사상자를 구호한다.

② 가장 가까운 경찰공무원 또는 경찰관서에 신고한다.

③ 경찰공무원의 지시에 따른다.
(다만, 운행중인 차만이 손괴된 것이 분명하고 도로에서의 위험방지와 원활한 소통을 위하여 필요한 조치를 한 때에는 그러하지 아니하다)

※ 교통사고 발생 시 조치: 즉시 정지 → 사상자 구호 → 사고 신고

(2) 신고요령

① 사고가 일어난 곳 ② 사상자 수 및 부상 정도

③ 손괴한 물건 및 손괴 정도

④ 긴급자동차 또는 부상자를 운방중인 차 및 우편물자동차 등의 운전자는 긴급한 경우에는 승차자로 하여금 조치 또는 신고를 하게 하고 운전을 계속할 수 있다.

(3) 사고 발생 시 조치 방해 금지

교통사고가 발생한 경우 그 차의 사상자 구호 등 필요한 조치와 경찰공무원에 신고하는 운전자 등의 조치 또는 신고 행위를 방해해서는 아니된다.

※ 교통사고 시 동승한 차주가 도망치자고 하여 도주하면 차주와 운전자를 동시 처벌

2 교통사고시 응급구호처치

(1) 응급구호처치

교통사고로 부상자가 있는 경우 구급차나 의사가 현장에 도착하기까지 운전자나 동승자 등이 구명치료하는 것.

(2) 응급처치의 일반적 순서

① 먼저 부상자를 구출하여 안전한 장소로 이동시킨다.

② 부상자를 조심스럽게 눕힌다.

③ 병원에 신속히 연락한다.

④ 부상부위에 대하여 응급처치한다.

3 교통사고처리 특례

(1) 목적

업무상 과실 또는 중대한 과실로 교통사고를 일으킨 운전자에 관한 형사처벌 등의 특례를 정함으로써, 교통사고로 인한 피해의 신속한 회복을 촉진하고 국민생활의 편익을 증진함을 목적으로 한다.

(2) 교통사고 운전자의 처벌 원칙

① 업무상 과실 또는 중과실로 사람을 사상한 때에는 5년 이하의 금고, 2천만원 이하의 벌금에 처한다(형법).

② 건조물 또는 재물을 손괴한 때에는 2년 이하 금고, 5백만원 이하의 벌금에 처한다(도로교통법).

(3) 교통사고 처벌의 특례

피해자와 합의(불벌의사)하거나 종합보험 또는 공제에 가입한 경우 다음 죄에는 특례의 적용을 받아 형사처벌을 하지 않는다(공소권 없음, 반의사불벌죄).

① 업무상 과실치상죄 ② 중과실치상죄

③ 다른 사람의 건조물, 그 밖의 재물을 손괴한 사고

※ • 종합보험에 가입되었을 경우 원인행위에 대하여는 도로교통법으로 통상처리한다.
• 공소권 : 검사가 특정 형사사건에 대하여 법원에 그 심판을 요구하는 의사표시 및 행위

(4) 특례 적용 제외자

종합보험(공제)에 가입되었고, 피해자가 처벌을 원하지 않아도 다음 경우에는 특례의 적용을 받지 못하고 형사처벌을 받는다(공소권 있음).

① 교통사고로 사람을 치사(사망)한 경우

② 교통사고 야기 후 도주 또는 사고장소로부터 옮겨 유기하고 도주한 때, 같은 죄를 범하고 음주측정 요구에 불응한 때(채혈측정을 요구하거나 동의한 때는 제외)

③ 다음 11개 중요법규 위반으로 사람을 다치게 한 때

1. 신호위반 또는 일시정지를 내용으로 하는 안전표지의 지시 위반
2. 중앙선 침범 또는 고속도로(전용도로)에서 횡단, 유턴, 후진 위반
3. 시속 20km 초과
4. 앞지르기 방법 또는 금지시기, 금지장소 또는 끼어들기 금지 위반
5. 건널목 통과방법 위반
6. 횡단보도에서 보행자 보호의무 위반
7. 무면허(효력정지 · 운전금지 포함) 또는 무면허 건설기계 조종, 국제운전면허 불소지 운전
8. 주취 및 약물복용으로 정상운전을 하지 못할 상태에서 운전
9. 보도 침범, 보도 횡단방법 위반
10. 승객의 추락방지 의무 위반
11. 어린이 보호구역에서 어린이 신체를 상해한 경우

④ 보험 및 공제계약의 무효 또는 해지 등 보험지급 의무가 없게 된 때

※ 공소(공소권)할 수 없는 경우(교통사고 처리특례 적용자)

① 안전운전 불이행	② 제한속도 10km 초과
③ 통행 우선순위 위반	④ 난폭운전
⑤ 교차로 통과방법 위반	⑥ 안전거리 미확보 운전 경우 등

13 자동차 등록 및 관리

자동차의 등록

(1) 신규등록

① 자동차는 등록관청(시 · 군 · 구청)에 등록을 하지 않으면 운전할 수 없다.

② 자동차 등록신청은 임시운행 허가기간 10일 내에 소유자 또는 자동차 제작 · 판매자가 할 수 있다.

※ 자동차 소유권의 득실변경은 등록을 하여야 그 효력이 생긴다.

1) 자동차 등록번호판

자동차 등록을 마친 사람은 자동차에 자동차 등록번호판을 부착한 후 봉인해야 하며, 등록관청의 허가나 다른 법률에 특별한 규정이 없는 한 이를 뗄 수 없다.

2) 자동차 등록증

자동차 등록을 마치게 되면 자동차 등록증을 교부 받는데 사용자는 그 자동차 안에 항상 자동차 등록증을 비치해야 한다.

(2) 변경등록

① 자동차 등록증의 기재사항 중 차대번호, 원동기형식, 자동차 소유자의 성명 및 주민등록번호, 자동차의 사용본거지, 자동차의 용도 등에 변경이 있을 때 하는 등록

② 사유가 발생한 날(주소 변경시는 전입신고일)로부터 15일 이내에 등록관청에 신청한다.

(3) 이전등록

매매, 증여, 상속 등으로 자동차의 소유권을 이전하는 경우 자동차를 양수 받는 사람은 관할 등록관청에 자동차소유권 이전등록을 신청해야 한다.

① 매매의 경우 매수한 날로부터 15일 이내

② 증여의 경우 증여를 받은 날로부터 20일 이내

③ 상속의 경우 상속 개시일로붙처 3월 이내

④ 그 밖의 경우 사유 발생일로붙처 15일 이내

(4) 말소등록

① 자동차를 폐차, 천재지변, 교통사고 등에 의한 멸실, 구입 자동차의 반품, 여객자동차의 경우 차령의 초과, 면허 · 등록 · 인가 또는 신고가 실효 또는 취소된 경우 등에 하는 등록

② 사유 발생일로부터 1월 이내에 자동차 등록증, 번호판 및 봉인을 반납하고 등록관청에 말소등록을 해야 한다.

※ 도난 당한 자동차의 등록을 말소하고자 하는 경우에는 관할 경찰서장이 발급하는 도난신고확인서를 첨부

2 자동차의 검사

신규검사와 정기검사(계속검사)가 있다.

종합검사 대상과 유효기간 <개정>

검 사 대 상		적용 차령	검사 유효 기간
승용자동차	비사업용	차령 4년 초과	2년
	사업용	차령 2년 초과	1년
경형 · 소형 승합 및 화물차	비사업용	차령 3년 초과	1년
	사업용	차령 2년 초과	1년
사업용 대형화물차		차령 2년 초과	6개월
그 밖의 자동차	비사업용	차령 3년 초과	차령 5년까지 1년, 이후부터 6개월
	사업용	차령 2년 초과	차령 5년까지 1년, 이후부터 6개월

※ 검사 유효기간 만료일을 전후 각각 31일 내에 검사를 받아야 한다.

3 자동차보험

(1) 자동차 손해배상 책임보험에 가입(강제보험)

① 자동차를 소유한 사람이 의무적으로 가입해야 하는 보험이다.

② 교통사고시 타인에 대한 손해를 보상한다.

(2) 자동차 종합보험(임의보험: 특례를 적용받을 수 있는 보험)

① 책임보험으로 보상할 수 있는 최고 한도액을 초과하는 손해를 입힌 경우 보상되는 보험이다.

② 대인, 대물, 자손, 자차 등의 차량손해가 일괄적으로 되어 있다.

③ 보험 및 공제조합 가입사실 증명원은 보험사업자 또는 공제사업자가 서면으로 증명해야 한다.

14 차에 작용하는 물리적 힘 요점정리

자연의 법칙

(1) 관성과 마찰

① 주행 중인 차가 클러치를 끊어도 계속 주행하는 것은 관성력이 작용하기 때문이다.

② 주행 중 운전자가 브레이크를 밟으면 타이어와 노면과의 마찰저항이 생겨 차바퀴가 정지한다.

③ 바퀴가 정지한 상태에서 미끄러지는 이유는 노면과 타이어의 마찰저항보다 달리는 속도 관성(운동 에너지)이 더 크기 때문이다.

(2) 구부러진길과 원심력

① 도로 모퉁이나 구부러진 길에서 핸들을 돌리면 자동차가 바깥쪽으로 이탈하려는 원심력이 작용한다. 이 힘이 마찰저항보다 크면 옆으로 미끄러지거나 도로 밖으로 이탈되어 튀어나간다.

② 원심력은 자동차의 구부러진 길의 반경이 적을수록 또한 중량이 클수록 비례하여 커지며 또한 속도의 제곱에 비례하여 커진다.

(3) 속도와 충격력

① 자동차의 속도가 빠를수록, 중량이 클수록, 또한 딱딱한 물체에 충돌했을 때일수록 충격력은 더 커진다.

② 자동차 충격력은 속도의 제곱에 비례하여 커진다(속도가 2배이면 충격력은 4배가 된다).

(4) 수막현상(하이드로플래닝)

① 비가 와서 물이 고여 있는 도로 위를 고속주행 시 타이어와 노면 사이에 수막현상이 생겨 물 위를 달리는 것과 같은 상태가 되는 것을 수막현상이라고 한다.

② 승용차의 경우 시속 90~100km 이상 달리면 발생한다. 수막현상은 타이어 마모상태와 공기압에 따라 달라진다. 공기압이 낮거나 타이어가 마모된 경우 시속 70km 속도에서도 발생되므로 이 경우에는 엔진 브레이크를 사용하여 감속운행하여야 한다.

(5) 베이퍼 록과 페이드 현상

① 베이퍼 록 현상 : 긴 내리막길 등에서 풋 브레이크를 계속 많이 사용하면 브레이크의 마찰열로 인해 브레이크액이 끓어올라 브레이크 파이프에 기포가 형성되어 브레이크가 듣지 않게 되는 현상이다.

② 페이드 현상 : 브레이크 페달을 계속 또는 자주 밟음으로써 발생한 마찰열이 라이닝의 재질을 변형시켜 마찰계수가 떨어지면서 브레이크가 밀리거나 듣지 않게 되는 현상이다.

(6) 스탠딩 웨이브 현상

① 타이어의공기압력이 부족한 상태에서 시속 100km 이상 고속 주행 시 노면의 접지면에서 떨어지는 타이어 일부분이 변형되어 물결모양으로 나타나는 현상이다.

② 타이어 내부 온도가 과열되어 타이어가 파열되면서 사고가 발생한다.

2 사각의 위험성

사각이란 운전자가 운전석에 앉아서 볼 때 시계가 차체 등에 의해 가리어 보이지 않는 부분을 말한다.

(1) 자동차 차체의 사각

① 차의 높이나 운전석의 높이에 따라 사각의 크기가 달라진다.

② 차를 출발시킬 때에는 후사경(백미러·룸미러)으로 확인되지 않는 사각에 어린이들이 놀고 있지 않는가를 내려서 확인한다.

(2) 교차로 등에서의 사각

① 우측방향의 사각 : 앞이 트이지 않은 교차로에서는 반드시 일시정지 또는 서행한다.

② 좌회전 차의 사각 : 좌회전하는 경우 대향(정지)차의 그늘이 사각인 경우 이륜차 등에 조심

③ 구부러진 길의 사각 : 앞이 트이지 않은 부분이 크게 구불수록 사각이 크다.

◎ 음주운전 처벌 기준 ◎

1. 혈중알코올농도 0.03% 이상 : 운전면허 정지
2. 혈중알코올농도 0.08% 이상 : 운전면허 취소
3. 혈중알코올농도 0.03% 이상 0.08%미만 : 1년 이하의 징역 또는 500만원 이하의 벌금
4. 혈중알코올농도 0.08% 이상 0.2%미만 : 1년 이상 2년 이하의 징역 또는 500만원 이상 1천만원 이하의 벌금
5. 혈중알코올농도 0.2% 이상 : 2년 이상 5년 이하의 징역 또는 1천만원 이상 2천만원 이하의 벌금

문장형문제-4지 1답형

01 다음 중 총중량 1.5톤 피견인 승용자동차를 4.5톤 화물자동차로 견인하는 경우 필요한 운전면허에 해당하지 않은 것은?

① 제1종 대형면허 및 소형견인차면허
② 제1종 보통면허 및 대형견인차면허
③ 제1종 보통면허 및 소형견인차면허
④ 제2종 보통면허 및 대형견인차면허

해설
도로교통법 시행규칙 별표18 총중량 750킬로그램을 초과하는 3톤 이하의 피견인 자동차를 견인하기 위해서는 견인하는 자동차를 운전할 수 있는 면허와 소형견인차면허 또는 대형견인차면허를 가지고 있어야 한다.

02 도로교통법령상 운전면허증 발급에 대한 설명으로 옳지 않은 것은?

① 운전면허시험 합격일로부터 30일 이내에 운전면허증을 발급받아야 한다.
② 영문운전면허증을 발급받을 수 없다.
③ 모바일운전면허증을 발급받을 수 있다.
④ 운전면허증을 잃어버린 경우에는 재발급 받을 수 있다.

해설
도로교통법시행규칙 제77조~제81조

03 도로교통법령상 어린이보호구역에 대한 설명으로 바르지 않은 것은?

① 주차금지위반에 대한 범칙금은 노인보호구역과 같다.
② 어린이보호구역 내에는 서행표시를 설치할 수 있다.
③ 어린이보호구역 내에는 주정차가 금지된다.
④ 어린이를 다치게 한 교통사고가 발생하면 합의여부와 관계없이 형사처벌을 받는다.

해설
도로교통법 시행규칙 제93조 제2항 관련 별표 10, 어린이보호구역 내에는 고원식 과속방지턱이 설치될 수 있다. 또한 어린이보호구역에는 주정차가 금지되어 있다(도로교통법 제32조 제8호). 만약 어린이보호구역내에서 사고가 발생했다면 일반적인 교통사고보다 더 중하게 처벌받는다.

04 도로교통법상 승차정원 15인승의 긴급 승합자동차를 처음 운전하려고 할 때 필요한 조건으로 맞는 것은?

① 제1종 보통면허, 교통안전교육 3시간
② 제1종 특수면허(대형견인차), 교통안전교육 2시간
③ 제1종 특수면허(구난차), 교통안전교육 2시간
④ 제2종 보통면허, 교통안전교육 3시간

해설
도로교통법 시행규칙 별표18 승차정원 15인승의 승합자동차는 1종 대형면허 또는 1종 보통면허가 필요하고 긴급자동차 업무에 종사하는 사람은 도로교통법 시행령 제38조의2 제2항에 따른 신규(3시간) 및 정기교통안전교육(2시간)을 받아야 한다.

05 도로교통법상 운전면허의 조건 부과기준 중 운전면허증 기재방법으로 바르지 않는 것은?

① A : 수동변속기
② E : 청각장애인 표지 및 볼록거울
③ G : 특수제작 및 승인차
④ H : 우측 방향지시기

해설
도로교통법 시행규칙 제54조(운전면허의 조건 등) 제3항에 의거, 운전면허 조건의 부과기준은 별표20
A는 자동변속기, B는 의수, C는 의족, D는 보청기, E는 청각장애인 표지 및 볼록거울, F는 수동제동기·가속기, G는 특수제작 및 승인차, H는 우측 방향지시기, I는 왼쪽 엑셀레이터이며, 신체장애인이 운전면허시험에 응시할 때 조건에 맞는 차량으로 시험에 응시 및 합격해야 하며, 합격 후 해당 조건에 맞는 면허증 발급

06 시·도 경찰청장이 발급한 국제운전면허증의 유효기간은 발급받은 날부터 몇 년인가?

① 1년 ② 2년
③ 3년 ④ 4년

해설
도로교통법 제93조에 따라 국제운전면허증의 유효기간은 발급받은 날부터 1년이다.

07 도로교통법상 연습운전면허의 유효 기간은?

① 받은 날부터 6개월 ② 받은 날부터 1년
③ 받은 날부터 2년 ④ 받은 날부터 3년

해설
도로교통법 제81조에 따라 연습운전면허는 그 면허를 받은 날부터 1년 동안 효력을 가진다.

08 승차정원이 11명인 승합자동차로 총중량 780킬로그램의 피견인자동차를 견인하고자 한다. 운전자가 취득해야하는 운전면허의 종류는?

① 제1종 보통면허 및 소형견인차면허
② 제2종 보통면허 및 제1종 소형견인차면허
③ 제1종 보통면허 및 구난차면허
④ 제2종 보통면허 및 제1종 구난차면허

해설
도로교통법 시행규칙 별표18 비고3, 총중량 750킬로그램을 초과하는 3톤이하의 피견인자동차를 견인하기 위해서는 견인하는 자동차를 운전할 수 있는 면허와 제1종 소형견인차면허 또는 대형견인차면허를 가지고 있어야 한다.

09 승차정원이 12명인 승합자동차를 도로에서 운전하려고 한다. 운전자가 취득해야하는 운전면허의 종류는?

① 제1종 대형견인차면허 ② 제1종 구난차면허
③ 제1종 보통면허 ④ 제2종 보통면허

해설
도로교통법 시행규칙 별표18, 제1종 보통면허로 승차정원 15명 이하의 승합자동차 운전가능, ①, ②, ④는 승차정원10명 이하의 승합자동차 운전가능

10 다음 중 도로교통법상 제1종 대형면허 시험에 응시할 수 있는 기준은? (이륜자동차 운전경력은 제외)

① 자동차의 운전경력이 6개월 이상이면서 18세인 사람
② 자동차의 운전경력이 1년 이상이면서 18세인 사람
③ 자동차의 운전경력이 6개월 이상이면서 19세인 사람
④ 자동차의 운전경력이 1년 이상이면서 19세인 사람

해설
도로교통법 제82조 제1항 제6호에 따라 제1종 대형면허는 19세 미만이거나 자동차(이륜자동차는 제외한다)의 운전경력이 1년 미만인 사람은 받을 수 없다.

11 거짓 그밖에 부정한 수단으로 운전면허를 받아 벌금이상의 형이 확정된 경우 얼마동안 운전면허를 취득할 수 없는가?

① 취소일로부터 1년 ② 취소일로부터 2년
③ 취소일로부터 3년 ④ 취소일로부터 4년

해설
도로교통법 제82조 제2항 제7호, 제93조 제1항 제8호의2, 거짓이나 그 밖의 부정한 수단으로 운전면허를 받은 경우 운전면허가 취소된 날부터 1년

정답 01. ④ 02. ② 03. ① 04. ① 05. ① 06. ① 07. ② 08. ① 09. ③ 10. ④ 11. ①

12 다음 중 제2종 보통면허를 취득할 수 있는 사람은?

① 한쪽 눈은 보지 못하나 다른 쪽 눈의 시력이 0.5인 사람
② 붉은색, 녹색, 노란색의 색채 식별이 불가능한 사람
③ 17세인 사람
④ 듣지 못하는 사람

해설
도로교통법 시행령 제45조 제1항 제1호 나목에 따라 제2종 운전면허는 18세 이상으로, 두 눈을 동시에 뜨고 잰시력이 0.5 이상(다만, 한쪽 눈을 보지 못하는 사람은 다른 쪽 눈의 시력이 0.6 이상이어야 한다.)의 시력이 있어야 한다. 또한 붉은색, 녹색 및 노란색의 색채 식별이 가능해야 하나 듣지 못해도 취득이 가능하다.

13 다음 중 도로교통법상 원동기장치자전거의 정의(기준)에 대한 설명으로 옳은 것은?

① 배기량 50시시 이하 - 최고정격출력 0.59킬로와트 이하
② 배기량 50시시 미만 - 최고정격출력 0.59킬로와트 미만
③ 배기량 125시시 이하 - 최고정격출력 11킬로와트 이하
④ 배기량 125시시 미만 - 최고정격출력 11킬로와트 미만

해설
도로교통법 제2조 제19호 나목 정의 참조

14 도로주행시험에 불합격한 사람은 불합격한 날부터 (　)이 지난 후에 다시 도로주행시험에 응시할 수 있다. (　)에 기준으로 맞는 것은?

① 1일　② 3일
③ 5일　④ 7일

해설
도로교통법 시행령 제49조 제4항에 따라 도로주행시험에 불합격한 사람은 불합격한 날부터 3일이 지난 후에 다시 도로주행시험에 응시할 수 있다.

15 원동기 장치자전거 중 개인형 이동장치의 정의에 대한 설명으로 바르지 않은 것은?

① 오르막 각도가 25도 미만이어야 한다.
② 차체 중량이 30킬로그램 미만이어야 한다.
③ 자전거등이란 자전거와 개인형 이동장치를 말한다.
④ 시속 25킬로미터 이상으로 운행할 경우 전동기가 작동하지 않아야 한다.

해설
도로교통법 제2조 제19호2, 자전거 이용 활성화에 관한 법률 제3조 제1호 "개인형 이동장치"란 제19호 나목의 원동기장치자전거 중 시속 25킬로미터 이상으로 운행할 경우 전동기가 작동하지 아니하고 차체 중량이 30킬로그램 미만인 것으로서 행정안전부령으로 정하는 것을 말하며, 등판각도는 규정되어 있지 않다.

16 다음 중 도로교통법상에서 규정하고 있는 "연석선" 정의로 맞는 것은?

① 차마의 통행방향을 명확하게 구분하기 위한 선
② 자동차가 한 줄로 도로의 정하여진 부분을 통행하도록 한 선
③ 차도와 보도를 구분하는 돌 등으로 이어진 선
④ 차로와 차로를 구분하기 위한 선

해설
도로교통법 제2조(정의) 제4호

17 도로교통법상 개인형 이동장치와 관련된 내용으로 맞는 것은?

① 승차정원을 초과하여 운전할 수 있다.
② 운전면허를 반납한 만 65세 이상인 사람이 운전할 수 있다.
③ 만 13세 이상인 사람이 운전면허 취득 없이 운전할 수 있다.
④ 횡단보도에서 개인형 이동장치를 끌거나 들고 횡단할 수 있다.

해설
도로교통법 제13조의2 제6항 자전거등의 운전자가 횡단보도를 이용하여 도로를 횡단할 때에는 자전거등에서 내려서 자전거등을 끌거나 들고 보행하여야 한다.

18 개인형 이동장치의 기준에 대한 설명이다. 바르게 설명된 것은 ?

① 원동기를 단 차 중 시속 20킬로미터 이상으로 운행할 경우 전동기가 작동하지 아니하여야 한다.
② 최고 정격출력 11킬로와트 이하의 원동기를 단 차로 전기자전거를 포함한다.
③ 최고 정격출력 11킬로와트 이하의 원동기를 단 차로 차체 중량이 35킬로그램 미만인 것을 말한다.
④ 차체 중량은 30킬로그램 미만이어야 한다.

해설
도로교통법 제2조 제19호 나목 그 밖에 배기량 125시시 이하(전기를 동력으로 하는 경우에는 최고 정격출력 11킬로와트 이하)의 원동기를 단 차(자전거 이용 활성화에 관한 법률 제2조 제1호의 2에 따른 전기자전거는 제외한다) 19의 2호 "개인형 이동장치"란 제19호 나목의 원동기장치자전거 중 시속 25킬로미터 이상으로 운행할 경우 전동기가 작동하지 아니하고 차체 중량이 30킬로그램 미만인 것으로서 행정안전부령으로 정하는 것을 말한다.

19 도로교통법령상 영문운전면허증에 대한 설명으로 옳지 않은 것은?(제네바협약 또는 비엔나협약 가입국으로 한정)

① 영문운전면허증 인정 국가에서 운전할 때 별도의 번역공증서 없이 운전이 가능하다.
② 영문운전면허증 인정 국가에서는 체류기간에 상관없이 사용할 수 있다.
③ 영문운전면허증 불인정 국가에서는 한국운전면허증, 국제운전면허증, 여권을 지참해야 한다.
④ 운전면허증 뒤쪽에 영문으로 운전면허증의 내용을 표기한 것이다.

해설
영문운전면허증 안내(도로교통공단) 운전할 수 있는 기간이 국가마다 상이하며, 대부분 3개월 정도의 단기간만 허용하고 있으므로 장기체류를 하는 경우 해당국 운전면허를 취득해야 한다.

20 도로교통법상 원동기장치자전거는 전기를 동력으로 하는 경우에는 최고정격출력(　)이하의 이륜자동차 이다. (　)에 기준으로 맞는 것은?

① 11킬로와트　② 9킬로와트
③ 5킬로와트　④ 0.59킬로와트

해설
도로교통법 제2조(용어) 원동기장치자전거란 자동차관리법상 이륜자동차 가운데 배기량 125시시 이하(전기를 동력으로 하는 경우에는 최고정격출력 11킬로와트 이하)의 이륜자동차와 그 밖에 배기량 125시시 이하(전기를 동력으로 하는 경우에는 최고정격출력 11킬로와트 이하)의 원동기를 단 차

21 도로교통법상, 고령자 면허 갱신 및 적성검사의 주기가 3년인 사람의 연령기준으로 맞는 것은?

① 만 65세 이상　② 만 70세 이상
③ 만 75세 이상　④ 만 80세 이상

해설
도로교통법 제87조 제1항

22 다음은 도로교통법령상 운전면허증을 발급 받으려는 사람의 본인여부 확인 절차에 대한 설명이다. 틀린 것은?

① 주민등록증을 분실한 경우 주민등록증 발급신청 확인서로 가능하다.
② 신분증명서 또는 지문정보로 본인여부를 확인 할 수 없으면 시험에 응시할 수 없다.
③ 신청인의 동의 없이 전자적 방법으로 지문정보를 대조하여 확인할 수 있다.
④ 본인여부 확인을 거부하는 경우 운전면허증 발급을 거부할 수 있다.

해설
도로교통법 제87조의2, 도로교통법시행규칙 제57조(운전면허시험응시) 신분증명서를 제시하지 못하는 사람은 신청인이 원하는 경우 전자적 방법으로 지문정보를 대조하여 본인 확인할 수 있다.

정답 12. ④ 13. ③ 14. ② 15. ① 16. ③ 17. ④ 18. ④ 19. ② 20. ① 21. ③ 22. ③

23 다음 중 수소대형승합자동차(승차정원 35인승 이상)를 신규로 운전하려는 운전자에 대한 특별교육을 실시하는 기관은?

① 한국가스안전공사　　② 한국산업안전공단
③ 한국도로교통공단　　④ 한국도로공사

고압가스안전관리법 시행규칙 제51조제1항 별표31

24 도로교통법상 교통법규 위반으로 운전면허 효력 정지처분을 받을 가능성이 있는 사람이 특별교통안전 권장교육을 받고자 하는 경우 누구에게 신청하여야 하는가?

① 도로교통공단 이사장　　② 주소지 지방자치단체장
③ 운전면허 시험장장　　④ 시 · 도경찰청장

해설

도로교통법 제73조(교통안전교육) ③ 다음 각 호의 어느 하나에 해당하는 사람이 시·도경찰청장에게 신청하는 경우에는 대통령령으로 정하는 바에 따라 특별교통안전 권장교육을 받을 수 있다. 이 경우 권장교육을 받기 전 1년 이내에 해당 교육을 받지 아니한 사람에 한정한다.

1. 교통법규 위반 등 제2항제2호 및 제4호에 따른 사유 외의 사유로 인하여 운전면허효력 정지처분을 받게 되거나 받은 사람
2. 교통법규 위반 등으로 인하여 운전면허효력 정지처분을 받을 가능성이 있는 사람
3. 제2항제2호부터 제4호까지에 해당하여 제2항에 따른 특별교통안전 의무교육을 받은 사람
4. 운전면허를 받은 사람 중 교육을 받으려는 날에 65세 이상인 사람

25 도로교통법령상 한쪽 눈을 보지 못하는 사람이 제1종 보통면허를 취득하려는 경우 다른 쪽 눈의 시력이 ( ) 이상, 수평시야가 ( )도 이상, 수직시야가 20도 이상, 중심시야 20도 내 암점과 반맹이 없어야 한다. ( )안에 기준으로 맞는 것은?

① 0.5, 50　　② 0.6, 80
③ 0.7, 100　　④ 0.8, 120

해설

도로교통법시행령 제45조(자동차등의 운전에 필요한 적성의 기준) 다만, 한쪽 눈을 보지 못하는 사람이 제1종 보통 운전면허를 취득하려는 경우 자동차등의 운전에 필요한 적성의 기준에서 다른 쪽 눈의 시력이 0.8이상이고 수평시야가 120도 이상이며, 수직시야가 20도 이상이고, 중심시야 20도 내 암점과 반맹이 없어야 한다.

26 제1종 운전면허를 발급받은 65세 이상 75세 미만인 사람(한쪽 눈만 보지 못하는 사람은 제외)은 몇 년마다 정기적성검사를 받아야 하나?

① 3년마다　② 5년마다　③ 10년마다　④ 15년마다

해설

도로교통법 87조 제1항 1호 제1종 운전면허를 발급받은 65세 이상 75세 미만인 사람은 5년마다 정기적성검사를 받아야 한다. 다만 한쪽 눈만 보지 못하는 사람으로서 제1종 면허중 보통면허를 취득한 사람은 3년이다.

27 다음 중 고압가스안전관리법령상 수소자동차 운전자의 안전교육(특별교육)에 대한 설명 중 잘못된 것은??

① 수소승용자동차 운전자는 특별교육 대상이 아니다.
② 수소대형승합자동차(승차정원 36인승 이상) 신규 종사하려는 운전자는 특별교육 대상이다.
③ 수소자동차 운전자 특별교육은 한국가스안전공사에서 실시한다.
④ 여객자동차운수사업법에 따른 대여사업용자동차를 임차하여 운전하는 운전자도 특별교육 대상이다.

해설

고압가스안전관리법 시행규칙 제51조(안전교육), 별표31에 따라 수소가스사용자동차 중 자동차관리법 시행규칙 별표1 제1호에 따른 대형승합자동차 운전자로 신규 종사하려는 경우에는 특별교육을 이수하여야 한다.
여객자동차운수사업에 따른 대여사업용자동차 종류는 승용자동차, 경형·소형·중형 승합자동차, 캠핑자동차이다.

28 도로교통법령상 제2종 보통면허로 운전할 수 없는 차는?

① 구난자동차
② 승차정원 10인 미만의 승합자동차
③ 승용자동차
④ 적재중량 2.5톤의 화물자동차

해설

도로교통법 시행규칙 별표18(운전할 수 있는 차의 종류)

29 다음 중 도로교통법령상 영문 운전면허증을 발급 받을 수 없는 사람은?

① 운전면허시험에 합격하여 운전면허증을 신청하는 경우
② 운전면허 적성검사에 합격하여 운전면허증을 신청하는 경우
③ 외국면허증을 국내면허증으로 교환 발급 신청하는 경우
④ 연습운전면허증으로 신청하는 경우

해설

도로교통법시행규칙 제78조(영문 운전면허증의 신청 등) 연습운전면허 소지자는 영문운전면허증 발급 대상이 아니다.

30 운전면허시험 부정행위로 그 시험이 무효로 처리된 사람은 그 처분이 있는 날부터 (　)간 해당시험에 응시하지 못한다. (　)안에 기준으로 맞는 것은?

① 2년　　② 3년
③ 4년　　④ 5년

해설

도로교통법제84조의2 부정행위자에 대한 조치, 부정행위로 시험이 무효로 처리된 사람은 그 처분이 있는 날부터 2년간 해당시험에 응시하지 못한다.

31 다음 중 도로교통법령상 운전면허증 갱신발급이나 정기 적성검사의 연기 사유가 아닌 것은?

① 해외 체류 중인 경우
② 질병으로 인하여 거동이 불가능한 경우
③ 군인사법에 따른 육·해·공군 부사관 이상의 간부로 복무중인 경우
④ 재해 또는 재난을 당한 경우

해설

도로교통법 시행령 제55조 제1항
1. 해외에 체류 중인 경우 2. 재해 또는 재난을 당한 경우 3. 질병이나 부상으로 인하여 거동이 불가능한 경우 4. 법령에 따라 신체의 자유를 구속당한 경우 5. 군 복무 중(「병역법」에 따라 교정시설경비교도·의무경찰 또는 의무소방원으로 전환복무 중인 경우를 포함하고, 사병으로 한정한다)인 경우 6. 그 밖에 사회통념상 부득이하다고 인정할 만한 상당한 이유가 있는 경우

32 도로교통법령상 운전면허증 갱신기간의 연기를 받은 사람은 그 사유가 없어진 날부터 (　) 이내에 운전면허증을 갱신하여 발급받아야 한다. (　)에 기준으로 맞는 것은?

① 1개월　　② 3개월
③ 6개월　　④ 12개월

해설

도로교통법 시행령 제55조 제3항 운전면허증 갱신기간의 연기를 받은 사람은 그 사유가 없어진 날부터 3개월 이내에 운전면허증을 갱신하여 발급받아야 한다.

33 다음 수소자동차 운전자 중 고압가스관리법령상 특별교육 대상으로 맞는 것은?

① 수소승용자동차 운전자
② 수소대형승합자동차(승차정원 36인승 이상) 운전자
③ 수소화물자동차 운전자
④ 수소특수자동차 운전자

해설

고압가스안전관리법 시행규칙 제51조1 제1항 별표 31

정답　23. ①　24. ④　25. ④　26. ②　27. ④　28. ①　29. ④　30. ①　31. ③　32. ②　33. ②

34 다음 타이어 특성 중 자동차 에너지 소비효율에 가장 큰 영향을 주는 것은 무엇인가?

① 노면 제동력 ② 내마모성
③ 회전저항 ④ 노면 접지력

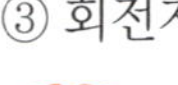

자동차용 타이어의 에너지 소비효율 측정 및 등급기준·표시 등에 관한 규정 제4조에 따라 타이어를 판매하고자 하는 경우 에너지 소비효율 등급을 측정 및 표기하여야 하며, 이때 자동차 에너지 소비효율에 관한 사항인 회전저항 측정 시험을 하고 그 수치를 등급으로 표시해야함.
*회전저항 : 단위 주행거리당 소비되는 에너지로 단위는 N을 사용

35 운전자가 가짜 석유제품임을 알면서 차량 연료로 사용할 경우 처벌기준은?

① 과태료 5만원~10만원 ② 과태료 50만원~1백만원
③ 과태료 2백만원~2천만원 ④ 처벌되지 않는다.

해설
석유 및 석유대체연료 사업법 시행령 별표6 과태료 시행기준 가짜 석유제품임을 알면서 차량연료로 사용할 경우 사용량에 따라 2백만원에서 2천만원까지 과태료가 부과될 수 있다.

36 다음중 전기자동차 충전 시설에 대해서 틀린 것은?

① 공용충전기란 휴게소·대형마트·관공서 등에 설치되어있는 충전기를 말한다.
② 전기차의 충전방식으로는 교류를 사용하는 완속충전 방식과 직류를 사용하는 급속충전 방식이 있다.
③ 공용충전기는 사전 등록된 차량에 한하여 사용이 가능하다.
④ 본인 소유의 부지를 가지고 있을 경우 개인용 충전 시설을 설치할 수 있다.

해설
한국전기설비규정(KEC) 241.17 전기자동차 전원설비, 공용충전기는 전기자동차를 가지고 있는 운전자라면 누구나 이용 가능하다.

37 가짜 석유를 주유했을 때 자동차에 발생할 수 있는 문제점이 아닌 것은?

① 연료 공급장치 부식 및 파손으로 인한 엔진 소음 증가
② 연료를 분사하는 인젝터 파손으로 인한 출력 및 연비 감소
③ 윤활성 상승으로 인한 엔진 마찰력 감소로 출력 저하
④ 연료를 공급하는 연료 고압 펌프 파손으로 시동 꺼짐

해설
가짜석유를 자동차 연료로 사용하였을 경우, 윤활성 저하로 인한 마찰력 증가로 연료 고압 펌프 및 인젝터 파손이 발생할 수 있다.

38 일반적으로 무보수(MF : Maintenance Free)배터리 수명이 다한 경우, 점검창에나타나는 색깔은?

① 황색 ② 백색
③ 검은색 ④ 녹색

해설
제조사에 따라 점검창의 색깔을 달리 사용하고 있으나,
일반적인 무보수(MF : Maintenance Free)배터리는 정상인 경우 녹색(청색), 전해액의 비중이 낮다는 의미의 검은색은 충전 및 교체, 백색(적색)은 배터리 수명이 다한 경우를 말한다.

39 수소가스 누출을 확인할 수 있는 방법이 아닌 것은?

① 가연성 가스검지기 활용 측정
② 비눗물을 통한 확인
③ 가스 냄새를 맡아 확인
④ 수소검지기로 확인

해설
수소자동차 충전소 시공매뉴얼, p.12. 한국가스안전공사 수소는 지구에서 가장 가벼운 원소로 무색, 무미, 무독한 특징을 가지고 있다. 또한 수소와 비슷한 확산 속도를 가진 부취제가 없어 누출 감지가 어려운 가스이다.

40 법령상 자동차의 등화 종류와 그 등광색을 연결한 것으로 맞는 것은?

① 후퇴등 - 호박색 ② 번호등 - 청색
③ 후미등 - 백색 ④ 제동등 - 적색

해설
등광색은 후퇴등·번호등은 백색이고(자동차 및 자동차부품의 성능과 기준에 관한 규칙 제39조, 제41조), 후미등·제동등은 적색이다(동 규칙 제42조, 제43조).

41 다음 중 차량 연료로 사용될 경우, 가짜 석유제품으로 볼 수 없는 것은?

① 휘발유에 메탄올이 혼합된 제품
② 보통 휘발유에 고급 휘발유가 약 5% 미만으로 혼합된 제품
③ 경유에 등유가 혼합된 제품
④ 경유에 물이 약 5% 미만으로 혼합된 제품

해설
석유 및 석유대체연료 사업법에서 규정한 가짜 석유제품이란 석유제품에 다른 석유제품(등급이 다른 석유제품 포함) 또는 석유화학제품 등을 혼합하는 방법으로 차량 연료로 사용할 목적으로 제조된 것을 말하며, 혼합량에 따른 별도 적용 기준은 없으므로 소량을 혼합해도 가짜 석유제품으로 볼 수 있다. 가짜 석유제품 또는 적법한 용도를 벗어난 연료 사용은 차량이상으로 이어져 교통사고 및 유해 배출가스 증가로 인한 환경오염 등을 유발한다. 휘발유, 경유 등에 물과 침전물이 유입되는 경우 품질 부적합 제품으로 본다.

42 수소차량의 안전수칙으로 틀린 것은?

① 충전하기 전 차량의 시동을 끈다.
② 충전소에서 흡연은 차량에 떨어져서 한다.
③ 수소가스가 누설할 때에는 충전소 안전관리자에게 안전점검을 요청한다.
④ 수소차량의 충돌 등 교통사고 후에는 가스 안전점검을 받은 후 사용한다.

해설
수소자동차 충전시설 유지관리 매뉴얼, p.21. 일반적인 주의사항으로는 1) 충전소 주변은 절대 금연, 2) 방폭형 전기설비 사용, 3) 가스 설비실 내 휴대전화 사용 금지, 4) 충전소 내 차량 제한속도 10km 이하, 5) 매뉴얼 숙지 전 장비작동금지, 6) 충전소는 교육된 인원에 의해서만 사용 및 유지 보수되어야 함, 7) 매뉴얼에 언급된 사항 및 고압가스안전관리법에 따라 운영할 것, 8) 불안전한 상황에서 장비작동 금지, 9) 안전관련 설비가 제대로 작동하지 않는 상태에서는 운전을 금지하고, 안전 관련 설비를 무시하고 운전하지 말 것, 10) 운전 및 유지 보수 관련 절차 준수, 11) 매뉴얼에 설명된 압력 범위 내에서만 운전할 것.

43 다음 중 수소차량에서 누출을 확인하지 않아도 되는 곳은?

① 밸브와 용기의 접속부 ② 조정기
③ 가스 호스와 배관 연결부 ④ 연료전지 부스트 인버터

해설
전장장치는 연료전지 스택으로부터 출력된 DC를 AC로 변환하는 인버터와 제동 시 발생하는 전기를 저장하기 위한 슈퍼커패시터 및 이차전지 등으로 구성된다. 전력변환장치는 스택으로부터 얻어지는 DC 전력을 모터 구성 전압 수준으로 변환하거나 고전류의 AC 구동모터를 구동 및 제어하기 위해 DC 전력을 AC 전력으로 변환하고 차량 내 각종 전자기기들을 구동하기 위한 전압으로 전환하는 역할을 한다.

44 자율주행자동차 상용화 촉진 및 지원에 관한 법령상 자율주행자동차에 대한 설명으로 잘못된 것은?

① 자율주행자동차의 종류는 완전자율주행자동차와 부분자율주행자동차로 구분할 수 있다.
② 완전 자율주행자동차는 자율주행시스템만으로 운행할 수 있어 운전자가 없거나 운전자 또는 승객의 개입이 필요하지 아니한 자동차를 말한다.
③ 부분자율주행자동차는 자율주행시스템만으로 운행할 수 없거나 운전자가 지속적으로 주시할 필요가 있는 등 운전자 또는 승객의 개입이 필요한 자동차를 말한다.
④ 자율주행자동차는 승용자동차에 한정되어 적용하고, 승합자동차나 화물자동차는 이 법이 적용되지 않는다.

해설
자율주행자동차 상용화 촉진 및 지원에 관한 법률 제2조 제1항제1호, 제2항에 따라
1. 부분 자율주행자동차 : 자율주행시스템만으로는 운행할 수 없거나 운전자가 지속적으로 주시할 필요가 있는 등 운전자 또는 승객의 개입이 필요한 자율주행자동차
2. 완전 자율주행자동차 : 자율주행시스템만으로 운행할 수 있어 운전자가 없거나 운전자 또는 승객의 개입이 필요하지 아니한 자율주행자동차로 구분하며, ④ 자율주행자동차는 승용자동차에 한정되지 않고 승합자동차 또는 화물자동차에 도 적용된다.

정답 34. ③ 35. ③ 36. ③ 37. ③ 38. ② 39. ③ 40. ④ 41. ④ 42. ② 43. ④ 44. ④

45 전기차 충전을 위한 올바른 방법으로 적절하지 않은 것은?

① 충전할 때는 규격에 맞는 충전기와 어댑터를 사용한다.
② 충전 중에는 충전 커넥터를 임의로 분리하지 않고 충전 종료 버튼으로 종료한다.
③ 젖은 손으로 충전기 사용을 하지 않고 충전장치에 물이 들어가지 않도록 주의한다.
④ 휴대용 충전기를 이용하여 충전할 경우 가정용 멀티탭이나 연장선을 사용한다.

해설
전기차 충전을 위해 규격에 맞지 않는 멀티탭이나 연장선 사용 시 고전력으로 인한 화재 위험성이 있다.

46 LPG차량의 연료특성에 대한 설명으로 적당하지 않은 것은?

① 일반적인 상온에서는 기체로 존재한다.
② 차량용 LPG는 독특한 냄새가 있다.
③ 일반적으로 공기보다 가볍다.
④ 폭발 위험성이 크다.

해설
끓는점이 낮아 일반적인 상온에서 기체 상태로 존재한다. 압력을 가해 액체 상태로 만들어 압력 용기에 보관하며 가정용, 자동차용으로 사용한다. 일반 공기보다 무겁고 폭발위험성이 크다. LPG 자체는 무색무취이지만 차량용 LPG에는 특수한 향을 섞어 누출 여부를 확인할 수 있도록 하고 있다.

47 자동차의 제동력을 저하하는 원인으로 가장 거리가 먼 것은?

① 마스터 실린더 고장
② 휠 실린더 불량
③ 릴리스 포크 변형
④ 베이퍼 록 발생

해설
릴리스 포크는 릴리스 베어링 칼라에 끼워져 릴리스 베어링에 페달의 조작력을 전달하는 작동을 한다

48 주행 보조장치가 장착된 자동차의 운전방법으로 바르지 않은 것은?

① 주행 보조장치를 사용하는 경우 주행 보조장치 작동 유지 여부를 수시로 확인하며 주행한다.
② 운전 개입 경고 시 주행 보조장치가 해제될 때까지 기다렸다가 개입해야 한다.
③ 주행 보조장치의 일부 또는 전체를 해제하는 경우 작동 여부를 확인한다.
④ 주행 보조장치가 작동되고 있더라도 즉시 개입할 수 있도록 대기하면서 운전한다.

해설
운전 개입 경고 시 즉시 개입하여 운전해야 한다.

49 자동차를 안전하고 편리하게 주행할 수 있도록 보조해 주는 기능에 대한 설명으로 잘못된 것은?

① LFA(Lane Following Assist)는 "차로유지보조"기능으로 자동차가 차로 중앙을 유지하며 주행할 수 있도록 보조해 주는 기능이다.
② ASCC(Adaptive Smart Crusise Control)는 "차간거리 및 속도유지"기능으로 운전자가 설정한 속도로 주행하면서 앞차와의 거리를 유지하여 스스로 가·감속을 해주는 기능이다.
③ ABSD(Active Blind Spot Detection)는 "사각지대감지"기능으로 사각지대의 충돌 위험을 감지해 안전한 차로 변경을 돕는 기능이다.
④ AEB(Autonomous Emergency Braking)는 "자동긴급제동"기능으로 브레이크 제동시 타이어가 잠기는 것을 방지하여 제동거리를 줄여주는 기능이다.

해설
안전을 위한 첨단자동차기능으로 LFA, ASCC, ABSD, AEB 등 다양한 기능이 있으며 자동차 구입 옵션에 따라 운전자가 선택할 수 있는 부분이 있으며, 운전 중 필요에 따라 일정부분기능해제도 운전자가 선택할 수 있도록 되어 있다. AEB는 운전자가 위험상황 발생시 브레이크 작동을 하지 않거나 약하게 브레이크를 작동하여 충돌을 피할 수 없을 경우 시스템이 자동으로 긴급제동을 하는 기능이다. 보기 ④는 ABS에 대한 설명이다.

50 다음 중 수소자동차의 주요 구성품이 아닌 것은?

① 연료전지
② 구동모터
③ 엔진
④ 배터리

해설
수소자동차의 작동원리 : 수소 저장용기에 저장된 수소를 연료전지 시스템에 공급하여 연료전지 스택에서 산소와 수소의 화학반응으로 전기를 생성한다. 생성된 전기는 모터를 구동시켜 자동차를 움직이거나, 주행상태에 따라 배터리에 저장된다.
엔진은 내연기관 자동차의 구성품이다.

51 도로교통법령상 자율주행시스템에 대한 설명으로 틀린 것은?

① 도로교통법상 "운전"에는 도로에서 차마를 그 본래의 사용방법에 따라 자율주행시스템을 사용하는 것은 포함되지 않는다.
② 운전자가 자율주행시스템을 사용하여 운전하는 경우에는 휴대전화 사용금지규정을 적용하지 아니한다.
③ 자율주행시스템의 직접 운전 요구에 지체없이 대응하지 아니한 자율주행승용자동차의 운전자에 대한 범칙금액은 4만원이다.
④ "자율주행시스템"이란 운전자 또는 승객의 조작 없이 주변상황과 도로 정보 등을 스스로 인지하고 판단하여 자동차를 운행할 수 있게 하는 자동화 장비, 소프트웨어 및 이와 관련한 모든 장치를 말한다.

해설
도로교통법 제2조제26호, 제50조의2, 도로교통법 시행령 별표8. 38의3호
"운전"이란 도로에서 차마 또는 노면전차를 그 본래의 사용방법에 따라 사용하는 것(조종 또는 자율주행시스템을 사용하는 것을 포함한다)을 말한다.
완전 자율주행시스템에 해당하지 아니하는 자율주행시스템을 갖춘 자동차의 운전자는 자율주행시스템의 직접 운전 요구에 지체 없이 대응하여 조향장치, 제동장치 및 그 밖의 장치를 직접 조작하여 운전하여야 한다.
운전자가 자율주행시스템을 사용하여 운전하는 경우에는 제49조제1항제10호, 제11호 및 제11호의2의 규정을 적용하지 아니한다.
자율주행자동차 상용화 촉진 및 지원에 관한 법률 제2조제1항제2호
"자율주행시스템"이란 운전자 또는 승객의 조작 없이 주변상황과 도로 정보 등을 스스로 인지하고 판단하여 자동차를 운행할 수 있게 하는 자동화 장비, 소프트웨어 및 이와 관련한 모든 장치를 말한다.

52 자동차 내열기관의 크랭크축에서 발생하는 회전력(순간적으로 내는 힘)을 무엇이라 하는가?

① 토크
② 연비
③ 배기량
④ 마력

해설
② 1리터의 연료로 주행할 수 있는 거리이다. ③ 내연기관에서 피스톤이 움직이는 부피이다.
④ 75킬로그램의 무게를 1초 동안에 1미터 이동하는 일의 양이다.

53 도로교통법령상 자동차(단, 어린이통학버스 제외) 창유리 가시광선 투과율의 규제를 받는 것은?

① 뒷좌석 옆면 창유리
② 앞면, 운전석 좌우 옆면 창유리
③ 앞면, 운전석 좌우, 뒷면 창유리
④ 모든 창유리

해설
자동차의 앞면 창유리와 운전석 좌우 옆면 창유리의 가시광선(可視光線)의 투과율이 대통령령으로 정하는 기준보다 낮아 교통안전 등에 지장을 줄 수 있는 차를 운전하지 아니해야 한다.

54 화물자동차 운수사업법에 따른 화물자동차 운송사업자는 관련 법령에 따라 운행기록장치에 기록된 운행기록을 ( )동안 보관하여야 한다. ( ) 안에 기준으로 맞는 것은?

① 3개월
② 6개월
③ 1년
④ 2년

해설
교통안전법 시행령 제45조 제2항, 교통안전법상 6개월 동안 보관하여야 한다.

정답 45. ④ 46. ③ 47. ③ 48. ② 49. ④ 50. ③ 51. ① 52. ① 53. ② 54. ②

55 자동차관리법령상 승용자동차는 몇 인 이하를 운송하기에 적합하게 제작된 자동차인가?

① 10인 ② 12인
③ 15인 ④ 18인

해설
승용자동차는 10인 이하를 운송하기에 적합하게 제작된 자동차이다.

56 자동차관리법령상 비사업용 신규 승용자동차의 최초검사 유효기간은?

① 1년 ② 2년
③ 4년 ④ 6년

해설
비사업용 승용자동차 및 피견인자동차의 최초 검사유효기간은 4년이다.

57 비사업용 및 대여사업용 전기자동차와 수소 연료전지자동차(하이브리드 자동차 제외) 전용번호판 색상으로 맞는 것은?

① 황색 바탕에 검은색 문자
② 파란색 바탕에 검은색 문자
③ 감청색 바탕에 흰색 문자
④ 보랏빛 바탕에 검은색 문자

해설
자동차 등록번호판 등의 기준에 관한 고시(국토교통부 고시 제2017-245호 2017.4.18. 일부개정)
1. 비사업용
가. 일반용(SOFA자동차, 대여사업용 자동차 포함) : 분홍빛 흰색바탕에 보랏빛 검은색 문자
나. 외교용(외교, 영사, 준외, 준영, 국기, 협정, 대표) : 감청색바탕에 흰색문자
2. 자동차운수사업용 : 황색바탕에 검은색 문자
3. 이륜자동차번호판 : 흰색바탕에 청색문자
4. 전기자동차번호판 : 파란색 바탕에 검은색 문자

58 자동차관리법령상 자동차의 정기검사의 기간은 검사 유효기간 만료일 전후 (　　) 이내이다. (　)에 기준으로 맞는 것은?

① 31일 ② 41일
③ 51일 ④ 61일

해설
정기검사의 기간은 검사 유효기간 만료일 전후 31일 이내이다.

59 자동차관리법령상 소형 승합자동차의 검사 유효기간으로 맞는 것은?

① 6개월 ② 1년
③ 2년 ④ 4년

해설
자동차관리법 시행규칙 별표15의2 경형, 소형의 승합 및 화물자동차의 검사 유효기간은 1년이다.

60 자동차손해배상보장법상 의무보험에 가입하지 않은 자동차보유자의 처벌 기준으로 맞는 것은?(자동차 미운행)

① 300만 원 이하의 과태료
② 500만 원 이하의 과태료
③ 1년 이하의 징역 또는 1천만 원 이하의 벌금
④ 2년 이하의 징역 또는 2천만 원 이하의 벌금

해설
자동차손해배상보장법 제48조(과태료) ③다음 각 호의 어느 하나에 해당하는 자에게는 300만 원 이하의 과태료를 부과한다. 1. 제5조제1항부터 제3항까지의 규정에 따른 의무보험에 가입하지 아니한 자
제46조(벌칙) ②다음 각 호의 어느 하나에 해당하는 자는 1년 이하의 징역 또는 1천만원 이하의 벌금에 처한다.
2. 제8조 본문을 위반하여 의무보험에 가입되어 있지 아니한 자동차를 운행한 자동차보유자

61 자동차관리법령상 차령이 6년이 지난 피견인자동차의 검사 유효기간으로 맞는 것은?

① 6개월 ② 1년 ③ 2년 ④ 4년

해설
자동차관리법 시행규칙 별표15의2 비사업용 승용자동차 및 피견인자동차의 검사 유효기간은 2년(신조차로서 법제43조제5항의 규정에 의하여 신규검사를 받은 것으로 보는 자동차의 최초검사 유효기간은 4년)이다.

62 자동차관리법령상 신차 구입 시 임시운행 허가 유효기간의 기준은?

① 10일 이내 ② 15일 이내
③ 20일 이내 ④ 30일 이내

해설
자동차관리법 시행령 제7조제2항제1호 임시운행 허가 유효기간은 10일 이내이다.

63 다음 차량 중 하이패스차로 이용이 불가능한 차량은?

① 적재중량 16톤 덤프트럭
② 서울과 수원을 운행하는 2층 좌석버스
③ 단차로인 경우, 차폭이 3.7m인 소방차량
④ 10톤 대형 구난차량

해설
하이패스차로는 단차로 차폭 3.0m, 다차로 차폭 3,6m이다.

64 다음 중 자동차관리법령에 따른 자동차 변경등록 사유가 아닌 것은?

① 자동차의 사용본거지를 변경한 때
② 자동차의 차대번호를 변경한 때
③ 소유권이 변동된 때
④ 법인의 명칭이 변경된 때

해설
자동차등록령 제22조, 제26조 자동차 소유권의 변동이 된 때에는 이전등록을 하여야 한다.

65 자율주행자동차 운전자의 마음가짐으로 바르지 않은 것은?

① 자율주행자동차이므로 술에 취한 상태에서 운전해도 된다.
② 과로한 상태에서 자율주행자동차를 운전하면 아니 된다.
③ 자율주행자동차라 하더라도 향정신성의약품을 복용하고 운전하면 아니 된다.
④ 자율주행자동차의 운전 중에 휴대용 전화 사용이 불가능하다.

해설
도로교통법 제44조제1항(술에 취한 상태에서의 운전 금지) 누구든지 술에 취한 상태에서 자동차등, 노면전차 또는 자전거를 운전하여서는 아니 된다.
제45조(과로한 때 등의 운전 금지) 자동차등 또는 노면전차의 운전자는 술에 취한 상태 외에 과로, 질병, 또는 약물(마약, 대마, 향정신성의약품 등)의 영향과 그 밖의 사유로 정상적으로 운전하지 못할 우려가 있는 상태에서 자동차등 또는 노면전차를 운전하여서는 아니 된다.
제50조의2(자율주행자동차 운전자의 준수사항 등) 제2항 운전자가 자율주행시스템을 사용하여 운전하는 경우에는 제49조(모든 운전자의 준수사항 등) 제1항제10호(휴대용 전화 사용 금지), 제11호(영상표시장치 시청 금지) 및 제11호의2(영상표시장치조작 금지)의 규정을 적용하지 아니한다.

66 다음 중 운전자의 올바른 마음가짐으로 가장 바람직하지 않은 것은?

① 교통상황은 변경되지 않으므로 사전운행 계획을 세울 필요는 없다.
② 차량용 소화기를 차량 내부에 비치하여 화재발생에 대비한다.
③ 차량 내부에 휴대용 라이터 등 인화성 물건을 두지 않는다.
④ 초보운전자에게 배려운전을 한다.

해설
고장차량 등으로 인한 도로의 위험요소를 발견한 경우 비상등을 점등하여 후행차량에 전방상황을 미리 알리고 서행으로 안전하게 위험구간을 벗어난 후, 도움이 필요하다 판단되는 경우 2차사고 예방조치를 실시하고 조치를 취한다.

정답 55. ① 56. ③ 57. ② 58. ① 59. ② 60. ① 61. ③ 62. ① 63. ③ 64. ③ 65. ① 66. ①

67 자동차관리법령상 자동차 소유권이 상속 등으로 변경될 경우에 해야 하는 등록은?

① 신규등록 ② 이전등록
③ 변경등록 ④ 말소등록

해설
자동차관리법 제12조 자동차 소유권이 매매, 상속, 공매, 경매 등으로 변경될 경우 양수인이 법정기한 내 소유권의 이전등록을 해야 한다.

68 자동차관리법령상 자동차 소유자가 받아야 하는 자동차 검사의 종류가 아닌 것은?

① 수리검사 ② 특별검사
③ 튜닝검사 ④ 임시검사

해설
자동차관리법 제43조(자동차 검사) 자동차 소유자는 국토교통부장관이 실시하는 신규검사, 정기검사, 튜닝검사, 임시검사, 수리검사를 받아야 한다.

69 다음 중 자동차를 매매한 경우 이전등록 담당기관은?

① 도로교통공단 ② 시·군·구청
③ 한국교통안전공단 ④ 시·도경찰청

해설
자동차 등록에 관한 사무는 시·군·구청이 담당한다.

70 자동차(단, 어린이통학버스 제외) 앞면 창유리의 가시광선 투과율 기준으로 맞는 것은?

① 40퍼센트 ② 50퍼센트
③ 60퍼센트 ④ 70퍼센트

해설
도로교통법 시행령 제28조에 따라 자동차 창유리 가시광선 투과율의 기준은 앞면 창유리의 경우 70퍼센트, 운전석 좌우 옆면 창유리의 경우 40퍼센트 이어야 한다.

71 주행 중 브레이크가 작동되는 운전행동과정을 올바른 순서로 연결한 것은?

① 위험인지 → 상황판단 → 행동명령 → 브레이크작동
② 위험인지 → 행동명령 → 상황판단 → 브레이크작동
③ 상황판단 → 위험인지 → 행동명령 → 브레이크작동
④ 행동명령 → 위험인지 → 상황판단 → 브레이크작동

해설
운전 중 위험상황을 인지하고 판단하며 행동명령 후 브레이크가 작동된다.

72 다음 중 자동차에 부착된 에어백의 구비조건으로 가장 거리가 먼 것은?

① 높은 온도에서 인장강도 및 내열강도
② 낮은 온도에서 인장강도 및 내열강도
③ 파열강도를 지니고 내마모성, 유연성
④ 운전자와 접촉하는 충격에너지 극대화

해설
자동차가 충돌할 때 운전자와 직접 접촉하여 충격 에너지를 흡수해주어야 한다.

73 다음 중 운전자 등이 차량 승하차 시 주의사항으로 맞는 것은?

① 타고 내릴 때는 뒤에서 오는 차량이 있는지를 확인한다.
② 문을 열 때는 완전히 열고나서 곧바로 내린다.
③ 뒷좌석 승차자가 하차할 때 운전자는 전방을 주시해야 한다.
④ 운전석을 일시적으로 떠날 때에는 시동을 끄지 않아도 된다.

해설
운전자 등이 타고 내릴 때는 뒤에서 오는 차량이 있는지를 확인한다.

74 도로교통법상 올바른 운전방법으로 연결된 것은?

① 학교 앞 보행로 - 어린이에게 차량이 지나감을 알릴 수 있도록 경음기를 울리며 지나간다.
② 철길 건널목 - 차단기가 내려가려고 하는 경우 신속히 통과한다.
③ 신호 없는 교차로 - 우회전을 하는 경우 미리 도로의 우측 가장자리를 서행 하면서 우회전한다.
④ 야간 운전 시 - 차가 마주 보고 진행하는 경우 반대편 차량의 운전자가 주의할 수 있도록 전조등을 상향으로 조정한다.

해설
학교 앞 보행로에서 어린이가 지나갈 경우 일시정지해야 하며, 철길 건널목에서 차단기가 내려가려는 경우 진입하면 안 된다. 또한 야간 운전 시에는 반대편 차량의 주행에 방해가 되지 않도록 전조등을 하향으로 조정해야 한다.

75 앞지르기에 대한 내용으로 올바른 것은?

① 터널 안에서는 주간에는 앞지르기가 가능하지만 야간에는 앞지르기가 금지된다.
② 앞지르기할 때에는 전조등을 켜고 경음기를 울리면서 좌측이나 우측 관계없이 할 수 있다.
③ 다리 위나 교차로는 앞지르기가 금지된 장소이므로 앞지르기를 할 수 없다.
④ 앞차의 우측에 다른 차가 나란히 가고 있을 때에는 앞지르기를 할 수 없다.

해설
다리 위, 교차로, 터널 안은 앞지르기가 금지된 장소이므로 앞지르기를 할 수 없다. 모든 차의 운전자는 앞차의 좌측에 다른 차가 앞차와 나란히 가고 있는 경우에는 앞차를 앞지르지 못한다. 방향지시기·등화 또는 경음기(警音機)를 사용하는 등 안전한 속도와 방법으로 좌측으로 앞지르기를 하여야 한다.

76 자동차관리법령상 자동차를 이전 등록하고자 하는 자는 매수한 날부터 ( ) 이내에 등록해야 한다. ( )에 기준으로 맞는 것은?

① 15일 ② 20일
③ 30일 ④ 40일

해설
자동차를 매수한 날부터 15일 이내 이전 등록해야 한다.

77 다음 중 운전자의 올바른 운전행위로 가장 적절한 것은?

① 졸음운전은 교통사고 위험이 있어 갓길에 세워두고 휴식한다.
② 초보운전자는 고속도로에서 앞지르기 차로로 계속 주행한다.
③ 교통단속용 장비의 기능을 방해하는 장치를 장착하고 운전한다.
④ 교통안전 위험요소 발견 시 비상점멸등으로 주변에 알린다.

해설
갓길 휴식, 앞지르기 차로 계속운전, 방해하는 장치 장착은 올바른 운전행위로 볼 수 없다.

78 승용자동차에 영유아와 동승하는 경우 운전자의 행동으로 가장 올바른 것은?

① 운전석 옆좌석에 성인이 영유아를 안고 좌석안전띠를 착용한다.
② 운전석 뒷좌석에 영유아가 착석한 경우 유아보호용 장구 없이 좌석안전띠를 착용하여도 된다.
③ 운전 중 영유아가 보채는 경우 이를 달래기 위해 운전석에서 영유아와 함께 좌석안전띠를 착용한다.
④ 영유아가 탑승하는 경우 도로를 불문하고 유아보호용 장구를 장착한 후에 좌석안전띠를 착용시킨다.

해설
승용차에 영유아를 탑승시킬 때 운전석 뒷좌석에 유아보호용 장구를 장착 후 좌석안전띠를 착용시키는 것이 안전하다.

정답 67. ② 68. ② 69. ② 70. ④ 71. ① 72. ④ 73. ① 74. ③ 75. ③ 76. ① 77. ④ 78. ④

79 **다음 중 운전자의 올바른 마음가짐으로 가장 적절하지 않은 것은?**

① 정속주행 등 올바른 운전습관을 가지려는 마음
② 정체되는 도로에서 갓길(길가장자리)로 통행하려는 마음
③ 교통법규는 서로간의 약속이라고 생각하는 마음
④ 자동차의 빠른 소통보다는 보행자를 우선으로 생각하는 마음

해설
정체되어 있다 하더라도 갓길(길가장자리)을 통행하는 것은 잘못된 운전태도이다.

80 **다음 중 교통사고가 발생한 경우 운전자 책임으로 가장 거리가 먼 것은?**

① 형사책임 ② 행정책임 ③ 민사책임 ④ 공고책임

해설
벌금 부과 등 형사책임, 벌점에 따른 행정책임, 손해배상에 따른 민사책임이 따른다.

81 **고속도로 운전 중 교통사고 발생 현장에서의 운전자 대응방법으로 바르지 않는 것은?**

① 동승자의 부상정도에 따라 응급조치한다.
② 비상표시등을 켜는 등 후행 운전자에게 위험을 알린다.
③ 사고차량 후미에서 경찰공무원이 도착할 때까지 교통정리를 한다.
④ 2차사고 예방을 위해 안전한 곳으로 이동한다.

해설
사고차량 뒤쪽은 2차 사고의 위험이 있으므로 안전한 장소로 이동하는 것이 바람직하다.

82 **다음 중 안전운전에 필요한 운전자의 준비사항으로 가장 바람직하지 않은 것은?**

① 주의력이 산만해지지 않도록 몸상태를 조절한다.
② 운전기기 조작에 편안하고 운전에 적합한 복장을 착용한다.
③ 불꽃 신호기 등 비상 신호도구를 준비한다.
④ 연료절약을 위해 출발 10분 전에 시동을 켜 엔진을 예열한다.

해설
자동차의 공회전은 환경오염을 유발할 수 있다.

83 **도로교통법상 자동차(이륜자동차 제외)에 영유아를 동승하는 경우 유아보호용 장구를 사용토록 한다. 다음 중 영유아에 해당하는 나이 기준은?**

① 8세 이하 ② 8세 미만
③ 6세 미만 ④ 6세 이하

해설
도로교통법 제11조(어린이 등에 대한 보호) 영유아(6세 미만인 사람을 말한다.)의 보호자는 교통이 빈번한 도로에서 어린이를 놀게 하여서는 아니 된다.

84 **도로교통법령상 개인형 이동장치에 대한 규정과 안전한 운전방법으로 틀린 것은?**

① 운전자는 밤에 도로를 통행할 때에는 전조등과 미등을 켜야 한다.
② 개인형 이동장치 중 전동킥보드의 승차정원은 1인이므로 2인이 탑승하면 안된다.
③ 개인형 이동장치는 전동이륜평행차, 전동킥보드, 전기자전거, 전동휠, 전동스쿠터 등 개인이 이동하기에 적합한 이동장치를 포함하고 있다.
④ 전동기의 동력만으로 움직일 수 있는 자전거의 경우 승차정원은 2인이다.

해설
도로교통법 제50조(특정운전자 준수사항)제9항 자전거등의 운전자는 밤에 도로를 통행하는 때에는 전조등과 미등을 켜거나 야광띠 등 발광장치를 착용하여야 한다.
제10항 개인형 이동장치의 운전자는 행정안전부령으로 정하는 승차정원을 초과하여 동승자를 태우고 개인형 이동장치를 운전하여서는 아니 된다.
도로교통법 시행규칙 33조의3(개인형 이동장치의 승차정원) 전동킥보드 및 전동이륜평행차의 경우 : 승차정원 1명, 전동기의 동력만으로 움직일수 있는 자전거의 경우 : 승차정원 2명

85 **다음 중 자동차(이륜자동차 제외) 좌석안전띠 착용에 대한 설명으로 맞는 것은?**

① 13세 미만 어린이가 좌석안전띠를 미착용하는 경우 운전자에 대한 과태료는 10만 원이다.
② 13세 이상의 동승자가 좌석안전띠를 착용하지 않은 경우 운전자에 대한 과태료는 3만 원이다.
③ 일반도로에서는 운전자와 조수석 동승자만 좌석안전띠 착용 의무가 있다.
④ 전 좌석안전띠 착용은 의무이나 3세 미만 영유아는 보호자가 안고 동승이 가능하다.

해설
도로교통법 제50조(특정운전자 준수사항)제1항 자동차(이륜자동차는 제외)의 운전자는 자동차를 운전할 때에는 좌석안전띠를 매어야 하며, 도로교통법 시행령 별표6, 안전띠 미착용(동승자가 13세 미만인 경우 과태료 6만 원, 13세 이상인 경우 과태료 3만 원)

86 **교통사고를 예방하기 위한 운전자세로 맞는 것은?**

① 방향지시등으로 진행방향을 명확히 알린다.
② 급조작과 급제동을 자주한다.
③ 나에게 유리한 쪽으로 추측하면서 운전한다.
④ 다른 운전자의 법규위반은 반드시 보복한다.

해설
급조작과 급제동을 하여서는 아니 되며, 상대방에 대한 배려운전과 정확한 법규 이해가 필요하다.

87 **다음 중 운전자의 올바른 운전행위로 가장 바람직하지 않은 것은?**

① 제한속도 내에서 교통흐름에 따라 운전한다.
② 초보운전인 경우 고속도로에서 갓길을 이용하여 교통흐름을 방해하지 않는다.
③ 도로에서 자동차를 세워둔 채 다툼행위를 하지 않는다.
④ 연습운전면허 소지자는 법규에 따른 동승자와 동승하여 운전한다.

해설
초보운전자라도 고속도로에서 갓길운전을 해서는 안 된다.

88 **도로교통법령상 양보 운전에 대한 설명 중 가장 알맞은 것은?**

① 계속하여 느린 속도로 운행 중일 때에는 도로 좌측 가장자리로 피하여 차로를 양보한다.
② 긴급자동차가 뒤따라 올 때에는 신속하게 진행한다.
③ 신호등 없는 교차로에 동시에 들어가려고 하는 차의 운전자는 좌측도로의 차에 진로를 양보하여야 한다.
④ 양보표지가 설치된 도로의 주행 차량은 다른 도로의 주행 차량에 차로를 양보하여야 한다.

해설
긴급자동차가 뒤따라오는 경우에도 차로를 양보하여야 한다. 또한 교통정리가 없는 교차로에서의 양보운전 기준에 따라 통행을 하여야 하며, 양보표지가 설치된 도로의 차량은 다른 차량에게 차로를 양보하여야 한다.

89 **승용차 운전자가 차로 변경 시비에 분노해 상대차량 앞에서 급제동하자, 이를 보지 못하고 뒤따르던 화물차가 추돌하여 화물차 운전자가 다친 경우에는 「형법」에 따른 보복운전으로 처벌받을 수 있다. 이에 대한 처벌기준으로 맞는 것은? (중상해는 아님)**

① 1년 이상 10년 이하의 징역
② 1년 이상 20년 이하의 징역
③ 2년 이상 10년 이하의 징역
④ 2년 이상 20년 이하의 징역

해설
보복운전으로 사람을 다치게 한 경우의 처벌은 형법 제 258조의2(특수상해)제1항 위반으로 1년 이상 10년 이하의 징역에 처한다.

정답 79. ② 80. ④ 81. ③ 82. ④ 83. ③ 84. ③ 85. ② 86. ① 87. ② 88. ④ 89. ①

90 교통약자의 이동편의 증진법에 따른 교통약자를 위한 '보행안전 시설물'로 보기 어려운 것은?

① 속도저감 시설
② 자전거 전용도로
③ 대중 교통정보 알림 시설 등 교통안내 시설
④ 보행자 우선 통행을 위한 교통신호기

해설
교통약자의 이동편의 증진법 제21조(보행안전 시설물의 설치) 제1항 시장이나 군수는 보행 우선구역에서 보행자가 안전하고 편리하게 보행할 수 있도록 다음 각 호의 보행안전시설물을 설치할 수 있다.
1. 속도저감 시설. 2. 횡단시설. 3. 대중교통정보 알림시설 등 교통안내 시설. 4 보행자 우선통행을 위한 교통신호기. 5. 자동차 진입억제용 말뚝. 6. 교통약자를 위한 음향신호기 등 보행경로 안내장치. 7. 그 밖에 보행자의 안전과 이동편의를 위하여 대통령령으로 정한 시설

91 도로교통법상 서행으로 운전하여야 하는 경우는?

① 교차로의 신호기가 적색 등화의 점멸일 때
② 교통정리를 하고 있지 아니하고 교통이 빈번한 교차로를 통과할 때
③ 교통정리를 하고 있지 아니하는 교차로를 통과할 때
④ 교차로 부근에서 차로를 변경하는 경우

해설
① 일시정지 해야 한다. ③ 교통정리를 하고 있지 아니하는 교차로를 통과 할 때는 서행을 하고 통과해야 한다.

92 정체된 교차로에서 좌회전할 경우 가장 옳은 방법은?

① 가급적 앞차를 따라 진입한다.
② 녹색등화가 켜진 경우에는 진입해도 무방하다.
③ 적색등화가 켜진 경우라도 공간이 생기면 진입한다.
④ 녹색 화살표의 등화라도 진입하지 않는다.

해설
모든 차의 운전자는 신호등이 있는 교차로에 들어가려는 경우에는 진행하고자 하는 차로의 앞쪽에 있는 차의 상황에 따라 교차로에 정지하여야 하며 다른 차의 통행에 방해가 될 우려가 있는 경우에는 그 교차로에 들어가서는 아니 된다.

93 고속도로 진입 방법으로 옳은 것은?

① 반드시 일시정지하여 교통 흐름을 살핀 후 신속하게 진입한다.
② 진입 전 일시정지하여 주행 중인 차량이 있을 때 급진입한다.
③ 진입할 공간이 부족하더라도 뒤차를 생각하여 무리하게 진입한다.
④ 가속 차로를 이용하여 일정 속도를 유지하면서 충분한 공간을 확보한 후 진입한다.

해설
고속도로로 진입할 때는 가속 차로를 이용하여 점차 속도를 높이면서 진입해야 한다. 천천히 진입하거나 일시정지할 경우 가속이 힘들기 때문에 오히려 위험할 수 있다. 들어갈 공간이 충분한 것을 확인하고 가속해서 진입해야 한다.

94 도로교통법에 따라 개인형 이동장치를 운전하는 사람의 자세로 가장 알맞은 것은?

① 보도를 통행하는 경우 보행자를 피해서 운전한다.
② 술을 마시고 운전하는 경우 특별히 주의하며 운전한다.
③ 횡단보도와 자전거횡단도가 있는 경우 자전거횡단도를 이용하여 운전한다.
④ 횡단보도를 횡단하는 경우 횡단보도를 이용하는 보행자를 피해서 운전한다.

해설
도로교통법 제15조의 2(자전거횡단도의 설치). 자전거등(자전거와 개인형 이동장치)를 타고 자전거횡단도가 따로 있는 도로를 횡단할 때에는 자전거횡단도를 이용해야 한다. 도로교통법 제13조의 2(자전거등의 통행방법의 특례) 개인형 이동장치의 운전자가 횡단보도를 이용하여 도로를 횡단할 때에는 내려서 끌거나 들고 보행하여야 한다.

95 고속도로 본선 우측 차로에 서행하는 A차량이 있다. 이 때 B차량의 안전한 본선 진입 방법으로 가장 알맞은 것은?

① 서서히 속도를 높여 진입하되 A차량이 지나간 후 진입한다.
② 가속하여 비어있는 갓길을 이용하여 진입한다.
③ 가속차로 끝에서 정차하였다가 A차량이 지나가고 난 후 진입한다.
④ 가속차로에서 A차량과 동일한 속도로 계속 주행한다.

해설
자동차(긴급자동차는 제외한다)의 운전자는 고속도로에 들어가려고 하는 경우에는 그 고속도로를 통행하고 있는 다른 자동차의 통행을 방해하여서는 아니 된다.

96 어린이가 보호자 없이 도로를 횡단할 때 운전자의 올바른 운전행위로 가장 바람직한 것은?

① 반복적으로 경음기를 울려 어린이가 빨리 횡단하도록 한다.
② 서행하여 도로를 횡단하는 어린이의 안전을 확보한다.
③ 일시정지하여 도로를 횡단하는 어린이의 안전을 확보한다.
④ 빠르게 지나가서 도로를 횡단하는 어린이의 안전을 확보한다.

해설
도로교통법 제49조(모든 운전자의 준수사항 등) 어린이가 보호자 없이 도로를 횡단할 때 운전자는 일시정지하여야 한다.

97 신호등이 없고 좌 · 우를 확인할 수 없는 교차로에 진입 시 가장 안전한 운행 방법은?

① 주변 상황에 따라 서행으로 안전을 확인한 다음 통과한다.
② 경음기를 울리고 전조등을 점멸하면서 진입한 다음 서행하며 통과한다.
③ 반드시 일시정지 후 안전을 확인한 다음 양보 운전 기준에 따라 통과한다.
④ 먼저 진입하면 최우선이므로 주변을 살피면서 신속하게 통과한다.

해설
신호등이 없는 교차로는 서행이 원칙이나 교차로의 교통이 빈번하거나 장애물 등이 있어 좌 · 우를 확인할 수 없는 경우에는 반드시 일시정지하여 안전을 확인한 다음 통과하여야 한다.

98 다음 중 운전자의 올바른 운전태도로 가장 바람직하지 않은 것은?

① 신호기의 신호보다 교통경찰관의 신호가 우선임을 명심한다.
② 교통 환경 변화에 따라 개정되는 교통법규를 숙지한다.
③ 긴급자동차를 발견한 즉시 장소에 관계없이 일시정지하고 진로를 양보한다.
④ 폭우시 또는 장마철 자주 비가 내리는 도로에서는 포트홀(pothole)을 주의한다.

해설
긴급자동차에 진로를 양보하는 것은 맞으나 교차로 내 또는 교차로 부근이 아닌 곳에서 긴급자동차에 진로를 양보하여야 한다.

99 안전속도 5030 교통안전정책에 관한 내용으로 옳은 것은?

① 자동차 전용도로 매시 50킬로미터 이내, 도시부 주거지역 이면도로 매시 30킬로미터
② 도시부 지역 일반도로 매시 50킬로미터 이내, 도시부 주거지역 이면도로 매시 30킬로미터 이내
③ 자동차 전용도로 매시 50킬로미터 이내, 어린이 보호구역 매시 30킬로미터 이내
④ 도시부 지역 일반도로 매시 50킬로미터 이내, 자전거 도로 매시 30킬로미터 이내

해설
안전속도 5030은 보행자의 통행이 잦은 도시부 지역의 일반도로 매시 50킬로미터(소통이 필요한 경우 60킬로미터 적용 가능), 주택가 등 이면도로는 매시 30킬로미터 이내로 하향 조정하는 정책으로, 속도 하향을 통해 보행자의 안전을 지키기 위해 도입되었다.

정답 90. ② 91. ③ 92. ④ 93. ④ 94. ③ 95. ① 96. ③ 97. ③ 98. ③ 99. ②

100 **교통사고를 일으킬 가능성이 가장 높은 운전자는?**

① 운전에만 집중하는 운전자
② 급출발, 급제동, 급차로 변경을 반복하는 운전자
③ 자전거나 이륜차에게 안전거리를 확보하는 운전자
④ 조급한 마음을 버리고 인내하는 마음을 갖춘 운전자

해설
운전이 미숙한 운전자에게는 배려와 양보가 중요하며 급출발, 급제동, 급차로 변경을 반복하여 운전하면 교통사고를 일으킬 가능성이 높다.

101 **교차로에서 좌회전할 때 가장 위험한 요인은?**

① 우측 도로의 횡단보도를 횡단하는 보행자
② 우측 차로 후방에서 달려오는 오토바이
③ 좌측도로에서 우회전하는 승용차
④ 반대편 도로에서 우회전하는 자전거

해설
교차로에서 좌회전할 때에는 마주보는 도로에서 우회전하는 차량에 주의하여야 한다.

102 **운전자의 피로는 운전 행동에 영향을 미치게 된다. 피로가 운전 행동에 미치는 영향을 바르게 설명한 것은?**

① 주변 자극에 대해 반응 동작이 빠르게 나타난다.
② 시력이 떨어지고 시야가 넓어진다.
③ 지각 및 운전 조작 능력이 떨어진다.
④ 치밀하고 계획적인 운전 행동이 나타난다.

해설
피로는 지각 및 운전 조작 능력이 떨어지게 한다.

103 **승용자동차를 음주운전한 경우 처벌 기준에 대한 설명으로 틀린 것은?**

① 최초 위반 시 혈중알코올농도가 0.2퍼센트 이상인 경우 2년 이상 5년 이하의 징역이나 1천만 원 이상 2천만 원 이하의 벌금
② 음주 측정 거부 1회 위반 시 1년 이상 5년 이하의 징역이나 5백만 원 이상 2천만 원 이하의 벌금
③ 혈중알코올농도가 0.05퍼센트로 2회 위반한 경우 1년 이하의 징역이나 5백만 원 이하의 벌금
④ 최초 위반 시 혈중알코올농도 0.08퍼센트 이상 0.20퍼센트 미만의 경우 1년 이상 2년 이하의 징역이나 5백만 원 이상 1천만 원 이하의 벌금

해설
도로교통법 제148조의 2(벌칙) ①제44조 제1항 또는 제2항을(자동차등 또는 노면전차를 운전한 사람으로 한정한다.
다만, 개인형 이동형장치를 운전하는 경우는 제외한다.) 벌금 이상의 형을 선고받고 그 형이 확정된 날부터 10년 내 다시 같은 조 제1항 또는 2항을 위반한 사람(형이 실효된 사람도 포함)은
1. 제44조 제2항을 위반한 사람은 1년 이상 6년 이하의 징역이나 500만 원 이상 3천만 원 이하의 벌금
2. 제44조 제1항을 위반한 사람 중 혈중알코올농도가 0.2퍼센트 이상인 사람은 2년 이상 6년 이하의 징역이나 1천만 원 이상 3천만 원 이하의 벌금
3. 제44조 제1항을 위반한 사람 중 혈중알코올농도가 0.03퍼센트 이상 0.2퍼센트 미만인 사람은 1년 이상 5년 이하의 징역이나 500만 원 이상 2천만 원 이하의 벌금

104 **운전자가 갖추어야 할 올바른 자세로 가장 맞는 것은?**

① 소통과 안전을 생각하는 자세
② 사람보다는 자동차를 우선하는 자세
③ 다른 차보다는 내 차를 먼저 생각하는 자세
④ 교통사고는 준법운전보다 운이 좌우한다는 자세

해설
자동차보다 사람이 우선, 나 보다는 다른 차를 우선, 사고발생은 운보다는 준법운전이 좌우한다.

105 **교통정리를 하고 있지 아니하는 교차로에서 직진하기 위해 들어가려 한다. 이때, 이미 교차로에 들어가 좌회전하고 있는 다른 차가 있는 경우 운전자의 올바른 운전방법은?**

① 다른 차가 있을 때에는 그 차에 진로를 양보한다.
② 다른 차가 있더라도 직진차가 우선이므로 먼저 통과한다.
③ 다른 차가 있을 때에는 좌·우를 확인하고 그 차와 상관없이 신속히 교차로를 통과한다.
④ 다른 차가 있더라도 본인의 주행차로가 상대차의 차로보다 더 넓은 경우 통행 우선권에 따라 그대로 진입한다.

해설
도로교통법 제26조(교통정리가 없는 교차로에서의 양보운전)제1항 교통정리를 하고 있지 아니하는 교차로에 들어가려고 하는 차의 운전자는 이미 교차로에 들어가 있는 다른 차가 있을 때에는 그 차에 진로를 양보하여야 한다.

106 **도로교통법령상 개인형 이동장치의 승차정원에 대한 설명으로 틀린 것은?**

① 전동킥보드의 승차정원은 1인이다.
② 전동이륜평행차의 승차정원은 1인이다.
③ 전동기의 동력만으로 움직일 수 있는 자전거의 경우 승차정원은 1인이다.
④ 승차정원을 위반한 경우 범칙금 4만 원을 부과한다.

해설
도로교통법 시행규칙 제33조의3(개인형 이동장치의 승차정원) 전동기의 동력만으로 움직일 수 있는 자전거의 경우 승차정원은 2명이다. 이를 위반한 경우 4만 원의 범칙금을 부과한다.

107 **도로교통법에서 정한 운전이 금지되는 술에 취한 상태의 기준으로 맞는 것은?**

① 혈중알코올농도 0.03퍼센트 이상인 상태로 운전
② 혈중알코올농도 0.08퍼센트 이상인 상태로 운전
③ 혈중알코올농도 0.1퍼센트 이상인 상태로 운전
④ 혈중알코올농도 0.12퍼센트 이상인 상태로 운전

해설
운전이 금지되는 술에 취한 상태의 기준은 혈중알코올농도가 0.03퍼센트 이상으로 한다.

108 **도로교통법상 과로(졸음운전 포함)로 인하여 정상적으로 운전하지 못할 우려가 있는 상태에서 자동차를 운전한 사람에 대한 벌칙으로 맞는 것은?**

① 처벌하지 않는다.
② 10만 원 이하의 벌금이나 구류에 처한다.
③ 20만 원 이하의 벌금이나 구류에 처한다.
④ 30만 원 이하의 벌금이나 구류에 처한다.

해설
도로교통법 제45조(과로한 때 등의 운전 금지), 제154조(벌칙) 30만 원 이하의 벌금이나 구류에 처한다. 제3호 제45조를 위반하여 과로 · 질병으로 인하여 정상적으로 운전하지 못할 우려가 있는 상태에서 자동차등 또는 노면전차를 운전한 사람(다만, 개인형 이동장치를 운전하는 경우는 제외한다)

109 **다음 중 도로교통법상 난폭운전 적용 대상이 아닌 것은?**

① 최고속도의 위반
② 횡단·유턴·후진 금지 위반
③ 끼어들기
④ 연속적으로 경음기를 울리는 행위

해설
도로교통법 ① 제17조 제3항에 따른 속도의 위반 ② 제18조 제1항에 따른 횡단 · 유턴 · 후진 금지 위반 ④ 제49조 제1항 제8호에 따른 정당한 사유 없는 소음 발생이며, ③은 제23조, 끼어들기는 난폭운전 위반대상이 아니다.

정답 100. ② 101. ④ 102. ③ 103. ③ 104. ① 105. ① 106. ③ 107. ① 108. ④ 109. ③

110 운전자가 피로한 상태에서 운전하게 되면 속도 판단을 잘못하게 된다. 그 내용이 맞는 것은?

① 좁은 도로에서는 실제 속도보다 느리게 느껴진다.
② 주변이 탁 트인 도로에서는 실제보다 빠르게 느껴진다.
③ 멀리서 다가오는 차의 속도를 과소평가하다가 사고가 발생할 수 있다.
④ 고속도로에서 전방에 정지한 차를 주행 중인 차로 잘못 아는 경우는 발생하지 않는다.

해설

① 좁은 도로에서는 실제 속도보다 빠르게 느껴진다. ② 주변이 탁 트인 도로에서는 실제보다 느리게 느껴진다. ④ 고속도로에서 전방에 정지한 차를 주행 중인 차로 잘못 알고 충돌 사고가 발생할 수 있다.

111 질병·과로로 인해 정상적인 운전을 하지 못할 우려가 있는 상태에서 자동차를 운전하다가 단속된 경우 어떻게 되는가?

① 과태료가 부과될 수 있다. ② 운전면허가 정지될 수 있다.
③ 구류 또는 벌금에 처한다. ④ 처벌 받지 않는다.

해설

도로교통법 제154조(벌칙) 30만 원 이하의 벌금이나 구류에 처한다. 제3호 제45조를 위반하여 과로 · 질병으로 인하여 정상적으로 운전하지 못할 우려가 있는 상태에서 자동차등 또는 노면전차를 운전한 사람(다만, 개인형 이동장치를 운전하는 경우는 제외한다)

112 마약 등 약물복용 상태에서 자동차를 운전하다가 인명피해 교통사고를 야기한 경우 교통사고처리 특례법상 운전자의 책임으로 맞는 것은?

① 책임보험만 가입되어 있으나 추가적으로 피해자와 합의하더라도 형사처벌된다.
② 운전자보험에 가입되어 있으면 형사처벌이 면제된다.
③ 종합보험에 가입되어 있으면 형사처벌이 면제된다.
④ 종합보험에 가입되어 있고 추가적으로 피해자와 합의한 경우에는 형사처벌이 면제된다.

해설

도로교통법에서 규정한 약물복용 운전을 하다가 교통사고 시에는 5년 이하의 금고 또는 2천만 원 이하의 벌금에 처한다(교통사고처리 특례법 제3조). 이는 종합보험 또는 책임보험 가입여부 및 합의 여부와 관계없이 형사처벌되는 항목이다.

113 혈중알코올농도 0.03퍼센트 이상 상태의 운전자 갑이 신호대기 중인 상황에서 뒤차(운전자 을)가 추돌한 경우에 맞는 설명은?

① 음주운전이 중한 위반행위이기 때문에 갑이 사고의 가해자로 처벌된다.
② 사고의 가해자는 을이 되지만, 갑의 음주운전은 별개로 처벌된다.
③ 갑은 피해자이므로 운전면허에 대한 행정처분을 받지 않는다.
④ 을은 교통사고 원인과 결과에 따른 벌점은 없다.

해설

앞차 운전자 갑이 술을 마신 상태라고 하더라도 음주운전이 사고발생과 직접적인 원인이 없는 한 교통사고의 피해자가 되고 별도로 단순 음주운전에 대해서만 형사처벌과 면허행정처분을 받는다.

114 도로교통법상 운전이 금지되는 술에 취한 상태의 기준은 운전자의 혈중알코올농도가 (　　　　　　)로 한다. (　　)안에 맞는 것은?

① 0.01퍼센트 이상인 경우
② 0.02퍼센트 이상인 경우
③ 0.03퍼센트 이상인 경우
④ 0.08퍼센트 이상인 경우

해설

제44조(술에 취한 상태에서의 운전 금지) 제4항 술에 취한 상태의 기준은 운전자의 혈중알 코올농도가 0.03퍼센트 이상인 경우로 한다.

115 다음 중에서 보복운전을 예방하는 방법이라고 볼 수 없는 것은?

① 긴급제동 시 비상점멸등 켜주기
② 반대편 차로에서 차량이 접근 시 상향전조등 끄기
③ 속도를 올릴 때 전조등을 상향으로 켜기
④ 앞차가 지연 출발할 때는 3초 정도 배려하기

해설

보복운전을 예방하는 방법은 차로 변경 때 방향지시등 켜기, 비상점멸등 켜주기, 양보하고 배려하기, 지연 출발 때 3초간 배려하기, 경음기 또는 상향 전조등으로 자극하지 않기 등이 있다.

116 다음 중 보복운전을 당했을 때 신고하는 방법으로 가장 적절하지 않는 것은?

① 120에 신고한다.
② 112에 신고한다.
③ 스마트폰 앱 '목격자를 찾습니다'에 신고한다.
④ 사이버 경찰청에 신고한다.

해설

보복운전을 당했을 때 112, 사이버 경찰청, 시·도경찰청, 경찰청 홈페이지, 스마트폰 "목격자를 찾습니다." 앱에 신고하면 된다.

117 도로교통법상 (　　)의 운전자는 도로에서 2명 이상이 공동으로 2대 이상의 자동차등을 정당한 사유 없이 앞뒤로 줄지어 통행하면서 교통상의 위험을 발생하게 하여서는 아니 된다. 이를 위반한 경우 (　　)으로 처벌될 수 있다. (　　)안에 각각 바르게 짝지어진 것은?

① 전동이륜평행차, 1년 이하의 징역 또는 500만 원 이하의 벌금
② 이륜자동차, 6개월 이하의 징역 또는 300만 원 이하의 벌금
③ 특수자동차, 2년 이하의 징역 또는 500만 원 이하의 벌금
④ 원동기장치자전거, 6개월 이하의 징역 또는 300만 원 이하의 벌금

해설

도로교통법 제46조(공동 위험행위의 금지)제1항 자동차등(개인형 이동장치는 제외한다)의 운전자는 도로에서 2명 이상이 공동으로 2대 이상의 자동차등을 정당한 사유 없이 앞뒤로 또는 좌우로 줄지어 통행하면서 다른 사람에게 위해를 끼치거나 교통상의 위험을 발생하게 하여서는 아니 된다. 또한 2년 이하의 징역 또는 500만 원 이하의 벌금으로 처벌될 수 있다. 전동이륜평행차는 개인형 이동장치로서 위에 본 조항 적용이 없다.

118 피해 차량을 뒤따르던 승용차 운전자가 중앙선을 넘어 앞지르기하여 급제동하는 등 위협 운전을 한 경우에는 「형법」에 따른 보복운전으로 처벌받을 수 있다. 이에 대한 처벌기준으로 맞는 것은?

① 7년 이하의 징역 또는 1천만 원 이하의 벌금에 처한다.
② 10년 이하의 징역 또는 2천만 원 이하의 벌금에 처한다.
③ 1년 이상의 유기징역에 처한다.
④ 1년 6월 이상의 유기징역에 처한다.

해설

「형법」 제284조(특수협박)에 의하면 위험한 물건인 자동차를 이용하여 형법상의 협박죄를 범한 자는 7년 이하의 징역 또는 1천만 원 이하의 벌금에 처한다.

119 승용차 운전자가 난폭운전을 하는 경우 도로교통법에 따른 처벌기준으로 맞는 것은?

① 범칙금 6만 원의 통고처분을 받는다.
② 과태료 3만 원이 부과된다.
③ 6개월 이하의 징역이나 200만 원 이하의 벌금에 처한다.
④ 1년 이하의 징역 또는 500만 원 이하의 벌금에 처한다.

해설

도로교통법 제46조의3 및 동법 제151조의2에 의하여 난폭운전 시 1년 이하의 징역이나 500만 원 이하의 벌금에 처한다.

정답 110. ③ 111. ③ 112. ① 113. ② 114. ③ 115. ③ 116. ① 117. ③ 118. ① 119. ④

120 교통약자의 이동편의 증진법에 따른 '교통약자'에 해당되지 않는 사람은?

① 고령자 ② 임산부
③ 영유아를 동반한 사람 ④ 반려동물을 동반한 사람

해설
교통약자의 이동편의 증진법 제2조 '교통약자'란 장애인, 고령자, 임산부, 영·유아를 동반한 사람, 어린이 등 일상생활에서 이동에 불편함을 느끼는 사람을 말한다.

121 자동차등(개인형 이동장치는 제외)의 운전자가 다음의 행위를 반복하여 다른 사람에게 위협을 가하는 경우 난폭운전으로 처벌받게 된다. 난폭운전의 대상 행위가 아닌 것은?

① 신호 또는 지시 위반
② 횡단·유턴·후진 금지 위반
③ 정당한 사유 없는 소음 발생
④ 고속도로에서의 지정차로 위반

해설
도로교통법 제46조의3(난폭운전 금지) 신호 또는 지시 위반, 중앙선 침범, 속도의 위반, 횡단 · 유턴 · 후진 금지 위반, 안전거리 미확보, 차로 변경 금지 위반, 급제동 금지 위반, 앞지르기 방법 또는 앞지르기의 방해금지 위반, 정당한 사유없는 소음 발생, 고속도로에서의 앞지르기 방법 위반, 고속도로 등에서의 횡단 · 유턴 · 후진 금지

122 고속도로 주행 중 차량의 적재물이 주행차로에 떨어졌을 때 운전자의 조치요령으로 가장 바르지 않는 것은?

① 후방 차량의 주행을 확인하면서 안전한 장소에 정차한다.
② 고속도로 관리청이나 관계 기관에 신속히 신고한다.
③ 안전한 곳에 정차 후 화물적재 상태를 확인한다.
④ 화물 적재물을 떨어뜨린 차량의 운전자에게 보복운전을 한다.

해설
도로교통법 제39조(승차 또는 적재의 방법과 제한)제4항 모든 차의 운전자는 운전 중 실은 화물이 떨어지지 아니하도록 덮개를 씌우거나 묶는 등 확실하게 고정될 수 있도록 필요한 조치를 하여야 한다.

123 도로교통법령상 원동기장치자전거(개인형 이동장치 제외)의 난폭운전 행위로 볼 수 없는 것은?

① 신호 위반행위를 3회 반복하여 운전하였다.
② 속도 위반행위와 지시 위반행위를 연달아 위반하여 운전하였다.
③ 신호 위반행위와 중앙선 침범행위를 연달아 위반하여 운전하였다.
④ 음주운전 행위와 보행자보호의무 위반행위를 연달아 위반하여 운전하였다.

해설
도로교통법 제46조의3 신호 또는 지시 위반, 중앙선 침범, 속도 위반, 횡단 · 유턴 · 후진 금지 위반, 안전거리 미확보, 진로변경 금지 위반, 급제동 금지 위반, 앞지르기 방법 또는 앞지르기의 방해금지 위반, 정당한 사유 없는 소음 발생, 고속도로에서의 앞지르기 방법 위반, 고속도로등에서의 횡단 · 유턴 · 후진 금지 위반에 해당하는 둘 이상의 행위를 연달아 하거나, 하나의 행위를 지속 또는 반복하여 다른 사람에게 위협 또는 위해를 가하거나 교통상의 위험을 발생하게 하여서는 아니된다. 보행자보호의무위반은 난폭운전의 행위에 포함되지 않는다.

124 자동차 운전자가 중앙선 침범을 반복하여 다른 사람에게 위해를 가하거나 교통상의 위험을 발생하게 하는 행위는 도로교통법상 (　　)에 해당한다. (　　)안에 맞는 것은?

① 공동위험행위 ② 난폭운전
③ 폭력운전 ④ 보복운전

해설
도로교통법제46조의3(난폭운전 금지) 자동차등(개인형 이동장치는 제외한다)의 운전자는 다음 각 호 중 둘 이상의 행위를 연달아 하거나, 하나의 행위를 지속 또는 반복하여 다른 사람에게 위협 또는 위해를 가하거나 교통상의 위험을 발생하게 하여서는 아니 된다.

125 다음 행위를 반복하여 교통상의 위험이 발생하였을 때, 난폭운전으로 처벌할 수 없는 것은?

① 신호위반 ② 속도위반
③ 정비 불량차 운전금지 위반 ④ 차로변경 금지 위반

해설
도로교통법 제46조의 3(난폭운전 금지)

126 다음은 난폭운전과 보복운전에 대한 설명이다. 맞는 것은?

① 오토바이 운전자가 정당한 사유 없이 소음을 반복하여 불특정 다수에게 위협을 가하는 경우는 보복운전에 해당된다.
② 승용차 운전자가 중앙선 침범 및 속도위반을 연달아 하여 불특정 다수에게 위해를 가하는 경우는 난폭운전에 해당된다.
③ 대형 트럭 운전자가 고의적으로 특정 차량 앞으로 앞지르기하여 급제동한 경우는 난폭운전에 해당된다.
④ 버스 운전자가 반복적으로 앞지르기 방법 위반하여 교통상의 위험을 발생하게 한 경우는 보복운전에 해당된다.

해설
난폭운전은 다른 사람에게 위험과 장애를 주는 운전행위로 불특정인에 불쾌감과 위험을 주는 행위로 「도로교통법」의 적용을 받으며, 보복운전은 의도적·고의적으로 특정인을 위협하는 행위로 「형법」의 적용을 받는다.

127 일반도로에서 자동차등(개인형 이동장치는 제외)의 운전자가 다음의 행위를 반복하여 다른 사람에게 위협을 가하는 경우 난폭운전으로 처벌받게 된다. 난폭운전의 대상 행위가 아닌 것은

① 일반도로에서 지정차로 위반
② 중앙선 침범, 급제동금지 위반
③ 안전거리 미확보, 차로변경 금지 위반
④ 일반도로에서 앞지르기 방법 위반

해설
도로교통법 제46조의3(난폭운전 금지) 신호 또는 지시 위반, 중앙선 침범, 속도의 위반, 횡단 · 유턴 · 후진 금지 위반, 안전거리 미확보, 차로 변경 금지 위반, 급제동 금지 위반, 앞지르기 방법 또는 앞지르기의 방해금지 위반, 정당한 사유없는 소음 발생, 고속도로에서의 앞지르기 방법 위반, 고속도로 등에서의 횡단 · 유턴 · 후진 금지

128 자동차등(개인형 이동장치는 제외)의 운전자가 둘 이상의 행위를 연달아 하여 다른 사람에게 위협을 가하는 경우 난폭운전으로 처벌받게 된다. 다음의 난폭운전 유형에 대한 설명으로 적당하지 않은 것은??

① 운전 중 영상 표시 장치를 조작하면서 전방주시를 태만하였다.
② 앞차의 우측으로 앞지르기하면서 속도를 위반하였다.
③ 안전거리를 확보하지 않고 급제동을 반복하였다.
④ 속도를 위반하여 앞지르기하려는 차를 방해하였다.

해설
도로교통법 제46조의3(난폭운전 금지) 신호 또는 지시 위반, 중앙선 침범, 속도의 위반, 횡단 · 유턴 · 후진 금지 위반, 안전거리 미확보, 차로 변경 금지 위반, 급제동 금지 위반, 앞지르기 방법 또는 앞지르기의 방해금지 위반, 정당한 사유없는 소음 발생, 고속도로에서의 앞지르기 방법 위반, 고속도로 등에서의 횡단 · 유턴 · 후진 금지

129 도로교통법상 도로에서 2명 이상이 공동으로 2대 이상의 자동차등(개인형 이동장치는 제외)을 정당한 사유 없이 앞뒤로 또는 좌우로 줄지어 통행하면서 다른 사람에게 위해(危害)를 끼치거나 교통상의 위험을 발생하게 하는 행위를 무엇이라고 하는가?

① 공동 위험행위 ② 교차로 꼬리 물기 행위
③ 끼어들기 행위 ④ 질서위반 행위

해설
제46조(공동 위험행위의 금지) 제1항 자동차등의 운전자는 도로에서 2명 이상이 공동으로 2대 이상의 자동차등을 정당한 사유 없이 앞뒤로 또는 좌우로 줄지어 통행하면서 다른 사람에게 위해(危害)를 끼치거나 교통상의 위험을 발생하게 하여서는 아니 된다.

정답 120. ④ 121. ④ 122. ④ 123. ④ 124. ② 125. ③ 126. ② 127. ① 128. ① 129. ①

130 자동차등을 이용하여 형법상 특수상해를 행하여(보복운전) 구속되었다. 운전면허 행정처분은?

① 면허 취소 ② 면허 정지 100일
③ 면허 정지 60일 ④ 할 수 없다.

해설
도로교통법 시행규칙 별표28 자동차 등을 이용하여 형법상 특수상해, 특수협박, 특수손괴를 행하여 구속된 때 면허를 취소한다. 형사 입건된 때는 벌점 100점이 부과된다.

131 자동차등(개인형 이동장치는 제외)의 운전자가 다음의 행위를 반복하여 다른 사람에게 위협을 가하는 경우 난폭운전으로 처벌받게 된다. 난폭운전의 대상 행위로 틀린 것은?

① 신호 및 지시 위반, 중앙선 침범
② 안전거리 미확보, 급제동 금지 위반
③ 앞지르기 방해 금지 위반, 앞지르기 방법 위반
④ 통행금지 위반, 운전 중 휴대용 전화사용

해설
도로교통법 제46조의3(난폭운전 금지) 신호 또는 지시 위반, 중앙선 침범, 속도의 위반, 횡단 · 유턴 · 후진 금지 위반, 안전거리 미확보, 차로 변경 금지 위반, 급제동 금지 위반, 앞지르기 방법 또는 앞지르기의 방해금지 위반, 정당한 사유없는 소음 발생, 고속도로에서의 앞지르기 방법 위반, 고속도로 등에서의 횡단 · 유턴 · 후진 금지

132 다음의 행위를 반복하여 교통상의 위험이 발생하였을 때 난폭운전으로 처벌받을 수 있는 것은?

① 고속도로 갓길 주·정차 ② 음주운전
③ 일반도로 전용차로 위반 ④ 중앙선침범

해설
도로교통법 제46조의 3(난폭운전 금지)

133 다음 중 도로교통법상 난폭운전에 해당하지 않는 운전자는?

① 급제동을 반복하여 교통상의 위험을 발생하게 하는 운전자
② 계속된 안전거리 미확보로 다른 사람에게 위협을 주는 운전자
③ 고속도로에서 지속적으로 앞지르기 방법 위반을 하여 교통상의 위험을 발생하게 하는 운전자
④ 심야 고속도로 갓길에 미등을 끄고 주차하여 다른 사람에게 위험을 주는 운전자

해설
도로교통법 제46조의 3항

134 도로교통법령상 보행자에 대한 설명으로 틀린 것은?

① 너비 1미터 이하의 동력이 없는 손수레를 이용하여 통행하는 사람은 보행자가 아니다.
② 너비 1미터 이하의 보행보조용 의자차를 이용하여 통행하는 사람은 보행자이다.
③ 자전거를 타고 가는 사람은 보행자가 아니다.
④ 너비 1미터 이하의 노약자용 보행기를 이용하여 통행하는 사람은 보행자이다.

해설
"보도"(步道)란 연석선, 안전표지나 그와 비슷한 인공구조물로 경계를 표시하여 보행자(유모차, 보행보조용 의자차, 노약자용 보행기 등 행정안전부령으로 정하는 기구 · 장치를 이용하여 통행하는 사람을 포함한다. 이하 같다)가 통행할 수 있도록 한 도로의 부분을 말한다. (도로교통법 제2조제10호)행정안전부령이 정하는 기구 · 장치 너비 1미터 이하인 것.
유모차·보행보조용 의자차·노약자용 보행기·어린이 놀이기구·동력없는 손수레·이륜자동차등을 운전자가 내려서 끌거나 들고 통행하는 것·도로보수 유지 등에 사용하는 기구 등(도로교통법 시행규칙 제2조)

135 다음 중 운전자의 올바른 운전습관으로 가장 바람직하지 않은 것은?

① 자동차 주유 중에는 엔진시동을 끈다.
② 긴급한 상황을 제외하고 급제동하여 다른 차가 급제동하는 상황을 만들지 않는다.
③ 위험상황을 예측하고 방어운전하기 위하여 규정속도와 안전거리를 모두 준수하며 운전한다.
④ 타이어공기압은 계절에 관계없이 주행 안정성을 위하여 적정량보다 10% 높게 유지한다.

해설
타이어공기압은 최대 공기압의 80%가 적정하며, 계절에 따라 여름에는 10%정도 적게, 겨울에는 10%정도 높게 주입하는 것이 안전에 도움이 된다.

136 도로교통법령상 운전자의 보행자 보호에 대한 설명으로 옳지 않은 것은?

① 운전자가 보행자우선도로에서 서행 · 일시정지하지 않아 보행자통행을 방해한 경우에는 범칙금이 부과된다.
② 도로 외의 곳을 운전하는 운전자에게도 보행자 보호의무가 부여된다.
③ 운전자는 보행자가 횡단보도를 통행하려고 하는 때에는 그 횡단보도 앞에서 일시정지 하여야 한다.
④ 운전자는 어린이보호구역 내 신호기가 없는 횡단보도 앞에서는 반드시 서행하여야 한다.

해설
도로교통법 제27조제1항, 제6항제2호□제3호, 제7항 도로교통법 시행령 별표8. 제11호. 승용자동차등 범칙금액 6만원
운전자는 어린이 보호구역 내에 신호기가 설치되지 아니한 횡단보도 앞에서는 보행자의 횡단 여부와 관계없이 일시정지하여야 한다.

137 운전자의 보행자 보호에 대한 설명으로 옳지 않은 것은?

① 운전자는 보행자가 횡단보도를 통행하려고 하는 때에는 그 횡단보도 앞에서 일시정지하여야 한다.
② 운전자는 차로가 설치되지 아니한 좁은 도로에서 보행자의 옆을 지나는 경우 안전한 거리를 두고 서행하여야 한다.
③ 운전자는 어린이 보호구역 내에 신호기가 설치되지 않은 횡단보도 앞에서는 보행자의 횡단이 없을 경우 일시정지하지 않아도 된다.
④ 운전자는 교통정리를 하고 있지 아니하는 교차로를 횡단하는 보행자의 통행을 방해하여서는 아니 된다.

해설
도로교통법 제27조제1항, 제3항, 제4항, 제7항
① 모든 차 또는 노면전차의 운전자는 보행자(제13조의2제6항에 따라 자전거등에서 내려서 자전거등을 끌거나 들고 통행하는 자전거등의 운전자를 포함한다)가 횡단보도를 통행하고 있거나 통행하려고 하는 때에는 보행자의 횡단을 방해하거나 위험을 주지 아니하도록 그 횡단보도 앞(정지선이 설치되어 있는 곳에서는 그 정지선을 말한다)에서 일시정지하여야 한다.
③ 모든 차의 운전자는 교통정리를 하고 있지 아니하는 교차로 또는 그 부근의 도로를 횡단하는 보행자의 통행을 방해하여서는 아니 된다.
④ 모든 차의 운전자는 도로에 설치된 안전지대에 보행자가 있는 경우와 차로가 설치되지 아니한 좁은 도로에서 보행자의 옆을 지나는 경우에는 안전한 거리를 두고 서행하여야 한다.
⑦ 모든 차 또는 노면전차의 운전자는 제12조제1항에 따른 어린이 보호구역 내에 설치된 횡단보도 중 신호기가 설치되지 아니한 횡단보도 앞(정지선이 설치된 경우에는 그 정지선을 말한다)에서는 보행자의 횡단 여부와 관계없이 일시정지하여야 한다. 〈신설 2022. 1. 11.〉

138 자동차 운전자가 신호등이 없는 횡단보도를 통과할 때 가장 안전한 운전 방법은?

① 횡단하는 사람이 없다 하더라도 전방과 그 주변을 잘 살피며 감속한다.
② 횡단하는 사람이 없으므로 그대로 진행한다.
③ 횡단하는 사람이 없을 때 빠르게 지나간다.
④ 횡단하는 사람이 있을 수 있으므로 경음기를 울리며 그대로 진행한다.

해설
신호등이 없는 횡단보도에서는 혹시 모르는 보행자를 위하여 전방과 근방 보도를 잘 살피고 감속 운전하여야 한다.

정답 130. ① 131. ④ 132. ④ 133. ④ 134. ① 135. ④ 136. ④ 137. ③ 138. ①

139 **보행자 우선도로에 대한 설명으로 가장 바르지 않은 것은?**

① 보행자우선도로에서 보행자는 도로의 우측 가장자리로만 통행할 수 있다.
② 운전자에게는 서행, 일시정지 등 각종 보행자 보호 의무가 부여된다.
③ 보행자 보호 의무를 불이행하였을 경우 승용자동차 기준 4만원의 범칙금과 10점의 벌점 처분을 받을 수 있다.
④ 경찰서장은 보행자 보호를 위해 필요하다고 인정할 경우 차량 통행속도를 20km/h 이내로 제한할 수 있다.

해설
보행자는 보행자우선도로에서는 도로의 전 부분으로 통행할 수 있다. 이 경우 보행자는 고의로 차마의 진행을 방해하여서는 아니 된다(도로교통법 제8조 제3항 제1호).
보행자전용도로의 통행이 허용된 차마의 운전자는 보행자를 위험하게 하거나 보행자의 통행을 방해하지 아니하도록 차마를 보행자의 걸음 속도로 운행하거나 일시정지하여야 한다(도로교통법 제28조 제3항). 시 · 도경찰청장이나 경찰서장은 보행자우선도로에서 보행자를 보호하기 위하여 필요하다고 인정하는 경우에는 차마의 통행속도를 시속 20킬로미터 이내로 제한할 수 있다(도로교통법 제28조의2).

140 **시내 도로를 매시 50킬로미터로 주행하던 중 무단횡단 중인 보행자를 발견하였다. 가장 적절한 조치는?**

① 보행자가 횡단 중이므로 일단 급브레이크를 밟아 멈춘다.
② 보행자의 움직임을 예측하여 그 사이로 주행한다.
③ 속도를 줄이며 멈출 준비를 하고 비상점멸등으로 뒤차에도 알리면서 안전하게 정지한다.
④ 보행자에게 경음기로 주의를 주며 다소 속도를 높여 통과한다.

해설
무단횡단 중인 보행자를 발견하면 속도를 줄이며 멈출 준비를 하고 비상등으로 뒤차에도 알리면서 안전하게 정지한다.

141 **도로교통법상 보행자의 보호 등에 관한 설명으로 맞지 않은 것은?**

① 도로에 설치된 안전지대에 보행자가 있는 경우와 차로가 설치되지 아니한 좁은 도로에서 보행자의 옆을 지나는 경우에는 안전한 거리를 두고 서행하여야 한다.
② 보행자가 횡단보도가 설치되어 있지 아니한 도로를 횡단하고 있을 때에는 안전거리를 두고 일시정지하여 보행자가 안전하게 횡단할 수 있도록 하여야 한다.
③ 보도와 차도가 구분되지 아니한 도로 중 중앙선이 없는 도로에서 보행자의 통행에 방해가 될 때에는 서행하거나 일시정지하여 보행자가 안전하게 통행할 수 있도록 하여야 한다.
④ 어린이 보호구역 내에 설치된 횡단보도 중 신호기가 설치되지 아니한 횡단보도 앞(정지선이 설치된 경우에는 그 정지선을 말한다)에서는 보행자의 횡단 여부와 관계없이 서행하여야 한다.

해설
도로교통법 제27조(보행자의 보호) 제7항 모든 차 또는 노면전차의 운전자는 제12조 제1항에 따른 어린이 보호구역내에 설치된 횡단보도 중 신호기가 설치되지 아니한 횡단보도 앞(정지선이 설치된 경우에는 그 정지선을 말한다)에서는 보행자의 횡단 여부와 관계없이 일시정지하여야 한다.

142 **승차구매점(드라이브 스루 매장)을 이용하는 운전자의 자세로 가장 바르지 않은 것은?**

① 승차구매점의 안내요원의 안전 관련 지시에 따른다.
② 승차구매점에서 설치한 안내표지판의 지시를 준수한다.
③ 승차구매점 대기열을 따라 횡단보도를 침범하여 정차한다.
④ 승차구매점 진출입로의 안전시설에 주의하여 이동한다.

해설
승차구매점(드라이브 스루 매장)은 최근 사회적인 교통 이슈가 되고 있다. 이들 대기열은 교통정체에 영향을 미칠 뿐만 아니라 교통안전을 위협하고 있다. 승차구매점 대기열이라고 하여도 횡단보도를 침범하여 정차하여서는 안 된다.

143 **도로교통법령상 도로에서 13세 미만의 어린이가 ( )를 타는 경우에는 어린이의 안전을 위해 인명보호 장구를 착용하여야 한다. ( )에 해당되지 않는 것은?**

① 킥보드 ② 외발자전거
③ 인라인스케이트 ④ 스케이트 보드

해설
도로교통법 제11조(어린이 등에 대한 보호)제3항 어린이의 보호자는 도로에서 어린이가 자전거를 타거나 행정안전부령으로 정하는 위험성이 큰 움직이는 놀이기구를 타는 경우에는 어린이의 안전을 위하여 행정안전부령으로 정하는 인명보호장구를 착용하도록 하여야 한다. 한편 외발자전거는 자전거 이용 활성화에 관한 법률 제2조의 '자전거'에 해당하지 않아 법령상 안전모 착용의무는 없다. 그러나 어린이 안전을 위해서는 안전모를 착용하는 것이 바람직하다.

144 **보행자의 보호의무에 대한 설명으로 맞는 것은?**

① 무단 횡단하는 술 취한 보행자를 보호할 필요 없다.
② 신호등이 있는 도로에서는 횡단 중인 보행자의 통행을 방해하여도 무방하다.
③ 보행자 신호기에 녹색 신호가 점멸하고 있는 경우 차량이 진행해도 된다.
④ 신호등이 있는 교차로에서 우회전할 경우 신호에 따르는 보행자를 방해해서는 아니 된다.

해설
무단 횡단하는 술 취한 보행자도 보호의 대상이다. 보행자 신호기에 녹색신호가 점멸하고 있는 경우에도 보행자보호를 게을리 하지 말고 신호등이 있는 교차로에서 우회전할 경우 신호에 따르는 보행자를 방해해서는 아니 된다.

145 **도로의 중앙을 통행할 수 있는 사람 또는 행렬로 맞는 것은?**

① 사회적으로 중요한 행사에 따라 시가행진하는 행렬
② 말, 소 등의 큰 동물을 몰고 가는 사람
③ 도로의 청소 또는 보수 등 도로에서 작업 중인 사람
④ 기 또는 현수막 등을 휴대한 장의 행렬

해설
큰 동물을 몰고 가는 사람, 도로의 청소 또는 보수 등 도로에서 작업 중인 사람, 기 또는 현수막 등을 휴대한 장의 행렬은 차도의 우측으로 통행하여야 한다.

146 **철길건널목을 통과하다가 고장으로 건널목 안에서 차를 운행할 수 없는 경우 운전자의 조치요령으로 바르지 않는 것은?**

① 동승자를 대피시킨다.
② 비상점멸등을 작동한다.
③ 철도공무원에게 알린다.
④ 차량의 고장 원인을 확인한다.

해설
도로교통법제24조(철길 건널목 통과) 모든 차 또는 노면전차의 운전자는 건널목을 통과하다가 고장 등의 사유로 건널목안에서 차 또는 노면전차를 운행할 수 없게 된 경우는 즉시 승객을 대피시키고 비상신호기등을 사용하거나 그 밖의 방법으로 철도공무원이나 경찰공무원에게 그 사실을 알려야 한다.

147 **도로교통법령상 보행자 보호와 관련된 승용자동차 운전자의 범칙행위에 대한 범칙금액이 다른 것은? (보호구역은 제외)**

① 신호에 따라 도로를 횡단하는 보행자 횡단 방해
② 보행자 전용도로 통행위반
③ 도로를 통행하고 있는 차에서 밖으로 물건을 던지는 행위
④ 어린이·앞을 보지 못하는 사람 등의 보호 위반

해설
도로교통법 시행규칙 별표8 범칙행위 및 범칙금액(운전자) ①, ②, ④는 6만 원이고, ③은 5만 원의 범칙금액 부과

정답 139. ① 140. ③ 141. ④ 142. ③ 143. ② 144. ④ 145. ① 146. ④ 147. ③

148 자동차등을 이용하여 형법상 특수폭행을 행하여(보복운전) 입건되었다. 운전면허 행정처분은?

① 면허 취소　② 면허 정지 100일
③ 면허 정지 60일　④ 행정처분 없음

도로교통법 시행규칙 별표28

149 차의 운전자가 보도를 횡단하여 건물 등에 진입하려고 한다. 운전자가 해야 할 순서로 올바른 것은?

① 서행 → 방향지시등 작동 → 신속 진입
② 일시정지 → 경음기 사용 → 신속 진입
③ 서행 → 좌측과 우측부분 확인 → 서행 진입
④ 일시정지 → 좌측과 우측부분 확인 → 서행 진입

해설
도로교통법 제13조(차마의 통행) 제2항 차마의 운전자는 보도를 횡단하기 직전에 일시정지하여 좌측과 우측 부분 등을 살핀 후 보행자의 통행을 방해하지 아니하도록 횡단하여야 한다.

150 다음 중 도로교통법상 보행자의 도로 횡단 방법에 대한 설명으로 잘못된 것은?

① 모든 차의 바로 앞이나 뒤로 횡단하여서는 아니 된다.
② 지체장애인의 경우라도 반드시 도로 횡단 시설을 이용하여 도로를 횡단하여야 한다.
③ 안전표지 등에 의하여 횡단이 금지되어 있는 도로의 부분에서는 그 도로를 횡단하여서는 아니 된다.
④ 횡단보도가 설치되어 있지 아니한 도로에서는 가장 짧은 거리로 횡단하여야 한다.

해설
도로교통법 제10조(도로의 횡단) 제2항 지하도나 육교 등의 도로 횡단시설을 이용할 수 없는 지체장애인의 경우에는 다른 교통에 방해가 되지 아니하는 방법으로 도로 횡단시설을 이용하지 아니하고 도로를 횡단할 수 있다.

151 다음 중 보행자에 대한 운전자 조치로 잘못된 것은?

① 어린이보호 표지가 있는 곳에서는 어린이가 뛰어 나오는 일이 있으므로 주의해야 한다.
② 보도를 횡단하기 직전에 서행하여 보행자를 보호해야 한다.
③ 무단 횡단하는 보행자도 일단 보호해야 한다.
④ 어린이가 보호자 없이 도로를 횡단 중일 때에는 일시 정지해야 한다.

해설
도로교통법 제13조 제1항 내지 제2항 보도를 횡단하기 직전에 일시 정지하여 좌측 및 우측 부분 등을 살핀 후 보행자의 통행을 방해하지 아니하도록 횡단하여야 한다.

152 보행자의 통행에 대한 설명으로 맞는 것은?

① 보행자는 도로 횡단 시 차의 바로 앞이나 뒤로 신속히 횡단하여야 한다.
② 지체 장애인은 도로 횡단시설이 있는 도로에서 반드시 그곳으로 횡단하여야 한다.
③ 보행자는 안전표지 등에 의하여 횡단이 금지된 도로에서는 신속하게 도로를 횡단하여야 한다.
④ 보행자는 횡단보도가 설치되어 있지 아니한 도로에서는 가장 짧은 거리로 횡단하여야 한다.

해설
보행자는 보도와 차도가 구분된 도로에서는 반드시 보도로 통행하여야 한다. 지체장애인은 도로 횡단 시설을 이용하지 아니하고 횡단할 수 있다. 단, 안전표지 등에 의하여 횡단이 금지된 경우에는 횡단할 수 없다.

153 보행자의 보도통행 원칙으로 맞는 것은?

① 보도 내 우측통행　② 보도 내 좌측통행
③ 보도 내 중앙통행　④ 보도 내 통행원칙은 없음

해설
보행자는 보드 내에서는 우측통행이 원칙이다.

154 도로교통법령상 승용자동차의 운전자가 보도를 횡단하는 방법을 위반한 경우 범칙금은?

① 3만 원　② 4만 원　③ 5만 원　④ 6만 원

해설
통행구분 위반(보도침범, 보도횡단방법 위반)
〈도로교통법시행령 별표 8〉범칙금 6만 원

155 보행자에 대한 운전자의 바람직한 태도는?

① 도로를 무단 횡단하는 보행자는 보호받을 수 없다.
② 자동차 옆을 지나는 보행자에게 신경 쓰지 않아도 된다.
③ 보행자가 자동차를 피해야 한다.
④ 운전자는 보행자를 우선으로 보호해야 한다.

해설
도로교통법 제27조(보행자의 보호) ⑤ 모든 차 또는 노면전차의 운전자는 보행자가 제10조제3항에 따라 횡단보도가 설치되어 있지 아니한 도로를 횡단하고 있을 때에는 안전거리를 두고 일시정지하여 보행자가 안전하게 횡단할 수 있도록 하여야 한다.

156 도로교통법상 보행자가 도로를 횡단할 수 있게 안전표지로 표시한 도로의 부분을 무엇이라 하는가?

① 보도　② 길가장자리구역
③ 횡단보도　④ 보행자 전용도로

해설
도로교통법 제2조 제12호 "횡단보도"란, 보행자가 도로를 횡단할 수 있도록 안전표지로 표시한 도로의 부분을 말한다.

157 야간에 도로 상의 보행자나 물체들이 일시적으로 안 보이게 되는 "증발현상"이 일어나기 쉬운 위치는?

① 반대 차로의 가장자리　② 주행 차로의 우측 부분
③ 도로의 중앙선 부근　④ 도로 우측의 가장자리

해설
야간에 도로상의 보행자나 물체들이 일시적으로 안 보이게 되는 "증발 현상"이 일어나기 쉬운 위치는 도로의 중앙선 부근이다.

158 보행자의 도로 횡단방법에 대한 설명으로 잘못된 것은?

① 보행자는 횡단보도가 없는 도로에서 가장 짧은 거리로 횡단해야 한다.
② 보행자는 모든 차의 바로 앞이나 뒤로 횡단하면 안 된다.
③ 무단횡단 방지를 위한 차선분리대가 설치된 곳이라도 넘어서 횡단할 수 있다.
④ 도로공사 등으로 보도의 통행이 금지된 때 차도로 통행할 수 있다.

해설
도로교통법 제8조(보행자의 통행) ① 보행자는 보도와 차도가 구분된 도로에서는 언제나 보도로 통행하여야 한다. 다만, 차도를 횡단하는 경우, 도로공사 등으로 보도의 통행이 금지된 경우나 그 밖의 부득이한 경우에는 그러하지 아니하다.

도로교통법 제10조(도로의 횡단) ② 보행자는 제1항에 따른 횡단보도, 지하도, 육교나 그 밖의 도로 횡단시설이 설치되어 있는 도로에서는 그 곳으로 횡단하여야 한다. 다만, 지하도나 육교 등의 도로 횡단시설을 이용할 수 없는 지체장애인의 경우에는 다른 교통에 방해가 되지 아니하는 방법으로 도로 횡단시설을 이용하지 아니하고 도로를 횡단할 수 있다. ⓢ 보행자는 제1항에 따른 횡단보도가 설치되어 있지 아니한 도로에서는 가장 짧은 거리로 횡단하여야 한다. ④ 보행자는 모든 차의 바로 앞이나 뒤로 횡단하여서는 아니 된다. 다만, 횡단보도를 횡단하거나 신호기 또는 경찰공무원등의 신호나 지시에 따라 도로를 횡단하는 경우에는 그러하지 아니하다.

정답　148. ②　149. ④　150. ②　151. ②　152. ④　153. ①　154. ④　155. ④　156. ③　157. ③　158. ③

159 앞을 보지 못하는 사람에 준하는 범위에 해당하지 않는 사람은?

① 어린이 또는 영 · 유아
② 의족 등을 사용하지 아니하고는 보행을 할 수 없는 사람
③ 신체의 평형기능에 장애가 있는 사람
④ 듣지 못하는 사람

해설

도로교통법 제11조 제2항 및 동법 시행령 제8조에 따른 앞을 보지 못하는 사람에 준하는 사람은 다음 각 호의 어느 하나에 해당하는 사람을 말한다.
1. 듣지 못하는 사람 2. 신체의 평형기능에 장애가 있는 사람 3. 의족 등을 사용하지 아니하고는 보행을 할 수 없는 사람

160 도로교통법령상 어린이 보호구역 안에서 ( )~( ) 사이에 신호위반을 한 승용차 운전자에 대해 기존의 벌점을 2배로 부과한다. ( ) 에 순서대로 맞는 것은?

① 오전 6시, 오후 6시 ② 오전 7시, 오후 7시
③ 오전 8시, 오후 8시 ④ 오전 9시, 오후 9시

해설

도로교통법 시행규칙 별표 28 주4호 어린이 보호구역 안에서 오전 8시부터 오후 8시 사이에 위반행위를 한 운전자에 대하여 기존의 벌점의 2배에 해당하는 벌점을 부과한다.

161 도로교통법령상 4.5톤 화물자동차가 오전 10시부터 11시까지 노인보호구역에서 주차위반을 한 경우 과태료는?

① 4만 원 ② 5만 원 ③ 9만 원 ④ 10만 원

해설

도로교통법 시행령 별표7 제3호 법 제32조부터 제34조까지의 규정을 위반하여 정차 또는 주차를 한 차의 고용주 등은, 승합자동차등은 2시간 이내일 경우 과태료 9만 원이다.

162 다음 중 보행등의 녹색등화가 점멸할 때 보행자의 가장 올바른 통행방법은?

① 횡단보도에 진입하지 않은 보행자는 다음 신호 때까지 기다렸다가 보행등의 녹색등화 때 통행하여야 한다.
② 횡단보도 중간에 그냥 서 있는다.
③ 다음 신호를 기다리지 않고 횡단보도를 건넌다.
④ 적색등화로 바뀌기 전에는 언제나 횡단을 시작할 수 있다.

해설

〈도로교통법 시행규칙 별표2 신호기가 표시하는 신호의 종류 및 신호의 뜻〉 녹색등화의 점멸 : 보행자는 횡단을 시작하여서는 아니 되고, 횡단하고 있는 보행자는 신속하게 횡단을 완료하거나 그 횡단을 중지하고 보도로 되돌아와야 한다.

163 도로교통법령상 차도를 통행할 수 있는 사람 또는 행렬이 아닌 경우는?

① 도로에서 청소나 보수 등의 작업을 하고 있을 때
② 말·소 등의 큰 동물을 몰고 갈 때
③ 유모차를 끌고 가는 사람
④ 장의(葬儀) 행렬일 때

해설

〈도로교통법 시행령 제7조(차도를 통행할 수 있는 사람 또는 행렬)〉 법 제9조제1항 전단에서 "대통령령으로 정하는 사람이나 행렬"이란 다음 각 호의 어느 하나에 해당하는 사람이나 행렬을 말한다.
1. 말·소 등의 큰 동물을 몰고 가는 사람
2. 사다리, 목재, 그 밖에 보행자의 통행에 지장을 줄 우려가 있는 물건을 운반 중인 사람
3. 도로에서 청소나 보수 등의 작업을 하고 있는 사람
4. 군부대나 그 밖에 이에 준하는 단체의 행렬
5. 기(旗) 또는 현수막 등을 휴대한 행렬
6. 장의(葬儀) 행렬

164 운전자가 진행방향 신호등이 적색일 때 정지선을 초과하여 정지한 경우 처벌 기준은?

① 교차로 통행방법위반 ② 일시정지 위반
③ 신호위반 ④ 서행위반

해설

신호등이 적색일 때 정지선을 초과하여 정지한 경우 신호위반의 처벌을 받는다.

165 다음 중 앞을 보지 못하는 사람이 장애인보조견을 동반하고 도로를 횡단하는 모습을 발견하였을 때의 올바른 운전 방법은?

① 주·정차 금지 장소인 경우 그대로 진행한다.
② 일시 정지한다.
③ 즉시 정차하여 앞을 보지 못하는 사람이 되돌아가도록 안내한다.
④ 경음기를 울리며 보호한다.

해설

〈도로교통법 제49조(모든 운전자의 준수사항 등)〉 ① 모든 차의 운전자는 다음 각 호의 사항을 지켜야 한다.2. 다음 각 목의 어느 하나에 해당하는 경우에는 일시 정지할 것 나. 앞을 보지 못하는 사람이 흰색 지팡이를 가지거나 장애인보조견을 동반하는 등의 조치를 하고 도로를 횡단하고 있는 경우

166 도로교통법상 모든 차의 운전자는 어린이보호구역 내에 설치된 횡단보도 중 신호기가 설치되지 아니한 횡단보도 앞에서는 보행자의 횡단여부와 관계없이 ( )하여야 한다. ( )안에 맞는 것은?

① 서행 ② 일시정지
③ 서행 또는 일시정지 ④ 감속주행

해설

도로교통법 제27조(보행자의 보호) ⑦ 모든 차의 운전자는 어린이보호구역 내에 설치된 횡단보도 중 신호기가 설치되지 아니한 횡단보도 앞에서는 보행자의 횡단여부와 관계없이 일시정지하여야 한다.

167 도로를 횡단하는 보행자 보호에 대한 설명으로 맞는 것은?

① 교차로 이외의 도로에서는 보행자 보호 의무가 없다.
② 신호를 위반하는 무단횡단 보행자는 보호할 의무가 없다.
③ 무단횡단 보행자도 보호하여야 한다.
④ 일방통행 도로에서는 무단횡단 보행자를 보호할 의무가 없다.

해설

〈도로교통법 제27조(보행자의 보호)〉 ⑤ 모든 차 또는 노면전차의 운전자는 보행자가 제10조제3항에 따라 횡단보도가 설치되어 있지 아니한 도로를 횡단하고 있을 때에는 안전거리를 두고 일시정지하여 보행자가 안전하게 횡단할 수 있도록 하여야 한다.

168 도로교통법령상 원칙적으로 차도의 통행이 허용되지 않는 사람은?

① 보행보조용 의자차를 타고 가는 사람
② 사회적으로 중요한 행사에 따라 시가를 행진하는 사람
③ 도로에서 청소나 보수 등의 작업을 하고 있는 사람
④ 사다리 등 보행자의 통행에 지장을 줄 우려가 있는 물건을 운반 중인 사람

해설

〈도로교통법 시행령 제7조(차도를 통행할 수 있는 사람 또는 행렬)〉 법 제9조제1항 전단에서 "대통령령으로 정하는 사람이나 행렬"이란 다음 각 호의 어느 하나에 해당하는 사람이나 행렬을 말한다.
1. 말·소 등의 큰 동물을 몰고 가는 사람 2. 사다리, 목재, 그 밖에 보행자의 통행에 지장을 줄 우려가 있는 물건을 운반 중인 사람 3. 도로에서 청소나 보수 등의 작업을 하고 있는 사람 4. 군부대나 그 밖에 이에 준하는 단체의 행렬 5. 기(旗) 또는 현수막 등을 휴대한 행렬 6. 장의(葬儀) 행렬

정답 159. ① 160. ③ 161. ③ 162. ① 163. ③ 164. ③ 165. ② 166. ② 167. ③ 168. ①

169 다음 중 보행자의 통행방법으로 잘못된 것은?

① 보도에서는 좌측통행을 원칙으로 한다.
② 보행자우선도로에서는 도로의 전 부분을 통행할 수 있다.
③ 보도와 차도가 구분된 도로에서는 언제나 보도로 통행하여야 한다.
④ 보도와 차도가 구분되지 않은 도로 중 중앙선이 있는 도로에서는 길 가장자리구역으로 통행하여야 한다.

해설
도로교통법 제8조(보행자의 통행) 보행자는 보도에서 우측통행을 원칙으로 한다.

170 다음 중 도로교통법상 보도를 통행하는 보행자에 대한 설명으로 맞는 것은?

① 125시시 미만의 이륜차를 타고 보도를 통행하는 사람은 보행자로 볼 수 있다.
② 자전거를 타고 가는 사람은 보행자로 볼 수 있다.
③ 보행보조용 의자차를 이용하는 사람은 보행자로 볼 수 있다.
④ 49시시 원동기장치자전거를 타고 가는 사람은 보행자로 볼 수 있다.

해설
도로교통법 제2조(정의)제10호 "보도"(步道)란 연석선, 안전표지나 그와 비슷한 인공구조물로 경계를 표시하여 보행자(유모차와 행정안전부령으로 정하는 보행보조용 의자차를 포함한다. 이하 같다)가 통행할 수 있도록 한 도로의 부분을 말한다.

171 다음 중 도로교통법상 횡단보도가 없는 도로에서 보행자의 가장 올바른 횡단방법은?

① 통과차량 바로 뒤로 횡단한다.
② 차량통행이 없을 때 빠르게 횡단한다.
③ 횡단보도가 없는 곳이므로 아무 곳이나 횡단한다.
④ 도로에서 가장 짧은 거리로 횡단한다.

해설
〈도로교통법 제10조 제3항〉, 보행자는 제1항에 따른 횡단보도가 설치되어 있지 아니한 도로에서는 가장 짧은 거리로 횡단하여야 한다.

172 도로교통법상 보행자전용도로 통행이 허용된 차마의 운전자가 통행하는 방법으로 맞는 것은?

① 보행자가 있는 경우 서행으로 진행한다.
② 경음기를 울리면서 진행한다.
③ 보행자의 걸음 속도로 운행하거나 일시정지하여야 한다.
④ 보행자가 없는 경우 신속히 진행한다.

해설
〈도로교통법 제28조 제3항〉 보행자전용도로의 통행이 허용된 차마의 운전자는 보행자를 위험하게 하거나 보행자의 통행을 방해하지 아니하도록 차마를 보행자의 걸음 속도로 운행하거나 일시정지하여야 한다.

173 다음 중 도로교통법상 횡단보도를 횡단하는 방법에 대한 설명으로 옳지 않은 것은?

① 개인형 이동장치를 끌고 횡단할 수 있다.
② 보행보조용 의자차를 타고 횡단할 수 있다.
③ 자전거를 타고 횡단할 수 있다.
④ 유모차를 끌고 횡단할 수 있다.

해설
도로교통법 제2조제12호 횡단보도란 보행자가 도로를 횡단할 수 있도록 안전표지로 표시한 도로의 부분을 말한다.
도로교통법 제27조제1항 모든 차의 운전자는 보행자(제13조의2제6항에 따라 자전거에서 내려서 자전거를 끌고 통행하는 자전거 운전자를 포함한다)가 횡단보도를 통행하고 있을 때에는 보행자의 횡단을 방해하거나 위험을 주지 아니하도록 그 횡단보도 앞(정지선이 설치되어 있는 곳에서는 그 정지선을 말한다)에서 일시정지하여야 한다.

174 차량 운전 중 차량 신호등과 횡단보도 보행자 신호등이 모두 고장 난 경우 횡단보도 통과 방법으로 옳은 것은?

① 횡단하는 사람이 있는 경우 서행으로 통과한다.
② 횡단보도에 사람이 없으면 서행하지 않고 빠르게 통과한다.
③ 신호등 고장으로 횡단보도 기능이 상실되었으므로 서행할 필요가 없다.
④ 횡단하는 사람이 있는 경우 횡단보도 직전에 일시정지한다.

해설
〈도로교통법시행령 제27조 제1항〉 모든 차 또는 노면전차의 운전자는 보행자(제13조의2제6항에 따라 자전거등에서 내려서 자전거등을 끌거나 들고 통행하는 자전거등의 운전자를 포함한다)가 횡단보도를 통행하고 있거나 통행하려고 하는 때에는 보행자의 횡단을 방해하거나 위험을 주지 아니하도록 그 횡단보도 앞(정지선이 설치되어 있는 곳에서는 그 정지선을 말한다)에서 일시정지하여야 한다.

175 다음 중 도로교통법상 차마의 통행방법에 대한 설명이다. 잘못된 것은?

① 보도와 차도가 구분된 도로에서는 차도로 통행하여야 한다.
② 보도를 횡단하기 직전에 서행하여 좌·우를 살핀 후 보행자의 통행을 방해하지 않도록 횡단하여야 한다.
③ 도로의 중앙의 우측 부분으로 통행하여야 한다.
④ 도로가 일방통행인 경우 도로의 중앙이나 좌측 부분을 통행할 수 있다.

해설
〈도로교통법 제13조 제2항〉 제1항 단서의 경우 차마의 운전자는 보도를 횡단하기 직전에 일시정지하여 좌측과 우측 부분 등을 살핀 후 보행자의 통행을 방해하지 아니하도록 횡단하여야 한다.

176 다음 중 도로교통법상 보행자의 보호에 대한 설명이다. 옳지 않은 것은?

① 보행자가 횡단보도를 통행하고 있을 때 그 직전에 일시정지하여야 한다.
② 경찰공무원의 신호나 지시에 따라 도로를 횡단하는 보행자의 통행을 방해하여서는 아니 된다.
③ 교차로에서 도로를 횡단하는 보행자의 통행을 방해하여서는 아니 된다.
④ 보행자가 횡단보도가 없는 도로를 횡단하고 있을 때에는 안전거리를 두고 서행하여야 한다.

해설
도로교통법 제27조(보행자의 보호) ① 모든 차 또는 노면전차의 운전자는 보행자(제13조의2제6항에 따라 자전거등에서 내려서 자전거등을 끌거나 들고 통행하는 자전거등의 운전자를 포함한다)가 횡단보도를 통행하고 있거나 통행하려고 하는 때에는 보행자의 횡단을 방해하거나 위험을 주지 아니하도록 그 횡단보도 앞(정지선이 설치되어 있는 곳에서는 그 정지선을 말한다)에서 일시정지하여야 한다. ② 모든 차 또는 노면전차의 운전자는 교통정리를 하고 있는 교차로에서 좌회전이나 우회전을 하려는 경우에는 신호기 또는 경찰공무원등의 신호나 지시에 따라 도로를 횡단하는 보행자의 통행을 방해하여서는 아니 된다. ③ 모든 차의 운전자는 교통정리를 하고 있지 아니하는 교차로 또는 그 부근의 도로를 횡단하는 보행자의 통행을 방해하여서는 아니 된다. ⑤ 모든 차 또는 노면전차의 운전자는 보행자가 제10조제3항에 따라 횡단보도가 설치되어 있지 아니한 도로를 횡단하고 있을 때에는 안전거리를 두고 일시정지하여 보행자가 안전하게 횡단할 수 있도록 하여야 한다.

177 도로교통법상 보도와 차도가 구분이 되지 않는 도로 중 중앙선이 있는 도로에서 보행자의 통행방법으로 가장 적절한 것은?

① 차도 중앙으로 보행한다.
② 차도 우측으로 보행한다.
③ 길가장자리구역으로 보행한다.
④ 도로의 전 부분으로 보행한다.

해설
도로교통법 제8조(보행자의 통행) ① 보행자는 보도와 차도가 구분되지 아니한 도로 중 중앙선이 있는 도로(일방통행인 경우에는 차선으로 구분된 도로를 포함한다)에서는 길 가장자리 또는 길 가장자리 구역으로 통행하여야 한다. ② 보행자는 다음 각 호의 어느 하나에 해당하는 곳에서는 도로의 전 부분으로 통행할 수 있다. 이 경우 보행자는 고의로 차마의 진행을 방해하여서는 아니 된다. 1. 보도와 차도가 구분되지 아니한 도로 중 중앙선이 없는 도로(일방통행인 경우에는 차선으로 구분되지 아니한 도로에 한정한다. 이하 같다) 2. 보행자우선도로

정답 169. ① 170. ③ 171. ④ 172. ③ 173. ③ 174. ④ 175. ② 176. ④ 177. ③

178 도로교통법상 연석선, 안전표지나 그와 비슷한 인공구조물로 경계를 표시하여 보행자가 통행할 수 있도록 한 도로의 부분은?

① 보도 ② 길가장자리구역
③ 횡단보도 ④ 자전거횡단도

해설
〈도로교통법 제2조 제10호〉 보도란 연석선, 안전표지나 그와 비슷한 인공구조물로 경계를 표시하여 보행자(유모차와 행정안전부령으로 정하는 보행보조용 의자차를 포함한다. 이하 같다)가 통행할 수 있도록 한 도로의 부분을 말한다.

179 도로교통법령상 보행신호등이 점멸할 때 올바른 횡단방법이 아닌 것은?

① 보행자는 횡단을 시작하여서는 안 된다.
② 횡단하고 있는 보행자는 신속하게 횡단을 완료하여야 한다.
③ 횡단을 중지하고 보도로 되돌아와야 한다.
④ 횡단을 중지하고 그 자리에서 다음 신호를 기다린다.

해설
〈도로교통법시행규칙 제6조 제2항, 별표2〉 신호기가 표시하는 신호의 종류 및 신호의 뜻 중 보행신호등

180 도로교통법상 차의 운전자가 다음과 같은 상황에서 서행하여야 할 경우는?

① 자전거를 끌고 횡단보도를 횡단하는 사람을 발견하였을 때
② 이면도로에서 보행자의 옆을 지나갈 때
③ 보행자가 횡단보도를 횡단하는 것을 봤을 때
④ 보행자가 횡단보도가 없는 도로를 횡단하는 것을 봤을 때0

해설
〈도로교통법 제27조 제4항〉 모든 차의 운전자는 도로에 설치된 안전지대에 보행자가 있는 경우와 차로가 설치되지 아니한 좁은 도로에서 보행자의 옆을 지나는 경우에는 안전한 거리를 두고 서행하여야 한다.

181 도로교통법령상 고원식 횡단보도는 제한속도를 매시 ( )킬로미터 이하로 제한할 필요가 있는 도로에 설치한다. ( )안에 기준으로 맞는 것은?

① 10 ② 20
③ 30 ④ 50

해설
고원식 횡단보도는 제한속도를 30km/h이하로 제한할 필요가 있는 도로에서 횡단보도를 노면보다 높게 하여 운전자의 주의를 환기시킬 필요가 있는 지점에 설치한다.(도로교통법 시행규칙 별표6 5. 533)

182 교통정리가 없는 교차로에서 좌회전하는 방법 중 가장 옳은 것은?

① 일반도로에서는 좌회전하려는 교차로 직전에서 방향지시등을 켜고 좌회전한다.
② 미리 도로의 중앙선을 따라 서행하면서 교차로의 중심 바깥쪽으로 좌회전한다.
③ 시·도경찰청장이 지정하더라도 교차로의 중심 바깥쪽을 이용하여 좌회전할 수 없다.
④ 반드시 서행하여야 하고, 일시정지는 상황에 따라 운전자가 판단하여 실시한다.

해설
일반도로에서 좌회전하려는 때에는 좌회전하려는 지점에서부터 30미터 이상의 지점에서 방향지시등을 켜야 하고, 도로 중앙선을 따라 서행하며 교차로의 중심 안쪽으로 좌회전해야 하며, 시·도경찰청장이 지정한 곳에서는 교차로의 중심 바깥쪽으로 좌회전할 수 있다. 그리고 좌회전할 때에는 항상 서행할 의무가 있으나 일시정지는 상황에 따라 할 수도 있고 안 할 수도 있다.

183 도로교통법령상 차량 운전 중 일시정지해야 할 상황이 아닌 것은?

① 어린이가 보호자 없이 도로를 횡단할 때
② 차량 신호등이 적색등화의 점멸 신호일 때
③ 어린이가 도로에서 앉아 있거나 서 있을 때
④ 차량 신호등이 황색등화의 점멸 신호일 때

해설
도로교통법 제49조(모든 운전자의 준수사항)제1항제2호, 도로교통법 시행규칙 별표 2 차량 신호등이 황색등화의 점멸 신호일 때는 다른 교통 또는 안전표지의 표시에 주의하면서 진행할 수 있다.

184 다음 중 도로교통법령상 대각선 횡단보도의 보행 신호가 녹색등화일 때 차마의 통행방법으로 옳은 것은?

① 직진하려는 때에는 정지선의 직전에 정지하여야 한다.
② 보행자가 없다면 속도를 높여 우회전할 수 있다.
③ 보행자가 없다면 속도를 높여 좌회전할 수 있다.
④ 보행자가 횡단하지 않는 방향으로는 진행할 수 있다.

해설
〈도로교통법시행규칙 제6조 제2항, 별표2〉 신호기가 표시하는 신호의 종류 및 신호의 뜻 중 적색의 등화

185 도로교통법상 차의 운전자가 그 차의 바퀴를 일시적으로 완전히 정지시키는 것은?

① 서행 ② 정차
③ 주차 ④ 일시정지

해설
〈도로교통법 제2조 제30호〉 "일시정지"란 차의 운전자가 그 차의 바퀴를 일시적으로 완전히 정지시키는 것을 말한다.

186 다음 중 도로교통법상 의료용 전동휠체어가 통행할 수 없는 곳은?

① 자전거전용도로 ② 길가장자리구역
③ 보도 ④ 도로의 가장자리

해설
〈도로교통법 제8조 제1항〉 보행자는 보도와 차도가 구분된 도로에서는 언제나 보도로 통행하여야 한다. 다만, 차도를 횡단하는 경우, 도로공사 등으로 보도의 통행이 금지된 경우나 그 밖의 부득이한 경우에는 그러하지 아니하다.

187 도로교통법령상 설치되는 차로의 너비는 ( )미터 이상으로 하여야 한다. 이 경우 좌회전전용 차로의 설치 등 부득이하다고 인정되는 때에는 ( )센티미터 이상으로 할 수 있다. ( )안에 기준으로 각각 맞는 것은?

① 5, 300 ② 4, 285
③ 3, 275 ④ 2, 265

해설
도로교통법 시행규칙 제15조(차로의 설치) 제2항, 차로의 너비는 3미터 이상으로 하여야 하되, 좌회전전용차로의 설치 등 부득이하다고 인정되는 때에는 275센티미터 이상으로 할 수 있다.

188 도로 우측 부분의 폭이 6미터가 되지 아니하는 도로에서 다른 차를 앞지르기할 수 있는 경우로 맞는 것은?

① 도로의 좌측 부분을 확인할 수 없는 경우
② 반대 방향의 교통을 방해할 우려가 있는 경우
③ 앞차가 저속으로 진행하고, 다른 차와 안전거리가 확보된 경우
④ 안전표지 등으로 앞지르기를 금지하거나 제한하고 있는 경우

해설
도로교통법 제13조(차마의 통행) 제4항 제3호

정답 178. ① 179. ④ 180. ② 181. ③ 182. ④ 183. ④ 184. ① 185. ④ 186. ① 187. ③ 188. ③

189 도로교통법상 시간대에 따라 양방향의 통행량이 뚜렷하게 다른 도로에는 교통량이 많은 쪽으로 차로의 수가 확대될 수 있도록 신호기에 의하여 차로의 진행방향을 지시하는 차로는?

① 가변차로 ② 버스전용차로
③ 가속차로 ④ 앞지르기 차로

해설
도로교통법 제14조(차로의 설치 등) 제1항, 시·도경찰청장은 시간대에 따라 양방향의 통행량이 뚜렷하게 다른 도로에는 교통량이 많은 쪽으로 차로의 수가 확대될 수 있도록 신호기에 의하여 차로의 진행방향을 지시하는 가변차로를 설치할 수 있다.

190 도로교통법령상 '모든 차의 운전자는 교차로에서 ( )을 하려는 경우에는 미리 도로의 우측 가장자리를 서행하면서 ( )하여야 한다. 이 경우 ( )하는 차도의 운전자는 신호에 따라 정지하거나 진행하는 보행자 또는 자전거 등에 주의하여야 한다.' ( )안에 맞는 것으로 짝지어진 것은?

① 우회전 - 우회전 - 우회전
② 좌회전 - 좌회전 - 좌회전
③ 우회전 - 좌회전 - 우회전
④ 좌회전 - 우회전 - 좌회전

해설
도로교통법 제25조(교차로 통행방법) ① 모든 차의 운전자는 교차로에서 우회전을 하려는 경우에는 미리 도로의 우측가장자리를 서행하면서 우회전하여야 한다. 이 경우 우회전하는 차의 운전자는 신호에 따라 정지하거나 진행하는 보행자 또는 자전거등에 주의하여야 한다. 〈개정 2020. 6. 9.〉

191 다음 중 도로교통법상 차로변경에 대한 설명으로 맞는 것은?

① 다리 위는 위험한 장소이기 때문에 백색실선으로 차로변경을 제한하는 경우가 많다.
② 차로변경을 제한하고자 하는 장소는 백색점선의 차선으로 표시되어 있다.
③ 차로변경 금지장소에서는 도로공사 등으로 장애물이 있어 통행이 불가능한 경우라도 차로변경을 해서는 안 된다.
④ 차로변경 금지장소이지만 안전하게 차로를 변경하면 법규위반이 아니다.

해설
도로의 파손 등으로 진행할 수 없을 경우에는 차로를 변경하여 주행하여야 하며, 차로변경 금지장소에서는 안전하게 차로를 변경하여도 법규 위반에 해당한다. 차로변경 금지선은 실선으로 표시한다.

192 다음 중 교차로에 진입하여 신호가 바뀐 후에도 지나가지 못해 다른 차량 통행을 방해하는 행위인 "꼬리 물기"를 하였을 때의 위반 행위로 맞는 것은?

① 교차로 통행방법 위반 ② 일시정지 위반
③ 진로 변경 방법 위반 ④ 혼잡 완화 조치 위반

해설
모든 차 또는 노면전차의 운전자는 신호기로 교통정리를 하고 있는 교차로에 들어가려는 경우에는 진행하려는 진로의 앞쪽에 있는 차 또는 노면전차의 상황에 따라 교차로(정지선이 설치되어 있는 경우에는 그 정지선을 넘은 부분을 말한다)에 정지하게 되어 다른 차 또는 노면전차의 통행에 방해가 될 우려가 있는 경우에는 그 교차로에 들어가서는 아니 된다(도로교통법 제25조 제5항). 이를 위반하는 것을 꼬리물기라 한다.

193 도로교통법령상 차로에 따른 통행구분 설명이다. 잘못된 것은?

① 차로의 순위는 도로의 중앙선쪽에 있는 차로부터 1차로로 한다.
② 느린 속도로 진행하여 다른 차의 정상적인 통행을 방해할 우려가 있는 때에는 그 통행하던 차로의 오른쪽 차로로 통행하여야 한다.
③ 일방통행 도로에서는 도로의 오른쪽부터 1차로 한다.
④ 편도 2차로 고속도로에서 모든 자동차는 2차로로 통행하는 것이 원칙이다.

해설
도로교통법 시행규칙 제16조(차로에 따른 통행구분)

194 고속도로의 가속차로에 대한 설명으로 옳은 것은?

① 고속도로 주행 차량이 진출로로 진출하기 위해 차로 변경할 수 있도록 유도하는 차로
② 고속도로로 진입하는 차량이 충분한 속도를 낼 수 있도록 유도하는 차로
③ 고속도로에서 앞지르기하고자 하는 차량이 속도를 낼 수 있도록 유도하는 차로
④ 오르막에서 대형 차량들의 속도 감소로 인한 영향을 줄이기 위해 설치한 차로

해설
변속차로란 고속 주행하는 자동차가 감속해서 다른 도로로 진입할 경우 또는 저속 주행하는 자동차가 고속 주행하고 있는 자동차군으로 유입할 경우에 본선의 다른 고속 자동차의 주행을 방해하지 않고 안전하게 감속 또는 가속하도록 설치하는 부가차로를 말한다. 일반적으로 전자를 감속차로, 후자를 가속차로라 한다[도로의 구조□시설 기준에 관한 규칙 해설(2020),국토교통부, p.40].

195 고속도로에 진입한 후 잘못 진입한 사실을 알았을 때 가장 적절한 행동은?

① 갓길에 정차한 후 비상점멸등을 켜고 고속도로 순찰대에 도움을 요청한다.
② 이미 진입하였으므로 다음 출구까지 주행한 후 빠져나온다.
③ 비상점멸등을 켜고 진입했던 길로 서서히 후진하여 빠져나온다.
④ 진입 차로가 2개 이상일 경우에는 유턴하여 돌아 나온다.

해설
고속도로에 진입한 후 잘못 진입한 경우 다음 출구까지 주행한 후 빠져나온다.

196 도로교통법령상 도로에 설치하는 노면표시의 색이 잘못 연결된 것은?

① 안전지대 중 양방향 교통을 분리하는 표시는 노란색
② 버스전용차로표시는 파란색
③ 노면색깔유도선표시는 분홍색, 연한녹색 또는 녹색
④ 어린이보호구역 안에 설치하는 속도제한표시의 테두리선은 흰색

해설
도로교통법 시행규칙 별표 6(안전표지의 종류, 만드는 방식 및 설치·관리기준) 일반기준 제2호. 어린이보호구역 안에 설치하는 속도제한표시의 테두리선은 빨간색

197 도로교통법령상 고속도로 외의 도로에서 왼쪽 차로를 통행할 수 있는 차종으로 맞는 것은?

① 승용자동차 및 경형·소형·중형 승합자동차
② 대형 승합자동차
③ 화물자동차
④ 특수자동차 및 이륜자동차

해설
도로교통법 시행규칙 별표 9(차로에 따른 통행차의 기준), 고속도로 외의 도로에서 왼쪽차로는 승용자동차 및 경형□소형□중형 승합자동차가 통행할 수 있는 차종이다.

198 자동차 운전자는 폭우로 가시거리가 50미터 이내인 경우 도로교통법령상 최고속도의 ( )을 줄인 속도로 운행하여야 한다. ( )에 기준으로 맞는 것은?

① 100분의 50 ② 100분의 40
③ 100분의 30 ④ 100분의 20

해설
도로교통법 시행규칙 제19조(자동차등과 노면전차의 속도) ②비 · 안개 · 눈 등으로 인한 악천후 시에는 제1항에 불구하고 다음 각 호의 기준에 의하여 감속 운행하여야 한다.
1. 최고속도의 100분의 20을 줄인 속도로 운행하여야 하는 경우
가. 비가 내려 노면이 젖어있는 경우
나. 눈이 20밀리미터 미만 쌓인 경우
2. 최고속도의 100분의 50을 줄인 속도로 운행하여야 하는 경우
가. 폭우 · 폭설 · 안개 등으로 가시거리가 100미터 이내인 경우
나. 노면이 얼어 붙은 경우
다. 눈이 20밀리미터 이상 쌓인 경우

정답 189. ① 190. ① 191. ① 192. ① 193. ③ 194. ② 195. ② 196. ④ 197. ① 198. ①

199 자동차 운전 시 유턴이 허용되는 노면표시 형식은?(유턴표지가 있는 곳)

① 도로의 중앙에 황색 실선 형식으로 설치된 노면표시
② 도로의 중앙에 백색 실선 형식으로 설치된 노면표시
③ 도로의 중앙에 백색 점선 형식으로 설치된 노면표시
④ 도로의 중앙에 청색 실선 형식으로 설치된 노면표시

해설
도로 중앙에 백색 점선 형식의 노면표시가 설치된 구간에서 유턴이 허용된다.

200 도로교통법상 보도와 차도의 구분이 없는 도로에 차로를 설치하는 때 보행자가 안전하게 통행할 수 있도록 그 도로의 양쪽에 설치하는 것은?

① 안전지대 ② 진로변경제한선 표시
③ 갓길 ④ 길가장자리구역

해설
도로교통법 제2조(정의) 제11호(길가장자리 구역), 길가장자리구역"이란 보도와 차도가 구분되지 아니한 도로에서 보행자의 안전을 확보하기 위하여 안전표지 등으로 경계를 표시한 도로의 가장자리 부분을 말한다.

201 도로교통법령상 1·2차로가 좌회전 차로인 교차로의 통행 방법으로 맞는 것은?

① 승용자동차는 1차로만을 이용하여 좌회전하여야 한다.
② 승용자동차는 2차로만을 이용하여 좌회전하여야 한다.
③ 대형승합자동차는 1차로만을 이용하여 좌회전하여야 한다.
④ 대형승합자동차는 2차로만을 이용하여 좌회전하여야 한다.

해설
좌회전 차로가 2개 이상 설치된 교차로에서 좌회전하려는 차는 그 설치된 좌회전 차로 내에서 도로교통법 시행규칙 별표9의 고속도로외의 차로 구분에 따라 좌회전하여야 한다.

202 도로교통법령상 차마의 통행방법 및 속도에 대한 설명으로 옳지 않은 것은?

① 신호등이 없는 교차로에서 좌회전할 때 직진하려는 다른 차가 있는 경우 직진 차에게 차로를 양보하여야 한다.
② 차도와 보도의 구별이 없는 도로에서 차량을 정차할 때 도로의 오른쪽 가장자리로부터 중앙으로 50센티미터 이상의 거리를 두어야 한다.
③ 교차로에서 앞 차가 우회전을 하려고 신호를 하는 경우 뒤따르는 차는 앞 차의 진행을 방해해서는 안 된다.
④ 자동차전용도로에서의 최저속도는 매시 40킬로미터이다.

해설
① 도로교통법 제26조 제4항, ② 도로교통법 시행령 제11조 제1항, 제1호, ③ 도로교통법 제25조 제4항, ④ 자동차 전용도로에서의 최저속도는 매시 30킬로미터이다.(도로교통법 시행규칙 제19조 제1항 제2호)

203 도로교통법령상 최고속도 매시 100킬로미터인 편도 4차로 고속도로를 주행하는 적재중량 3톤의 화물자동차의 최고속도는?

① 매시 60킬로미터 ② 매시 70킬로미터
③ 매시 80킬로미터 ④ 매시 90킬로미터

해설
도로교통법 시행규칙 제19조 제1항, 편도 2차로 이상 고속도로에서 적재중량 1.5톤을 초과하는 화물자동차의 최고 속도는 매시 80킬로미터이다.

204 차마의 운전자가 도로의 좌측으로 통행할 수 없는 경우로 맞는 것은?

① 안전표지 등으로 앞지르기를 제한하고 있는 경우
② 도로가 일방통행인 경우
③ 도로 공사 등으로 도로의 우측 부분을 통행할 수 없는 경우
④ 도로의 우측 부분의 폭이 차마의 통행에 충분하지 아니한 경우

해설
도로교통법 제13조(차마의 통행) 제4항

205 교차로와 딜레마 존(Dilemma Zone)통과 방법 중 가장 거리가 먼 것은?

① 교차로 진입 전 교통 상황을 미리 확인하고 안전거리 유지와 감속운전으로 모든 상황을 예측하며 방어운전을 한다.
② 적색신호에서 교차로에 진입하면 신호위반에 해당된다.
③ 신호등이 녹색에서 황색으로 바뀔 때 앞바퀴가 정지선을 진입했다면 교차로 교통상황을 주시하며 신속하게 교차로 밖으로 진행한다.
④ 과속하는 상황일수록 딜레마 존(Dilemma Zone)은 더욱 짧아지게 되며 운전자의 결정도 그 만큼 빨라지게 된다.

해설
도로교통법 시행규칙 제6조 제2항

206 다음은 차간거리에 대한 설명이다. 올바르게 표현된 것은?

① 공주거리는 위험을 발견하고 브레이크 페달을 밟아 브레이크가 듣기 시작할 때까지의 거리를 말한다.
② 정지거리는 앞차가 급정지할 때 추돌하지 않을 정도의 거리를 말한다.
③ 안전거리는 브레이크를 작동시켜 완전히 정지할 때까지의 거리를 말한다.
④ 제동거리는 위험을 발견한 후 차량이 완전히 정지할 때까지의 거리를 말한다.

해설
①공주거리 ②안전거리 ③제동거리 ④정지거리

207 다음 중 앞지르기가 가능한 장소는?

① 교차로 ② 중앙선(황색 점선)
③ 터널 안(흰색 점선 차로) ④ 다리 위(흰색 점선 차로)

해설
교차로, 황색실선 구간, 터널 안, 다리 위, 시·도경찰청장이 지정한 곳은 앞지르기 금지 장소이다.

208 다음 중 도로교통법상 교차로에서의 서행에 대한 설명으로 가장 적절한 것은?

① 차가 즉시 정지시킬 수 있는 정도의 느린 속도로 진행하는 것
② 매시 30킬로미터의 속도를 유지하여 진행하는 것
③ 사고를 유발하지 않을 만큼의 속도로 느리게 진행하는 것
④ 앞차의 급정지를 피할 만큼의 속도로 진행하는 것

해설
도로교통법 제2조(정의) 제28호. "서행"(徐行)이란 운전자가 차를 즉시 정지시킬 수 있는 정도의 느린 속도로 진행하는 것을 말한다.

209 다음은 도로에서 최고속도를 위반하여 자동차등(개인형 이동장치 제외)을 운전한 경우 처벌기준은?

① 시속 100킬로미터를 초과한 속도로 3회 이상 운전한 사람은 500만 원 이하의 벌금 또는 구류
② 시속 100킬로미터를 초과한 속도로 3회 이상 운전한 사람은 1년 이하의 징역이나 500만 원 이하의 벌금
③ 시속 100킬로미터를 초과한 속도로 2회 운전한 사람은 300만 원 이하의 벌금
④ 시속 80킬로미터를 초과한 속도로 운전한 사람은 50만 원 이하의 벌금 또는 구류

해설
로교통법 제151조의2, 법 제153조, 같은 법 제154조 최고속도보다 시속 100킬로미터를 초과한 속도로 3회 이상 자동차등을 운전한 사람은 1년 이하의 징역이나 500만 원 이하의 벌금, 최고속도보다 시속 100킬로미터를 초과한 속도로 자동차등을 운전한 사람은 100만 원 이하의 벌금 또는 구류, 최고속도보다 시속 80킬로미터를 초과한 속도로 자동차 등을 운전한 사람 30만 원 이하의 벌금 또는 구류

정답 199. ③ 200. ④ 201. ④ 202. ④ 203. ③ 204. ① 205. ④ 206. ① 207. ② 208. ① 209. ②

210 신호등이 없는 교차로에서 우회전하려 할 때 옳은 것은?

① 가급적 빠른 속도로 신속하게 우회전한다.
② 교차로에 선진입한 차량이 통과한 뒤 우회전한다.
③ 반대편에서 앞서 좌회전하고 있는 차량이 있으면 안전에 유의하며 함께 우회전한다.
④ 폭이 넓은 도로에서 좁은 도로로 우회전할 때는 다른 차량에 주의할 필요가 없다.

해설

교차로에서 우회전 할 때에는 서행으로 우회전해야 하고, 선진입한 좌회전 차량에 차로를 양보해야 한다. 그리고 폭이 넓은 도로에서 좁은 도로로 우회전할 때에도 다른 차량에 주의해야 한다.

211 신호기의 신호가 있고 차량보조신호가 없는 교차로에서 우회전하려고 한다. 도로교통법령상 잘못된 것은?

① 차량신호가 적색등화인 경우, 횡단보도에서 보행자신호와 관계없이 정지선 직전에 일시정지 한다.
② 차량신호가 녹색등화인 경우, 정지선 직전에 일시정지하지 않고 우회전한다.
③ 차량신호가 좌회전 신호인 경우, 횡단보도에서 보행자신호와 관계없이 정지선 직전에 일시정지 한다.
④ 차량신호에 관계없이 다른 차량의 교통을 방해하지 않은 때 일시정지 하지 않고 우회전한다.

해설

도로교통법 제25조, 도로교통법시행령 별표2, 도로교통법시행규칙 별표2

① 차량신호가 적색등화인 경우, 횡단보도에서 보행자신호와 관계없이 정지선 직전에 일시정지 후 신호에 따라 진행하는 다른 차량의 교통을 방해하지 않고 우회전한다.
② 차량신호가 녹색 등화인 경우 횡단보도에서 일지정지 의무는 없다.
③ 차량신호가 녹색화살표 등화(좌회전)인 경우, 횡단보도에서 보행자신호와 관계없이 정지선 직전에 일시정지 후 신호에 따라 진행하는 다른 차량의 교통을 방해하지 않고 우회전 한다. ※ 일시정지하지 않는 경우 신호위반, 일시정지하였으나 보행자 통행을 방해한 경우 보행자 보호의무위반으로 처벌된다.

212 교차로에서 좌·우회전하는 방법을 가장 바르게 설명한 것은?

① 우회전을 하고자 하는 때에는 신호에 따라 정지 또는 진행하는 보행자와 자전거에 주의하면서 신속히 통과한다.
② 좌회전을 하고자 하는 때에는 항상 교차로 중심 바깥쪽으로 통과해야 한다.
③ 우회전을 하고자 하는 때에는 미리 우측 가장자리를 따라 서행하여야 한다.
④ 신호기 없는 교차로에서 좌회전을 하고자 할 경우 보행자가 횡단 중이면 그 앞을 신속히 통과한다.

해설

모든 차의 운전자는 교차로에서 우회전을 하고자 하는 때에는 미리 도로의 우측 가장자리를 서행하면서 우회전하여야 한다. 이 경우 우회전하는 차의 운전자는 신호에 따라 정지 또는 진행하는 보행자 또는 자전거에 주의하여야 한다.

213 하이패스 차로 설명 및 이용방법이다. 가장 올바른 것은?

① 하이패스 차로는 항상 1차로에 설치되어 있으므로 미리 일반차로에서 하이패스 차로로 진로를 변경하여 안전하게 통과한다.
② 화물차 하이패스 차로 유도선은 파란색으로 표시되어 있고 화물차 전용차로이므로 주행하던 속도 그대로 통과한다.
③ 다차로 하이패스구간 통과속도는 매시 30킬로미터 이내로 제한하고 있으므로 미리 감속하여 서행한다.
④ 다차로 하이패스구간은 규정된 속도를 준수하고 하이패스 단말기 고장 등으로 정보를 인식하지 못하는 경우 도착지 요금소에서 정산하면 된다.

해설

화물차 하이패스유도선 주황색, 일반하이패스차로는 파란색이고 다차로 하이패스구간은 매시 50~80킬로미터로 구간에 따라 다르다.

214 정지거리에 대한 설명으로 맞는 것은?

① 운전자가 브레이크 페달을 밟은 후 최종적으로 정지한 거리
② 앞차가 급정지 시 앞차와의 추돌을 피할 수 있는 거리
③ 운전자가 위험을 발견하고 브레이크 페달을 밟아 실제로 차량이 정지하기까지 진행한 거리
④ 운전자가 위험을 감지하고 브레이크 페달을 밟아 브레이크가 실제로 작동하기 전까지의 거리

해설

① 제동 거리 ② 안전거리 ④ 공주거리

215 올바른 교차로 통행 방법으로 맞는 것은?

① 신호등이 적색 점멸인 경우 서행한다.
② 신호등이 황색 점멸인 경우 빠르게 통행한다.
③ 교차로에서는 앞지르기를 하지 않는다.
④ 교차로 접근 시 전조등을 항상 상향으로 켜고 진행한다.

해설

교차로에서는 황색 점멸인 경우 주의하며 통행, 적색점멸인 경우 일시정지 한다. 교차로 접근 시 전조등을 상향으로 켜는 것은 상대방의 안전운전에 위협이 된다.

216 편도 3차로 자동차전용도로의 구간에 최고속도 매시 60킬로미터의 안전표지가 설치되어 있다. 다음 중 운전자의 속도 준수방법으로 맞는 것은?

① 매시 90 킬로미터로 주행한다.
② 매시 80 킬로미터로 주행한다.
③ 매시 70 킬로미터로 주행한다.
④ 매시 60 킬로미터로 주행한다.

해설

자동차등은 법정속도보다 안전표지가 지정하고 있는 규제속도를 우선 준수해야 한다.

217 도로교통법령상 주거지역·상업지역 및 공업지역의 일반도로에서 제한할 수 있는 속도로 맞는 것은?

① 시속 20킬로미터 이내
② 시속 30킬로미터 이내
③ 시속 40킬로미터 이내
④ 시속 50킬로미터 이내

해설

속도 저감을 통해 도로교통 참가자의 안전을 위한 5030정책의 일환으로 2021. 4. 17일 도로교통법 시행규칙이 시행되어 주거, 상업, 공업지역의 일반도로는 매시 50킬로미터 이내, 단 시·도경찰청장이 특히 필요하다고 인정하여 지정한 노선 또는 구간에서는 매시 60킬로미터 이내로 자동차등과 노면전차의 통행속도를 정함.

218 교통사고 감소를 위해 도심부 최고속도를 시속 50킬로미터로 제한하고, 주거지역 등 이면도로는 시속 30킬로미터 이하로 하향 조정하는 교통안전 정책으로 맞는 것은?

① 뉴딜 정책
② 안전속도 5030
③ 교통사고 줄이기 한마음 대회
④ 지능형 교통체계(ITS)

해설

'뉴딜 정책'은 대공황 극복을 위하여 추진하였던 제반 정책(두산백과). '교통사고 줄이기 한마음 대회' 도로교통공단이 주최하고 행정안전부와 경찰청이 후원하는 교통안전 의식 고취 행사. '지능형 교통체계'는 전자, 정보, 통신, 제어 등의 기술을 교통체계에 접목시킨 교통시스템을 말한다(두산백과). 문제의 교통안전 정책은 '안전속도 5030'이다. 2019. 4. 16. 도로교통법 시행규칙 제19조 개정에 따라 「국토의 계획 및 이용에 관한 법률」 제36조 제1항 제1호 가목부터 다목 까지의 규정에 따른 주거지역, 상업지역, 공업지역의 일반도로는 매시 50킬로미터 이내, 단 시·도경찰청장이 특히 필요하다고 인정하여 지정한 노선 또는 구간에서는 매시 60킬로미터 이내로 자동차등과 노면전차의 통행속도를 정했다. 시행일자(2021. 4. 17.)

정답 210. ② 211. ④ 212. ③ 213. ④ 214. ③ 215. ③ 216. ④ 217. ④ 218. ②

219 **고속도로 진입 시 뒤에서 긴급자동차가 오고 있을 때의 적절한 조치로 맞는 것은?**

① 가속 차로의 갓길로 진입하여 가속한다.
② 속도를 높여 고속도로 진입 즉시 차로를 변경하여 긴급자동차를 통과시킨다.
③ 갓길에 잠시 정차하여 긴급자동차가 먼저 진입한 후에 진입한다.
④ 고속도로에서는 정차나 서행은 위험하므로 현재 속도로 계속 주행한다.

해설
긴급자동차 외의 자동차의 운전자는 긴급자동차가 고속도로에 들어가는 때에는 그 진입을 방해하여서는 안 된다. 긴급자동차가 진입하고자 할 때는 정차하여 긴급자동차가 먼저 진입하도록 한다.

220 **도로교통법상 긴급한 용도로 운행 중인 긴급자동차가 다가올 때 운전자의 준수사항으로 맞는 것은?**

① 교차로에 긴급자동차가 접근할 때에는 교차로 내 좌측 가장자리에 일시정지하여야 한다.
② 교차로 외의 곳에서는 긴급자동차가 우선통행할 수 있도록 진로를 양보하여야 한다.
③ 긴급자동차보다 속도를 높여 신속히 통과한다.
④ 그 자리에 일시정지하여 긴급자동차가 지나갈 때까지 기다린다.

해설
도로교통법 제29조 (긴급자동차의 우선 통행) ④교차로나 그 부근에서 긴급자동차가 접근하는 경우에는 차마와 노면전차의 운전자는 교차로를 피하여 일시정지하여야 한다. ⑤모든 차와 노면전차의 운전자는 제4항에 따른 곳 외의 곳에서 긴급자동차가 접근한 경우에는 긴급자동차가 우선통행할 수 있도록 진로를 양보하여야 한다.

221 **소방차와 구급차 등이 앞지르기 금지 구역에서 앞지르기를 시도하거나 속도를 초과하여 운행 하는 등 특례를 적용 받으려면 어떤 조치를 하여야 하는가?**

① 경음기를 울리면서 운행하여야 한다.
② 자동차관리법에 따른 자동차의 안전 운행에 필요한 구조를 갖추고 사이렌을 울리거나 경광등을 켜야 한다.
③ 전조등을 켜고 운행하여야 한다.
④ 특별한 조치가 없다 하더라도 특례를 적용 받을 수 있다.

해설
긴급자동차가 특례를 받으려면 자동차관리법에 따른 자동차의 안전 운행에 필요한 구조를 갖추고 사이렌을 울리거나 경광등을 켜야 한다.

222 **도로교통법상 긴급자동차 특례 적용대상이 아닌 것은?**

① 자동차등의 속도 제한 ② 앞지르기의 금지
③ 끼어들기의 금지 ④ 보행자 보호

해설
제30조(긴급자동차에 대한 특례) 긴급자동차에 대하여는 다음 각 호의 사항을 적용하지 아니한다. 다만, 제4호부터 제12호까지의 사항은 긴급자동차 중 제2조제22호가목부터 다목까지의 자동차와 대통령령으로 정하는 경찰용 자동차에 대해서만 적용하지 아니한다. 〈개정 2021. 1. 12.〉

1. 제17조에 따른 자동차등의 속도 제한. 다만, 제17조에 따라 긴급자동차에 대하여 속도를 제한한 경우에는 같은 조의 규정을 적용한다.
2. 제22조에 따른 앞지르기의 금지
3. 제23조에 따른 끼어들기의 금지
4. 제5조에 따른 신호위반
5. 제13조제1항에 따른 보도침범
6. 제13조제3항에 따른 중앙선 침범
7. 제18조에 따른 횡단 등의 금지
8. 제19조에 따른 안전거리 확보 등
9. 제21조제1항에 따른 앞지르기 방법 등
10. 제32조에 따른 정차 및 주차의 금지
11. 제33조에 따른 주차금지
12. 제66조에 따른 고장 등의 조치

223 **긴급자동차는 긴급자동차의 구조를 갖추고, 사이렌을 울리거나 경광등을 켜서 긴급한 용무를 수행 중임을 알려야 한다. 이러한 조치를 취하지 않아도 되는 긴급자동차는?**

① 불법 주차 단속용 자동차 ② 소방차
③ 구급차 ④ 속도위반 단속용 경찰 자동차

해설
긴급자동차는 「자동차관리법」에 따른 자동차의 안전 운행에 필요한 기준에서 정한 긴급자동차의 구조를 갖추어야 하고, 우선 통행 및 긴급자동차에 대한 특례와 그 밖에 법에서 규정된 특례의 적용을 받고자 하는 때에는 사이렌을 울리거나 경광등을 켜야 한다. 다만, 속도에 관한 규정을 위반하는 자동차 등을 단속하는 경우의 긴급자동차와 국내외 요인에 대한 경호 업무 수행에 공무로 사용되는 자동차는 그러하지 아니하다.

224 **일반자동차가 생명이 위독한 환자를 이송 중인 경우 긴급자동차로 인정받기 위한 조치는?**

① 관할 경찰서장의 허가를 받아야 한다.
② 전조등 또는 비상등을 켜고 운행한다.
③ 생명이 위독한 환자를 이송 중이기 때문에 특별한 조치가 필요 없다.
④ 반드시 다른 자동차의 호송을 받으면서 운행하여야 한다.

해설
구급자동차를 부를 수 없는 상황에서 일반자동차로 생명이 위독한 환자를 이송해야 하는 긴급한 상황에서 주변 자동차 운전자의 양보를 받으면서 병원 등으로 운행해야 하는 경우에 긴급자동차로 특례를 적용 받기 위해서는 전조등 또는 비상등을 켜거나 그 밖에 적당한 방법으로 긴급한 목적으로 운행되고 있음을 표시하여야 한다.

225 **도로교통법령상 어린이통학버스 운전자 및 운영자의 의무에 대한 설명으로 맞지 않은 것은?**

① 어린이통학버스 운전자는 어린이나 영유아가 타고 내리는 경우에만 점멸등을 작동하여야 한다.
② 어린이통학버스 운전자는 승차한 모든 어린이나 영유아가 좌석안전띠를 매도록 한 후 출발한다.
③ 어린이통학버스 운영자는 어린이통학버스에 보호자를 함께 태우고 운행하는 경우에는 보호자 동승표지를 부착할 수 있다.
④ 어린이통학버스 운영자는 어린이통학버스에 보호자가 동승한 경우에는 안전운행기록을 작성하지 않아도 된다.

해설
도로교통법 제53조제1항, 제2항, 제6항, 제7항

226 **도로교통법령상 긴급자동차에 대한 특례의 설명으로 잘못된 것은?**

① 앞지르기 금지장소에서 앞지르기할 수 있다.
② 끼어들기 금지장소에서 끼어들기 할 수 있다.
③ 횡단보도를 횡단하는 보행자가 있어도 보호하지 않고 통행할 수 있다.
④ 도로 통행속도의 최고속도보다 빠르게 운전할 수 있다.

해설
제30조(긴급자동차에 대한 특례) 긴급자동차에 대하여는 다음 각 호의 사항을 적용하지 아니한다. 다만, 제4호부터 제12호까지의 사항은 긴급자동차 중 제2조제22호가목부터 다목까지의 자동차와 대통령령으로 정하는 경찰용 자동차에 대해서만 적용하지 아니한다. 〈개정 2021. 1. 12.〉

1. 제17조에 따른 자동차등의 속도 제한. 다만, 제17조에 따라 긴급자동차에 대하여 속도를 제한한 경우에는 같은 조의 규정을 적용한다.
2. 제22조에 따른 앞지르기의 금지
3. 제23조에 따른 끼어들기의 금지
4. 제5조에 따른 신호위반
5. 제13조제1항에 따른 보도침범
6. 제13조제3항에 따른 중앙선 침범
7. 제18조에 따른 횡단 등의 금지
8. 제19조에 따른 안전거리 확보 등
9. 제21조제1항에 따른 앞지르기 방법 등
10. 제32조에 따른 정차 및 주차의 금지
11. 제33조에 따른 주차금지
12. 제66조에 따른 고장 등의 조치

정답 219. ③ 220. ② 221. ② 222. ④ 223. ④ 224. ② 225. ④ 226. ③

227 **도로교통법령상 본래의 용도로 운행되고 있는 소방차 운전자가 긴급자동차에 대한 특례를 적용받을 수 없는 것은?**

① 좌석안전띠 미착용 ② 음주 운전
③ 중앙선 침범 ④ 신호위반

제30조(긴급자동차에 대한 특례) 긴급자동차에 대하여는 다음 각 호의 사항을 적용하지 아니한다. 다만, 제4호부터 제12호까지의 사항은 긴급자동차 중 제2조제22호가목부터 다목까지의 자동차와 대통령령으로 정하는 경찰용 자동차에 대해서만 적용하지 아니한다. 〈개정 2021. 1. 12.〉

1. 제17조에 따른 자동차등의 속도 제한. 다만, 제17조에 따라 긴급자동차에 대하여 속도를 제한한 경우에는 같은 조의 규정을 적용한다.
2. 제22조에 따른 앞지르기의 금지
3. 제23조에 따른 끼어들기의 금지
4. 제5조에 따른 신호위반
5. 제13조제1항에 따른 보도침범
6. 제13조제3항에 따른 중앙선 침범
7. 제18조에 따른 횡단 등의 금지
8. 제19조에 따른 안전거리 확보 등
9. 제21조제1항에 따른 앞지르기 방법 등
10. 제32조에 따른 정차 및 주차의 금지
11. 제33조에 따른 주차금지
12. 제66조에 따른 고장 등의 조치

228 **수혈을 위해 긴급운행 중인 혈액공급 차량에게 허용되지 않는 것은?**

① 사이렌을 울릴 수 있다.
② 도로의 좌측 부분을 통행할 수 있다.
③ 법정속도를 초과하여 운행할 수 있다.
④ 사고 시 현장조치를 이행하지 않고 운행할 수 있다.

해설
도로교통법 제29조 ① 긴급자동차는 제13조제3항에도 불구하고 긴급하고 부득이한 경우에는 도로의 중앙이나 좌측 부득이한 경우에는 정지하지 아니할 수 있다. ② 긴급자동차는 이 법이나 이 법에 따른 명령에 따라 정지하여야 하는 경우에도 불구하고 긴급하고 부득이한 경우에는 정지하지 아니할 수 있다. 도로교통법 제30조 2. 제22조에 따른 앞지르기의 금지 적용을 제외한다. 도로교통법 제54조 ⑤ 부상자를 후송 중인 차는 사고발생이 있는 경우라도 긴급한 경우에 동승자로 하여금 현장 조치 또는 신고 등을 하게 하고 운전을 계속할 수 있다.

229 **도로교통법상 긴급출동 중인 긴급자동차의 법규위반으로 맞는 것은?**

① 편도 2차로 일반도로에서 매시 100 킬로미터로 주행하였다.
② 백색 실선으로 차선이 설치된 터널 안에서 앞지르기하였다.
③ 우회전하기 위해 교차로에서 끼어들기를 하였다.
④ 인명 피해 교통사고가 발생하여도 긴급출동 중이므로 필요한 신고나 조치 없이 계속 운전하였다.

해설
긴급자동차에 대하여는 자동차 등의 속도제한, 앞지르기 금지, 끼어들기의 금지를 적용하지 않는다.(도로교통법제30조(긴급자동차에 대한 특례), 도로교통법 제54조(사고 발생 시의 조치) 제5항)

230 **편도 2차로 도로에서 1차로로 어린이 통학버스가 어린이나 영유아를 태우고 있음을 알리는 표시를 한 상태로 주행 중이다. 가장 안전한 운전 방법은?**

① 2차로가 비어 있어도 앞지르기를 하지 않는다.
② 2차로로 앞지르기하여 주행한다.
③ 경음기를 울려 전방 차로를 비켜 달라는 표시를 한다.
④ 반대 차로의 상황을 주시한 후 중앙선을 넘어 앞지르기한다.

해설
가장 안전한 운전 방법은 2차로가 비어 있어도 앞지르기를 하지 않는 것이다. 모든 차의 운전자는 어린이나 영유아를 태우고 있다는 표시를 한 상태로 도로를 통행하는 어린이통학버스를 앞지르지 못한다. (도로교통법 제51조)

231 **교차로에서 우회전 중 소방차가 경광등을 켜고 사이렌을 울리며 접근할 경우에 가장 안전한 운전방법은?**

① 교차로를 피하여 일시정지하여야 한다.
② 즉시 현 위치에서 정지한다.
③ 서행하면서 우회전한다.
④ 교차로를 신속하게 통과한 후 계속 진행한다.

해설
도로교통법 제29조 (긴급자동차의 우선 통행) ④교차로나 그 부근에서 긴급자동차가 접근하는 경우에는 차마와 노면전차의 운전자는 교차로를 피하여 일시정지하여야 한다

232 **다음 중 사용하는 사람 또는 기관등의 신청에 의하여 시·도경찰청장이 지정할 수 있는 긴급자동차로 맞는 것은?**

① 소방차
② 가스누출 복구를 위한 응급작업에 사용되는 가스 사업용 자동차
③ 구급차
④ 혈액공급 차량

해설
도로교통법 시행령 제2조(긴급자동차의 종류)
①도로교통법 제2조 제2호 라목에서 "대통령령으로 정하는 자동차" 란 긴급한 용도로 사용되는 다음 각 호의 어느 하나에 해당하는 자동차를 말한다. 다만, 제6호부터 제11호까지의 자동차는 이를 사용하는 사람 또는 기관 등의 신청에 의하여 시□도경찰청장이 지정하는 경우로 한정한다.

6. 전기사업, 가스사업, 그 밖의 공익사업을 하는 기관에서 위험 방지를 위한 응급작업에 사용되는 자동차
7. 민방위업무를 수행하는 기관에서 긴급예방 또는 복구를 위한 출동에 사용되는 자동차
8. 도로관리를 위하여 사용되는 자동차 중 도로상의 위험을 방지하기 위한 응급작업에 사용되거나 운행이 제한되는 자동차를 단속하기 위하여 사용되는 자동차
9. 전신·전화의 수리공사 등 응급작업에 사용되는 자동차
10. 긴급한 우편물의 운송에 사용되는 자동차
11. 전파감시업무에 사용되는 자동차

233 **다음 중 사용하는 사람 또는 기관등의 신청에 의하여 시·도경찰청장이 지정할 수 있는 긴급자동차가 아닌 것은?**

① 교통단속에 사용되는 경찰용 자동차
② 긴급한 우편물의 운송에 사용되는 자동차
③ 전화의 수리공사 등 응급작업에 사용되는 자동차
④ 긴급복구를 위한 출동에 사용되는 민방위업무를 수행하는 기관용 자동차

해설
도로교통법 시행령 제2조(긴급자동차의 종류)
① 도로교통법 제2조 제2호 라목에서 "대통령령으로 정하는 자동차" 란 긴급한 용도로 사용되는 다음 각 호의 어느 하나에 해당하는 자동차를 말한다. 다만, 제6호부터 제11호까지의 자동차는 이를 사용하는 사람 또는 기관 등의 신청에 의하여 시·도경찰청장이 지정하는 경우로 한정한다.

6. 전기사업, 가스사업, 그 밖의 공익사업을 하는 기관에서 위험 방지를 위한 응급작업에 사용되는 자동차
7. 민방위업무를 수행하는 기관에서 긴급예방 또는 복구를 위한 출동에 사용되는 자동차
8. 도로관리를 위하여 사용되는 자동차 중 도로상의 위험을 방지하기 위한 응급작업에 사용되거나 운행이 제한되는 자동차를 단속하기 위하여 사용되는 자동차
9. 전신 · 전화의 수리공사 등 응급작업에 사용되는 자동차
10. 긴급한 우편물의 운송에 사용되는 자동차
11. 전파감시업무에 사용되는 자동차
3. 생명이 위급한 환자 또는 부상자나 수혈을 위한 혈액을 운송 중인 자동차

234 **승용차 운전자가 08:30경 어린이 보호구역에서 제한속도를 매시 25킬로미터 초과하여 위반한 경우 벌점으로 맞는 것은?**

① 10점 ② 15점 ③ 30점 ④ 60점

해설
어린이 보호구역 안에서 오전 8시부터 오후 8시까지 사이에 속도위반을 한 운전자에 대해서 는 벌점의 2배에 해당하는 벌점을 부과한다.

정답 227. ② 228. ④ 229. ④ 230. ① 231. ① 232. ② 233. ① 234. ③

235 도로교통법령상 긴급자동차가 긴급한 용도 외에도 경광등 등을 사용할 수 있는 경우가 아닌 것은?

① 소방차가 화재 예방 및 구조·구급 활동을 위하여 순찰을 하는 경우
② 소방차가 정비를 위해 긴급히 이동하는 경우
③ 민방위업무용 자동차가 그 본래의 긴급한 용도와 관련된 훈련에 참여하는 경우
④ 경찰용 자동차가 범죄 예방 및 단속을 위하여 순찰을 하는 경우

해설
도로교통법 시행령 제10조의2(긴급한 용도 외에 경광등 등을 사용할 수 있는 경우) 법 제2조 제22호 각 목의 자동차 운전자는 법 제29조 제6항 단서에 따라 해당 자동차를 그 본래의 긴급한 용도로 운행하지 아니하는 경우에도 다음 각 호의 어느 하나에 해당하는 경우에는 「자동차관리법」에 따라 해당 자동차에 설치된 경광등을 켜거나 사이렌을 작동할 수 있다.

1. 소방차가 화재 예방 및 구조·구급 활동을 위하여 순찰을 하는 경우
2. 법 제2조 제22호 각 목에 해당하는 자동차가 그 본래의 긴급한 용도와 관련된 훈련에 참여하는 경우
3. 제2조 제1항 제1호에 따른 자동차가 범죄 예방 및 단속을 위하여 순찰을 하는 경우

236 도로교통법령상 긴급자동차를 운전하는 사람을 대상으로 실시하는 정기 교통안전교육은 (   )년마다 받아야 한다. (   )안에 맞는 것은?

① 1　② 2　③ 3　④ 5

해설
정기 교통안전교육 : 긴급자동차를 운전하는 사람을 대상으로 3년마다 정기적으로 실시하는 교육. 이 경우 직전에 긴급자동차 교통안전교육을 받은 날부터 기산하여 3년이 되는 날이 속하는 해의 1월 1일부터 12월 31일 사이에 교육을 받아야 한다.(도로교통법 제73조 제4항, 도로교통법 시행령 제38조의2 제2항 제2호)

237 도로교통법령상 보행자의 통행 여부에 관계없이 반드시 일시정지 하여야 할 장소는?

① 보도와 차도가 구분되지 아니한 도로 중 중앙선이 없는 도로
② 어린이 보호구역 내 신호기가 설치되지 아니한 횡단보도 앞
③ 보행자우선도로
④ 도로 외의 곳

해설
도로교통법 제27조제6항 : 모든 차의 운전자는 보도와 차도가 구분되지 아니한 도로 중 중앙선이 없는 도로, 보행자우선도로, 도로 외의 곳에서 보행자의 옆을 지나는 경우에는 안전한 거리를 두고 서행하여야 하며, 보행자의 통행에 방해가 될 때에는 서행하거나 일시정지하여 보행자가 안전하게 통행할 수 있도록 하여야 한다. 〈개정 2022. 1. 11.〉

도로교통법 제27조제7항 : 운전자는 어린이 보호구역 내에 설치된 횡단보도 중 신호기가 설치되지 아니한 횡단보도 앞(정지선이 설치된 경우에는 그 정지선을 말한다)에서는 보행자의 횡단 여부와 관계없이 일시정지하여야 한다.

238 도로교통법령상 어린이 보호구역에 대한 설명 중 맞는 것은?

① 유치원이나 중학교 앞에 설치할 수 있다.
② 시장 등은 차의 통행을 금지할 수 있다.
③ 어린이 보호구역에서의 어린이는 12세 미만인 자를 말한다.
④ 자동차등의 통행속도를 시속 30킬로미터 이내로 제한할 수 있다.

해설
어린이 보호구역에서는 차량의 통행속도를 매시 30킬로미터 이내로 제한할 수 있다.

239 교통사고처리특례법상 어린이 보호구역 내에서 매시 40킬로미터로 주행 중 운전자의 과실로 어린이를 다치게 한 경우의 처벌로 맞는 것은?

① 피해자가 형사처벌을 요구할 경우에만 형사 처벌된다.
② 피해자의 처벌 의사에 관계없이 형사 처벌된다.
③ 종합보험에 가입되어 있는 경우에는 형사 처벌되지 않는다.
④ 피해자와 합의하면 형사 처벌되지 않는다.

해설
어린이 보호구역 내에서 주행 중 어린이를 다치게 한 경우 피해자의 처벌 의사에 관계없이 형사 처벌된다.

240 도로교통법령상 어린이통학버스로 신고할 수 있는 자동차의 승차정원 기준으로 맞는 것은?(어린이 1명을 승차정원 1명으로 본다)

① 11인승 이상　② 16인승 이상
③ 17인승 이상　④ 9인승 이상

해설
도로교통법 시행규칙 제34조(어린이통학버스로 사용할 수 있는 자동차) 어린이통학버스로 사용할 수 있는 자동차는 승차정원 9인승(어린이 1명을 승차정원 1명으로 본다) 이상의 자동차로 한다.

241 승용차 운전자가 어린이나 영유아를 태우고 있다는 표시를 하고 도로를 통행하는 어린이통학버스를 앞지르기한 경우 몇 점의 벌점이 부과되는가?

① 10점　② 15점　③ 30점　④ 40점

해설
승용차 운전자가 어린이나 영유아를 태우고 있다는 표시를 하고 도로를 통행하는 어린이통학버스를 앞지르기한 경우 30점의 벌점이 부과된다.

242 도로교통법상 어린이 통학버스 안전교육 대상자의 교육시간 기준으로 맞는 것은?

① 1시간 이상　② 3시간 이상　③ 5시간 이상　④ 6시간 이상

해설
어린이통학버스의 안전교육은 교통안전을 위한 어린이 행동특성, 어린이통학버스의 운영 등과 관련된 법령, 어린이 통학버스의 주요 사고 사례 분석, 그 밖에 운전 및 승차·하차 중 어린이 보호를 위하여 필요한 사항 등에 대하여 강의·시청각교육 등의 방법으로 3시간 이상 실시한다.(도로교통법 시행령 제31조의2)

243 도로교통법상 어린이 및 영유아 연령기준으로 맞는 것은?

① 어린이는 13세 이하인 사람
② 영유아는 6세 미만인 사람
③ 어린이는 15세 미만인 사람
④ 영유아는 7세 미만인 사람

해설
어린이는 13세 미만인 사람을 말하며(도로교통법 제2조 제23호), 영유아는 6세 미만인 사람을 말한다. (도로교통법 제11조)

244 도로교통법령상 승용차 운전자가 13:00경 어린이 보호구역에서 신호위반을 한 경우 범칙금은?

① 5만 원　② 7만 원　③ 12만 원　④ 15만 원

해설
어린이 보호구역 안에서 오전 8시부터 오후 8시까지 사이에 신호위반을 한 승용차 운전자에 대해서는 12만 원의 범칙금을 부과한다.

245 어린이가 횡단보도 위를 걸어가고 있을 때 도로교통법령상 규정 및 운전자의 행동으로 올바른 것은?

① 횡단보도표지는 보행자가 횡단보도로 통행할 것을 권유하는 것으로 횡단보도 앞에서 일시정지 하여야 한다.
② 신호등이 없는 일반도로의 횡단보도일 경우 횡단보도 정지선을 지나쳐도 횡단보도 내에만 진입하지 않으면 된다.
③ 신호등이 없는 일반도로의 횡단보도일 경우 신호등이 없으므로 어린이 뒤쪽으로 서행하여 통과하면 된다.
④ 횡단보도표지는 횡단보도를 설치한 장소의 필요한 지점의 도로양측에 설치하며 횡단보도 앞에서 일시정지 하여야 한다.

해설
횡단보도표지는 보행자가 횡단보도로 통행할 것을 지시하는 것으로 횡단보도 앞에서 일시정지 하여야 하며, 횡단보도를 설치한 장소의 필요한 지점의 도로양측에 설치한다. 어린이가 신호등 없는 횡단보도를 통과하고 있을 때에는 횡단보도 앞에서 일시정지하여 어린이가 통과하도록 기다린다.

정답 235. ② 236. ③ 237. ② 238. ④ 239. ② 240. ④ 241. ③ 242. ② 243. ② 244. ③ 245. ④

246 **어린이 통학버스가 편도 1차로 도로에서 정차하여 영유아가 타고 내리는 중임을 표시하는 점멸등이 작동하고 있을 때 반대 방향에서 진행하는 차의 운전자는 어떻게 하여야 하는가?**

① 일시정지하여 안전을 확인한 후 서행하여야 한다.
② 서행하면서 안전 확인한 후 통과한다.
③ 그대로 통과해도 된다.
④ 경음기를 울리면서 통과하면 된다.

해설
어린이통학버스가 편도 1차로 도로에서 정차하여 영유아가 타고 내리는 중임을 표시하는 점멸등이 작동하고 있을 때 반대 방향에서 진행하는 차의 운전자는 일시정지하여 안전을 확인한 후 서행하여야 한다.

247 **어린이가 보호자 없이 도로에서 놀고 있는 경우 가장 올바른 운전방법은?**

① 어린이 잘못이므로 무시하고 지나간다.
② 경음기를 울려 겁을 주며 진행한다.
③ 일시정지하여야 한다.
④ 어린이에 조심하며 급히 지나간다.

어린이가 보호자 없이 도로에서 놀고 있는 경우 일시정지하여 어린이를 보호한다.

248 **차의 운전자가 운전 중 '어린이를 충격한 경우' 가장 올바른 행동은?**

① 이륜차운전자는 어린이에게 다쳤냐고 물어보았으나 아무 말도 하지 않아 안 다친 것으로 판단하여 계속 주행하였다.
② 승용차운전자는 바로 정차한 후 어린이를 육안으로 살펴본 후 다친 곳이 없다고 판단하여 계속 주행하였다.
③ 화물차운전자는 어린이가 넘어졌다 금방 일어나는 것을 본 후 안 다친 것으로 판단하여 계속 주행하였다.
④ 자전거운전자는 넘어진 어린이가 재빨리 일어나 뛰어가는 것을 본 후 경찰관서에 신고하고 현장에 대기하였다.

해설
어린이말만 믿지 말고 경찰관서에 신고하여야 한다.

249 **골목길에서 갑자기 뛰어나오는 어린이를 자동차가 충격하였다. 어린이는 외견상 다친 곳이 없어 보였고, "괜찮다"고 말하고 있다. 이런 경우 운전자의 행동으로 맞는 것은?**

① 반의사불벌죄에 해당하므로 운전자는 가던 길을 가면 된다.
② 어린이의 피해가 없어 교통사고가 아니므로 별도의 조치 없이 현장을 벗어난다.
③ 부모에게 연락하는 등 반드시 필요한 조치를 다한 후 현장을 벗어난다.
④ 어린이의 과실이므로 운전자는 어린이의 연락처만 확인하고 귀가한다.

해설
교통사고로 어린이를 다치게 한 운전자는 부모에게 연락하는 등 필요한 조치를 다하여야 한다.

250 **어린이보호구역에서 어린이가 영유아를 동반하여 함께 횡단하고 있다. 운전자의 올바른 주행방법은?**

① 어린이와 영유아 보호를 위해 일시정지하였다.
② 어린이가 영유아 보호하면서 횡단하고 있으므로 서행하였다.
③ 어린이와 영유아가 아직 반대편 차로 쪽에 있어 신속히 주행하였다.
④ 어린이와 영유아는 걸음이 느리므로 안전거리를 두고 옆으로 피하여 주행하였다.

해설
횡단보행자의 안전을 위해 일시 정지하여 횡단이 종료되면 주행한다.

251 **도로교통법상 자전거 통행방법에 대한 설명이다. 틀린 것은?**

① 자전거도로가 따로 있는 곳에서는 그 자전거도로로 통행하여야 한다.
② 자전거도로가 설치되지 아니한 곳에서는 도로 우측 가장자리에 붙어서 통행하여야 한다.
③ 자전거의 운전자는 길가장자리구역(안전표지로 자전거 통행을 금지한 구간은 제외)을 통행할 수 있다.
④ 자전거의 운전자가 횡단보도를 이용하여 도로를 횡단할 때에는 자전거를 타고 통행할 수 있다.

해설
도로교통법 제13조의2(자전거의 통행방법의 특례)

252 **도로교통법상 어린이보호구역과 관련된 설명으로 맞는 것은?**

① 어린이가 무단횡단을 하다가 교통사고가 발생한 경우 운전자의 모든 책임은 면제된다.
② 자전거 운전자가 운전 중 어린이를 충격하는 경우 자전거는 차마가 아니므로 민사책임만 존재한다.
③ 차도로 갑자기 뛰어드는 어린이를 보면 서행하지 말고 일시정지한다.
④ 경찰서장은 자동차등의 통행속도를 시속 50킬로미터 이내로 지정할 수 있다.

일시 정지하여야 하며, 보행자의 안전 확보가 우선이다.

253 **도로교통법상 '보호구역의 지정절차 및 기준' 등에 관하여 필요한 사항을 정하는 공동부령 기관으로 맞는 것은?**

① 어린이 보호구역은 행정안전부, 보건복지부, 국토교통부의 공동부령으로 정한다.
② 노인 보호구역은 행정안전부, 국토교통부, 환경부의 공동부령으로 정한다.
③ 장애인 보호구역은 행정안전부, 보건복지부, 국토교통부의 공동부령으로 정한다.
④ 교통약자 보호구역은 행정안전부, 환경부, 국토교통부의 공동부령으로 정한다.

해설
도로교통법 제12조(어린이보호구역의 지정 및 관리)제2항 제1항에 따른 어린이 보호구역의 지정절차 및 기준 등에 관하여 필요한 사항은 교육부, 행정안전부, 국토교통부의 공동부령으로 정한다.
노인 보호구역 또는 장애인 보호구역의 지정절차 및 기준 등에 관하여 필요한 사항은 행정안전부, 보건복지부 및 국토교통부의 공동부령으로 정한다.

254 **어린이통학버스 특별보호를 위한 운전자의 올바른 운행방법은?**

① 편도 1차로인 도로에서는 반대방향에서 진행하는 차의 운전자도 어린이통학버스에 이르기 전에 일시 정지하여 안전을 확인한 후 서행하여야 한다.
② 어린이통학버스가 어린이가 하차하고자 점멸등을 표시할 때는 어린이 통학버스가 정차한 차로 외의 차로로 신속히 통행한다.
③ 중앙선이 설치되지 아니한 도로인 경우 반대방향에서 진행하는 차는 기존 속도로 진행한다.
④ 모든 차의 운전자는 어린이나 영유아를 태우고 있다는 표시를 한 경우라도 도로를 통행하는 어린이통학버스를 앞지를 수 있다.

해설
도로교통법 제51조 2항(어린이통학버스의 특별보호) ① 어린이통학버스가 도로에 정차하여 어린이나 영유아가 타고 내리는 중임을 표시하는 점멸등 등의 장치를 작동 중일 때에는 어린이통학버스가 정차한 차로와 그 차로의 바로 옆 차로로 통행하는 차의 운전자는 어린이통학버스에 이르기 전에 일시 정지하여 안전을 확인한 후 서행하여야 한다. ② 제1항의 경우 중앙선이 설치되지 아니한 도로와 편도 1차로인 도로에서는 반대방향에서 진행하는 차의 운전자도 어린이통학버스에 이르기 전에 일시 정지하여 안전을 확인한 후 서행하여야 한다. ③ 모든 차의 운전자는 어린이나 영유아를 태우고 있다는 표시를 한 상태로 도로를 통행하는 어린이통학버스를 앞지르지 못한다.

정답 246. ① 247. ③ 248. ④ 249. ③ 250. ① 251. ④ 252. ③ 253. ③ 254. ①

255 도로교통법령상 어린이나 영유아가 타고 내리게 하기 위한 어린이통학버스에 장착된 황색 및 적색표시등의 작동방법에 대한 설명으로 맞는 것은?

① 정차할 때는 적색표시등을 점멸 작동하여야 한다.
② 제동할 때는 적색표시등을 점멸 작동하여야 한다.
③ 도로에 정지하려는 때에는 황색표시등을 점멸 작동하여야 한다.
④ 주차할 때는 황색표시등과 적색표시등을 동시에 점멸 작동하여야 한다.

해설

자동차 및 자동차부품의 성능과 기준에 관한 규칙 제48조(등화에 대한 그 밖의 기준) 제4항 제5호

5. 도로에 정지하려고 하거나 출발하려고 하는 때에는 다음 각 목의 기준에 적합할 것
가. 도로에 정지하려는 때에는 황색표시등 또는 호박색표시등이 점멸되도록 운전자가 조작할 수 있어야 할 것
나. 가목의 점멸 이후 어린이의 승하차를 위한 승강구가 열릴 때에는 자동으로 적색표시등이 점멸될 것
다. 출발하기 위하여 승강구가 닫혔을 때에는 다시 자동으로 황색표시등 또는 호박색표시등이 점멸될 것
라. 다목의 점멸 시 적색표시등과 황색표시등 또는 호박색표시등이 동시에 점멸되지 아니할 것

도로교통법 제53조 제1항

① 어린이통학버스를 운전하는 사람은 어린이나 영유아가 타고 내리는 경우에만 제51조제1항에 따른 점멸등 등의 장치를 작동하여야 하며, 어린이나 영유아를 태우고 운행 중인 경우에만 제51조제3항에 따른 표시를 하여야 한다.

256 도로교통법령상 영유아 및 어린이에 대한 규정 및 어린이통학버스 운전자의 의무에 대한 설명으로 올바른 것은?

① 어린이는 13세 이하의 사람을 의미하며, 어린이가 타고 내릴 때에는 반드시 안전을 확인한 후 출발한다.
② 출발하기 전 영유아를 제외한 모든 어린이가 좌석안전띠를 매도록 한 후 출발하여야 한다.
③ 어린이가 내릴 때에는 어린이가 요구하는 장소에 안전하게 내려준 후 출발하여야 한다.
④ 영유아는 6세 미만의 사람을 의미하며, 영유아가 타고 내리는 경우에도 점멸등 등의 장치를 작동해야 한다.

해설

도로교통법 제53조(어린이통학버스 운전자 및 운영자의 의무) 어린이 통학버스를 운전하는 사람은 어린이나 영유아가 타고 내리는 경우에만 점멸등 등의 장치를 작동하여야 하며, 어린이나 영유아를 태우고 운행 중인 경우에만 도로교통법 제51조제3항에 따른 표시를 하여야 한다. 제2항 : 어린이나 영유아가 내릴 때에는 보도나 길가장자리구역 등 자동차로부터 안전한 장소에 도착한 것을 확인한 후 출발하여야 한다.

257 도로교통법령상 어린이 보호에 대한 설명이다. 옳지 않은 것은?

① 횡단보도가 없는 도로에서 어린이가 횡단하고 있는 경우 서행하여야 한다.
② 안전지대에 어린이가 서 있는 경우 안전거리를 두고 서행하여야 한다.
③ 좁은 골목길에서 어린이가 걸어가고 있는 경우 안전한 거리를 두고 서행하여야 한다.
④ 횡단보도에 어린이가 통행하고 있는 경우 횡단보도 앞에 일시정지하여야 한다.

해설

도로교통법 제27조(보행자의 보호)

① 모든 차 또는 노면전차의 운전자는 보행자(제13조의2제6항에 따라 자전거등에서 내려서 자전거등을 끌거나 들고 통행하는 자전거등의 운전자를 포함한다)가 횡단보도를 통행하고 있거나 통행하려고 하는 때에는 보행자의 횡단을 방해하거나 위험을 주지 아니하도록 그 횡단보도 앞(정지선이 설치되어 있는 곳에서는 그 정지선을 말한다)에서 일시정지하여야 한다.
② 모든 차 또는 노면전차의 운전자는 교통정리를 하고 있는 교차로에서 좌회전이나 우회전을 하려는 경우에는 신호기 또는 경찰공무원등의 신호나 지시에 따라 도로를 횡단하는 보행자의 통행을 방해하여서는 아니 된다.
③ 모든 차의 운전자는 교통정리를 하고 있지 아니하는 교차로 또는 그 부근의 도로를 횡단하는 보행자의 통행을 방해하여서는 아니 된다.
④ 모든 차의 운전자는 도로에 설치된 안전지대에 보행자가 있는 경우와 차로가 설치되지 아니한 좁은 도로에서 보행자의 옆을 지나는 경우에는 안전한 거리를 두고 서행하여야 한다.
⑤ 모든 차 또는 노면전차의 운전자는 보행자가 제10조제3항에 따라 횡단보도가 설치되어 있지 아니한 도로를 횡단하고 있을 때에는 안전거리를 두고 일시정지하여 보행자가 안전하게 횡단할 수 있도록 하여야 한다.

258 도로교통법령상 어린이통학버스 특별보호에 대한 운전자 의무를 맞게 설명한 것은?

① 적색 점멸장치를 작동 중인 어린이통학버스가 정차한 차로의 바로 옆 차로로 통행하는 경우 일시정지하여야 한다.
② 도로를 통행 중인 모든 어린이통학버스를 앞지르기할 수 없다.
③ 이 의무를 위반하면 운전면허 벌점 15점을 부과받는다.
④ 편도 1차로의 도로에서 적색 점멸장치를 작동 중인 어린이통학버스가 정차한 경우는 이 의무가 제외된다.

해설

도로교통법 제2조 제19호, 도로교통법 제51조, 자동차관리법, 자동차 및 자동차 부품의 성능과 기준에 관한 규칙

① 어린이통학버스가 도로에 정차하여 어린이나 영유아가 타고 내리는 중임을 표시하는 점멸등 등의 장치를 작동 중일 때에는 어린이통학버스가 정차한 차로와 그 차로의 바로 옆 차로로 통행하는 차의 운전자는 어린이통학버스에 이르기 전에 일시정지하여 안전을 확인한 후 서행하여야 한다.
② 제1항의 경우 중앙선이 설치되지 아니한 도로와 편도 1차로인 도로에서는 반대 방향에서 진행하는 차의 운전자도 어린이 통학버스에 이르기 전에 일시정지하여 안전을 확인한 후 서행하여야 한다.
③ 모든 차의 운전자는 어린이나 영유아를 태우고 있다는 표시를 한 상태로 도로를 통행하는 어린이통학버스를 앞지르지 못한다. 도로교통법 시행규칙 별표 28. 어린이통학버스 특별보호 의무 위반 시는 운전면허 벌점 30점이 부과된다.

259 도로교통법령상 어린이보호구역의 지정 대상의 근거가 되는 법률이 아닌 것은?

① 유아교육법
② 초·중등교육법
③ 학원의 설립·운영 및 과외교습에 관한 법률
④ 아동복지법

해설

도로교통법 제12조 (어린이보호구역의 지정 및 관리) 유아교육법, 초□중등교육법, 학원의 설립·운영 및 과외교습에 관한 법률이다.

260 도로교통법령상 어린이보호구역 지정 및 관리 주체는?

① 경찰서장 ② 시장등
③ 시·도경찰청장 ④ 교육감

해설

도로교통법 제12조 제1항

261 어린이보호구역에서 어린이를 상해에 이르게 한 경우 특정범죄 가중처벌 등에 관한 법률에 따른 형사처벌 기준은?

① 1년 이상 15년 이하의 징역 또는 500만 원 이상 3천만 원 이하의 벌금
② 무기 또는 5년 이상의 징역
③ 2년 이하의 징역이나 500만 원 이하의 벌금
④ 5년 이하의 징역이나 2천만 원 이하의 벌금

해설

특정범죄가중처벌등에관한 법률 제5조의 13 도로교통법 제12조제3항 어린이보호구역에서 같은 조 제1항에 따른 조치를 준수해야 하며, 특정범죄가중처벌등에관한 법률 제5조의 13 따라 상해에 이른 경우는 1년 이상 15년 이하의 징역 또는 5백만 원 이상 3천만 원 이하의 벌금이다.

262 도로교통법령상 어린이의 보호자가 과태료 부과처분을 받는 경우에 해당하는 것은?

① 차도에서 어린이가 자전거를 타게 한 보호자
② 놀이터에서 어린이가 전동킥보드를 타게 한 보호자
③ 차도에서 어린이가 전동킥보드를 타게 한 보호자
④ 놀이터에서 어린이가 자전거를 타게 한 보호자

해설

어린이의 보호자는 도로에서 어린이가 개인형 이동장치를 운전하게 하여서는 아니 되고(도로교통법 제11조 제4항), 이를 위반하면 20만원 이하의 과태료를 부과받는다(도로교통법 제160조 제2항 제9호).

정답 255. ③ 256. ④ 257. ① 258. ① 259. ④ 260. ② 261. ① 262. ③

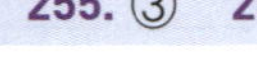

263 도로교통법령상 승용차 운전자가 어린이통학버스 특별보호 위반행위를 한 경우 범칙금액으로 맞는 것은?

① 13만 원 ② 9만 원
③ 7만 원 ④ 5만 원

해설
승용차 운전자가 어린이통학버스 특별보호 위반행위를 한 경우 범칙금 9만 원이다. (도로교통법 시행령 별표 8)

264 다음 중 교통사고의 위험으로부터 노인의 안전과 보호를 위하여 지정하는 구역은?

① 고령자 보호구역 ② 노인 복지구역
③ 노인 보호구역 ④ 노인 안전구역

해설
교통사고의 위험으로부터 노인의 안전과 보호를 위하여 지정하는 구역은 노인 보호구역이다.

265 도로교통법령상 어린이통학버스에 성년 보호자가 없을 때 '보호자 동승표지'를 부착한 경우의 처벌로 맞는 것은?

① 20만 원 이하의 벌금이나 구류
② 30만 원 이하의 벌금이나 구류
③ 40만 원 이하의 벌금이나 구류
④ 50만 원 이하의 벌금이나 구류

해설
도로교통법 제53조, 제154조 어린이통학버스 보호자를 태우지 아니하고 운행하는 어린이통학버스에 보호자 동승표지를 부착한 사람은 30만 원 이하의 벌금이나 구류에 처한다.

266 시장 등이 노인 보호구역으로 지정 할 수 있는 곳이 아닌 곳은?

① 고등학교 ② 노인복지시설
③ 도시공원 ④ 생활체육시설

해설
노인복지시설, 자연공원, 도시공원, 생활체육시설, 노인이 자주 왕래하는 곳은 시장 등이 노인 보호구역으로 지정할 수 있는 곳이다.

267 도로교통법령상 어린이통학버스 운영자의 의무를 설명한 것으로 틀린 것은?

① 어린이통학버스에 어린이를 태울 때에는 성년인 사람 중 보호자를 지정해야 한다.
② 어린이통학버스에 어린이를 태울 때에는 성년인 사람 중 보호자를 함께 태우고 어린이 보호 표지만 부착해야 한다.
③ 좌석안전띠 착용 및 보호자 동승 확인 기록을 작성·보관해야 한다.
④ 좌석안전띠 착용 및 보호자 동승 확인 기록을 매 분기 어린이통학버스를 운영하는 시설의 감독 기관에 제출해야 한다

해설
도로교통법 제53조 제3항, 제6항 어린이통학버스를 운영하는 자는 어린이통학버스에 어린이나 영유아를 태울 때에는 성년인 사람 중 어린이통학버스를 운영하는 자가 지명한 보호자를 함께 태우고 운행하여야 하며, 동승한 보호자는 어린이나 영유아가 승차 또는 하차하는 때에는 자동차에서 내려서 어린이나 영유아가 안전하게 승하차하는 것을 확인하고 운행 중에는 어린이나 영유아가 좌석에 앉아 좌석안전띠를 매고 있도록 하는 등 어린이 보호에 필요한 조치를 하여야 한다.
도로교통법 제53조 제6항, 어린이통학버스를 운영하는 자는 제3항에 따라 보호자를 함께 태우고 운행하는 경우에는 행정안전부령으로 정하는 보호자 동승을 표시하는 표지(이하 "보호자 동승표지"라 한다)를 부착할 수 있으며, 누구든지 보호자를 함께 태우지 아니하고 운행하는 경우에는 보호자 동승표지를 부착하여서는 아니 된다. 〈신설 2020. 5. 26.〉
제 7항 어린이통학버스를 운영하는 자는 좌석안전띠 착용 및 보호자 동승 확인 기록(이하 "안전운행 기록"이라 한다)을 작성 · 보관하고 매 분기 어린이통학버스를 운영하는 시설을 감독하는 주무기관의 장에게 안전운행기록을 제출하여야 한다.

268 도로교통법령상 안전한 보행을 하고 있지 않은 어린이는?

① 보도와 차도가 구분된 도로에서 차도 가장자리를 걸어가고 있는 어린이
② 일방통행도로의 가장자리에서 차가 오는 방향을 바라보며 걸어가고 있는 어린이
③ 보도와 차도가 구분되지 않은 도로의 가장자리구역에서 차가 오는 방향을 마주보고 걸어가는 어린이
④ 보도 내에서 우측으로 걸어가고 있는 어린이

해설
보행자는 보 · 차도가 구분된 도로에서는 언제나 보도로 통행하여야 한다. 보 · 차도가 구분되지 않은 도로에서는 길가장자리 또는 길가장자리 구역으로 통행하여야 한다. 보행자는 보도에서는 우측통행을 원칙으로 한다(도로교통법 제8조).

269 다음 중 노인보호구역을 지정할 수 없는 자는?

① 특별시장 ② 광역시장
③ 특별자치도지사 ④ 시·도경찰청장

해설
어린이·노인 및 장애인보호구역 지정 및 관리에 관한 규칙 제3조 제1항

270 「노인 보호구역」에서 노인을 위해 시·도경찰청장이나 경찰서장이 할 수 있는 조치가 아닌 것은?

① 차마의 통행을 금지하거나 제한할 수 있다.
② 이면도로를 일방통행로로 지정·운영할 수 있다.
③ 차마의 운행속도를 시속 30킬로미터 이내로 제한할 수 있다.
④ 주출입문 연결도로에 노인을 위한 노상주차장을 설치할 수 있다.

해설
어린이·노인 및 장애인 보호구역의 지정 및 관리에 관한 규칙 제9조(보호구역에서의 필요한 조치) 제1항에 의하면 시·도경찰청이나 경찰서장은 보호구역에서 구간별·시간대별로 다음 각 호의 조치를 할 수 있다 1. 차마의 통행을 금지하거나 제한하는 것. 2. 차마의 정차나 주차를 금지하는 것. 3. 운행속도를 시속 30킬로미터 이내로 제한하는 것. 4. 이면도로를 일방통행로로 지정·운영하는 것

271 도로교통법령상 노인보호구역에서 통행을 금지할 수 있는 대상으로 바른 것은?

① 개인형 이동장치, 노면전차
② 트럭적재식 천공기, 어린이용 킥보드
③ 원동기장치자전거, 폭 1미터 이내의 보행보조용 의자차
④ 노상안정기, 폭 1미터 이내의 노약자용 보행기

해설
도로교통법 제12조의2(노인 및 장애인 보호구역의 지정 · 해제 및 관리) ① 시장등은 교통사고의 위험으로부터 노인 또는 장애인을 보호하기 위하여 필요하다고 인정하는 경우에는 제1호부터 제3호까지 및 제3호의2에 따른 시설 또는 장소의 주변도로 가운데 일정 구간을 노인 보호구역으로, 제4호에 따른 시설의 주변도로 가운데 일정 구간을 장애인 보호구역으로 각각 지정하여 차마와 노면전차의 통행을 제한하거나 금지하는 등 필요한 조치를 할 수 있다. [시행일: 2023. 10. 19.]

272 도로교통법령상 노인보호구역에서 오전 10시경 발생한 법규위반에 대한 설명으로 맞는 것은?

① 덤프트럭 운전자가 신호위반을 하는 경우 범칙금은 13만 원이다.
② 승용차 운전자가 노인보행자의 통행을 방해하면 범칙금은 7만 원이다.
③ 자전거 운전자가 횡단보도에서 횡단하는 노인보행자의 횡단을 방해하면 범칙금은 5만 원이다.
④ 경운기 운전자가 보행자보호를 불이행하는 경우 범칙금은 3만 원이다.

해설
신호위반(덤프트럭 13만 원), 횡단보도보행자 횡단방해(승용차 12만 원, 자전거 6만 원), 보행자통행방해 또는 보호 불이행(승용차 8만 원, 자전거 4만 원)의 범칙금이 부과된다.

정답 263. ② 264. ③ 265. ② 266. ① 267. ② 268. ① 269. ④ 270. ④ 271. ① 272. ①

273 다음 중 어린이보호구역에 대한 설명이다. 옳지 않은 것은?

① 이곳에서의 교통사고는 교통사고처리특례법상 중과실에 해당될 수 있다.
② 자동차등의 통행속도를 시속 30킬로미터 이내로 제한할 수 있다.
③ 범칙금과 벌점은 일반도로의 3배이다.
④ 주·정차가 금지된다.

해설 도로교통법 제12조 제1항, 교통사고처리특례법 제3조 제2항 제11호, 도로교통법 시행령 별표10 어린이보호구역 및 노인 장애인보호구역에서의 범칙행위 및 범칙금액

274 교통약자인 고령자의 일반적인 특징에 대한 설명으로 올바른 것은?

① 반사 신경이 둔하지만 경험에 의한 신속한 판단은 가능하다.
② 시력은 약화되지만 청력은 발달되어 작은 소리에도 민감하게 반응한다.
③ 돌발 사태에 대응능력은 미흡하지만 인지능력은 강화된다.
④ 신체상태가 노화될수록 행동이 원활하지 않다.

해설 고령자의 일반적인 특성은 반사 신경이 둔화되고 시력 및 청력이 약화되며, 신체상태가 노화될수록 돌발사태 대응력 및 인지능력도 서서히 저하된다.

275 도로교통법령상 시장 등이 노인보호구역에서 할 수 있는 조치로 옳은 것은?

① 차마와 노면전차의 통행을 제한하거나 금지할 수 있다.
② 대형승합차의 통행을 금지할 수 있지만 노면전차는 제한할 수 없다.
③ 이륜차의 통행은 금지할 수 있으나 자전거는 제한할 수 없다.
④ 건설기계는 통행을 금지할 수는 없지만 제한할 수 있다.

해설 도로교통법 제12조의2(노인 및 장애인 보호구역의 지정·해제 및 관리)제1항 시장등은 보호구역으로 각각 지정하여 차마와 노면전차의 통행을 제한하거나 금지하는 등 필요한 조치를 할 수 있다. [시행일: 2023. 10. 19.]

276 노인보호구역에서 노인의 옆을 지나갈 때 운전자의 운전방법 중 맞는 것은?

① 주행 속도를 유지하여 신속히 통과한다.
② 노인과의 간격을 충분히 확보하며 서행으로 통과한다.
③ 경음기를 울리며 신속히 통과한다.
④ 전조등을 점멸하며 통과한다.

해설 노인과의 간격을 충분히 확보하며 서행으로 통과한다.

277 노인보호구역으로 지정된 경우 할 수 있는 조치사항이다. 바르지 않은 것은?

① 노인보호구역의 경우 시속 30킬로미터 이내로 제한할 수 있다.
② 보행신호의 신호시간이 일반 보행신호기와 같기 때문에 주의표지를 설치할 수 있다.
③ 과속방지턱 등 교통안전시설을 보강하여 설치할 수 있다.
④ 보호구역으로 지정한 시설의 주출입문과 가장 가까운 거리에 위치한 간선도로의 횡단보도에는 신호기를 우선적으로
설치· 관리해야 한다.

해설 노인보호구역에 설치되는 보행 신호등의 녹색신호시간은 어린이, 노인 또는 장애인의 평균 보행속도를 기준으로 하여 설정되고 있다. 어린이 · 노인 및 장애인 보호구역의 지정 및 관리에 관한 규칙 제6조(교통안전시설의 설치) ① 시 · 도 경찰청장이나 경찰서장은 제3조제6항에 따라 보호구역으로 지정한 시설 또는 장소의 주 출입문과 가장 가까운 거리에 위치한 간선도로의 횡단보도에는 신호기를 우선적으로 설치 · 관리해야 한다.

278 야간에 노인보호구역을 통과할 때 운전자가 주의해야할 사항으로 아닌 것은?

① 증발현상이 발생할 수 있으므로 주의한다.
② 야간에는 노인이 없으므로 속도를 높여 통과한다.
③ 무단 횡단하는 노인에 주의하며 통과한다.
④ 검은색 옷을 입은 노인은 잘 보이지 않으므로 유의한다.

해설 야간에도 노인의 통행이 있을 수 있으므로 서행하며 통과한다.

279 도로교통법령상 노인보호구역 내 신호등 있는 횡단보도 통행방법 및 법규위반에 대한 설명으로 틀린 것은?

① 자동차 운전자는 신호가 바뀌면 즉시 출발하지 말고 주변을 살피고 천천히 출발한다.
② 승용차 운전자가 오전 8시부터 오후 8시 사이에 신호를 위반하고 통과하는 경우 범칙금은 12만 원이 부과된다.
③ 자전거 운전자도 아직 횡단하지 못한 노인이 있는 경우 노인이 안전하게 건널 수 있도록 기다린다.
④ 이륜차 운전자가 오전 8시부터 오후 8시 사이에 횡단보도 보행자 통행을 방해하면 범칙금 9만 원이 부과된다.

해설 노인보호구역에서 승용차 운전자가 신호위반하는 경우 12만 원의 범칙금이 부과되고, 이륜차 운전자가 횡단보도 보행자의 횡단을 방해하는 경우 8만 원의 범칙금이 부과된다.

280 노인보호구역에 대한 설명이다. 틀린 것은?

① 오전 8시부터 오후 8시까지 제한속도를 위반한 경우 범칙금액이 가중 된다.
② 보행신호의 시간이 더 길다.
③ 노상주차장 설치를 할 수 없다.
④ 노인들이 잘 보일 수 있도록 규정보다 신호등을 크게 설치할 수 있다.

해설 노인의 신체 상태를 고려하여 보행신호의 길이는 장애인의 평균보행속도를 기준으로 설정되어 다른 곳 보다 더 길다. 신호등은 규정보다 신호등을 크게 설치할 수 없다.

281 도로교통법령상 승용차 운전자가 오전 11시경 노인보호구역에서 제한속도를 25km/h 초과한 경우 벌점은?

① 60점 ② 40점
③ 30점 ④ 15점

해설 노인보호구역에서 오전 8시부터 오후 8시까지 제한속도를 위반한 경우 벌점은 2배 부과한다. (도로교통법 시행규칙 별표 28)

282 노인보호구역 내의 신호등이 있는 횡단보도에 접근하고 있을 때 운전방법으로 바르지 않은 것은?

① 보행신호가 적색으로 바뀐 후에도 노인이 보행하는 경우 대기하고 있다가 횡단을 마친 후 주행한다.
② 신호의 변경을 예상하여 예측 출발할 수 있도록 한다.
③ 안전하게 정지할 속도로 서행하고 정지신호에 맞춰 정지하여야 한다.
④ 노인의 경우 보행속도가 느리다는 것을 감안하여 주의하여야 한다.

해설 보행자의 보호가 최우선이며, 신호등이 있는 횡단보도에 접근할 경우 보행자의 안전을 위하여 일시정지하여 안전을 확인하고 횡단보도 신호가 변경된 후 차량 진행신호에 따라 진행한다.

정답 273. ③ 274. ④ 275. ① 276. ② 277. ② 278. ② 279. ④ 280. ④ 281. ③ 282. ②

283 노인보호구역에서 노인의 안전을 위하여 설치할 수 있는 도로 시설물과 가장 거리가 먼 것은?

① 미끄럼방지시설, 방호울타리
② 과속방지시설, 미끄럼방지시설
③ 가속차로, 보호구역 도로표지
④ 방호울타리, 도로반사경

해설
어린이 · 노인 및 장애인 보호구역의 지정 및 관리에 관한 규칙 제7조(보도 및 도로부속물의 설치)제2항 시장 등은 보호구역에 다음 각 호의 어느 하나에 해당하는 도로부속물을 설치하거나 관할 도로관리청에 설치를 요청할 수 있다.
1. 별표에 따른 보호구역 도로표지 2. 도로반사경 3. 과속방지시설 4. 미끄럼방지시설 5. 방호울타리 6. 그 밖에 시장 등이 교통사고의 위험으로부터 어린이·노인 또는 장애인을 보호하기 위하여 필요하다고 인정하는 도로부속물로서 「도로의 구조·시설 기준에 관한 규칙」에 적합한 시설

284 도로교통법령상 노인보호구역에 대한 설명으로 잘못된 것은?

① 노인보호구역을 통과할 때는 위험상황 발생을 대비해 주의하면서 주행해야 한다.
② 노인보호표지란 노인보호구역 안에서 노인의 보호를 지시하는 것을 말한다.
③ 노인보호표지는 노인보호구역의 도로 중앙에 설치한다.
④ 승용차 운전자가 노인보호구역에서 오전 10시에 횡단보도 보행자의 횡단을 방해하면 범칙금 12만 원이 부과된다.

해설
노인보호구역에서 횡단보도보행자 횡단을 방해하는 경우 승용차운전자는 12만 원의 범칙금이 부과된다. 노인보호표지는 노인보호구역 안에서 노인의 보호를 지시하는 것으로 노인보호구역의 도로 양측에 설치한다.

285 도로교통법령상 오전 8시부터 오후 8시까지 사이에 노인보호구역에서 교통법규 위반 시 범칙금이 가중되는 행위가 아닌 것은?

① 신호위반 ② 주차금지 위반
③ 횡단보도 보행자 횡단 방해 ④ 중앙선침범

해설
도로교통법 시행령 별표 10 어린이 보호구역 및 노인□장애인 보호구역에서의 범칙행위 및 범칙금액

286 다음 중 도로교통법을 가장 잘 준수하고 있는 보행자는?

① 횡단보도가 없는 도로를 가장 짧은 거리로 횡단하였다.
② 통행차량이 없어 횡단보도로 통행하지 않고 도로를 가로질러 횡단하였다.
③ 정차하고 있는 화물자동차 바로 뒤쪽으로 도로를 횡단하였다.
④ 보도에서 좌측으로 통행하였다.

해설
도로교통법 제8조, 제10조 ①, ②횡단보도가 설치되어 있지 않은 도로에서는 가장 짧은 거리로 횡단하여야 한다. ③보행자는 모든 차의 앞이나 뒤로 횡단하여서는 안 된다. ④ 보행자는 보도에서 우측통행을 원칙으로 한다.

287 도로교통법령상 노인운전자가 다음과 같은 운전행위를 하는 경우 벌점기준이 가장 높은 위반행위는?

① 횡단보도 내에 정차하여 보행자 통행을 방해하였다.
② 보행자를 뒤늦게 발견 급제동하여 보행자가 넘어질 뻔하였다.
③ 무단 횡단하는 보행자를 발견하고 경음기를 울리며 보행자 앞으로 재빨리 통과하였다.
④ 황색실선의 중앙선을 넘어 앞지르기하였다.

해설
도로교통법 시행규칙 별표28, 승용자동차 기준 ① 도로교통법 제27조제1항 범칙금 6만 원, 벌점 10점 ② 도로교통법 제27조제3항 범칙금 6만 원, 벌점 10점, ③ 도로교통법 제27조제5항 범칙금 4만 원, 벌점 10점 ④ 도로교통법 제13조제3항 범칙금 6만 원, 벌점 30점

288 도로교통법령상 노인보호구역에 대한 설명이다. 옳지 않은 것은?

① 노인보호구역의 지정·해제 및 관리권은 시장등에게 있다.
② 노인을 보호하기 위하여 일정 구간을 노인보호구역으로 지정할 수 있다.
③ 노인보호구역 내에서 차마의 통행을 제한할 수 있다.
④ 노인보호구역 내에서 차마의 통행을 금지할 수 없다.

해설
노인보호구역 내에서는 차마의 통행을 금지하거나 제한할 수 있다. (도로교통법 제12조의 2)

289 다음 중 가장 바람직한 운전을 하고 있는 노인운전자는?

① 장거리를 이동할 때는 안전을 위하여 서행 운전한다.
② 시간 절약을 위해 목적지까지 쉬지 않고 운행한다.
③ 도로 상황을 주시하면서 규정 속도를 준수하고 운행한다.
④ 통행 차량이 적은 야간에 주로 운전을 한다.

해설
노인운전자는 장거리 운전이나 장시간, 심야 운전은 삼가 해야 한다.

290 노인의 일반적인 신체적 특성에 대한 설명으로 적당하지 않은 것은?

① 행동이 느려진다.
② 시력은 저하되나 청력은 향상된다.
③ 반사 신경이 둔화된다.
④ 근력이 약화된다.

해설
노인은 시력 및 청력이 약화되는 신체적 특성이 발생한다.

291 다음 중 교통약자의 이동편의 증진법상 교통약자에 해당되지 않은 사람은?

① 어린이 ② 노인
③ 청소년 ④ 임산부

해설
교통약자에 이동편의 증진법 제2조 제1호
교통약자란 장애인, 노인(고령자), 임산부, 영유아를 동반한 사람, 어린이 등 일상생활에서 이동에 불편을 느끼는 사람을 말한다.

292 노인운전자의 안전운전과 가장 거리가 먼 것은?

① 운전하기 전 충분한 휴식 ② 주기적인 건강상태 확인
③ 운전하기 전에 목적지 경로확인 ④ 심야운전

해설
노인운전자는 운전하기 전 충분한 휴식과 주기적인 건강상태를 확인하는 것이 바람직하다. 운전하기 전에 목적지 경로를 확인하고 가급적 심야운전은 하지 않는 것이 좋다.

293 승용자동차 운전자가 노인보호구역에서 전방주시태만으로 노인에게 3주간의 상해를 입힌 경우 형사처벌에 대한 설명으로 틀린 것은?

① 종합보험에 가입되어 있으면 형사처벌되지 않는다.
② 노인보호구역을 알리는 안전표지가 있는 경우 형사처벌된다.
③ 피해자가 처벌을 원하지 않으면 형사처벌되지 않는다.
④ 합의하면 형사처벌되지 않는다.

해설
교통사고처리 특례법 제3조(처벌의 특례)제2항 피해자의 명시적인 의사에 반하여 공소(公訴)를 제기할 수 없다. 제4조(종합보험 등에 가입된 경우의 특례)제1항 보험 또는 공제에 가입된 경우에는 제3조제2항 본문에 규정된 죄를 범한 차의 운전자에 대하여 공소를 제기할 수 없다. 다만 교통사고처리 특례법 제3조 제2항 단서에 규정된 항목에 대하여 피해자의 명시적인 의사에 반하거나 종합보험에 가입되어 있더라도 형사처벌 될 수 있다.

정답 283. ③ 284. ③ 285. ④ 286. ① 287. ④ 288. ④ 289. ③ 290. ② 291. ③ 292. ④ 293. ②

294 도로교통법령상 승용자동차 운전자가 노인보호구역에서 15:00경 규정 속도 보다 시속 60킬로미터를 초과하여 운전한 경우 범칙금과 벌점은(가산금은 제외)?

① 6만 원, 60점　② 9만 원, 60점
③ 12만 원, 120점　④ 15만 원, 120점

해설
도로교통법 시행령 별표 10, 시행규칙 별표 28 승용자동차 15만 원, 벌점 120점

295 도로교통법령상 밤에 자동차(이륜자동차 제외)의 운전자가 고장 그 밖의 부득이한 사유로 도로에 정차할 경우 켜야 하는 등화로 맞는 것은?

① 전조등 및 미등　② 실내 조명등 및 차폭등
③ 번호등 및 전조등　④ 미등 및 차폭등

해설
도로교통법 제37조 제1항 모든 차 또는 노면전차의 운전자는 다음 각 호의 어느 하나에 해당하는 경우에는 대통령령으로 정하는 바에 따라 전조등(前照燈), 차폭등(車幅燈), 미등(尾燈)과 그 밖의 등화를 켜야 한다.
제1호 밤(해가 진 후부터 해가 뜨기 전까지를 말한다. 이하 같다)에 도로에서 차 또는 노면전차를 운행하거나 고장이나 그밖의 부득이한 사유로 도로에서 차 또는 노면전차를 정차 또는 주차하는 경우 도로교통법 시행령 제19조 자동차(이륜자동차는 제외)는 자동차 안전 기준에서 정하는 미등 및 차폭등을 밤에 도로에서 주차 또는 정차하는 경우에 켜야 한다.

296 도로교통법령상 도로의 가장자리에 설치한 황색 점선에 대한 설명이다. 가장 알맞은 것은?

① 주차와 정차를 동시에 할 수 있다.
② 주차는 금지되고 정차는 할 수 있다.
③ 주차는 할 수 있으나 정차는 할 수 없다.
④ 주차와 정차를 동시에 금지한다.

해설
황색 점선으로 설치한 가장자리 구역선의 의미는 주차는 금지되고, 정차는 할 수 있다는 의미이다.

297 장애인주차구역에 대한 설명이다. 잘못된 것은?

① 장애인전용주차구역 주차표지가 붙어 있는 자동차에 장애가 있는 사람이 탑승하지 않아도 주차가 가능하다.
② 장애인전용주차구역 주차표지를 발급받은 자가 그 표지를 양도 · 대여하는 등 부당한 목적으로 사용한 경우 표지를 회수하거나 재발급을 제한할 수 있다.
③ 장애인전용주차구역에 물건을 쌓거나 통행로를 막는 등 주차를 방해하는 행위를 하여서는 안 된다.
④ 장애인전용주차구역 주차표지를 붙이지 않은 자동차를 장애인전용주차구역에 주차한 경우 10만 원의 과태료가 부과된다.

해설
장애인, 노인, 임산부 등의 편의증진보장에 관한 법률 제17조 제4항 누구든지 제2항에 따른 장애인전용주차구역 주차표지가 붙어 있지 아니한 자동차를 장애인전용주차구역에 주차하여서는 아니 된다. 장애인전용주차구역 주차표지가 붙어 있는 자동차에 보행에 장애가 있는 사람이 타지 아니한 경우에도 같다.

298 도로교통법령상 신호등이 없는 교차로에 선진입하여 좌회전하는 차량이 있는 경우에 옳은 것은?

① 직진 차량은 주의하며 진행한다.
② 우회전 차량은 서행으로 우회전한다.
③ 직진 차량과 우회전 차량 모두 좌회전 차량에 차로를 양보한다.
④ 폭이 좁은 도로에서 진행하는 차량은 서행하며 통과한다.

해설
교통정리가 행하여지고 있지 않은 교차로에서는 비록 좌회전 차량이라 할지라도 교차로에 이미 선진입한 경우에는 통행 우선권이 있으므로 직진 차와 우회전 차량일지라도 좌회전 차량에게 통행 우선권이 있다. (도로교통법 제26조)

299 장애인 전용 주차구역 주차표지 발급 기관이 아닌 것은?

① 국가보훈부장관
② 특별자치시장·특별자치도지사
③ 시장·군수·구청장
④ 보건복지부장관

해설
장애인, 노인, 임산부 등 편의증진보장에 관한 법률 제17조(장애인전용주차구역 등)

300 도로교통법령상 개인형 이동장치의 정차 및 주차가 금지되는 기준으로 틀린 것은?

① 교차로의 가장자리로부터 10미터 이내인 곳, 도로의 모퉁이로부터 5미터 이내인 곳
② 횡단보도로부터 10미터 이내인 곳, 건널목의 가장자리로부터 10미터 이내인 곳
③ 안전지대의 사방으로부터 각각 10미터 이내인 곳, 버스정류장 기둥으로부터 10미터 이내인 곳
④ 비상소화장치가 설치된 곳으로부터 5미터 이내인 곳, 소방용수시설이 설치된 곳으로부터 5미터 이내인 곳

해설
도로교통법 제32조(정차 및 주차의 금지). 1호 교차로의 가장자리로부터 5미터 이내인 곳.

301 도로교통법령상 회전교차로 통행방법에 대한 설명으로 잘못된 것은?

① 진입할 때는 속도를 줄여 서행한다.
② 양보선에 대기하여 일시정지한 후 서행으로 진입한다.
③ 진입차량에 우선권이 있어 회전 중인 차량이 양보한다.
④ 반시계방향으로 회전한다.

해설
도로교통법 제25조의2(회전교차로 통행방법) ① 회전교차로에서는 반시계방향으로 통행하여야 한다. ② 회전교차로에 진입하려는 경우에는 서행하거나 일시정지하여야 하며, 이미 진행하고 있는 다른 차가 있는 때에는 그 차에 진로를 양보하여야 한다.

302 자동차에서 하차할 때 문을 여는 방법인'더치 리치(Dutch Reach)'에 대한 설명으로 맞는 것은?

① 자동차 하차 시 창문에서 먼 쪽 손으로 손잡이를 잡아 뒤를 확인한 후 문을 연다.
② 자동차 하차 시 창문에서 가까운 쪽 손으로 손잡이를 잡아 앞을 확인한 후 문을 연다.
③ 개문발차사고를 예방한다.
④ 영국에서 처음 시작된 교통안전 캠페인이다.

해설
더치리치(Dutch Reach)는 1960년대 네덜란드에서 승용차 측면 뒤쪽에서 접근하는 자전거와 사고를 예방하기 위해서 시작된 교통안전 캠페인이다. 운전자나 동승자가 승용차에서 내리기 위해서 차문을 열 때 창문에서 먼 쪽 손으로 손잡이를 잡아서 차문을 여는 방법이다. 이렇게 문을 열면 자연스럽게 몸이 45도 이상 회전하게 되면서 뒤쪽을 눈으로 확인할 수 있어서 승용차 뒤쪽 측면에서 접근하는 자전거와 오토바이 등과 발생하는 사고를 예방할 수 있다. 개문발차사고는 운전자 등이 자동차 문을 열고 출발하는 과정에 발생하는 사고를 말한다.

303 전기자동차가 아닌 자동차를 환경친화적 자동차 충전시설의 충전구역에 주차했을 때 과태료는 얼마인가?

① 3만 원　② 5만 원
③ 7만 원　④ 10만 원

해설
환경친화적 자동차의 개발 및 보급 촉진에 관한 법률 제 11조의 2제 4항
환경친화적 자동차의 개발 및 보급 촉진에 관한 법률 시행령 제21조

정답 294. ④ 295. ④ 296. ② 297. ① 298. ③ 299. ④ 300. ① 301. ③ 302. ① 303. ④

304 전기자동차 또는 외부충전식하이브리드자동차는 급속충전시설의 충전 시작 이후 충전구역에서 얼마나 주차할 수 있는가?

① 1시간 ② 2시간
③ 3시간 ④ 4시간

해설

환경친화적 자동차의 개발 및 보급 촉진에 관한 법률 시행령 제18조의8((환경친화적 자동차에 대한 충전 방해행위의 기준 등) 급속충전시설의 충전구역에서 전기자동차 및 외부충전식하이브리드자동차가 2시간 이내의 범위에서 산업통상산부장관이 고시하는 시간인 1시간이 지난 후에도 계속 주차하는 행위는 환경친화적 자동차에 대한 충전 방해행위임

305 도로교통법령상 경사진 곳에서의 정차 및 주차 방법과 그 기준에 대한 설명으로 올바른 것은?

① 경사의 내리막 방향으로 바퀴에 고임목, 고임돌 등 자동차의 미끄럼 사고를 방지할 수 있는 것을 설치해야 하며 비탈진 내리막길은 주차 금지 장소이다.
② 조향장치를 자동차에서 멀리 있는 쪽 도로의 가장자리 방향으로 돌려놓아야 하며 경사진 장소는 정차금지 장소이다.
③ 운전자가 운전석에 대기하고 있는 경우에는 조향장치를 도로 쪽으로 돌려놓아야 하며 고장이 나서 부득이 정지하고 있는 것은 주차에 해당하지 않는다.
④ 도로 외의 경사진 곳에서 정차하는 경우에는 조향장치를 자동차에서 가까운 쪽 도로의 가장자리 방향으로 돌려놓아야 하며 정차는 5분을 초과하지 않는 주차외의 정지 상태를 말한다.

해설

도로교통법 시행령 제11조 제3항
자동차의 운전자는 법 제34조의3에 따라 경사진 곳에 정차하거나 주차(도로 외의 경사진 곳에서 정차하거나 주차하는 경우를 포함한다)하려는 경우 자동차의 주차 제동장치를 작동한 후에 다음 각 호의 어느 하나에 해당하는 조치를 취하여야 한다. 다만, 운전자가 운전석을 떠나지 아니하고 직접 제동장치를 작동하고 있는 경우는 제외한다.
1. 경사의 내리막 방향으로 바퀴에 고임목, 고임돌, 그 밖에 고무, 플라스틱 등 자동차의 미끄럼 사고를 방지할 수 있는 것을 설치할 것
2. 조향장치(操向裝置)를 도로의 가장자리(자동차에서 가까운 쪽을 말한다) 방향으로 돌려 놓을 것
3. 그 밖에 제1호 또는 제2호에 준하는 방법으로 미끄럼 사고의 발생 방지를 위한 조치를 취할 것

306 장애인전용주차구역에 물건 등을 쌓거나 그 통행로를 가로막는 등 주차를 방해하는 행위를 한 경우 과태료 부과 금액으로 맞는 것은?

① 4만 원 ② 20만 원
③ 50만 원 ④ 100만 원

해설

누구든지 장애인전용주차구역에서 주차를 방해하는 행위를 하면 과태료 50만 원을 부과(장애인·노인·임산부 등의 편의증진 보장에 관한 법률 제17조 제5항, 시행령 별표3)

307 다음 중 회전교차로에서 통행 우선권이 인정되는 차량은?

① 회전교차로 내 회전차로에서 주행 중인 차량
② 회전교차로 진입 전 좌회전하려는 차량
③ 회전교차로 진입 전 우회전하려는 차량
④ 회전교차로 진입 전 좌회전 및 우회전하려는 차량.

해설

도로교통법 제25조의2(회전교차로 통행방법) ① 모든 차의 운전자는 회전교차로에서는 반시계방향으로 통행하여야 한다. ② 모든 차의 운전자는 회전교차로에 진입하려는 경우에는 서행하거나 일시정지하여야 하며, 이미 진행하고 있는 다른 차가 있는 때에는 그 차에 진로를 양보하여야 한다. ③ 제1항 및 제2항에 따라 회전교차로 통행을 위하여 손이나 방향지시기 또는 등화로써 신호를 하는 차가 있는 경우 그 뒤차의 운전자는 신호를 한 앞차의 진행을 방해하여서는 아니 된다.

308 도로교통법령상 교통정리를 하고 있지 아니하는 교차로를 좌회전하려고 할 때 가장 안전한 운전 방법은?

① 먼저 진입한 다른 차량이 있어도 서행하며 조심스럽게 좌회전한다.
② 폭이 넓은 도로의 차에 진로를 양보한다.
③ 직진 차에는 차로를 양보하나 우회전 차보다는 우선권이 있다.
④ 미리 도로의 중앙선을 따라 서행하다 교차로 중심 바깥쪽을 이용하여 좌회전한다.

해설

도로교통법 제26조 먼저 진입한 차량에 차로를 양보해야 하고, 좌회전 차량은 직진 및 우회전 차량에게 우선권을 양보해야 하며, 교차로 중심 안쪽을 이용하여 좌회전해야 한다.

309 도로교통법령상 회전교차로에서의 금지 행위가 아닌 것은?

① 정차 ② 주차
③ 서행 및 일시정지 ④ 앞지르기

해설

〈도로교통법 제32조(정차 및 주차의 금지)〉 모든 차의 운전자는 다음 각 호의 어느 하나에 해당하는 곳에서는 차를 정차하거나 주차하여서는 아니 된다. 다만, 이 법이나 이 법에 따른 명령 또는 경찰공무원의 지시를 따르는 경우와 위험방지를 위하여 일시정지하는 경우에는 그러하지 아니하다.
1. 교차로·횡단보도·건널목이나 보도와 차도가 구분된 도로의 보도(「주차장법」에 따라 차도와 보도에 걸쳐서 설치된 노상주차장은 제외한다)
2. 교차로의 가장자리나 도로의 모퉁이로부터 5미터 이내인 곳
〈법 제22조(앞지르기 금지의 시기 및 장소)〉 ③ 모든 차의 운전자는 다음 각 호의 어느 하나에 해당하는 곳에서는 다른 차를 앞지르지 못한다.
1. 교차로 2. 터널 안 3. 다리 위

310 도로교통법령상 교통정리가 없는 교차로 통행방법으로 알맞은 것은?

① 좌우를 확인할 수 없는 경우에는 서행하여야 한다.
② 좌회전하려는 차는 직진차량보다 우선 통행해야 한다.
③ 우회전하려는 차는 직진차량보다 우선 통행해야 한다.
④ 통행하고 있는 도로의 폭보다 교차하는 도로의 폭이 넓은 경우 서행하여야 한다.

도로교통법 제26조 좌우를 확인할 수 없는 경우에는 일시정지 하여야 하며, 해당 차가 통행하고 있는 도로의 폭보다 교차하는 도로의 폭이 넓은 경우에는 서행하여야 한다.

311 도로의 원활한 소통과 안전을 위하여 회전교차로의 설치가 권장되는 경우는?

① 교통량 수준이 높지 않으나, 교차로 교통사고가 많이 발생하는 곳
② 교차로에서 하나 이상의 접근로가 편도 3차로 이상인 곳
③ 회전교차로의 교통량 수준이 처리용량을 초과하는 곳
④ 신호연동에 필요한 구간 중 회전교차로이면 연동효과가 감소되는 곳

해설

회전교차로 설계지침(국토교통부)
1. 회전교차로 설치가 권장되는 경우
① 불필요한 신호대기 시간이 길어 교차로 지체가 악화된 경우
② 교통량 수준이 높지 않으나, 교차로 교통사고가 많이 발생하는 경우
③ 교통량 수준이 비신호교차로로 운영하기에는 부적합하거나 신호교차로로 운영하면 효율이 떨어지는 경우
④ 교차로에서 직진하거나 회전하는 자동차에 의한 사고가 빈번한 경우
⑤ 각 접근로별 통행우선권 부여가 어렵거나 바람직하지 않은 경우
⑥ T자형, Y자형 교차로, 교차로 형태가 특이한 경우
⑦교통정온화 사업 구간 내의 교차로
2. 회전교차로 설치가 금지되는 경우
① 확보 가능한 교차로 도로부지 내에서 교차로 설계기준을 만족시키지 않은 경우
② 첨두시 가변차로가 운영되는 경우
③ 신호연동이 이루어지고 있는 구간 내 교차로를 회전교차로로 전환시 연동효과를 감소시킬 수 있는 경우
④ 회전교차로의 교통량 수준이 처리용량을 초과하는 경우
⑤ 교차로에서 하나 이상의 접근로가 편도3차로 이상인 경우

정답 304. ① 305. ④ 306. ③ 307. ① 308. ② 309. ③ 310. ④ 311. ①

312 **회전교차로에 대한 설명으로 맞는 것은?**

① 회전교차로는 신호교차로에 비해 상충지점 수가 많다.
② 회전교차로 내에 여유 공간이 있을 때까지 양보선에서 대기하여야 한다.
③ 신호등 설치로 진입차량을 유도하여 교차로 내의 교통량을 처리한다.
④ 회전 중에 있는 차는 진입하는 차량에게 양보해야 한다.

해설
회전교차로는 신호교차로에 비해 상충지점 수가 적고, 회전중인 차량에 대해 진입하고자 하는 차량이 양보해야 하며, 회전교차로 내에 여유 공간이 없는 경우에는 진입하면 안 된다.

313 **도로교통법령상 운전자가 좌회전 시 정확하게 진행할 수 있도록 교차로 내에 백색점선으로 한 노면표시는 무엇인가?**

① 유도선 ② 연장선
③ 지시선 ④ 규제선

해설
교차로에서 진행 중 옆면 추돌사고가 발생하는 것은 유도선에 대한 이해부족일 가능성이 높다.(도로교통법 시행규칙 별표6 Ⅰ·일반기준 2. 노면표시, Ⅱ·개별기준 5. 노면표시)

314 **도로교통법령상 회전교차로의 통행방법으로 맞는 것은?**

① 회전하고 있는 차가 우선이다.
② 진입하려는 차가 우선이다.
③ 진출한 차가 우선이다.
④ 차량의 우선순위는 없다.

해설
도로교통법 제25조의2(회전교차로 통행방법) 회전교차로에 진입하려는 경우에는 서행하거나 일시정지하여야 하며, 이미 진행하고 있는 다른 차가 있는 때에는 그 차에 진로를 양보하여야 한다.

315 **도로교통법령상 반드시 일시정지하여야 할 장소로 맞는 것은?**

① 교통정리를 하고 있지 아니하고 좌우를 확인할 수 없는 교차로
② 녹색등화가 켜져 있는 교차로
③ 교통이 빈번한 다리 위 또는 터널 내
④ 도로의 구부러진 부근 또는 비탈길의 고갯마루 부근

해설
도로교통법 제31조 제2항 교통정리를 하고 있지 아니하고 좌우를 확인할 수 없거나 교통이 빈번한 교차로에서는 일시정지하여야 한다.

316 **회전교차로에 대한 설명으로 옳지 않은 것은?**

① 차량이 서행으로 교차로에 접근하도록 되어 있다.
② 회전하고 있는 차량이 우선이다.
③ 신호가 없기 때문에 연속적으로 차량 진입이 가능하다.
④ 회전교차로는 시계방향으로 회전한다.

해설
회전교차로에서는 반시계방향으로 회전한다.

317 **도로교통법령상 교차로에서 좌회전 시 가장 적절한 통행 방법은?**

① 중앙선을 따라 서행하면서 교차로 중심 안쪽으로 좌회전한다.
② 중앙선을 따라 빠르게 진행하면서 교차로 중심 안쪽으로 좌회전한다.
③ 중앙선을 따라 빠르게 진행하면서 교차로 중심 바깥쪽으로 좌회전한다.
④ 중앙선을 따라 서행하면서 운전자가 편리한 대로 좌회전한다.

해설
도로교통법 제25조 모든 차의 운전자는 교차로에서 좌회전을 하고자 하는 때에는 미리 도로의 중앙선을 따라 서행하면서 교차로의 중심 안쪽을 이용하여 좌회전하여야 한다.

318 **도로교통법령상 일시정지하여야 할 장소로 맞는 것은?**

① 도로의 구부러진 부근
② 가파른 비탈길의 내리막
③ 비탈길의 고갯마루 부근
④ 교통정리가 없는 교통이 빈번한 교차로

해설
도로교통법 제31조(서행 또는 일시정지할 장소) 서행해야 할 장소에는 도로의 구부러진 부근, 가파른 비탈길의 내리막, 비탈길의 고갯마루 부근이다. 교통정리를 하고 있지 아니하고 좌우를 확인할 수 없거나 교통이 빈번한 교차로, 시·도 경찰청장이 도로에서의 위험을 방지하고 교통의 안전과 원활한 소통을 확보하기 위하여 필요하다고 인정하여 안전표지로 지정한 곳은 일시정지해야 할 장소이다.

319 **도로교통법령상 일시정지를 해야 하는 장소는?**

① 터널 안 및 다리 위 ② 신호등이 없는 교통이 빈번한 교차로
③ 가파른 비탈길의 내리막 ④ 도로가 구부러진 부근

해설
앞지르기 금지구역과 일시정지해야 하는 곳은 다르게 규정하고 있다. 터널 안 및 다리 위, 가파른 비탈길의 내리막 도로가 구부러진 부근은 앞지르기 금지구역이다. 교통정리를 하고 있지 아니하고 좌우를 확인할 수 없거나 교통이 빈번한 교차로, 시·도 경찰청장이 도로에서의 위험을 방지하고 교통의 안전과 원활한 소통을 확보하기 위하여 필요하다고 인정하여 안전표지로 지정한 곳은 일시정지해야 할 장소이다. (도로교통법 제31조 2항)

320 **가변형 속도제한 구간에 대한 설명으로 옳지 않은 것은?**

① 상황에 따라 규정 속도를 변화시키는 능동적인 시스템이다.
② 규정 속도 숫자를 바꿔서 표현할 수 있는 전광표지판을 사용한다.
③ 가변형 속도제한 표지로 최고속도를 정한 경우에는 이에 따라야 한다.
④ 가변형 속도제한 표지로 정한 최고속도와 안전표지 최고속도가 다를 때는 안전표지 최고속도를 따라야 한다.

해설
도로교통법 시행규칙 제19조 제1호 가변형 속도제한 표지로 최고속도를 정한 경우에는 이에 따라야 하며 가변형 속도제한 표지로 정한 최고속도와 그 밖의 안전표지로 정한 최고속도가 다를 때에는 가변형 속도제한 표지에 따라야 한다.

321 **다음 중 고속도로 나들목에서 가장 안전한 운전 방법은?**

① 나들목에서는 차량이 정체되므로 사고 예방을 위해서 뒤차가 접근하지 못하도록 급제동한다.
② 나들목에서는 속도에 대한 감각이 둔해지므로 일시정지한 후 출발한다.
③ 진출하고자 하는 나들목을 지나친 경우 다음 나들목을 이용한다.
④ 급가속하여 나들목으로 진출한다.

해설
급제동은 뒤차와의 사고위험을 증가시킨다. 나들목 부근에서 급감속하여 일반도로로 나오게 되면 속도의 감각이 둔해 짐에 따라 미리 서행하여 일반도로 규정 속도에 맞춰 주행해야한다. 진출해야 하는 나들목을 지나친 경우 다음 나들목을 이용하여 빠져 나와야 한다.

322 **도로교통법령상 앞차의 운전자가 왼팔을 수평으로 펴서 차체의 좌측 밖으로 내밀었을 때 취해야 할 조치로 가장 올바른 것은??**

① 앞차가 우회전할 것이 예상되므로 서행한다.
② 앞차가 횡단할 것이 예상되므로 상위 차로로 진로변경한다.
③ 앞차가 유턴할 것이 예상되므로 앞지르기한다.
④ 앞차의 차로 변경이 예상되므로 서행한다.

해설
도로교통법 시행령 별표2, 좌회전, 횡단, 유턴 또는 같은 방향으로 진행하면서 진로를 왼쪽으로 바꾸려는 때 그 행위를 하고자 하는 지점(좌회전할 경우에는 그 교차로의 가장자리)에 이르기 전 30미터(고속도로에서는 100미터) 이상의 지점에 이르렀을 때 왼팔을 수평으로 펴서 차체의 왼쪽 밖으로 내밀거나 오른팔을 차체의 오른쪽 밖으로 내어 팔꿈치를 굽혀 수직으로 올리거나 왼쪽의 방향 지시기 또는 등화를 조작한다.

정답 312. ② 313. ① 314. ① 315. ① 316. ④ 317. ① 318. ④ 319. ② 320. ④ 321. ③ 322. ④

323 도로교통법상 ( )의 운전자는 철길 건널목을 통과하려는 경우 건널목 앞에서 ( )하여 안전한지 확인한 후에 통과하여야 한다. ( )안에 맞는 것은?

① 모든 차, 서행
② 모든 자동차등 또는 건설기계, 서행
③ 모든 차 또는 모든 전차, 일시정지
④ 모든 차 또는 노면 전차, 일시정지

해설
모든 차 또는 노면전차의 운전자는 철길건널목을 통과하려는 경우 건널목 앞에서 일시정지하여 안전을 확인한 후 통과하여야 한다.(도교법 제24조 철길건널목의 통과)

324 도로교통법령상 운전자가 우회전하고자 할 때 사용하는 수신호는?

① 왼팔을 좌측 밖으로 내어 팔꿈치를 굽혀 수직으로 올린다.
② 왼팔은 수평으로 펴서 차체의 좌측 밖으로 내민다.
③ 오른팔을 차체의 우측 밖으로 수평으로 펴서 손을 앞뒤로 흔든다.
④ 왼팔을 차체 밖으로 내어 45° 밑으로 편다.

해설
운전자가 우회전하고자 할 때 왼팔을 차체의 왼쪽 밖으로 내어 팔꿈치를 굽혀 수직으로 올린다.

325 신호기의 신호에 따라 교차로에 진입하려는데, 경찰공무원이 정지하라는 수신호를 보냈다. 다음 중 가장 안전한 운전 방법은?

① 정지선 직전에 일시정지한다. ② 급감속하여 서행한다.
③ 신호기의 신호에 따라 진행한다. ④ 교차로에 서서히 진입한다.

해설
교통안전시설이 표시하는 신호 또는 지시와 교통정리를 위한 경찰공무원 등의 신호 또는 지시가 다른 경우에는 경찰공무원 등의 신호 또는 지시에 따라야 한다.

326 도로교통법령상 편도 3차로 고속도로에서 2차로를 이용하여 주행할 수 있는 자동차는?

① 화물자동차 ② 특수자동차
③ 건설기계 ④ 소·중형승합자동차

해설
편도 3차로 고속도로에서 2차로는 왼쪽차로에 해당하므로 통행할 수 있는 차종은 승용자동차 및 경형·소형·중형 승합자동차이다.(도로교통법 시행규칙 별표 9)

327 중앙선이 황색 점선과 황색 실선으로 구성된 복선으로 설치된 때의 앞지르기에 대한 설명으로 맞는 것은?

① 황색 실선과 황색 점선 어느 쪽에서도 중앙선을 넘어 앞지르기할 수 없다.
② 황색 점선이 있는 측에서는 중앙선을 넘어 앞지르기할 수 있다.
③ 안전이 확인되면 황색 실선과 황색 점선 상관없이 앞지르기할 수 있다.
④ 황색 실선이 있는 측에서는 중앙선을 넘어 앞지르기할 수 있다.

해설
황색 점선이 있는 측에서는 중앙선을 넘어 앞지르기할 수 있으나 황색 실선이 있는 측에서는 중앙선을 넘어 앞지르기 할 수 없다.

328 운전 중 철길건널목에서 가장 바람직한 통행방법은?

① 기차가 오지 않으면 그냥 통과한다.
② 일시정지하여 안전을 확인하고 통과한다.
③ 제한속도 이상으로 통과한다.
④ 차단기가 내려지려고 하는 경우는 빨리 통과한다.

해설
철길건널목에서는 일시정지하다 안전을 확인하고 통과한다. 차단기가 내려져 있거나 내려지려고 하는 경우 또는 경보기가 울리고 있는 경우 그 건널목에 들어가서는 아니 된다.

329 도로교통법령상 차로를 왼쪽으로 바꾸고자 할 때의 방법으로 맞는 것은?

① 그 행위를 하고자 하는 지점에 이르기 전 30미터(고속도로에서는 100미터) 이상의 지점에 이르렀을 때 좌측 방향지시기를 조작한다.
② 그 행위를 하고자 하는 지점에 이르기 전 10미터(고속도로에서는 100미터) 이상의 지점에 이르렀을 때 좌측 방향지시기를 조작한다.
③ 그 행위를 하고자 하는 지점에 이르기 전 20미터(고속도로에서는 80미터) 이상의 지점에 이르렀을 때 좌측 방향지시기를 조작한다.
④ 그 행위를 하고자 하는 지점에서 좌측 방향지시기를 조작한다.

해설
진로를 변경하고자 하는 경우는 그 지점에 이르기 전 30미터 이상의 지점에 이르렀을 때 방향지시기를 조작한다.

330 도로교통법령상 자동차등의 속도와 관련하여 옳지 않은 것은?

① 일반도로, 자동차전용도로, 고속도로와 총 차로 수에 따라 별도로 법정속도를 규정하고 있다.
② 일반도로에는 최저속도 제한이 없다.
③ 이상기후 시에는 감속운행을 하여야 한다.
④ 가변형 속도제한표지로 정한 최고속도와 그 밖의 안전표지로 정한 최고속도가 다를 경우 그 밖의 안전표지에 따라야 한다.

해설
가변형 속도제한표지를 따라야 한다.

331 도로교통법령상 자동차등의 속도와 관련하여 옳지 않은 것은?

① 자동차등의 속도가 높아질수록 교통사고의 위험성이 커짐에 따라 차량의 과속을 억제하려는 것이다.
② 자동차전용도로 및 고속도로에서 도로의 효율성을 제고하기 위해 최저속도를 제한하고 있다.
③ 경찰청장 또는 시·도경찰청장은 교통의 안전과 원활한 소통을 위해 별도로 속도를 제한할 수 있다.
④ 고속도로는 시·도경찰청장이, 고속도로를 제외한 도로는 경찰청장이 속도 규제권자이다.

해설
고속도로는 경찰청장, 고속도로를 제외한 도로는 시·도경찰청장이 속도 규제권자이다.

332 도로교통법령상 자동차의 속도와 관련하여 맞는 것은?

① 고속도로의 최저속도는 매시 50킬로미터로 규정되어 있다.
② 자동차전용도로에서는 최고속도는 제한하지만 최저속도는 제한하지 않는다.
③ 일반도로에서는 최저속도와 최고속도를 제한하고 있다.
④ 편도 2차로 이상 고속도로의 최고속도는 차종에 관계없이 동일하게 규정되어 있다.

해설
고속도로의 최저속도는 모든 고속도로에서 동일하게 시속 50킬로미터로 규정되어 있으며, 자동차전용도로에서는 최고속도와 최저속도 둘 다 제한이 있다. 일반도로에서는 최저속도 제한이 없고, 편도2차로 이상 고속도로의 최고속도는 차종에 따라 다르게 규정되어 있다.

333 도로교통법상 적색등화 점멸일 때 의미는?

① 차마는 다른 교통에 주의하면서 서행하여야 한다.
② 차마는 다른 교통에 주의하면서 진행할 수 있다.
③ 차마는 안전표지에 주의하면서 후진할 수 있다.
④ 차마는 정지선 직전에 일시정지한 후 다른 교통에 주의하면서 진행할 수 있다.

해설
적색등화의 점멸일 때 차마는 정지선이나 횡단보도가 있을 때에는 그 직전이나 교차로의 직전에 일시정지한 후 다른 교통에 주의하면서 진행할 수 있다.

정답 323. ④ 324. ① 325. ① 326. ④ 327. ② 328. ② 329. ① 330. ④ 331. ④ 332. ① 333. ④

334 **도로교통법령상 도로의 중앙선과 관련된 설명이다. 맞는 것은?**

① 황색실선이 단선인 경우는 앞지르기가 가능하다.
② 가변차로에서는 신호기가 지시하는 진행방향의 가장 왼쪽에 있는 황색 점선을 말한다.
③ 편도 1차로의 지방도에서 버스가 승하차를 위해 정차한 경우에는 황색실선의 중앙선을 넘어 앞지르기할 수 있다.
④ 중앙선은 도로의 폭이 최소 4.75미터 이상일 때부터 설치가 가능하다.

해설
도로교통법 제2조 제5호 및 제13조, 도로교통법 시행규칙 별표 6 일련번호 501번 복선이든 단선이든 넘을 수 없고 버스가 승하차를 위해 정차한 경우에는 앞지르기를 할 수 없다. 또한 중앙선은 도로 폭이 6미터 이상인 곳에 설치한다.

335 **비보호좌회전 표지가 있는 교차로에 대한 설명이다. 맞는 것은?**

① 신호와 관계없이 다른 교통에 주의하면서 좌회전할 수 있다.
② 적색신호에 다른 교통에 주의하면서 좌회전할 수 있다.
③ 녹색신호에 다른 교통에 주의하면서 좌회전할 수 있다.
④ 황색신호에 다른 교통에 주의하면서 좌회전할 수 있다.

해설
비보호좌회전 표지가 있는 곳에서는 녹색신호가 켜진 상태에서 다른 교통에 주의하면서 좌회전 할 수 있다. 녹색신호에서 좌회전하다가 맞은편의 직진차량과 충돌한 경우 좌회전 차량이 경과실 일반사고 가해자가 된다.

336 **도로교통법령상 앞지르기에 대한 설명으로 맞는 것은?**

① 앞차가 다른 차를 앞지르고 있는 경우에는 앞지르기할 수 있다.
② 터널 안에서 앞지르고자 할 경우에는 반드시 우측으로 해야 한다.
③ 편도 1차로 도로에서 앞지르기는 황색실선 구간에서만 가능하다.
④ 교차로 내에서는 앞지르기가 금지되어 있다.

해설
황색실선은 앞지르기가 금지되며 터널 안이나 다리 위는 앞지르기 금지장소이고 앞차가 다른 차를 앞지르고 있는 경우에는 앞지르기를 할 수 없게 규정되어 있다.

337 **다음 중 유해한 배기가스를 가장 많이 배출하는 자동차는?**

① 전기자동차 ② 수소자동차
③ LPG자동차 ④ 노후 된 디젤자동차

해설
경유를 연료로 사용하는 노후 된 디젤자동차가 가장 많은 유해 배기가스를 배출하는 자동차이다.

338 **도로교통법령상 앞지르기하는 방법에 대한 설명으로 가장 잘못된 것은?**

① 다른 차를 앞지르려면 앞차의 왼쪽 차로를 통행해야 한다.
② 중앙선이 황색 점선인 경우 반대방향에 차량이 없을 때는 앞지르기가 가능하다.
③ 가변차로의 경우 신호기가 지시하는 진행방향의 가장 왼쪽 황색 점선에서는 앞지르기를 할 수 없다.
④ 편도 4차로 고속도로에서 오른쪽 차로로 주행하는 차는 1차로까지 진입이 가능하다.

해설
① 도로교통법 제21조(앞지르기 방법등)제1항 모든 차의 운전자는 다른 차를 앞지르려면 앞차의 좌측으로 통행해야 한다.
② 도로교통법 시행규칙 별표6, 중앙선표시(노면표시 501번)
③ 도로교통법 제2조(정의)제5호 가변차로가 설치된 경우에는 신호기가 지시하는 진행방향의 가장 왼쪽에 있는 황색점선은 중앙선으로 한다.
④ 도로교통법 제16조 제1항 및 제39조 제1항, 시행규칙 별표9에 의거 앞지르기를 할 때에는 차로에 따른 통행차의 기준에따라 왼쪽 바로 옆차로로 통행할 수 있음으로 편도 3차로 이상의 고속도로에서 오른쪽 차로로 주행하는 차량은 1차로까지 진입이 불가능하고 바로 옆차로를 이용하여 앞지르기를 할 수 있다.

339 **도로교통법령상 편도 3차로 고속도로에서 1차로가 차량 통행량 증가 등으로 인하여 부득이하게 시속( )킬로미터 미만으로 통행할 수밖에 없는 경우에는 앞지르기를 하는 경우가 아니더라도 통행할 수 있다. ( ) 안에 기준으로 맞는 것은?**

① 80 ② 90
③ 100 ④ 110

해설
도로교통법시행규칙 별표9

340 **도로교통법령상 고속도로 갓길 이용에 대한 설명으로 맞는 것은?**

① 졸음운전 방지를 위해 갓길에 정차 후 휴식한다.
② 해돋이 풍경 감상을 위해 갓길에 주차한다.
③ 고속도로 주행차로에 정체가 있는 때에는 갓길로 통행한다.
④ 부득이한 사유없이 갓길로 통행한 승용자동차 운전자의 범칙금액은 6만 원이다.

도로교통법 제60조(갓길 통행금지 등)
도로교통법 제64조(고속도로등에서의 정차 및 주차의 금지)
도로교통법 시행령 별표8. 19호. 승용자동차등 6만 원

341 **도로교통법령상 편도 5차로 고속도로에서 차로에 따른 통행차의 기준에 따르면 몇 차로까지 왼쪽 차로인가?(단, 소통은 원활하며 전용차로와 가·감속 차로 없음)**

① 1~2차로 ② 2~3차로
③ 1~3차로 ④ 2차로 만

해설
1차로를 제외한 차로를 반으로 나누어 그 중 1차로에 가까운 부분의 차로. 다만, 1차로를 제외한 차로의 수가 홀수인 경우 가운데 차로는 제외한다.

342 **도로교통법령상 고속도로 지정차로에 대한 설명으로 잘못된 것은? (소통이 원활하며, 버스전용차로 없음)**

① 편도 3차로에서 1차로는 앞지르기 하려는 승용자동차, 경형·소형□ 중형 승합자동차가 통행할 수 있다.
② 앞지르기를 할 때에는 지정된 차로의 왼쪽 바로 옆 차로로 통행할 수 있다.
③ 모든 차는 지정된 차로보다 왼쪽에 있는 차로로 통행할 수 있다.
④ 고속도로 지정차로 통행위반 승용자동차 운전자의 벌점은 10점이다.

해설
도로교통법 시행규칙 제16조(차로에 따른 통행구분), 제39조(고속도로에서의 차로에 따른 통행구분) 및 별표9. 차로에 따른 통행차의 기준
도로교통법 시행령 별표8. 제39호. 승용자동차등 4만 원
도로교통법 시행규칙 별표28. 3. 제21호. 벌점 10점

343 **도로교통법령상 편도 3차로 고속도로에서 통행차의 기준에 대한 설명으로 맞는 것은?(소통이 원활하며, 버스전용차로 없음)**

① 1차로는 2차로가 주행차로인 승용자동차의 앞지르기 차로이다.
② 1차로는 승합자동차의 주행차로이다.
③ 갓길은 긴급자동차 및 견인자동차의 주행차로이다.
④ 버스전용차로가 운용되고 있는 경우, 1차로가 화물자동차의 주행차로이다.

해설
도로교통법 시행규칙 별표9 편도 3차로 이상 고속도로에서 1차로는 앞지르기를 하려는 승용자동차 및 앞지르기를 하려는 경형 · 소형 · 중형 승합자동차(다만, 차량통행량 증가 등 도로상황으로 인하여 부득이하게 시속 80킬로미터 미만으로 통행할 수밖에 없는 경우에는 앞지르기를 하는 경우가 아니라도 통행할 수 있다), 왼쪽차로는 승용자동차 및 경형 · 소형 · 중형 승합자동차, 오른쪽 차로는 대형 승합자동차, 화물자동차, 특수자동차, 및 법 제2조제18호 나목에 따른 건설기계가 통행할 수 있다.

정답 334. ② 335. ③ 336. ④ 337. ④ 338. ④ 339. ① 340. ④ 341. ② 342. ③ 343. ①

344 도로교통법령상 차로에 따른 통행차의 기준에 대한 설명이다. 잘못된 것은?

① 모든 차는 지정된 차로의 오른쪽 차로로 통행할 수 있다.
② 승용자동차가 앞지르기를 할 때에는 통행 기준에 지정된 차로의 바로 옆 오른쪽 차로로 통행해야한다.
③ 편도 4차로 일반도로에서 승용자동차의 주행차로는 모든 차로이다.
④ 편도 4차로 고속도로에서 대형화물자동차의 주행차로는 오른쪽차로이다.

해설
앞지르기를 할 때에는 통행 기준에 지정된 차로의 바로 옆 왼쪽 차로로 통행할 수 있다.(도로교통법 시행규칙 별표 9)

345 도로교통법령상 일반도로의 버스전용차로로 통행할 수 있는 경우로 맞는 것은?

① 12인승 승합자동차가 6인의 동승자를 싣고 가는 경우
② 내국인 관광객 수송용 승합자동차가 25명의 관광객을 싣고 가는 경우
③ 노선을 운행하는 12인승 통근용 승합자동차가 직원들을 싣고 가는 경우
④ 택시가 승객을 태우거나 내려주기 위하여 일시 통행하는 경우

해설
전용차로 통행차의 통행에 장해를 주지 아니하는 범위에서 택시가 승객을 태우거나 내려주기 위하여 일시 통행하는 경우. 이 경우 택시 운전자는 승객이 타거나 내린 즉시 전용차로를 벗어나야 한다. (도로교통법 시행령 제10조제2호 동시행령 별표 1)

346 도로교통법령상 고속도로 버스전용차로를 통행할 수 있는 9인승 승용자동차는 ( )명 이상 승차한 경우로 한정한다. ( )안에 기준으로 맞는 것은?

① 3 ② 4 ③ 5 ④ 6

해설
도로교통법 시행령 별표 1

347 편도 3차로 고속도로에서 통행차의 기준으로 맞는 것은?(소통이 원활하며, 버스전용차로 없음)

① 승용자동차의 주행차로는 1차로이므로 1차로로 주행하여야 한다.
② 주행차로가 2차로인 소형승합자동차가 앞지르기할 때에는 1차로를 이용하여야 한다.
③ 대형승합자동차는 1차로로 주행하여야 한다.
④ 적재중량 1.5톤 이하인 화물자동차는 1차로로 주행하여야 한다.

해설
도로교통법 시행규칙 별표9 편도 3차로 고속도로에서 승용자동차 및 경형·소형·중형 승합자동차의 주행차로는 왼쪽인 2차로이며, 2차로에서 앞지르기 할 때는 1차로를 이용하여 앞지르기를 해야 한다.

348 터널 안 운전 중 사고나 화재가 발생하였을 때 행동수칙으로 가장 거리가 먼 것은?

① 터널 안 비상벨을 누르거나 긴급전화 또는 119로 신고한다.
② 통행 중인 운전자는 차량과 함께 터널 밖으로 신속히 대피한다.
③ 터널 밖으로 이동이 불가능할 경우 갓길 또는 비상주차대에 정차한다
④ 터널 안에 정차 시에는 엔진을 끄고 시동키를 가지고 신속히 대피한다.

해설
터널 안 사고시 행동수칙(한국도로공사)
1. 운전자는 차량과 함께 터널 밖으로 신속히 대피한다.
2. 터널 밖으로 이동이 불가능할 경우 갓길 또는 비상주차대에 정차시킨다.
3. 엔진을 끈 후 키를 꽂아둔 채 신속하게 하차한다.
4. 비상벨을 눌러 화재발생을 알린다.
5. 긴급전화를 이용하여 구조요청을 한다(휴대폰 사용시 119로 구조요청)
6. 소화기나 옥내소화전으로 조기 진화한다.
7. 조기 진화가 불가능할 경우 화재 연기를 피해 유도등을 따라 신속히 터널 외부로 대피한다.

349 도로교통법령상 편도 3차로 고속도로에서 승용자동차가 2차로로 주행 중이다. 앞지르기할 수 있는 차로로 맞는 것은?(소통이 원활하며, 버스전용차로 없음)

① 1차로 ② 2차로
③ 3차로 ④ 1, 2, 3차로 모두

해설
1차로를 이용하여 앞지르기할 수 있다.

350 도로교통법령상 차로에 따른 통행차의 기준에 대한 설명이다. 잘못된 것은?(고속도로의 경우 소통이 원활하며, 버스전용차로 없음)

① 느린 속도로 진행할 때에는 그 통행하던 차로의 오른쪽 차로로 통행할 수 있다.
② 편도 2차로 고속도로의 1차로는 앞지르기를 하려는 모든 자동차가 통행할 수 있다.
③ 일방통행도로에서는 도로의 오른쪽부터 1차로로 한다.
④ 편도 3차로 고속도로의 오른쪽 차로는 화물자동차가 통행할 수 있는 차로이다.

해설
도로교통법 시행규칙 제16조 차로의 순위는 도로의 중앙선쪽에 있는 차로부터 1차로로 한다. 다만, 일방통행도로에 서는 도로의 왼쪽부터 1차로로 한다.

351 수막현상에 대한 설명으로 가장 적절한 것은?

① 수막현상을 줄이기 위해 기본 타이어보다 폭이 넓은 타이어로 교환한다.
② 빗길보다 눈길에서 수막현상이 더 발생하므로 감속운행을 해야 한다.
③ 트레드가 마모되면 접지력이 높아져 수막현상의 가능성이 줄어든다.
④ 타이어의 공기압이 낮아질수록 고속주행 시 수막현상이 증가된다.

해설
광폭타이어와 공기압이 낮고 트레드가 마모되면 수막현상이 발생할 가능성이 높고 새 타이어는 수막현상 발생이 줄어든다.

352 빙판길에서 차가 미끄러질 때 안전 운전방법 중 옳은 것은?

① 핸들을 미끄러지는 방향으로 조작한다.
② 수동 변속기 차량의 경우 기어를 고단으로 변속한다.
③ 핸들을 미끄러지는 반대 방향으로 조작한다.
④ 주차 브레이크를 이용하여 정차한다.

해설
빙판길에서 차가 미끄러질 때는 핸들을 미끄러지는 방향으로 조작하는 것이 안전하다.

353 터널 안 주행 중 자동차 사고로 인한 화재 목격 시 가장 바람직한 대응 방법은?

① 차량 통행이 가능하더라도 차를 세우는 것이 안전하다.
② 차량 통행이 불가능할 경우 차를 세운 후 자동차 안에서 화재 진압을 기다린다.
③ 차량 통행이 불가능할 경우 차를 세운 후 자동차 열쇠를 챙겨 대피한다.
④ 하차 후 연기가 많이 나면 최대한 몸을 낮춰 연기가 나는 반대 방향으로 유도 표시등을 따라 이동한다.

해설
터널 안을 통행하다 자동차 사고 등으로 인한 화재 목격 시 올바른 대응 방법
① 차량 소통이 가능하면 신속하게 터널 밖으로 빠져 나온다. ② 화재 발생에도 시야가 확보되고 소통이 가능하면 그대로 밖으로 차량을 이동시킨다. ③ 시야가 확보되지 않고 차량이 정체되거나 통행이 불가능할 시 비상 주차대나 갓길에 차를 정차한다. 엔진 시동은 끄고, 열쇠는 그대로 꽂아둔 채 차에서 내린다. 휴대전화나 터널 안 긴급전화로 119 등에 신고하고 부상자가 있으면 살핀다. 연기가 많이 나면 최대한 몸을 낮춰 연기 나는 반대 방향으로 터널 내 유도 표시등을 따라 이동한다.

정답 344. ② 345. ④ 346. ④ 347. ② 348. ④ 349. ① 350. ③ 351. ④ 352. ① 353. ④

354 안개 낀 도로에서 자동차를 운행할 때 가장 안전한 운전 방법은?

① 커브 길이나 교차로 등에서는 경음기를 울려서 다른 차를 비키도록 하고 빨리 운행한다.
② 안개가 심한 경우에는 시야 확보를 위해 전조등을 상향으로 한다.
③ 안개가 낀 도로에서는 안개등만 켜는 것이 안전 운전에 도움이 된다.
④ 어느 정도 시야가 확보되는 경우엔 가드레일, 중앙선, 차선 등 자동차의 위치를 파악할 수 있는 지형지물을 이용하여 서행한다.

해설
안개 낀 도로에서 자동차를 운행 시 어느 정도 시야가 확보되는 경우에는 가드레일, 중앙선, 차선 등 자동차의 위치를 파악할 수 있는 지형지물을 이용하여 서행한다.

355 도로교통법령상 전용차로의 종류가 아닌 것은?

① 버스 전용차로 ② 다인승 전용차로
③ 자동차 전용차로 ④ 자전거 전용차로

해설
도로교통법 시행령 별표1(전용차로의 종류와 전용차로로 통행할 수 있는 차), 전용차로의 종류는 버스 전용차로, 다인승 전용차로, 자전거 전용차로 3가지로 구분된다.

356 눈길이나 빙판길 주행 중에 정지하려고 할 때 가장 안전한 제동 방법은?

① 브레이크 페달을 힘껏 밟는다.
② 풋 브레이크와 주차브레이크를 동시에 작동하여 신속하게 차량을 정지시킨다.
③ 차가 완전히 정지할 때까지 엔진브레이크로만 감속한다.
④ 엔진브레이크로 감속한 후 브레이크 페달을 가볍게 여러 번 나누어 밟는다.

해설
눈길이나 빙판길은 미끄럽기 때문에 정지할 때에는 엔진 브레이크로 감속 후 풋 브레이크로 여러 번 나누어 밟는 것이 안전하다.

357 폭우가 내리는 도로의 지하차도를 주행하는 운전자의 마음가짐으로 가장 바람직한 것은?

① 모든 도로의 지하차도는 배수시설이 잘 되어 있어 위험요소는 발생하지 않는다.
② 재난방송, 안내판 등 재난 정보를 청취하면서 위험요소에 대응한다.
③ 폭우가 지나갈 때까지 지하차도 갓길에 정차하여 휴식을 취한다.
④ 신속히 지나가야하기 때문에 지정속도보다 빠르게 주행한다.

해설
지하차도는 위험요소가 많아 재난정보를 확인하는 것이 안전운전에 도움이 된다.

358 겨울철 빙판길에 대한 설명이다. 가장 바르게 설명한 것은?

① 터널 안에서 주로 발생하며, 안개입자가 얼면서 노면이 빙판길이 된다.
② 다리 위, 터널 출입구, 그늘진 도로에서는 블랙아이스 현상이 자주 나타난다.
③ 블랙아이스 현상은 차량의 매연으로 오염된 눈이 노면에 쌓이면서 발생한다.
④ 빙판길을 통과할 경우에는 핸들을 고정하고 급제동하여 최대한 속도를 줄인다.

해설
블랙아이스는 눈에 잘 보이지 않는 얇은 얼음막이 생기는 현상으로, 다리 위, 터널 출입구, 그늘진 도로에서 자주 발생하는 현상이다.

359 내리막길 주행 중 브레이크가 제동되지 않을 때 가장 적절한 조치 방법은?

① 즉시 시동을 끈다.
② 저단 기어로 변속한 후 차에서 뛰어내린다.
③ 핸들을 지그재그로 조작하며 속도를 줄인다.
④ 저단 기어로 변속하여 감속한 후 차체를 가드레일이나 벽에 부딪친다.

해설
브레이크가 파열되어 제동되지 않을 때에는 추돌 사고나 반대편 차량과의 충돌로 대형 사고가 발생할 가능성이 높다. 브레이크가 파열되었을 때는 당황하지 말고 저단 기어로 변속하여 감속을 한 후 차체를 가드레일이나 벽 등에 부딪치며 정지하는 것이 2차 사고를 예방하는 길이다.

360 풋 브레이크 과다 사용으로 인한 마찰열 때문에 브레이크액에 기포가 생겨 제동이 되지 않는 현상을 무엇이라 하는가?

① 스탠딩웨이브(Standing wave)
② 베이퍼록(Vapor lock)
③ 로드홀딩(Road holding)
④ 언더스티어링(Under steering)

해설
풋 브레이크 과다 사용으로 인한 마찰열 때문에 브레이크액에 기포가 생겨 제동이 되지 않는 현상을 베이퍼록(Vapor lock)이라 한다.

361 포트홀(도로의 움푹 패인 곳)에 대한 설명으로 맞는 것은?

① 포트홀은 여름철 집중 호우 등으로 인해 만들어지기 쉽다.
② 포트홀로 인한 피해를 예방하기 위해 주행 속도를 높인다.
③ 도로 표면 온도가 상승한 상태에서 횡단보도 부근에 대형 트럭 등이 급제동하여 발생한다.
④ 도로가 마른 상태에서는 포트홀 확인이 쉬우므로 그 위를 그냥 통과해도 무방하다.

해설
포트홀은 빗물에 의해 지반이 약해지고 균열이 발생한 상태로 차량의 잦은 이동으로 아스팔트의 표면이 떨어져나가 도로에 구멍이 파이는 현상을 말한다.

362 다음 중 안개 낀 도로를 주행할 때 바람직한 운전방법과 거리가 먼 것은?

① 뒤차에게 나의 위치를 알려주기 위해 차폭등, 미등, 전조등을 켠다.
② 앞 차에게 나의 위치를 알려주기 위해 반드시 상향등을 켠다.
③ 안전거리를 확보하고 속도를 줄인다.
④ 습기가 맺혀 있을 경우 와이퍼를 작동해 시야를 확보한다.

해설
상향등은 안개 속 물 입자들로 인해 산란하기 때문에 켜지 않고 하향등 또는 안개등을 켜도록 한다.

363 커브길을 주행 중일 때의 설명으로 올바른 것은?

① 커브길 진입 이전의 속도 그대로 정속주행하여 통과한다.
② 커브길 진입 후에는 변속 기어비를 높혀서 원심력을 줄이는 것이 좋다.
③ 커브길에서 후륜구동 차량은 언더스티어(understeer) 현상이 발생할 수 있다.
④ 커브길에서 오버스티어(oversteer)현상을 줄이기 위해 조향방향의 반대로 핸들을 조금씩 돌려야 한다.

해설
① 커브길 진입 이전의 속도 그대로 정속주행하면 도로이탈 위험이 있다. ② 커브길 진입 후에는 변속 기어비를 낮추어야 원심력을 줄인다. ③ 커브길에서 전륜구동 차량은 언더스티어(understeer) 현상이 발생할 수 있다. ④커브길에서 오버스티어 현상을 줄이기 위해서는 조향하는 방향의 반대방향으로 꺾어서 차량의 균형을 잡아주는 카운터 스티어 기술을 써야 한다.

정답     
354. ④ 355. ③ 356. ④ 357. ② 358. ② 359. ④ 360. ② 361. ① 362. ② 363. ④

364 다음 중 겨울철 도로 결빙 상황과 관련한 설명으로 잘못된 것은?

① 아스팔트보다 콘크리트로 포장된 도로가 결빙이 더 많이 발생한다.
② 콘크리트보다 아스팔트 포장된 도로가 결빙이 더 늦게 녹는다.
③ 아스팔트 포장도로의 마찰계수는 건조한 노면일 때 1.6으로 커진다.
④ 동일한 조건의 결빙상태에서 콘크리트와 아스팔트 포장된 도로의 노면마찰계수는 같다.

해설
① 아스팔트보다 콘크리트로 포장된 도로가 결빙이 더 많이 발생한다. ② 콘크리트보다 아스팔트 포장된 도로가 결빙이 더 늦게 녹는다. ③, ④ 동일한 조건의 결빙상태에서 콘크리트와 아스팔트 포장된 도로의 노면마찰계수는 0.3으로 건조한 노면의 마찰계수보다 절반 이하로 작아진다.

365 안개 낀 도로를 주행할 때 안전한 운전 방법으로 바르지 않은 것은?

① 커브길이나 언덕길 등에서는 경음기를 사용한다.
② 전방 시야확보가 70미터 내외인 경우 규정속도의 절반 이하로 줄인다.
③ 평소보다 전방시야확보가 어려우므로 안개등과 상향등을 함께 켜서 충분한 시야를 확보한다.
④ 차의 고장이나 가벼운 접촉사고일지라도 도로의 가장자리로 신속히 대피한다.

해설
상향등을 켜면 안개 속 미세한 물입자가 불빛을 굴절, 분산시켜 상대운전자의 시야를 방해할 수 있으므로 안개등과 하향등을 유지하는 것이 더 좋은 방법이다.

366 장마철 장거리 운전을 대비하여 운전자가 한 행동으로 가장 바른 것은?

① 겨울철 부동액을 증류수로 교환하여 엔진 냉각수로 사용하였다.
② 최대한 연비를 줄이기 위하여 타이어의 공기압을 낮추었다.
③ 차량침수를 대비하여 보험증서를 차량에 비치하였다.
④ 겨울철에 사용한 성애제거제로 차량유리를 깨끗하게 닦았다.

해설
① 부동액을 증류수로 교환하기보다 냉각수가 부족한지 살펴보고 보충하는 것이 좋다. ② 타이어의 공기압을 낮추게 되면 오히려 연비가 증가한다. ③ 차량침수와 보험증서의 관련성이 적으며, 보험사 긴급출동서비스 전화번호는 알아두는 것이 좋다. ④ 겨울철에 사용한 성애제거제는 장마철 차량내부의 김이 서리는 것을 막을 수 있다.

367 집중 호우 시 안전한 운전 방법과 가장 거리가 먼 것은?

① 차량의 전조등과 미등을 켜고 운전한다.
② 히터를 내부공기 순환 모드 상태로 작동한다.
③ 수막현상을 예방하기 위해 타이어의 마모 정도를 확인한다.
④ 빗길에서는 안전거리를 2배 이상 길게 확보한다.

해설
히터 또는 에어컨은 내부공기 순환 모드로 작동할 경우 차량 내부 유리창에 김서림이 심해질 수 있으므로 외부공기 유입모드(⇐)로 작동한다.

368 도로교통법령상 편도 2차로 자동차전용도로에 비가 내려 노면이 젖어있는 경우 감속운행 속도로 맞는 것은?

① 매시 80킬로미터　② 매시 90킬로미터
③ 매시 72킬로미터　④ 매시 100킬로미터

해설
도로교통법 시행규칙 제19조(자동차등의 속도) ②비 · 안개 · 눈 등으로 인한 악천후 시에는 제1항에 불구하고 다음 각 호의 기준에 의하여 감속 운행하여야 한다.
1. 최고속도의 10분의 20을 줄인 속도로 운행하여야 하는 경우
가. 비가 내려 노면이 젖어있는 경우
나. 눈이 20밀리미터 미만 쌓인 경우

369 다음 중 교통사고 발생 시 가장 적절한 행동은?

① 비상등을 켜고 트렁크를 열어 비상상황임을 알릴 필요가 없다.
② 사고지점 도로 내에서 사고 상황에 대한 사진을 촬영하고 차량 안에 대기한다.
③ 사고지점에서 빠져나올 필요 없이 차량 안에 대기한다.
④ 주변 가로등, 교통신호등에 부착된 기초번호판을 보고 사고 발생지역을 보다 구체적으로 119,112에 신고한다.

해설
④. 도로명주소법 제9조(도로명판과 기초번호판의 설치) 제1항
– 특별자치시장, 특별자치도지사 및 시장 · 군수 · 구청장은 도로명주소를 안내하거나 구조·구급 활동을 지원하기 위하여 필요한 장소에 도로명판 및 기초번호판을 설치하여야 한다.

370 다음 중 지진발생 시 운전자의 조치로 가장 바람직하지 못한 것은?

① 운전 중이던 차의 속도를 높여 신속히 그 지역을 통과한다.
② 차를 이용해 이동이 불가능할 경우 차는 가장자리에 주차한 후 대피한다.
③ 주차된 차는 이동 될 경우를 대비하여 자동차 열쇠는 꽂아둔 채 대피한다.
④ 라디오를 켜서 재난방송에 집중한다.

해설
지진이 발생하면 가장 먼저 라디오를 켜서 재난방송에 집중하고 구급차, 경찰차가 먼저 도로를 이용할 수 있도록 도로 중앙을 비워주기 위해 운전 중이던 차를 도로 우측 가장자리에 붙여 주차하고 주차된 차를 이동할 경우를 대비하여 자동차 열쇠는 꽂아둔 채 최소한의 짐만 챙겨 차는 가장자리에 주차한 후 대피한다. 〈행정안전부 지진대피요령〉

371 겨울철 블랙 아이스(black ice)에 대해 바르게 설명하지 못한 것은 ?

① 도로 표면에 코팅한 것처럼 얇은 얼음막이 생기는 현상이다.
② 아스팔트 표면의 눈과 습기가 공기 중의 오염물질과 뒤섞여 스며든 뒤 검게 얼어붙은 현상이다.
③ 추운 겨울에 다리 위, 터널 출입구, 그늘진 도로, 산모퉁이 음지 등 온도가 낮은 곳에서 주로 발생한다.
④ 햇볕이 잘 드는 도로에 눈이 녹아 스며들어 도로의 검은 색이 햇빛에 반사되어 반짝이는 현상을 말한다.

해설
노면의 결빙현상의 하나로, 블랙 아이스(black ice) 또는 클리어 아이스(Clear ice)로 표현되며 도로표면에 코팅한 것처럼 얇은 얼음막이 생기는 현상을 말한다. 아스팔트의 틈 사이로 눈과 습기가 공기 중의 매연, 먼지와 뒤엉켜 스며든 뒤 검게 얼어붙는 현상을 포함한다. 추운 겨울에 다리 위, 터널의 출입구, 그늘진 도로, 산모퉁이 음지 등 그늘지고 온도가 낮은 도로에서 주로 발생한다. 육안으로 쉽게 식별되지 않아 사고의 위험이 매우 높다.

372 강풍 및 폭우를 동반한 태풍이 발생한 도로를 주행 중일 때 운전자의 조치방법으로 적절하지 못한 것은?

① 브레이크 성능이 현저히 감소하므로 앞차와의 거리를 평소보다 2배 이상 둔다.
② 침수지역을 지나갈 때는 중간에 멈추지 말고 그대로 통과하는 것이 좋다.
③ 주차할 때는 침수 위험이 높은 강변이나 하천 등의 장소를 피한다.
④ 담벼락 옆이나 대형 간판 아래 주차하는 것이 안전하다.

해설
자동차 브레이크의 성능이 현저히 감소하므로 앞 자동차와 거리를 평소보다 2배 이상 유지해 접촉 사고를 예방한다. 침수 지역을 지나갈 때는 중간에 멈추게 되면 머플러에 빗물이 유입돼 시동이 꺼질 가능성이 있으니 되도록 멈추지 않고 통과하는 것이 바람직하다.
자동차를 주차할 때는 침수의 위험이 높은 강변, 하천 근처 등의 장소는 피해 가급적 고지대에 하는 것이 좋다. 붕괴 우려가 있는 담벼락 옆이나 대형 간판 아래 주한 하는 것도 위험할 수 있으니 피한다. 침수가 예상되는 건물의 지하 공간에 주차된 자동차는 안전한 곳으로 이동시키도록 한다.

정답　364. ③　365. ③　366. ④　367. ②　368. ③　369. ④　370. ①　371. ④　372. ④

373 **눈길 운전에 대한 설명으로 틀린 것은?**

① 운전자의 시야 확보를 위해 앞 유리창에 있는 눈만 치우고 주행하면 안전하다.
② 풋 브레이크와 엔진브레이크를 같이 사용하여야 한다.
③ 스노체인을 한 상태라면 매시 30킬로미터 이하로 주행하는 것이 안전하다.
④ 평상시보다 안전거리를 충분히 확보하고 주행한다.

해설
차량 모든 부분에 쌓인 눈을 치우고 주행하여야 안전하다.

374 **다음 중 우천 시에 안전한 운전방법이 아닌 것은?**

① 상황에 따라 제한 속도에서 50퍼센트 정도 감속 운전한다.
② 길 가는 행인에게 물을 튀지 않도록 적절한 간격을 두고 주행한다.
③ 비가 내리는 초기에 가속페달과 브레이크 페달을 밟지 않는 상태에서 바퀴가 굴러가는 크리프(Creep) 상태로 운전하는 것은 좋지 않다.
④ 낮에 운전하는 경우에도 미등과 전조등을 켜고 운전하는 것이 좋다.

해설
① 상황에 따라 빗길에서는 제한 속도보다 20퍼센트, 폭우 등으로 가시거리가 100미터이내인 경우 50퍼센트 이상 감속 운전한다. ② 길 가는 행인에게 물을 튀지 않게 하기 위하여 1미터이상 간격을 두고 주행한다. ③ 비가 내리는 초기에 노면의 먼지나 불순물 등이 빗물에 엉키면서 발생하는 미끄럼을 방지하기 위해 가속페달과 브레이크 페달을 밟지 않는 상태에서 바퀴가 굴러가는 크리프 상태로 운전하는 것이 좋다. ④ 낮에 운전하는 경우에도 미등과 전조등을 켜고 운전하는 것이 좋다.

375 **도로교통법령상 밤에 고속도로 등에서 고장으로 자동차를 운행할 수 없는 경우, 운전자가 조치해야 할 사항으로 적절치 않은 것은?**

① 사방 500미터에서 식별할 수 있는 적색의 섬광신호·전기제등 또는 불꽃신호를 설치해야 한다.
② 표지를 설치할 경우 후방에서 접근하는 자동차의 운전자가 확인할 수 있는 위치에 설치하여야 한다.
③ 고속도로 등이 아닌 다른 곳으로 옮겨 놓는 등 필요한 조치를 하여야 한다.
④ 안전삼각대는 고장차가 서있는 지점으로부터 200미터 후방에 반드시 설치해야 한다.

해설
도로교통법 제66조, 도로교통법 시행규칙 제40조 고장자동차의 표시

376 **도로교통법령상 비사업용 승용차 운전자가 전조등, 차폭등, 미등, 번호등을 모두 켜야 하는 경우로 맞는 것은?**

① 밤에 도로에서 자동차를 정차하는 경우
② 안개가 가득 낀 도로에서 자동차를 정차하는 경우
③ 주차위반으로 도로에서 견인되는 자동차의 경우
④ 터널 안 도로에서 자동차를 운행하는 경우

해설
도로교통법 제37조(차와 노면전차의 등화) ①모든 차의 운전자는 다음 각 호의 어느 하나에 해당하는 경우에는 대통령령으로 정하는 바에 따라 전조등, 차폭등, 미등과 그 밖의 등화를 켜야 한다.
1. 밤에 도로에서 차를 운행하거나 고장이나 그 밖의 부득이한 사유로 도로에서 차를 정차 또는 주차하는 경우
2. 안개가 끼거나 비 또는 눈이 올 때에 도로에서 차를 운행하거나 고장이나 그 밖의 부득이한 사유로 도로에서 차를 정차 또는 주차하는 경우
3. 터널 안을 운행하거나 고장 또는 그 밖의 부득이한 사유로 터널 안 도로에서 차를 정차 또는 주차하는 경우

도로교통법 시행령 제19조(밤에 도로에서 차를 운행하는 경우 등의 등화) ①차의 운전자가 법 제37조제1항 각 호에 따라 도로에서 차를 운행할 때 켜야 하는 등화의 종류는 다음 각 호의 구분에 따른다.
1. 자동차 : 전조등, 차폭등, 미등, 번호등과 실내조명등
3. 견인되는 차 : 미등·차폭등 및 번호등
②차의 운전자가 법 제37조제1항 각 호에 따라 도로에서 정차하거나 주차할 때 켜야 하는 등화의 종류는 다음 각 호의 구분에 따른다.
1. 자동차(이륜자동차는 제외한다): 미등 및 차폭등

377 **도로교통법령상 고속도로에서 자동차 고장 시 적절한 조치요령은?**

① 신속히 비상점멸등을 작동하고 차를 도로 위에 멈춘 후 보험사에 알린다.
② 트렁크를 열어 놓고 고장 난 곳을 신속히 확인한 후 구난차를 부른다.
③ 이동이 불가능한 경우 고장차량의 앞쪽 500미터 지점에 안전삼각대를 설치한다.
④ 이동이 가능한 경우 신속히 비상점멸등을 켜고 갓길에 정지시킨다.

해설
도로교통법 제66조(고장등의 조치), 제67조(운전자의 고속도로 등에서의 준수사항), 도로교통법 시행규칙 제40조(고장 자동차의 표지) 고장 자동차의 이동이 가능하면 갓길로 옮겨 놓고 안전한 장소에서 도움을 요청한다.

378 **주행 중 타이어 펑크 예방방법 및 조치요령으로 바르지 않은 것은?**

① 도로와 접지되는 타이어의 바닥면에 나사못 등이 박혀있는지 수시로 점검한다.
② 정기적으로 타이어의 적정 공기압을 유지하고 트레드 마모한계를 넘어섰는지 살펴본다.
③ 핸들이 한쪽으로 쏠리는 경우 뒷 타이어의 펑크일 가능성이 높다.
④ 핸들은 정면으로 고정시킨 채 주행하는 기어상태로 엔진브레이크를 이용하여 감속을 유도한다.

해설
핸들이 한쪽으로 쏠리는 경우 앞 타이어의 펑크일 가능성이 높기 때문에 풋브레이크를 밟으면 경로를 이탈할 가능성이 높다.

379 **도로교통법령상 밤에 고속도로에서 자동차 고장으로 운행할 수 없게 되었을 때 안전삼각대와 함께 추가로 ( )에서 식별할 수 있는 불꽃 신호 등을 설치해야 한다. ( )에 맞는 것은?**

① 사방 200미터 지점
② 사방 300미터 지점
③ 사방 400미터 지점
④ 사방 500미터 지점

해설
도로교통법 시행규칙 제40조(고장자동차의 표지)에 따라 밤에 고속도로에서는 안전삼각대와 함께 사방 500미터 지점에서 식별할 수 있는 적색의 섬광신호, 전기제등 또는 불꽃신호를 추가로 설치하여야 한다.

380 **자동차 주행 중 타이어가 펑크 났을 때 가장 올바른 조치는?**

① 한 쪽으로 급격하게 쏠리면 사고를 예방하기 위해 급제동을 한다.
② 핸들을 꽉 잡고 직진하면서 급제동을 삼가고 엔진 브레이크를 이용하여 안전한 곳에 정지한다.
③ 차량이 쏠리는 방향으로 핸들을 꺾는다.
④ 브레이크 페달이 작동하지 않기 때문에 주차 브레이크를 이용하여 정지한다.

해설
타이어가 터지면 급제동을 삼가며, 차량이 직진 주행을 하도록 하고, 엔진 브레이크를 이용하여 안전한 곳에 정지하도록 한다.

381 **야간에 마주 오는 차의 전조등 불빛으로 인한 눈부심을 피하는 방법으로 올바른 것은?**

① 전조등 불빛을 정면으로 보지 말고 자기 차로의 바로 아래쪽을 본다.
② 전조등 불빛을 정면으로 보지 말고 도로 우측의 가장자리 쪽을 본다.
③ 눈을 가늘게 뜨고 자기 차로 바로 아래쪽을 본다.
④ 눈을 가늘게 뜨고 좌측의 가장자리 쪽을 본다.

해설
대향 차량의 전조등에 의해 눈이 부실 경우에는 전조등의 불빛을 정면으로 보지 말고, 도로 우측의 가장자리 쪽을 보면서 운전하는 것이 바람직하다.

정답 373. ① 374. ③ 375. ④ 376. ④ 377. ④ 378. ③ 379. ④ 380. ② 381. ②

382 고속도로에서 경미한 교통사고가 발생한 경우, 2차 사고를 방지하기 위한 조치요령으로 가장 올바른 것은?

① 보험처리를 위해 우선적으로 증거 등에 대해 사진촬영을 한다.
② 상대운전자에게 과실이 있음을 명확히 하고 보험적용을 요청한다.
③ 신속하게 고장자동차의 표지를 차량 후방에 설치하고, 안전한 장소로 피한 후 관계기관에 신고한다.
④ 비상점멸등을 작동하고 자동차 안에서 관계기관에 신고한다.

해설
도로교통법 시행규칙 제40조 자동차가 고속 주행하는 고속도로 특성상 차안이나 차 바로 앞 · 뒤차에 있는 것은 2차사고 발생 시 사망사고로 이어질 수 있기 때문에 신속하게 고장자동차의 표지를 후방에 설치하고, 안전한 장소로 피한 후 관계기관(경찰관서, 소방관서, 한국도로공사콜센터 등)에 신고한다.

383 다음 중 고속도로 공사구간에 관한 설명으로 틀린 것은?

① 차로를 차단하는 공사의 경우 정체가 발생할 수 있어 주의해야 한다.
② 화물차의 경우 순간 졸음, 전방 주시태만은 대형사고로 이어질 수 있다.
③ 이동공사, 고정공사 등 다양한 유형의 공사가 진행된다.
④ 제한속도는 시속 80킬로미터로만 제한되어 있다.

해설
공사구간의 경우 구간별로 시속 80킬로미터와 시속 60킬로미터로 제한되어 있어 속도제한표지를 인지하고 충분히 감속하여 운행하여야 한다.(국토부 도로공사장 교통관리지침, 교통고속도로 공사장 교통관리기준)

384 다음 중 터널 안 화재가 발생했을 때 운전자의 행동으로 가장 올바른 것은?

① 도난 방지를 위해 자동차문을 잠그고 터널 밖으로 대피한다.
② 화재로 인해 터널 안은 연기로 가득차기 때문에 차안에 대기한다.
③ 차량 엔진 시동을 끄고 차량 이동을 위해 열쇠는 꽂아둔 채 신속하게 내려 대피한다.
④ 유턴해서 출구 반대방향으로 되돌아간다.

해설
터널 안 화재는 대피가 최우선이므로 위험을 과소평가하여 차량 안에 머무르는 것은 위험한 행동이며, 엔진을 끈 후 키를 꽂아둔 채 신속하게 하차하고 대피해야 한다.

385 다음 중 터널을 통과할 때 운전자의 안전수칙으로 잘못된 것은?

① 터널 진입 전, 명순응에 대비하여 색안경을 벗고 밤에 준하는 등화를 켠다.
② 터널 안 차선이 백색실선인 경우, 차로를 변경하지 않고 터널을 통과한다.
③ 앞차와의 안전거리를 유지하면서 급제동에 대비한다.
④ 터널 진입 전, 입구에 설치된 도로안내정보를 확인한다.

해설
암순응(밝은 곳에서 어두운 곳으로 들어갈 때 처음에는 보이지 않던 것이 시간이 지나 보이기 시작하는 현상) 및 명순응(어두운 곳에서 밝은 곳으로 나왔을 때 점차 밝은 빛에 적응하는 현상)으로 인한 사고예방을 위해 터널을 통행할 시에 는 평소보다 10~20% 감속하고 전조등, 차폭등, 미등 등의 등화를 반드시 켜야 한다. 또, 결빙과 2차사고 등을 예방하기 위해 일반도로 보다 더 안전거리를 확보하고 급제동에 대한 대비도 필요하다.

386 터널에서 안전운전과 관련된 내용으로 맞는 것은?

① 앞지르기는 왼쪽 방향지시등을 켜고 좌측으로 한다.
② 터널 안에서는 앞차와의 거리감이 저하된다.
③ 터널 진입 시 명순응 현상을 주의해야 한다.
④ 터널 출구에서는 암순응 현상이 발생한다.

해설
교차로, 다리 위, 터널 안 등은 앞지르기가 금지된 장소이며, 터널 진입 시는 암순응 현상이 발생하고 백색 점선의 노면표시의 경우 차로변경이 가능하다.

387 다음은 자동차 주행 중 긴급 상황에서 제동과 관련한 설명이다. 맞는 것은?

① 수막현상이 발생할 때는 브레이크의 제동력이 평소보다 높아진다.
② 비상 시 충격 흡수 방호벽을 활용하는 것은 대형 사고를 예방하는 방법 중 하나이다.
③ 노면에 습기가 있을 때 급브레이크를 밟으면 항상 직진 방향으로 미끄러진다.
④ ABS를 장착한 차량은 제동 거리가 절반 이상 줄어든다.

해설
① 제동력이 떨어진다. ③ 편제동으로 인해 옆으로 미끄러질 수 있다. ④ ABS는 빗길 원심력 감소, 일정 속도에서 제동 거리가 어느 정도 감소되나 절반 이상 줄어들지는 않는다.

388 다음과 같은 공사구간을 통과 시 차로가 감소가 시작되는 구간은?

① 주의구간 ② 완화구간
③ 작업구간 ④ 종결구간

도로 공사장은 주의-완화-작업-종결구간으로 구성되어 있다.

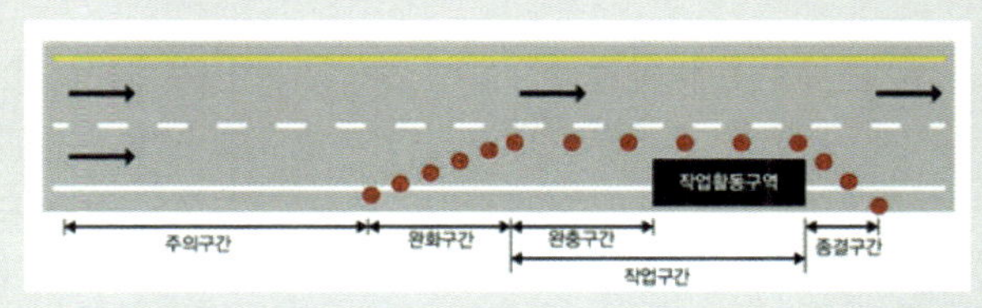

그 중 완화구간은 차로수가 감소하는 구간으로 차선변경이 필요한 구간이다. 안전한 통행을 위해서는 사전 차선변경 및 서행이 필수적이다.

389 야간운전과 관련된 내용으로 가장 올바른 것은?

① 전면유리에 틴팅(일명 썬팅)을 하면 야간에 넓은 시야를 확보할 수 있다.
② 맑은 날은 야간보다 주간운전 시 제동거리가 길어진다.
③ 야간에는 전조등보다 안개등을 켜고 주행하면 전방의 시야확보에 유리하다.
④ 반대편 차량의 불빛을 정면으로 쳐다보면 증발현상이 발생한다.

증발현상을 막기 위해서는 반대편 차량의 불빛을 정면으로 쳐다보지 않는다.

390 야간 운전 중 나타나는 증발현상에 대한 설명 중 옳은 것은?

① 증발현상이 나타날 때 즉시 차량의 전조등을 끄면 증발현상이 사라진다.
② 증발현상은 마주 오는 두 차량이 모두 상향 전조등일 때 발생하는 경우가 많다.
③ 야간에 혼잡한 시내도로를 주행할 때 발생하는 경우가 많다.
④ 야간에 터널을 진입하게 되면 밝은 불빛으로 잠시 안 보이는 현상을 말한다.

해설
증발현상은 마주 오는 두 차량 모두 상향 전조등일 때 발생한다.

391 해가 지기 시작하면서 어두워질 때 운전자의 조치로 거리가 먼 것은?

① 차폭등, 미등을 켠다.
② 주간 주행속도보다 감속 운행한다.
③ 석양이 지면 눈이 어둠에 적응하는 시간이 부족해 주의하여야 한다.
④ 주간보다 시야확보가 용이하여 운전하기 편하다.

주간보다 시야확보가 어려워지기 때문에 주의할 필요가 있다.

정답 382. ③ 383. ④ 384. ③ 385. ① 386. ② 387. ② 388. ② 389. ④ 390. ② 391. ④

392 야간 운전 시 운전자의 '각성저하주행'에 대한 설명으로 옳은 것은?

① 평소보다 인지능력이 향상된다.
② 안구동작이 상대적으로 활발해진다.
③ 시내 혼잡한 도로를 주행할 때 발생하는 경우가 많다.
④ 단조로운 시계에 익숙해져 일종의 감각 마비 상태에 빠지는 것을 말한다.

해설
야간운전과 각성저하
야간운전시계는 전조등 불빛이 비치는 범위 내에 한정되어 그 시계는 주간에 비해 노면과 앞차의 후미등 불빛만이 보이게 되므로 매우 단조로운 시계가 된다. 그래서 무의식중에 단조로운 시계에 익숙해져 운전자는 일종의 감각마비 상태에 빠져 들어가게 된다. 그렇게 되면 필연적으로 안구동작이 활발치 못해 자극에 대한 반응도 둔해지게 된다. 이러한 현상이 고조되면 근육이나 뇌파의 반응도 저하되어 차차 졸음이 오는 상태에 이르게 된다. 이와 같이 각성도가 저하된 상태에서 주행하는 것을 이른바 '각성저하주행'이라고 한다.

393 다음중 전기자동차의 충전 케이블의 커플러에 관한 설명이 잘못된 것은?

① 다른 배선기구와 대체 불가능한 구조로서 극성이 구분되고 접지극이 있는 것일 것.
② 접지극은 투입 시 제일 나중에 접속되고, 차단 시 제일 먼저 분리되는 구조일 것.
③ 의도하지 않은 부하의 차단을 방지하기 위해 잠금 또는 탈부착을 위한 기계적 장치가 있는 것일 것.
④ 전기자동차 커넥터가 전기자동차 접속구로부터 분리될 때 충전 케이블의 전원공급을 중단시키는 인터록 기능이 있는것일 것.

해설
한국전기설비규정(KEC) 241.17 전기자동차 전원설비, 접지극은 투입 시 제일 먼저 접속되고, 차단시 제일 나중에 분리되는 구조일 것.

394 다음은 진로 변경할 때 켜야 하는 신호에 대한 설명이다. 가장 알맞은 것은?

① 신호를 하지 않고 진로를 변경해도 다른 교통에 방해되지 않았다면 교통 법규 위반으로 볼 수 없다.
② 진로 변경이 끝난 후 상당 기간 신호를 계속하여야 한다.
③ 진로 변경 시 신호를 하지 않으면 승용차 등과 승합차 등은 3만 원의 범칙금 대상이 된다.
④ 고속도로에서 진로 변경을 하고자 할 때에는 30미터 지점부터 진로 변경이 완료될 때까지 신호를 한다.

해설
① 신호를 하지 않고 진로를 변경 시 다른 교통에 방해되지 않았다고 하더라도 신호불이행의 교통법규위반 대상이 된다.
② 진로 변경이 끝난 후에는 바로 신호를 중지해야 한다.
③ 진로 변경 시 신호를 하지 않으면 승용차와 승합차 등은 3만 원의 범칙금 대상이 된다.
④ 고속도로에서 진로 변경 시 100미터 이전지점부터 진로변경이 완료될 때까지 신호를 한다.

395 앞 차량의 급제동으로 인해 추돌할 위험이 있는 경우, 그 대처 방법으로 가장 올바른 것은?

① 충돌직전까지 포기하지 말고, 브레이크 페달을 밟아 감속한다.
② 앞 차와의 추돌을 피하기 위해 핸들을 급하게 좌측으로 꺾어 중앙선을 넘어간다.
③ 피해를 최소화하기 위해 눈을 감는다.
④ 와이퍼와 상향등을 함께 조작한다.

해설
앞 차와의 추돌을 예방하기 위해 안전거리를 충분히 확보하고, 위험에 대비하여 언제든지 제동할 수 있도록 준비한다. 부득이하게 추돌하게 되는 경우에 대비하여 브레이크 페달을 힘껏 밟아 감속하여 피해를 최소화한다. 핸들은 급하게 좌측으로 꺾어 중앙선을 넘어가면 반대편에서 주행하는 차량과의 사고가 발생할 수 있다. 또한 눈을 감는 것과 와이퍼, 상향 등을 조작하는 것은 추돌의 피해를 감소시키는 것과 상관없다.

396 앞지르기를 할 수 있는 경우로 맞는 것은?

① 앞차가 다른 차를 앞지르고 있을 경우
② 앞차가 위험 방지를 위하여 정지 또는 서행하고 있는 경우
③ 앞차의 좌측에 다른 차가 앞차와 나란히 진행하고 있는 경우
④ 앞차가 저속으로 진행하면서 다른 차와 안전거리를 확보하고 있을 경우

해설
모든 차의 운전자는 앞차의 좌측에 다른 차가 앞차와 나란히 가고 있는 경우, 앞차가 다른 차를 앞지르고 있거나 앞지르고자 하는 경우에는 앞차를 앞지르기하지 못한다. (도로교통법 제21조, 제22조)

397 자동차 화재를 예방하기 위한 방법으로 가장 올바른 것은?

① 차량 내부에 앰프 설치를 위해 배선장치를 임의로 조작한다.
② 겨울철 주유 시 정전기가 발생하지 않도록 주의한다.
③ LPG차량은 비상시를 대비하여 일회용 부탄가스를 차량에 싣고 다닌다.
④ 일회용 라이터는 여름철 차 안에 두어도 괜찮다.

해설
배선은 임의로 조작하면 안 되며, 차량 안에 일회용 부탄가스를 두는 것은 위험하다. 일회용 라이터에는 폭발방지장치가 없어 여름철 차 안에 두면 위험하다.

398 도로교통법령상 좌석안전띠 착용에 대한 내용으로 올바른 것은?

① 좌석안전띠는 허리 위로 고정시켜 교통사고 충격에 대비한다.
② 화재진압을 위해 출동하는 소방관은 좌석안전띠를 착용하지 않아도 된다.
③ 어린이는 앞좌석에 앉혀 좌석안전띠를 매도록 하는 것이 가장 안전하다.
④ 13세 미만의 자녀에게 좌석안전띠를 매도록 하지 않으면 과태료가 3만 원이다.

해설
도로교통법 시행령 별표6, 동승자가 13세 미만인 경우 과태료 6만 원, 도로교통법 시행규칙 제31조(좌석안전띠 미착용 사유)제4호 긴급자동차가 그 본래의 용도로 운행되고 있는 때

399 교통사고 시 머리와 목 부상을 최소화하기 위해 출발 전에 조절해야 하는 것은?

① 좌석의 전후 조절
② 등받이 각도 조절
③ 머리받침대 높이 조절
④ 좌석의 높낮이 조절

해설
운전자들의 경우 좌석조정에 있어 머리받침대에 대해서는 조절하는 경우가 많지 않다. 따라서 교통사고로 충격 시 머리를 고정시켜줄 수 있는 머리받침대도 자신의 머리에 맞도록 조절이 필요하다.

400 다음은 다른 차를 앞지르기하려는 자동차의 속도에 대한 설명이다. 맞는 것은?

① 다른 차를 앞지르기하는 경우에는 속도의 제한이 없다.
② 해당 도로의 법정 최고 속도의 100분의 50을 더한 속도까지는 가능하다.
③ 운전자의 운전 능력에 따라 제한 없이 가능하다.
④ 해당 도로의 최고 속도 이내에서만 앞지르기가 가능하다.

해설
다른 차를 앞지르기하려는 자동차의 속도는 해당 도로의 최고 속도 이내에서만 앞지르기가 가능하다.

정답 392. ④ 393. ② 394. ③ 395. ① 396. ④ 397. ② 398. ② 399. ③ 400. ④

401 고속도로에서 사고예방을 위해 정차 및 주차를 금지하고 있다. 이에 대한 설명으로 바르지 않은 것은?

① 소방차가 생활안전 활동을 수행하기 위하여 정차 또는 주차할 수 있다.
② 경찰공무원의 지시에 따르거나 위험을 방지하기 위하여 정차 또는 주차할 수 있다.
③ 일반자동차가 통행료를 지불하기 위해 통행료를 받는 장소에서 정차할 수 있다.
④ 터널 안 비상주차대는 소방차와 경찰용 긴급자동차만 정차 또는 주차할 수 있다.

해설
비상주차대는 경찰용 긴급자동차와 소방차 외 일반자동차도 정차 또는 주차할 수 있다.

402 교통사고로 심각한 척추 골절 부상이 예상되는 경우에 가장 적절한 조치방법은?

① 의식이 있는지 확인하고 즉시 심폐소생술을 실시한다.
② 부상자를 부축하여 안전한 곳으로 이동하고 119에 신고한다.
③ 상기도 폐색이 발생될 수 있으므로 하임리히법을 시행한다.
④ 긴급한 경우가 아니면 이송을 해서는 안 되며, 부득이한 경우에는 이송해야 한다면 부목을 이용해서 척추부분을 고정한 후 안전한 곳으로 우선 대피해야 한다.

해설
교통사고로 척추골절이 예상되는 환자가 있는 경우 긴급한 경우가 아니면 이송을 해서는 안 된다. 이송 전에 적절한 처치가 이루어지지 않으면 돌이킬 수 없는 신경학적 손상을 악화시킬 우려가 크기 때문이다. 따라서 2차 사고위험 등을 방지하기 위해 부득이 이송해야 한다면 부목을 이용해서 척추부분을 고정한 후 안전한 곳으로 우선 대피해야 한다.

403 교통사고 발생 시 부상자의 의식 상태를 확인하는 방법으로 가장 먼저 해야 할 것은?

① 부상자의 맥박 유무를 확인한다.
② 말을 걸어보거나 어깨를 가볍게 두드려 본다.
③ 어느 부위에 출혈이 심한지 살펴본다.
④ 입안을 살펴서 기도에 이물질이 있는지 확인한다.

해설
의식 상태를 확인하기 위해서는 부상자에게 말을 걸어보거나, 어깨를 가볍게 두드려 보거나, 팔을 꼬집어서 확인하는 방법이 있다.

404 교통사고 등 응급상황 발생 시 조치요령과 거리가 먼 것은?

① 위험여부 확인
② 환자의 반응 확인
③ 기도 확보 및 호흡 확인
④ 환자의 목적지와 신상 확인

해설
응급상황 발생 시 위험여부 확인 및 환자의 반응을 살피고 주변에 도움을 요청하며 필요에 따라 환자가 호흡을 할 수 있도록 기도 확보가 필요하며 구조요청을 하여야 한다.

405 주행 중 자동차 돌발 상황에 대한 올바른 대처 방법과 거리가 먼 것은?

① 주행 중 핸들이 심하게 떨리면 핸들을 꽉 잡고 계속 주행한다.
② 자동차에서 연기가 나면 즉시 안전한 곳으로 이동 후 시동을 끈다.
③ 타이어 펑크가 나면 핸들을 꽉 잡고 감속하며 안전한 곳에 정차한다.
④ 철길건널목 통과 중 시동이 꺼져서 다시 걸리지 않는다면 신속히 대피 후 신고한다.

해설
핸들이 심하게 떨리면 타이어 펑크나 휠이 빠질 수 있기 때문에 반드시 안전한 곳에 정차하고 점검한다.

406 야간에 도로에서 로드킬(road kill)을 예방하기 위한 운전방법으로 바람직하지 않은 것은?

① 사람이나 차량의 왕래가 적은 국도나 산길을 주행할 때는 감속운행을 해야 한다.
② 야생동물 발견 시에는 서행으로 접근하고 한적한 갓길에 세워 동물과의 충돌을 방지한다.
③ 야생동물 발견 시에는 전조등을 끈 채 경음기를 가볍게 울려 도망가도록 유도한다.
④ 출현하는 동물의 발견을 용이하게 하기 위해 가급적 갓길에 가까운 도로를 주행한다.

해설
로드킬의 사고위험은 동물이 갑자기 나타나서 대처하지 못하는 경우이므로 출현할 가능성이 높은 도로에서는 감속 운행하는 것이 좋다.

407 고속도로에서 고장 등으로 긴급 상황 발생 시 일정 거리를 무료로 견인서비스를 제공해 주는 기관은?

① 도로교통공단　② 한국도로공사
③ 경찰청　④ 한국교통안전공단

해설
고속도로에서는 자동차 긴급 상황 발생 시 사고 예방을 위해 한국도로공사(콜센터 1588-2504)에서 10km까지 무료 견인서비스를 제공하고 있다.

408 보복운전 또는 교통사고 발생을 방지하기 위한 분노조절기법에 대한 설명으로 맞는 것은?

① 감정이 끓어오르는 상황에서 잠시 빠져나와 시간적 여유를 갖고 마음의 안정을 찾는 분노조절방법을 스톱버튼기법이라 한다.
② 분노를 유발하는 부정적인 사고를 중지하고 평소 생각해 둔 행복한 장면을 1-2분간 떠올려 집중하는 분노조절방법을 타임아웃기법이라 한다.
③ 분노를 유발하는 종합적 신념체계와 과거의 왜곡된 사고에 대한 수동적 인식경험을 자신에게 질문하는 방법을 경험회상 질문기법이라 한다.
④ 양팔, 다리, 아랫배, 가슴, 어깨 등 몸의 각 부분을 최대한 긴장시켰다가 이완시켜 편안한 상태를 반복하는 방법을 긴장이완훈련기법이라 한다.

해설
교통안전수칙 2021년 개정2판 분노를 조절하기 위한 행동기법에는 타임아웃기법, 스톱버튼기법, 긴장이완훈련기법이 있다.
① 감정이 끓어오르는 상황에서 잠시 빠져나와 시간적 여유를 갖고 마음의 안정을 찾는 분노조절방법을 타임아웃기법이라 한다. ② 분노를 유발하는 부정적인 사고를 중지하고 평소 생각해 둔 행복한 장면을 1-2분간 떠올려 집중하는 분노조절방법을 스톱버튼기법이라 한다. ③ 경험회상질문기법은 분노조절방법에 해당하지 않는다. ④ 양팔, 다리, 아랫배, 가슴, 어깨 등 몸의 각 부분을 최대한 긴장시켰다가 이완시켜 편안한 상태를 반복하는 방법을 긴장이완훈련기법이라 한다

409 폭우로 인하여 지하차도가 물에 잠겨 있는 상황이다. 다음 중 가장 안전한 운전 방법은?

① 물에 바퀴가 다 잠길 때까지는 무사히 통과할 수 있으니 서행으로 지나간다.
② 최대한 빠른 속도로 빠져 나간다.
③ 우회도로를 확인한 후에 돌아간다.
④ 통과하다가 시동이 꺼지면 바로 다시 시동을 걸고 빠져 나온다.

해설
폭우로 인하여 지하차도가 물에 잠겨 차량의 범퍼까지 또는 차량 바퀴의 절반 이상이 물에 잠긴다면 차량이 지나갈 수 없다. 또한 위와 같은 지역을 통과할 때 빠른 속도로 지나가면 차가 물을 밀어내면서 앞쪽 수위가 높아져 엔진에 물이 들어올 수도 있다. 침수된 지역에서 시동이 꺼지면 다시 시동을 걸면 엔진이 망가진다.

정답 401. ④ 402. ④ 403. ② 404. ④ 405. ① 406. ④ 407. ② 408. ④ 409. ③

410 **도로에서 로드킬(road kill)이 발생하였을 때 조치요령으로 바르지 않은 것은?**

① 감염병 위험이 있을 수 있으므로 동물사체 등을 함부로 만지지 않는다.
② 로드킬 사고가 발생하면 야생동물구조센터나 지자체 콜센터'지역번호 + 120번'등에 신고한다.
③ 2차사고 방지를 위해 사고 당한 동물을 자기 차에 싣고 주행한다.
④ 2차사고 방지와 원활한 소통을 위한 조치를 한 경우에는 신고하지 않아도 된다.

해설
질병관리청에 의하면 동물의 사체는 감염의 우려가 있으므로 직접 건드려서는 아니 되며, 사고가 발생하게 되면 지자체 또는 도로관리청 및 지역번호 +120번 콜센터(생활안내 상담서비스)에 신고하여 도움을 받고, 사고를 당한 동물은 현행법상 물건에 해당하므로 2차사고 방지를 위한 위험방지와 원활한 소통을 한 경우에는 신고하지 아니 해도 된다.

411 **도로교통법령상 영상기록매체에 의해 입증되는 주차위반에 대한 과태료의 설명으로 알맞은 것은?**

① 승용차의 소유자는 3만 원의 과태료를 내야 한다.
② 승합차의 소유자는 7만 원의 과태료를 내야 한다.
③ 기간 내에 과태료를 내지 않아도 불이익은 없다.
④ 같은 장소에서 2시간 이상 주차 위반을 하는 경우 과태료가 가중된다.

해설
도로교통법 제33조, 도로교통법 시행령 별표6 주차금지 위반 시 승용차는 4만 원, 승합차는 5만 원의 과태료가 부과되며, 2시간 이상 주차위반의 경우 1만 원이 추가되고, 미납 시 가산금 및 중가산금이 부과된다.

412 **도로교통법령상 범칙금 납부 통고서를 받은 사람이 1차 납부 기간 경과 시 20일 이내 납부해야 할 금액으로 맞는 것은?**

① 통고 받은 범칙금에 100분의 10을 더한 금액
② 통고 받은 범칙금에 100분의 20을 더한 금액
③ 통고 받은 범칙금에 100분의 30을 더한 금액
④ 통고 받은 범칙금에 100분의 40을 더한 금액

해설
납부 기간 이내에 범칙금을 납부하지 아니한 사람은 납부 기간이 만료되는 날의 다음 날부터 20일 이내에 통고 받은 범칙금에 100분의 20을 더한 금액을 납부하여야 한다. (도로교통법 제164조제2항)

413 **도로교통법령상 누산 점수 초과로 인한 운전면허 취소 기준으로 옳은 것은?**

① 1년간 100점 이상 ② 2년간 191점 이상
③ 3년간 271점 이상 ④ 5년간 301점 이상

해설
1년간 121점 이상, 2년간 201점 이상, 3년간 271점 이상이면 면허를 취소한다. (도로교통법 시행규칙 별표28)

414 **도로교통법령상 교통사고 결과에 따른 벌점 기준으로 맞는 것은?**

① 행정 처분을 받을 운전자 본인의 인적 피해에 대해서도 인적 피해 교통사고 구분에 따라 벌점을 부과한다.
② 자동차 등 대 사람 교통사고의 경우 쌍방 과실인 때에는 벌점을 부과하지 않는다.
③ 교통사고 발생 원인이 불가항력이거나 피해자의 명백한 과실인 때에는 벌점을 2분의 1로 감경한다.
④ 자동차 등 대 자동차 등 교통사고의 경우에는 그 사고 원인 중 중한 위반 행위를 한 운전자에게만 벌점을 부과한다.

해설
①의 경우 행정 처분을 받을 운전자 본인의 피해에 대해서는 벌점을 산정하지 아니한다. ②의 경우 2분의 1로 감경한다. ③의 경우 벌점을 부과하지 않는다. (도로교통법 시행규칙 별표28)

415 **도로교통법령상 자동차 운전자가 난폭운전으로 형사입건되었다. 운전면허 행정처분은?**

① 면허 취소 ② 면허 정지 100일
③ 면허 정지 60일 ④ 면허 정지 40일

해설
도로교통법시행규칙 별표28

416 **도로교통법령상 운전면허 취소 사유에 해당하는 것은?**

① 정기 적성검사 기간 만료 다음 날부터 적성검사를 받지 아니하고 6개월을 초과한 경우
② 운전자가 단속 공무원(경찰공무원, 시□군□구 공무원)을 폭행하여 불구속 형사 입건된 경우
③ 자동차 등록 후 자동차 등록번호판을 부착하지 않고 운전한 경우
④ 제2종 보통면허를 갱신하지 않고 2년을 초과한 경우

해설
① 1년 ② 형사 입건된 경우에는 취소 사유이다. ③ 자동차 관리법에 따라 등록되지 아니하거나 임시 운행 허가를 받지 아니한 자동차를 운전한 경우에 운전면허가 취소되며, 등록을 하였으나 등록번호판을 부착하지 않고 운전한 것은 면허취소 사유가 아니다. (도로교통법 제93조)

417 **다음 중 교통사고를 일으킨 운전자가 종합보험이나 공제조합에 가입되어 있어 교통사고처리특례법의 특례가 적용되는 경우로 맞는 것은?**

① 안전운전 의무위반으로 자동차를 손괴하고 경상의 교통사고를 낸 경우
② 교통사고로 사람을 사망에 이르게 한 경우
③ 교통사고를 야기한 후 부상자 구호를 하지 않은 채 도주한 경우
④ 신호 위반으로 경상의 교통사고를 일으킨 경우

해설
교통사고처리특례법 제4조

418 **도로교통법령상 운전면허 행정처분에 대한 이의신청을 하여 인용된 경우, 취소처분에 대한 감경 기준으로 맞는 것은?**

① 처분벌점 90점으로 한다.
② 처분벌점 100점으로 한다.
③ 처분벌점 110점으로 한다.
④ 처분벌점 120점으로 한다.

해설
위반행위에 대한 처분기준이 운전면허의 취소처분에 해당하는 경우에는 해당 위반행위에 대한 처분벌점을 110점으로 하고, 운전면허의 정지처분에 해당하는 경우에는 처분 집행일수의 2분의 1로 감경한다. 다만, 다목(1)에 따른 벌점·누산점수 초과로 인한 면허취소에 해당하는 경우에는 면허가 취소되기 전의 누산점수 및 처분벌점을 모두 합산하여 처분벌점을 110점으로 한다.(도로교통법 제94조, 도로교통법 시행규칙 별표28 1. 일반기준 바. 처분 기준의 감경)

419 **도로교통법령상 도로에서 동호인 7명이 4대의 차량에 나누어 타고 공동으로 다른 사람에게 위해를 끼쳐 형사입건 되었다. 처벌기준으로 틀린 것은? (개인형 이동장치는 제외)**

① 2년 이하의 징역이나 500만 원 이하의 벌금
② 적발 즉시 면허정지
③ 구속된 경우 면허취소
④ 형사입건된 경우 벌점 40점

해설
도로교통법 제46조(공동위험행위의 금지)제1항 자동차 등의 운전자는 도로에서 2명 이상이 공동으로 2대 이상의 자동차등을 정당한 사유 없이 앞뒤로 또는 좌우로 줄지어 통행하면서 다른 사람에게 위해를 끼치거나 교통상의 위험을 발생하게 하여서는 아닌 된다.
도로교통법 제150조(벌칙)제1호 2년 이하의 징역이나 500만 원 이하의 벌금
도로교통법 시행규칙 별표28, 구속 시 운전면허 취소, 형사입건 시 벌점 40점

정답 410. ③ 411. ④ 412. ② 413. ③ 414. ④ 415. ④ 416. ② 417. ① 418. ③ 419. ②

420 도로교통법령상 술에 취한 상태에서 자전거를 운전한 경우 어떻게 되는가?

① 처벌하지 않는다.
② 범칙금 3만 원의 통고처분한다.
③ 과태료 4만 원을 부과한다.
④ 10만 원 이하의 벌금 또는 구류에 처한다.

해설
도로교통법시행규칙 별표8 64의2 술에 취한 상태에서 자전거를 운전한 경우 범칙금 3만 원.

421 도로교통법령상 술에 취한 상태에 있다고 인정할만한 상당한 이유가 있는 자전거 운전자가 경찰공무원의 정당한 음주 측정 요구에 불응한 경우 처벌은?

① 처벌하지 않는다.
② 과태료 7만 원을 부과한다.
③ 범칙금 10만 원의 통고처분한다.
④ 10만 원 이하의 벌금 또는 구류에 처한다.

해설
도로교통법시행령 별표8, 술에 취한 상태에 있다고 인정할만한 상당한 이유가 있는 자전거 운전자가 경찰공무원의 호흡조사 측정에 불응한 경우 범칙금 10만 원이다.

422 도로교통법령상 인적 피해 있는 교통사고를 야기하고 도주한 차량의 운전자를 검거하거나 신고하여 검거하게 한 운전자(교통사고의 피해자가 아닌 경우)에게 검거 또는 신고할 때 마다 ( )의 특혜점수를 부여한다. ( )에 맞는 것은?

① 10점 ② 20점 ③ 30점 ④ 40점

해설
인적 피해 있는 교통사고를 야기하고 도주한 차량의 운전자를 검거하거나 신고하여 검거하게 한 운전자(교통사고의 피해자가 아닌 경우로 한정한다)에게는 검거 또는 신고할 때마다 40점의 특혜점수를 부여하여 기간에 관계없이 그 운전자가 정지 또는 취소처분을 받게 될 경우 누산점수에서 이를 공제한다. 이 경우 공제되는 점수는 40점 단위로 한다.(도로교통법시행규칙 별표28 1. 일반 기준)

423 도로교통법령상 혈중알코올농도 0.03퍼센트 이상 0.08퍼센트 미만의 술에 취한 상태로 승용차를 운전한 사람에 대한 처벌기준으로 맞는 것은?(1회 위반한 경우)

① 1년 이하의 징역이나 500만 원 이하의 벌금
② 2년 이하의 징역이나 1천만 원 이하의 벌금
③ 3년 이하의 징역이나 1천500만 원 이하의 벌금
④ 2년 이상 5년 이하의 징역이나 1천만 원 이상 2천만 원 이하의 벌금

해설
도로교통법 제148조의2(벌칙) ③ 제44조제1항을 위반하여 술에 취한 상태에서 자동차등 또는 노면전차를 운전한 사람은 다음 각 호의 구분에 따라 처벌한다. 1. 혈중알코올농도가 0.2퍼센트 이상인 사람은 2년 이상 5년 이하의 징역이나 1천만원 이상 2천만원 이하의 벌금 2. 혈중알코올농도가 0.08퍼센트 이상 0.2퍼센트 미만인 사람은 1년 이상 2년 이하의 징역이나 500만원 이상 1천만원 이하의 벌금 3. 혈중알코올농도가 0.03퍼센트 이상 0.08퍼센트 미만인 사람은 1년 이하의 징역이나 500만원 이하의 벌금

424 도로교통법상 벌점 부과기준이 다른 위반행위 하나는?

① 승객의 차내 소란행위 방치운전
② 철길건널목 통과방법 위반
③ 고속도로 갓길 통행 위반
④ 고속도로 버스전용차로 통행위반

해설
도로교통법시행규칙 별표 28, 승객의 차내 소란행위 방치운전은 40점, 철길건널목 통과방법 위반·고속도로 갓길 통행·고속도로 버스전용차로 통행위반은 벌점 30점이 부과된다.

425 도로교통법령상 자동차 운전자가 중앙선 침범으로 피해자에게 중상 1명, 경상 1명의 교통사고를 일으킨 경우 벌점은?

① 30점 ② 40점 ③ 50점 ④ 60점

해설
도로교통법시행규칙 별표 28, 운전면허 취소·정지처분 기준에 따라 중앙선침범 벌점 30점, 중상 1명당 벌점 15점, 경상 1명당 벌점 5점이다.

426 도로교통법령상 연습운전면허 소지자가 혈중알코올농도 ( )퍼센트 이상을 넘어서 운전한 때 연습운전면허를 취소한다. ( )안에 기준으로 맞는 것은?

① 0.03 ② 0.05
③ 0.08 ④ 0.10

해설
도로교통법시행규칙 별표 29, 연습운전면허 소지자가 혈중알코올농도 0.03퍼센트 이상을 넘어서 운전한 때 연습운전면허를 취소한다.

427 도로교통법령상 운전자가 단속 경찰공무원 등에 대한 폭행을 하여 형사입건된 때 처분으로 맞는 것은?

① 벌점 40점을 부과한다. ② 벌점 100점을 부과한다.
③ 운전면허를 취소 처분한다. ④ 즉결심판을 청구한다.

해설
단속하는 경찰공무원 등 및 시·군·구 공무원을 폭행하여 형사 입건된 때 운전면허를 취소 처분한다.(도로교통법 시행규칙 별표28 2. 취소 처분 개별 기준 16)

428 도로교통법령상 승용자동차 운전자가 주·정차된 차만 손괴하는 교통사고를 일으키고 피해자에게 인적사항을 제공하지 아니한 경우 어떻게 되는가?

① 처벌하지 않는다.
② 과태료 10만 원을 부과한다.
③ 범칙금 12만 원의 통고처분한다.
④ 30만 원 이하의 벌금 또는 구류에 처한다.

해설
주·정차된 차만 손괴하는 교통사고를 일으키고 피해자에게 인적사항을 제공하지 아니한 사람은 도로교통법 제156조(벌칙)에 의한 처벌기준은 20만 원 이하의 벌금이나 구류 또는 과료이다. 실제는 도로교통법 시행령 별표8에 의해 승용자동차등은 범칙금 12만 원으로 통고처분 된다.

429 도로교통법령상 승용자동차 운전자에 대한 위반행위별 범칙금이 틀린 것은?

① 속도 위반(매시 60킬로미터 초과)의 경우 12만 원
② 신호 위반의 경우 6만 원
③ 중앙선침범의 경우 6만 원
④ 앞지르기 금지 시기·장소 위반의 경우 5만 원

해설
도로교통법시행령 별표8, 승용자동차의 앞지르기 금지 시기·장소 위반은 범칙금 6만 원이 부과된다.

430 도로교통법령상 화재진압용 연결송수관 설비의 송수구로부터 5미터 이내 승용자동차를 정차한 경우 범칙금은?(안전표지 미설치)

① 4만 원 ② 3만 원
③ 2만 원 ④ 처벌되지 않는다.

해설
도로교통법 시행령 별표8 3의3(안전표지 설치) 승용자동차 8만 원 / 29(안전표지 미설치) 승용자동차 4만 원

정답 420. ② 421. ③ 422. ④ 423. ① 424. ① 425. ③ 426. ① 427. ③ 428. ③ 429. ④ 430. ①

431 **도로교통법령상 즉결심판이 청구된 운전자가 즉결심판의 선고 전까지 통고받은 범칙금액에 (   )을 더한 금액을 내고 납부를 증명하는 서류를 제출하면 경찰서장은 운전자에 대한 즉결심판 청구를 취소하여야 한다. (   )안에 맞는 것은?**

① 100분의 20　② 100분의 30
③ 100분의 50　④ 100분의 70

해설
즉결심판이 청구된 피고인이 즉결심판의 선고 전까지 통고받은 범칙금액에 100분의 50을 더한 금액을 내고 납부를 증명하는 서류를 제출하면 경찰서장 또는 제주특별자치도지사는 피고인에 대한 즉결심판 청구를 취소하여야 한다.(도로교통법 제165조(통고처분 불이행 등의 처리))

432 **도로교통법령상 술에 취한 상태에 있다고 인정할만한 상당한 이유가 있는 자동차 운전자가 경찰공무원의 정당한 음주측정 요구에 불응한 경우 처벌기준으로 맞는 것은?(1회 위반한 경우)**

① 1년 이상 2년 이하의 징역이나 500만 원 이하의 벌금
② 1년 이상 3년 이하의 징역이나 1천만 원 이하의 벌금
③ 1년 이상 4년 이하의 징역이나 500만 원 이상 1천만 원 이하의 벌금
④ 1년 이상 5년 이하의 징역이나 500만 원 이상 2천만 원 이하의 벌금

해설
도로교통법 제148조의2(벌칙) ②술에 취한 상태에 있다고 인정할 만한 상당한 이유가 있는 사람으로서 제44조제2항에 따른 경찰공무원의 측정에 응하지 아니하는 사람(자동차등 또는 노면전차를 운전하는 사람으로 한정한다)은 1년 이상 5년 이하의 징역이나 500만 원 이상 2천만 원 이하의 벌금에 처한다.

433 **자동차 번호판을 가리고 자동차를 운행한 경우의 벌칙으로 맞는 것은?**

① 1년 이하의 징역 또는 1,000만원 이하의 벌금
② 1년 이하의 징역 또는 2,000만원 이하의 벌금
③ 2년 이하의 징역 또는 1,000만원 이하의 벌금
④ 2년 이하의 징역 또는 2,000만원 이하의 벌금

해설
자동차관리법 제10조 5항 및 제81조(벌칙)누구든지 등록번호판을 가리거나 알아보기 곤란하게 하여서는 아니되며, 그러한 자동차를 운행하여서도 아니된다.

434 **도로교통법령상 자동차 운전자가 고속도로에서 자동차 내에 고장자동차의 표지를 비치하지 않고 운행하였다. 어떻게 되는가?**

① 2만 원의 과태료가 부과된다.
② 2만 원의 범칙금으로 통고 처분된다.
③ 30만 원 이하의 벌금으로 처벌된다.
④ 아무런 처벌이나 처분되지 않는다.

해설
도로교통법 시행령 별표6 12호 법 제67조 제2항 고속도로 등에서의 준수 사항을 위반한 운전자는 승용 및 승합자동차 등은 과태료 2만 원

435 **도로교통법령상 원동기장치자전거를 운전할 수 있는 운전면허를 받지 아니하고 개인형 이동장치를 운전한 경우 처벌기준은?**

① 20만 원 이하 벌금이나 구류 또는 과료.
② 30만 원 이하 벌금이나 구류
③ 50만 원 이하 벌금이나 구류
④ 6개월 이하 징역 또는 200만 원 이하 벌금

해설
개인형 이동장치를 무면허 운전한 경우에는 도로교통법 제156조(벌칙)에 의해 처벌기준은 20만 원 이하 벌금이나 구류 또는 과료이다. 실제 처벌은 도로교통법 시행령 별표8에 의해 범칙금 10만 원으로 통고처분 된다.

436 **도로교통법령상 고속도로에서 승용자동차 운전자의 과속행위에 대한 범칙금 기준으로 맞는 것은?**

① 제한속도기준 시속 60킬로미터 초과 80킬로미터 이하 - 범칙금 12만원
② 제한속도기준 시속 40킬로미터 초과 60킬로미터 이하 - 범칙금 8만원
③ 제한속도기준 시속 20킬로미터 초과 40킬로미터 이하 - 범칙금 5만원
④ 제한속도기준 시속 20킬로미터 이하 - 범칙금 2만원

해설
도로교통법 시행령 별표 8

437 **도로교통법령상 교통사고를 일으킨 자동차 운전자에 대한 벌점기준으로 맞는 것은?**

① 신호위반으로 사망(72시간 이내) 1명의 교통사고가 발생하면 벌점은 105점이다.
② 피해차량의 탑승자와 가해차량 운전자의 피해에 대해서도 벌점을 산정한다.
③ 교통사고의 원인 점수와 인명피해 점수, 물적피해 점수를 합산한다.
④ 자동차 대 자동차 교통사고의 경우 사고원인이 두 차량에 있으면 둘 다 벌점을 산정하지 않는다.

해설
도로교통법시행규칙 별표28의3 정지처분 개별기준

438 **도로교통법령상 적성검사 기준을 갖추었는지를 판정하는 건강검진 결과 통보서는 운전면허시험 신청일부터 (   ) 이내에 발급된 서류이어야 한다. (   )안에 기준으로 맞은 것은?**

① 1년　② 2년
③ 3년　④ 4년

해설
도로교통법 시행령 제45조(자동차등의 운전에 필요한 적성의 기준)제2항 도로교통공단은 제1항 각 호의 적성검사 기준을 갖추었는지를 다음 각 호의 서류로 판정할 수 있다.
1. 운전면허시험 신청일부터 2년 이내에 발급된 다음 각 목의 어느 하나에 해당하는 서류
가. 의원, 병원 및 종합병원에서 발행한 신체검사서
나. 건강검진 결과 통보서
다. 의사가 발급한 진단서
라. 병역판정 신체검사(현역병지원 신체검사를 포함한다) 결과 통보서

439 **도로교통법령상 운전면허 취소처분에 대한 이의가 있는 경우, 운전면허 행정처분 이의심의위원회에 신청할 수 있는 기간은?**

① 그 처분을 받은 날로부터 90일 이내
② 그 처분을 안 날로부터 90일 이내
③ 그 처분을 받은 날로부터 60일 이내
④ 그 처분을 안 날로부터 60일 이내

해설
도로교통법 제94조 운전면허의 취소처분 또는 정지처분, 연습운전면허 취소처분에 대하여 이의가 있는 사람은 그 처분을 받은 날부터 60일 이내에 시·도경찰청장에게 이의를 신청할 수 있다.

440 **도로교통법령상 특별교통안전 의무교육을 받아야 하는 사람은?**

① 처음으로 운전면허를 받으려는 사람
② 처분벌점이 30점인 사람
③ 교통참여교육을 받은 사람
④ 난폭운전으로 면허가 정지된 사람

해설
처음으로 운전면허를 받으려는 사람은 교통안전교육을 받아야 한다. 처분벌점이 40점 미만인 사람은 교통법규교육을 받을 수 있다.

정답 431. ③　432. ④　433. ①　434. ①　435. ①　436. ①　437. ①　438. ②　439. ③　440. ④

441 도로교통법령상 승용자동차의 고용주등에게 부과되는 위반행위별 과태료 금액이 틀린 것은?(어린이보호구역 및 노인·장애인보호구역 제외)

① 중앙선 침범의 경우, 과태료 9만 원
② 신호 위반의 경우, 과태료 7만 원
③ 보도를 침범한 경우, 과태료 7만 원
④ 속도 위반(매시 20킬로미터 이하)의 경우, 과태료 5만 원

해설
도로교통법시행령 별표 6, 제한속도(매시 20킬로미터 이하)를 위반한 고용주등에게 과태료 4만 원 부과

442 도로교통법령상 벌점이 부과되는 운전자의 행위는?

① 주행 중 차 밖으로 물건을 던지는 경우
② 차로변경 시 신호 불이행한 경우
③ 불법부착장치 차를 운전한 경우
④ 서행의무 위반한 경우

해설
도로를 통행하고 있는 차에서 밖으로 물건을 던지는 경우 벌점 10점이 부과된다. (도로교통법 시행규칙 별표 28)

443 도로교통법령상 무사고·무위반 서약에 의한 벌점 감경(착한운전 마일리지제도)에 대한 설명으로 맞는 것은?

① 40점의 특혜점수를 부여한다.
② 2년간 교통사고 및 법규위반이 없어야 특혜점수를 부여한다.
③ 운전자가 정지처분을 받게 될 경우 누산점수에서 특혜점수를 공제한다.
④ 운전면허시험장에 직접 방문하여 서약서를 제출해야만 한다.

해설
1년간 교통사고 및 법규위반이 없어야 10점의 특혜점수를 부여한다. 경찰관서 방문뿐만 아니라 인터넷 (www.efine.go.kr) 으로도 서약서를 제출할 수 있다. (도로교통법 시행규칙 별표 28 1항 일반기준 나. 벌점의 종합관리)

444 도로교통법령상 연습운전면허 소지자가 도로에서 주행연습을 할 때 연습하고자 하는 자동차를 운전할 수 있는 운전면 허를 받은 날부터 2년이 경과된 사람(운전면허 정지기간 중인 사람 제외)과 함께 승차하지 아니하고 단독으로 운행한 경우 처분은?

① 통고처분
② 과태료 부과
③ 연습운전면허 정지
④ 연습운전면허 취소

해설
도로교통법시행규칙 별표 29, 연습운전면허 준수사항을 위반한 때(연습하고자 하는 자동차를 운전할 수 있는 운전면허를 받은 날부터 2년이 경과된 사람과 함께 승차하여 그 사람의 지도를 받아야 한다)연습운전면허를 취소한다.

445 도로교통법령상 교차로·횡단보도·건널목이나 보도와 차도가 구분된 도로의 보도에 2시간 이상 주차한 승용자동차의 소유자에게 부과되는 과태료 금액으로 맞는 것은?(어린이보호구역 및 노인·장애인보호구역 제외)

① 4만 원 ② 5만 원
③ 6만 원 ④ 7만 원

해설
도로교통법시행령 별표 6, 교차로·횡단보도·건널목이나 보도와 차도가 구분된 도로의 보도에 2시간 이상 주차한 승용자동차의 고용주등에게 과태료 5만원을 부과한다

446 도로교통법령상 운전면허 취소 사유가 아닌 것은?

① 정기 적성검사 기간을 1년 초과한 경우
② 보복운전으로 구속된 경우
③ 제한속도를 매시 60킬로미터를 초과한 경우
④ 자동차등을 이용하여 다른 사람을 약취 유인 또는 감금한 경우

해설
제한속도를 매시 60킬로미터를 초과한 경우는 벌점 60점이 부과된다. (도로교통법 제93조)

447 2회 이상 경찰공무원의 음주측정을 거부한 승용차운전자의 처벌 기준은? (벌금 이상의 형 확정된 날부터 10년 내)

① 1년 이상 6년 이하의 징역이나 500만 원 이상 3천만 원 이하의 벌금
② 2년 이상 6년 이하의 징역이나 500만 원 이상 2천만 원 이하의 벌금
③ 3년 이상 5년 이하의 징역이나 1천만 원 이상 3천만 원 이하의 벌금
④ 1년 이상 5년 이하의 징역이나 500만 원 이상 2천만 원 이하의 벌금

해설
도로교통법 제148조의 2(벌칙) ①제44조 제1항 또는 제2항을(자동차등 또는 노면전차를 운전한 사람으로 한정한다.
다만, 개인형 이동형장치를 운전하는 경우는 제외한다.) 벌금 이상의 형을 선고받고 그 형이 확정된 날부터 10년 내 다시 같은 조 제1항 또는 2항을 위반한 사람(형이 실효된 사람도 포함)은

1. 제44조 제2항을 위반한 사람은 1년 이상 6년 이하의 징역이나 500만 원 이상 3천만 원 이하의 벌금
2. 제44조 제1항을 위반한 사람 중 혈중알코올농도가 0.2퍼센트 이상인 사람은 2년 이상 6년 이하의 징역이나 1천만 원 이상 3천만 원 이하의 벌금
3. 제44조 제1항을 위반한 사람 중 혈중알코올농도가 0.03퍼센트 이상 0.2퍼센트 미만인 사람은 1년 이상 5년 이하의 징역이나 500만 원 이상 2천만 원 이하의 벌금

448 도로교통법령상 혈중알코올농도 0.08퍼센트 이상 0.2퍼센트 미만의 술에 취한 상태로 자동차를 운전한 사람에 대한 처벌기준으로 맞는 것은? (1회 위반한 경우, 개인형 이동장치 제외)

① 2년 이하의 징역이나 500만 원 이하의 벌금
② 3년 이하의 징역이나 500만 원 이상 1천만 원 이하의 벌금
③ 1년 이상 2년 이하의 징역이나 500만 원 이상 1천만 원 이하의 벌금
④ 2년 이상 5년 이하의 징역이나 1천만 원 이상 2천만 원 이하의 벌금

해설
도로교통법 제148조의2(벌칙) ③제44조제 1항을 위반하여 술에 취한 상태에서 자동차등 또는 노면전차를 운전한 사람은 다음 각 호의 구분에 따라 처벌한다.

1. 혈중알코올농도가 0.2퍼센트 이상인 사람은 2년 이상 5년 이하의 징역이나 1천만 원 이상 2천만 원 이하의 벌금
2. 혈중알코올농도가 0.08퍼센트 이상 0.2퍼센트 미만인 사람은 1년 이상 2년 이하의 징역이나 500만 원 이상 1천만 원 이하의 벌금
3. 혈중알코올농도가 0.03퍼센트 이상 0.08퍼센트 미만인 사람은 1년 이하의 징역이나 500만 원 이하의 벌금

449 도로교통법령상 75세 이상인 사람이 받아야 하는 교통안전교육에 대한 설명으로 틀린 것은?

① 75세 이상인 사람에 대한 교통안전교육은 도로교통공단에서 실시한다.
② 운전면허증 갱신일에 75세 이상인 사람은 갱신기간 이내에 교육을 받아야 한다.
③ 75세 이상인 사람이 운전면허를 처음 받으려는 경우 교육시간은 1시간이다.
④ 교육은 강의 · 시청각 · 인지능력 자가진단 등의 방법으로 2시간 실시한다.

해설
도로교통법 제73조(교통안전교육), 도로교통법 시행규칙 제46조의3 제4항, 도로교통법 시행규칙 별표16

정답 441. ④ 442. ① 443. ③ 444. ④ 445. ② 446. ③ 447. ① 448. ③ 449. ③

450 도로교통법령상 도로에서 자동차 운전자가 물적 피해 교통사고를 일으킨 후 조치 등 불이행에 따른 벌점기준은?

① 15점 ② 20점
③ 30점 ④ 40점

해설
도로교통법 시행규칙 별표28, 조치 등 불이행에 따른 벌점기준에 따라 물적 피해가 발생한 교통사고를 일으킨 후 도주한 때 벌점 15점을 부과한다.

451 도로교통법령상 4.5톤 화물자동차의 적재물 추락 방지 조치를 하지 않은 경우 범칙금액은?

① 5만 원 ② 4만 원 ③ 3만 원 ④ 2만 원

해설
도로교통법 제39조 제4항, 시행령 별표8, 4톤 초과 화물자동차의 적재물 추락방지 위반 행위는 범칙금 5만 원이다.

452 도로교통법령상 전용차로 통행에 대한 설명으로 맞는 것은?

① 승용차에 2인이 승차한 경우 다인승 전용차로를 통행할 수 있다.
② 승차정원 9인승 이상 승용차는 6인이 승차하면 고속도로 버스전용차로를 통행할 수 있다.
③ 승차정원 12인승 이하인 승합차는 5인이 승차해도 고속도로 버스전용차로를 통행할 수 있다.
④ 승차정원 16인승 자가용 승합차는 고속도로 외의 도로에 설치된 버스전용차로를 통행 할 수 있다.

해설
① 3인 이상 승차하여야 한다. ③ 승차자가 6인 이상이어야 한다. ④ 사업용 승합차이거나, 통학 또는 통근용으로 시□도경찰청장의 지정을 받는 등의 조건을 충족하여야 통행이 가능하다. 36인승 이상의 대형승합차와 36인승 미만의 사업용 승합차 그리고 신고필증을 교부 받은 어린이통학버스는 고속도로 외의 도로에서 버스전용차로의 통행이 가능하다.

453 도로교통법령상 "도로에서 어린이에게 개인형 이동장치를 운전하게 한 보호자의 과태료"와 "술에 취한 상태로 개인형 이동장치를 운전한 사람의 범칙금"을 합산한 것으로 맞는 것은?

① 10만 원 ② 20만 원
③ 30만 원 ④ 40만 원

해설
도로교통법 시행령 별표6, 도로에서 어린이가 개인형 이동장치를 운전하게 한 어린이의 보호자는 과태료 10만 원 도로교통법 시행령 별표8, 술에 취한 상태에서의 자전거 등을 운전한 사람은 범칙금 10만 원

454 도로교통법령상 무면허운전이 아닌 경우는?

① 운전면허시험에 합격한 후 면허증을 교부받기 전에 운전하는 경우
② 연습면허를 받고 도로에서 운전연습을 하는 경우
③ 운전면허 효력 정지 기간 중 운전하는 경우
④ 운전면허가 없는 자가 단순히 군 운전면허를 가지고 군용차량이 아닌 일반차량을 운전하는 경우

해설
운전면허를 받지 않고 운전하는 경우, 운전면허가 없는 자가 단순히 군 운전면허를 가지고 군용차량이 아닌 차량을 운전하는 경우, 운전면허증의 종별에 따른 자동차 이외의 자동차를 운전한 경우, 면허가 취소된 자가 그 면허로 운전한 경우, 면허취소처분을 받은 자가 운전하는 경우, 운전면허 효력 정지 기간 중에 운전하는 경우, 운전면허시험에 합격한 후 면허증을 교부받기 전에 운전하는 경우, 연습면허를 받지 않고 운전연습을 하는 경우, 외국인이 입국 후 1년이 지난 상태에서의 국제운전면허를 가지고 운전하는 경우, 외국인이 국제면허를 인정하지 않는 국가에서 발급받은 국제면허를 가지고 운전하는 경우 등은 무면허 운전에 해당한다.

455 도로교통법령상 고속도로 버스전용차로를 이용할 수 있는 자동차의 기준으로 맞는 것은?

① 11인승 승합 자동차는 승차 인원에 관계없이 통행이 가능하다.
② 9인승 승용자동차는 6인 이상 승차한 경우에 통행이 가능하다.
③ 15인승 이상 승합자동차만 통행이 가능하다.
④ 45인승 이상 승합자동차만 통행이 가능하다.

해설
고속도로 버스전용차로를 통행할 수 있는 자동차는 9인승 이상 승용자동차 및 승합자동차이다. 다만, 9인승 이상 12인승 이하의 승용자동차 및 승합자동차는 6인 이상 승차한 경우에 한하여 통행이 가능하다.

456 다음 교통상황에서 일시정지해야 하는 곳이 아닌 것은?

① 신호기의 신호가 황색 점멸 중인 교차로
② 신호기의 신호가 적색 점멸 중인 교차로
③ 교통정리를 하고 있지 아니하고 좌·우를 확인할 수 없는 교차로
④ 교통정리를 하고 있지 아니하고 교통이 빈번한 교차로

해설
도로교통법 제31조, 시행규칙 별표2 신호기가 표시하는 신호의 종류 및 신호의 뜻

457 유료도로법령상 통행료 미납하고 고속도로를 통과한 차량에 대한 부가통행료 부과기준으로 맞는 것은?

① 통행료의 5배의 해당하는 금액을 부과할 수 있다.
② 통행료의 10배의 해당하는 금액을 부과할 수 있다.
③ 통행료의 20배의 해당하는 금액을 부과할 수 있다.
④ 통행료의 30배의 해당하는 금액을 부과할 수 있다.

해설
통행료를 납부하지 아니하고 유료도로를 통행하는 행위 시 통행료의 10배에 해당하는 금액을 부과할 수 있다.(유료 도로법 제20조 및 유료도로법 시행령 제14조)

458 교통사고처리 특례법상 처벌의 특례에 대한 설명으로 맞는 것은?

① 차의 교통으로 중과실치상죄를 범한 운전자에 대해 자동차 종합보험에 가입되어 있는 경우 무조건 공소를 제기할 수 없다.
② 차의 교통으로 업무상과실치상죄를 범한 운전자에 대해 피해자의 명시적인 의사에 반하여 항상 공소를 제기할 수 있다.
③ 차의 운전자가 교통사고로 인하여 형사처벌을 받게 되는 경우 5년 이하의 금고 또는 2천만 원 이하의 벌금형을 받는다.
④ 규정 속도보다 매시 20킬로미터를 초과한 운행으로 인명피해 사고 발생 시 종합보험에 가입되어 있으면 공소를 제기할 수 없다.

해설
교통사고처리 특례법 제3조

459 도로교통법령상 보행보조용 의자차(식품의약품 안전처장이 정하는 의료기기의 규격)로 볼 수 없는 것은?

① 수동휠체어 ② 전동휠체어
③ 의료용 스쿠터 ④ 전기자전거

해설
도로교통법 시행규칙 제2조(차마에서 제외하는 기구 · 장치) 「도로교통법」 (이하 "법"이라 한다) 제2조제10호 및 제17호가목5)에서 "유모차, 보행보조용 의자차, 노약자용 보행기 등 행정안전부령이 정하는 기구 · 장치"란 너비 1미터이하인 것으로서 다음 각 호의 기구 · 장치를 말한다.
1. 유모차 2. 보행보조용 의자차(「의료기기법」 제19조에 따라 식품의약품안전처장이 정하는 의료기기의 기준규격에 따른 수동휠체어, 전동휠체어 및 의료용 스쿠터를 말한다) 3. 노약자용 보행기 4. 법 제11조제3항에 따른 놀이기구(어린이가 이용하는 것에 한정한다) 5. 동력이 없는 손수레 6. 이륜자동차, 원동기장치자전거 또는 자전거로서 운전자가 내려서 끌거나 들고 통행하는 것 7. 도로의 보수 · 유지, 도로상의 공사 등 작업에 사용되는 기구 · 장치(사람이 타거나 화물을 운송하지 않는 것에 한정한다)

정답 450. ① 451. ① 452. ② 453. ② 454. ② 455. ② 456. ① 457. ② 458. ③ 459. ④

460 **도로교통법령상 전용차로 통행차 외에 전용차로로 통행할 수 있는 경우가 아닌 것은?**

① 긴급자동차가 그 본래의 긴급한 용도로 운행되고 있는 경우
② 도로의 파손 등으로 전용차로가 아니면 통행할 수 없는 경우
③ 전용차로 통행차의 통행에 장해를 주지 아니하는 범위에서 택시가 승객을 태우기 위하여 일시 통행하는 경우
④ 택배차가 물건을 내리기 위해 일시 통행하는 경우

해설
도로교통법 시행령 제10조(전용차로 통행차 외에 전용차로로 통행할 수 있는 경우)

461 **도로교통법령상 자동차전용도로에서 자동차의 최고 속도와 최저 속도는?**

① 매시 110킬로미터, 매시 50킬로미터
② 매시 100킬로미터, 매시 40킬로미터
③ 매시 90킬로미터, 매시 30킬로미터
④ 매시 80킬로미터, 매시 20킬로미터

해설
도로교통법 시행규칙 제19조(자동차등과 노면전차의 속도) 자동차전용도로에서 자동차의 최고 속도는 매시 90킬로미터, 최저 속도는 매시 30킬로미터이다.

462 **고속도로 통행료 미납 시 강제징수의 방법으로 맞지 않는 것은?**

① 예금압류 ② 가상자산압류
③ 공매 ④ 번호판영치

해설
고속도로 통행료 납부기한 경과 시 국세 체납처분의 예에 따라 전자예금압류 시스템을 활용하여 체납자의 예금 및 가상자산을 압류(추심)하여 미납통행료를 강제 징수할 수 있으며, 압류된 차량에 대하여 강제인도 후 공매를 진행할 수 있다.
유료도로법 제21조, 국세징수법 제31조, 국세징수법 제45조 제5항, 국세징수법 제64조 제1항

463 **도로교통법령상 개인형 이동장치 운전자의 법규위반에 대한 범칙금액이 다른 것은?**

① 운전면허를 받지 아니하고 운전
② 승차정원을 초과하여 동승자를 태우고 운전
③ 술에 취한 상태에서 운전
④ 약물의 영향으로 정상적으로 운전하지 못할 우려가 있는 상태에서 운전

해설
도로교통법 시행령 [별표 8] ①, ③, ④는 범칙금 10만 원, ②는 범칙금 4만 원

464 **도로교통법령상 초보운전자에 대한 설명으로 맞는 것은?**

① 원동기장치자전거 면허를 받은 날로부터 1년이 지나지 않은 경우를 말한다.
② 연습 운전면허를 받은 날로부터 1년이 지나지 않은 경우를 말한다.
③ 처음 운전면허를 받은 날로부터 2년이 지나기 전에 취소되었다가 다시 면허를 받는 경우 취소되기 전의 기간을 초보운전자 경력에 포함한다.
④ 처음 제1종 보통면허를 받은 날부터 2년이 지나지 않은 사람은 초보운전자에 해당한다.

해설
도로교통법 제2조 제27호 "초보운전자"란 처음 운전면허를 받은 날(처음 운전면허를 받은 날부터 2년이 지나기 전에 운전면허의 취소처분을 받은 경우에는 그 후 다시 운전면허를 받은 날을 말한다)부터 2년이 지나지 아니한 사람을 말한다. 이 경우 원동기장치자전거면허만 받은 사람이 원동기장치자전거면허 외의 운전면허를 받은 경우에는 처음 운전면허를 받은 것으로 본다.

465 **도로교통법령상 정비불량차량 발견 시 ( )일의 범위 내에서 그 사용을 정지시킬 수 있다. ( ) 안에 기준으로 맞는 것은?**

① 5 ② 7 ③ 10 ④ 14

해설
시·도경찰청장은 제2항에도 불구하고 정비 상태가 매우 불량하여 위험발생의 우려가 있는 경우에는 그 차의 자동차등록증을 보관하고 운전의 일시정지를 명할 수 있다. 이 경우 필요하면 10일의 범위에서 정비기간을 정하여 그 차의 사용을 정지시킬 수 있다. (도로교통법 제41조 제3항)

466 **도로교통법령상 원동기장치자전거에 대한 설명으로 옳은 것은?**

① 모든 이륜자동차를 말한다.
② 자동차관리법에 의한 250시시 이하의 이륜자동차를 말한다.
③ 배기량 150시시 이상의 원동기를 단 차를 말한다.
④ 전기를 동력으로 사용하는 경우는 최고정격출력 11킬로와트 이하의 원동기를 단 차(전기자전거 제외)를 말한다.

해설
도로교통법 제2조 제19호 "원동기장치자전거"란 다음 각 목의 어느 하나에 해당하는 차를 말한다.
가. 자동차관리법 제3조에 따른 이륜자동차 가운데 배기량 125시시 이하(전기를 동력으로 하는 경우에는 최고정격출력 11킬로와트 이하)의 이륜자동차
나. 그 밖에 배기량 125시시 이하(전기를 동력으로 하는 경우에는 최고정격출력 11킬로와트 이하)의 원동기를 단 차(전기자전거 제외)

467 **교통사고처리 특례법상 교통사고에 해당하지 않는 것은?**

① 4.5톤 화물차와 승용자동차가 충돌하여 운전자가 다친 경우
② 철길건널목에서 보행자가 기차에 부딪혀 다친 경우
③ 보행자가 횡단보도를 횡단하다가 신호위반 한 자동차와 부딪혀 보행자가 다친 경우
④ 보도에서 자전거를 타고 가다가 보행자를 충격하여 보행자가 다친 경우

해설
교통사고처리 특례법 제2조 제2호

468 **도로교통법령상 4색 등화의 가로형 신호등 배열 순서로 맞는 것은?**

① 우로부터 적색 → 녹색화살표 → 황색 → 녹색
② 좌로부터 적색 → 황색→ 녹색화살표 → 녹색
③ 좌로부터 황색 →적색 → 녹색화살표 → 녹색
④ 우로부터 녹색화살표 → 황색→적색 → 녹색

해설
도로교통법 시행규칙 제7조 별표4

469 **도로교통법령상 앞지르기에 대한 설명으로 맞는 것은?**

① 앞차의 우측에 다른 차가 앞차와 나란히 가고 있는 경우 앞지르기를 해서는 안 된다.
② 최근에 개설한 터널, 다리 위, 교차로에서는 앞지르기가 가능하다.
③ 차의 운전자가 앞서가는 다른 차의 좌측 옆을 지나서 그 차의 앞으로 나가는 것을 말한다.
④ 고속도로에서 승용차는 버스전용차로를 이용하여 앞지르기 할 수 있다.

해설
도로교통법 제2조(정의)제29호, 제21조

470 **도로교통법령상 자동차가 아닌 것은?**

① 승용자동차 ② 원동기장치자전거
③ 특수자동차 ④ 승합자동차

해설
도로교통법 제2조 18호

정답 460. ④ 461. ③ 462. ④ 463. ② 464. ④ 465. ③ 466. ④ 467. ② 468. ② 469. ③ 470. ②

471 도로교통법령상 도로의 구간 또는 장소에 설치하는 노면표시의 색채에 대한 설명으로 맞는 것은?

① 중앙선 표시, 안전지대는 흰색이다.
② 버스전용차로 표시, 안전지대 표시는 노란색이다.
③ 소방시설 주변 정차·주차 금지 표시는 빨간색이다.
④ 주차 금지 표시, 정차·주차 금지 표시 및 안전지대는 빨간색이다.

해설

도로교통법 시행규칙 별표6, ① 중앙선은 노란색, 안전지대 노란색이나 흰색이다. ② 버스전용차로 표시는 파란색이다. ④ 주차 금지 표시 및 정차□주차 금지 표시는 노란색이다.

472 교통사고처리 특례법상 피해자의 명시된 의사에 반하여 공소를 제기할 수 있는 속도위반 교통사고는?

① 최고속도가 100킬로미터인 고속도로에서 매시 110킬로미터로 주행하다가 발생한 교통사고
② 최고속도가 80킬로미터인 편도 3차로 일반도로에서 매시 95킬로미터로 주행하다가 발생한 교통사고
③ 최고속도가 90킬로미터인 자동차전용도로에서 매시 100킬로미터로 주행하다가 발생한 교통사고
④ 최고속도가 60킬로미터인 편도 1차로 일반도로에서 매시 82킬로미터로 주행하다가 발생한 교통사고

교통사고처리특례법 제3조(처벌의 특례) ②차의 교통으로 제1항의 죄 중 업무상과실치상죄 또는 중과실치상죄와 도로교통법 제151조의 죄를 범한 운전자에 대하여는 피해자의 명시적인 의사에 반하여 공소를 제기할 수 없다. 다만, 다음 각 호의 어느 하나에 해당하는 행위로 인하여 같은 죄를 범한 경우에는 그러하지 아니하다.
1. 도로교통법 제5조에 따른 신호기가 표시하는 신호 또는 지시를 위반하여 운전한 경우
2. 도로교통법 제13조 제3항을 위반하여 중앙선을 침범하거나 같은 법 제62조를 위반하여 횡단, 유턴 또는 후진한 경우
3. 도로교통법 제17조 제1항 또는 제2항에 따른 제한속도를 시속 20킬로미터 초과하여 운전한 경우

473 도로교통법령상 적성검사 기준을 갖추었는지를 판정하는 서류가 아닌 것은?

① 국민건강보험법에 따른 건강검진 결과통보서
② 의료법에 따라 의사가 발급한 진단서
③ 병역법에 따른 징병 신체검사 결과 통보서
④ 대한 안경사협회장이 발급한 시력검사서

도로교통법 시행령 제45조(자동차등의 운전에 필요한 적성의 기준) ②도로교통공단은 제1항 각 호의 적성검사 기준을 갖추었는지를 다음 각 호의 서류로 판정할 수 있다.
1. 운전면허시험 신청일부터 2년 이내에 발급된 다음 각 목의 어느 하나에 해당하는 서류
가. 의원, 병원 및 종합병원에서 발행한 신체검사서
나. 건강검진 결과 통보서
다. 의사가 발급한 진단서
라. 병역판정 신체검사(현역병지원 신체검사를 포함한다) 결과 통보서

474 도로교통법령상 자전거의 통행방법에 대한 설명으로 틀린 것은?

① 보도 및 차도로 구분된 도로에서는 차도로 통행하여야 한다.
② 교차로에서 우회전하고자 할 경우 미리 도로의 우측가장자리를 서행하면서 우회전해야 한다.
③ 교차로에서 좌회전하고자 할 때는 서행으로 도로의 중앙 또는 좌측가장자리에 붙어서 좌회전해야 한다.
④ 자전거도로가 따로 설치된 곳에서는 그 자전거도로로 통행하여야 한다.

해설

법제처 민원인 질의회시(도로교통법 제25조 제3항 관련, 자전거운전자가 교차로에서 좌회전하는 방법질의에 대한 경찰청 답변) 자전거운전자가 교차로에서 좌회전 신호에 따라 곧바로 좌회전을 할 수 없고 진행방향의 직진신호에 따라 미리 도로의 우측가장자리로 붙어서 2단계로 직진-직진하는 방법으로 좌회전해야 한다는 훅턴(hook-turn)을 의미하는 것이다.

475 다음 중 사용하는 사람 또는 기관 등의 신청에 의하여 시·도경찰청장이 지정할 수 있는 긴급자동차로 맞는 것은?

① 혈액공급차량
② 경찰용 자동차 중 범죄수사, 교통단속, 그 밖의 긴급한 경찰업무 수행에 사용되는 자동차
③ 전파감시업무에 사용되는 자동차
④ 수사기관의 자동차 중 범죄수사를 위하여 사용되는 자동차

도로교통법 시행령 제2조 ①도로교통법이 정하는 긴급자동차 ②, ④대통령령이 지정하는 자동차 ③시·도경찰청장이 지정하는 자동차

476 도로교통법령상 용어의 정의에 대한 설명으로 맞는 것은?

① "자동차전용도로"란 자동차만이 다닐 수 있도록 설치된 도로를 말한다.
② "자전거도로"란 안전표지, 위험방지용 울타리나 그와 비슷한 인공구조물로 경계를 표시하여 자전거만 통행할 수 있도록 설치된 도로를 말한다.
③ "자동차등"이란 자동차와 우마를 말한다.
④ "자전거등"이란 자전거와 전기자전거를 말한다.

해설

도로교통법 제2조 제2호, 제8호, 제21호, 제21의2 "자전거도로"란 자전거 및 개인용 이동장치가 통행할 수 있도록 설치된 도로를 말한다. "자동차등"이란 자동차와 원동기장치자전거를 말한다. "자전거등"이란 자전거와 개인형 이동장치를 말한다.

477 도로교통법령상 개인형 이동장치 운전자 준수사항으로 맞지 않은 것은?

① 개인형 이동장치는 운전면허를 받지 않아도 운전할 수 있다.
② 승차정원을 초과하여 동승자를 태우고 운전하여서는 아니 된다.
③ 운전자는 인명보호장구를 착용하고 운행하여야 한다.
④ 자전거도로가 따로 있는 곳에서는 그 자전거도로로 통행하여야 한다.

개인형 이동장치는 원동기장치자전거의 일부에 해당함으로 운전하려는 자는 원동기장치자전거면허 이상을 받아야 한다.(도로교통법 제2조 제19의2호, 제80조)

478 자전거 이용 활성화에 관한 법률상 ( )세 미만은 전기자전거를 운행할 수 없다. ( ) 안에 기준으로 알맞은 것은?

① 10　② 13
③ 15　④ 18

자전거 이용 활성화에 관한 법률 제22조의2(전기자전거 운행 제한) 13세 미만인 어린이의 보호자는 어린이가 전기자전거를 운행하게 하여서는 아니 된다.

479 도로교통법령상 자전거 운전자의 교차로 좌회전 통행방법에 대한 설명이다. 맞는 것은?

① 도로의 우측 가장자리로 붙어 서행하면서 교차로의 가장자리 부분을 이용하여 좌회전하여야 한다.
② 도로의 좌측 가장자리로 붙어 서행하면서 교차로의 가장자리 부분을 이용하여 좌회전하여야 한다.
③ 도로의 1차로 중앙으로 서행하면서 교차로의 중앙을 이용하여 좌회전하여야 한다.
④ 도로의 가장 하위차로를 이용하여 서행하면서 교차로의 중심 안쪽으로 좌회전하여야 한다.

자전거 운전자는 교차로에서 좌회전하려는 경우에 미리 도로의 우측 가장자리로 붙어 서행하면서 교차로의 가장자리 부분을 이용하여 좌회전하여야 한다. (도로교통법 제25조 교차로 통행방법)

정답 471. ③ 472. ④ 473. ④ 474. ③ 475. ③ 476. ① 477. ① 478. ② 479. ①

480 전방에 자전거를 끌고 차도를 횡단하는 사람이 있을 때 가장 안전한 운전 방법은?

① 횡단하는 자전거의 좌·우측 공간을 이용하여 신속하게 통행한다.
② 차량의 접근정도를 알려주기 위해 전조등과 경음기를 사용한다.
③ 자전거 횡단지점과 일정한 거리를 두고 일시정지 한다.
④ 자동차 운전자가 우선권이 있으므로 횡단하는 사람을 정지하게 한다.

해설
전방에 자전거를 끌고 도로를 횡단하는 사람이 있을 때 가장 안전한 운전 방법은 안전거리를 두고 일시정지하여 안전하게 횡단할 수 있도록 한다.

481 다음 중 도로교통법상 자전거를 타고 보도 통행을 할 수 없는 사람은?

① 「장애인복지법」에 따라 신체장애인으로 등록된 사람
② 어린이
③ 신체의 부상으로 석고붕대를 하고 있는 사람
④ 「국가유공자 등 예우 및 지원에 관한 법률」에 따른 국가유공자로서 상이등급 제1급부터 제7급까지에 해당하는 사람

해설
도로교통법 제13조의2(자전거의 통행방법의 특례) 제4항, 도로교통법 시행규칙 제14조의4(자전거를 타고 보도 통행이 가능한 신체장애인)

482 도로교통법령상 어린이 보호구역 내의 차로가 설치되지 않은 좁은 도로에서 자전거를 주행하여 보행자 옆을 지나갈 때 안전한 거리를 두지 않고 서행하지 않은 경우 범칙 금액은?

① 10만 원 ② 8만 원
③ 4만 원 ④ 2만 원

해설
도로교통법 제27조 제4항 모든 차의 운전자는 도로에 설치된 안전지대에 보행자가 있는 경우와 차로가 설치되지 아니한 좁은 도로에서 보행자의 옆을 지나는 경우에는 안전한 거리를 두고 서행하여야 한다. 도로교통법 시행령 별표10 범칙금 4만 원

483 도로교통법령상 어린이가 도로에서 타는 경우 인명보호장구를 착용하여야 하는 행정안전부령으로 정하는 위험성이 큰 놀이기구에 해당하지 않는 것은?

① 킥보드 ② 전동이륜평행차
③ 롤러스케이트 ④ 스케이트보드

해설
도로교통법 제11조제4항, 도로교통법 시행규칙 제2조, 제13조 전동이륜평행차는 어린이가 도로에서 운전하여서는 아니되는 개인형 이동장치이다.

484 도로교통법령상 자전거등의 통행방법으로 적절한 행위가 아닌 것은?

① 진행방향 가장 좌측 차로에서 좌회전하였다.
② 도로 파손 복구공사가 있어서 보도로 통행하였다.
③ 횡단보도 이용 시 내려서 끌고 횡단하였다.
④ 보행자 사고를 방지하기 위해 서행을 하였다.

해설
도로교통법 제13조의2(자전거등의 통행방법의 특례) 자전거도 우측통행을 해야 하며 자전거도로가 설치되지 아니한 곳에서는 도로 우측 가장자리에 붙어서 통행하여야 한다. 도로교통법 제25조(교차로 통행방법)제3항 제2항에도 불구하고 자전거등의 운전자는 교차로에서 좌회전하려는 경우에는 미리 도로의 우측 가장자리로 붙어 서행하면서 교차로의 가장자리 부분을 이용하여 좌회전하여야 한다.

485 다음 중 자동차 배기가스 재순환장치(Exhaust Gas Recirculation, EGR)가 주로 억제하는 물질은?

① 질소산화물(NOx) ② 탄화수소(HC)
③ 일산화탄소(CO) ④ 이산화탄소(CO2)

해설
배기가스 재순환장치(Exhaust Gas Recirculation, EGR)는 불활성인 배기가스의 일부를 흡입 계통으로 재순환시키고, 엔진에 흡입되는 혼합 가스에 혼합되어서 연소 시의 최고 온도를 내려 유해한 오염물질인 NOx(질소산화물)을 주로 억제하는 장치이다.

486 주행 중에 가속 페달에서 발을 떼거나 저단으로 기어를 변속하여 차량의 속도를 줄이는 운전 방법은?

① 기어 중립 ② 풋 브레이크
③ 주차 브레이크 ④ 엔진 브레이크

해설
엔진브레이크 사용에 대한 설명이다.

487 도로교통법령상 자전거도로를 주행할 수 있는 전기자전거의 기준으로 옳지 않은 것은?

① 부착된 장치의 무게를 포함한 자전거 전체 중량이 30킬로그램 미만인 것
② 시속 25킬로미터 이상으로 움직일 경우 전동기가 작동하지 아니할 것
③ 전동기만으로는 움직이지 아니할 것
④ 페달(손페달을 제외한다)과 전동기의 동시 동력으로 움직일 것

해설
자전거 이용 활성화에 관한 법률 제2조(정의) 제1의2 "전기자전거"란 자전거로서 사람의 힘을 보충하기 위하여 전동기를 장착하고 다음 각 목의 요건을 모두 충족하는 것을 말한다.
가. 페달(손페달을 포함한다)과 전동기의 동시 동력으로 움직이며, 전동기만으로는 움직이지 아니할 것
나. 시속 25킬로미터 이상으로 움직일 경우 전동기가 작동하지 아니할 것 다. 부착된 장치의 두게를 포함한 자전거의 전체 중량이 30킬로그램 미만일 것

488 도로교통법령상 자전거 운전자가 밤에 도로를 통행할 때 올바른 주행 방법으로 가장 거리가 먼 것은?

① 경음기를 자주 사용하면서 주행한다.
② 전조등과 미등을 켜고 주행한다.
③ 반사조끼 등을 착용하고 주행한다.
④ 야광띠 등 발광장치를 착용하고 주행한다.

해설
도로교통법 제50조(특정운전자의 준수사항)제9항 자전거등의 운전자는 밤에 도로를 통행하는 때에는 전조등과 미등을 켜거나 야광띠 등 발광장치를 착용하여야 한다.

489 도로교통법령상 자전거 운전자가 법규를 위반한 경우 범칙금 대상이 아닌 것은?

① 신호위반 ② 중앙선침범
③ 횡단보도 보행자 횡단 방해 ④ 제한속도 위반

해설
도로교통법 시행령 별표 8 신호위반 3만 원, 중앙선침범 3만 원, 횡단보도 보행자 횡단 방해 3만 원의 범칙금에 처하고 속도위반 규정은 도로교통법 제17조(자동차등과 노면전차의 속도) ① 자동차등(개인형 이동장치는 제외한다. 이하 이 조에서 같다)과 노면전차의 도로 통행 속도는 행정안전부령으로 정한다.

490 도로교통법령상 승용차가 자전거 전용차로를 통행하다 단속되는 경우 도로교통법상 처벌은?

① 1년 이하 징역에 처한다.
② 300만 원 이하 벌금에 처한다.
③ 범칙금 4만 원의 통고처분에 처한다.
④ 처벌할 수 없다.

해설
전용차로의 종류(도로교통법 시행령 별표1: 전용차로의 종류와 전용차로로 통행할 수 있는 차), 전용차로의 설치(도로교통법 제15조 제2항 및 제3항)에 따라 범칙금 4만 원에 부과된다.

491 연료의 소비 효율이 가장 높은 운전방법은 ?

① 최고속도로 주행한다. ② 최저속도로 주행한다.
③ 경제속도로 주행한다. ④ 안전속도로 주행한다.

해설
경제속도로 주행하는 것이 가장 연료의 소비효율을 높이는 운전방법이다.

정답 480. ③ 481. ③ 482. ③ 483. ② 484. ① 485. ① 486. ④ 487. ④ 488. ① 489. ④ 490. ③ 491. ③

492 친환경 경제운전 방법으로 가장 적절한 것은?

① 가능한 빨리 가속한다.
② 내리막길에서는 시동을 끄고 내려온다.
③ 타이어 공기압을 낮춘다.
④ 급감속은 되도록 피한다.

해설
급가감속은 연비를 낮추는 원인이 되고, 타이어 공기압을 지나치게 낮추면 타이어의 직경이 줄어들어 연비가 낮아지며, 내리막길에서 시동을 끄게 되면 브레이크 배력 장치가 작동되지 않아 제동이 되지 않으므로 올바르지 못한 운전방법이다.

493 자동차 에어컨 사용 방법 및 점검에 관한 설명으로 가장 타당한 것은?

① 에어컨은 처음 켤 때 고단으로 시작하여 저단으로 전환한다.
② 에어컨 냉매는 6개월 마다 교환한다.
③ 에어컨의 설정 온도는 섭씨 16도가 가장 적절하다.
④ 에어컨 사용 시 가능하면 외부 공기 유입 모드로 작동하면 효과적이다.

해설
에어컨 사용은 연료 소비 효율과 관계가 있고, 에어컨 냉매는 오존층을 파괴하는 환경오염 물질로서 가급적 사용을 줄이거나 효율적으로 사용함이 바람직하다.

494 다음 중 자동차 연비를 향상시키는 운전방법으로 가장 바람직한 것은?

① 자동차 고장에 대비하여 각종 공구 및 부품을 싣고 운행한다.
② 법정속도에 따른 정속 주행한다.
③ 급출발, 급가속, 급제동 등을 수시로 한다.
④ 연비 향상을 위해 타이어 공기압을 30퍼센트로 줄여서 운행한다.

해설
법정속도에 따른 정속 주행하는 것이 연비 향상에 도움을 준다.

495 수소자동차 관련 설명 중 적절하지 않은 것은?

① 차량 화재가 발생했을 시 차량에서 떨어진 안전한 곳으로 대피하였다.
② 수소 누출 경고등이 표시 되었을 때 즉시 안전한 곳에 정차 후 시동을 끈다.
③ 수소승용차 운전자는 별도의 안전교육을 이수하지 않아도 된다.
④ 수소자동차 충전소에서 운전자가 임의로 충전소 설비를 조작하였다.

해설
수소대형승합자동차(승차정원 36인승 이상)에 종사하려는 운전자만 안전교육(특별교육)을 이수하여야 한다. 수소자동차 충전소 설비는 운전자가 임의로 조작하여서는 아니 된다.

496 친환경 경제운전 중 관성 주행(fuel cut) 방법이 아닌 것은?

① 교차로 진입 전 미리 가속 페달에서 발을 떼고 엔진브레이크를 활용한다.
② 평지에서는 속도를 줄이지 않고 계속해서 가속 페달을 밟는다.
③ 내리막길에서는 엔진브레이크를 적절히 활용한다.
④ 오르막길 진입 전에는 가속하여 관성을 이용한다.

해설
연료 공급 차단 기능(fuel cut)을 적극 활용하는 관성 운전(일정한 속도 유지 때 가속 페달을 밟지 않는 것을 말한다.)을 생활화한다.

497 다음 중 자동차의 친환경 경제운전 방법은?

① 타이어 공기압을 낮게 한다.
② 에어컨 작동은 저단으로 시작한다.
③ 엔진오일을 교환할 때 오일필터와 에어클리너는 교환하지 않고 계속 사용한다.
④ 자동차 연료는 절반정도만 채운다.

해설
타이어 공기압은 적정상태를 유지하고, 에어컨 작동은 고단에서 시작하여 저단으로 유지, 에어클리너 등 소모품 관리를 철저히 한다. 그리고 자동차의 무게를 줄이기 위해 불필요한 짐을 빼 트렁크를 비우고 자동차 연료는 절반정도만 채운다.

498 다음 중 경제운전에 대한 운전자의 올바른 운전습관으로 가장 바람직하지 않은 것은?

① 내리막길 운전 시 가속페달 밟지 않기
② 경제적 절약을 위해 유사연료 사용하기
③ 출발은 천천히, 급정지하지 않기
④ 주기적 타이어 공기압 점검하기

해설
유사연료 사용은 차량의 고장, 환경오염의 원인이 될 수 있다.

499 환경친화적 자동차의 개발 및 보급 촉진에 관한 법률상 환경친화적 자동차 전용주차구역에 주차해서는 안 되는 자동차는?

① 전기자동차 ② 태양광자동차
③ 하이브리드자동차 ④ 수소전기자동차

해설
환경친화적 자동차의 개발 및 보급 촉진에 관한 법률 제11조의2제7항 전기자동차, 하이브리드자동차, 수소전기자동차에 해당하지 아니하는 자동차를 환경친화적 자동차의 전용주차구역에 주차하여서는 아니 된다.

500 다음 중 수소자동차에 대한 설명으로 옳은 것은?

① 수소는 가연성 가스이므로 모든 수소자동차 운전자는 고압가스 안전관리법령에 따라 운전자 특별교육을 이수하여야 한다.
② 수소자동차는 수소를 연소시키기 때문에 환경오염이 유발된다.
③ 수소자동차에는 화재 등 긴급상황 발생 시 폭발방지를 위한 별도의 안전장치가 없다.
④ 수소자동차 운전자는 해당 차량이 안전운행에 지장이 없는지 점검하고 안전하게 운전하여야 한다.

해설
① 고압가스 안전관리법 시행규칙 별표31에 따라 수소대형승합자동차(승차정원 36인승 이상)를 신규로 운전하려는 운전자는 특별교육을 이수하여야 하나 그 외 운전자는 교육대상에서 제외된다.
② 수소자동차는 용기에 저장된 수소를 산소와 화학반응시켜 생성된 전기로 모터를 구동하여 자동차를 움직이는 방식으로 수소를 연소시키지 않음
③ 수소자동차에는 화재 등의 이유로 온도가 상승할 경우 용기 등의 폭발방지를 위한 안전밸브가 되어 있어 긴급상황 발생 시 안전밸브가 개방되어 수소가 외부로 방출되어 폭발을 방지한다.
④ 교통안전법 제7조에 따라 차량을 운전하는 자 등은 법령에서 정하는 바에 따라 해당 차량이 안전운행에 지장이 없는지를 점검하고 안전하게 운전하여야 한다.

501 다음 중 자동차 배기가스의 미세먼지를 줄이기 위한 가장 적절한 운전방법은?

① 출발할 때는 가속페달을 힘껏 밟고 출발한다.
② 급가속을 하지 않고 부드럽게 출발한다.
③ 주행할 때는 수시로 가속과 정지를 반복한다.
④ 정차 및 주차할 때는 시동을 끄지 않고 공회전한다.

해설
친환경운전은 급출발, 급제동, 급가속을 삼가야 하고, 주행할 때에는 정속주행을 하되 수시로 가속과 정지를 반복하는 것은 바람직하지 못하다. 또한 정차 및 주차할 때에는 계속 공회전하지 않아야 한다.

502 다음 중 자동차 연비 향상 방법으로 가장 바람직한 것은?

① 주유할 때 항상 연료를 가득 주유한다.
② 엔진오일 교환 시 오일필터와 에어필터를 함께 교환해 준다.
③ 정지할 때에는 한 번에 강한 힘으로 브레이크 페달을 밟아 제동한다.
④ 가속페달과 브레이크 페달을 자주 사용한다.

해설
엔진오일은 엔진 내부의 윤활 및 냉각, 밀봉, 청정작용 등을 통한 엔진 성능의 향상과 수명을 연장시키는 기능을 하고 있다. 혹시라도 엔진오일이 부족한 상태에서 자동차를 계속 주행하게 되면 엔진 내부의 운동 부분이 고착되어 엔진고장의 원인이 되고, 교환주기를 넘어설 경우 엔진오일의 점도가 증가해 연비에도 나쁜 영향을 주고 있어 장기간 운전을 하기 전에는 주행거리나 사용기간을 고려해 점검 및 교환을 해주고, 오일필터 및 에어필터도 함께 교환해주는 것이 좋다.

정답 492. ④ 493. ① 494. ② 495. ④ 496. ② 497. ④ 498. ② 499. ② 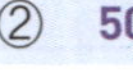 500. ④  501. ② 502. ②

503 도로교통법령상 소통이 원활한 편도 3차로 고속도로에서 승용자동차의 앞지르기 방법에 대한 설명으로 잘못된 것은?

① 승용자동차가 앞지르기하려고 1차로로 차로를 변경한 후 계속해서 1차로로 주행한다.
② 3차로로 주행 중인 대형승합자동차가 2차로로 앞지르기한다.
③ 소형승합자동차는 1차로를 이용하여 앞지르기한다.
④ 5톤 화물차는 2차로를 이용하여 앞지르기한다.

해설
고속도로에서 승용자동차가 앞지르기할 때에는 1차로를 이용하고, 앞지르기를 마친 후에는 지정된 주행 차로에서 주행하여야 한다.(도로교통법 시행규칙 별표 9)

504 다음 중 수소자동차의 주요 구성품이 아닌 것은?

① 연료전지시스템(스택) ② 수소저장용기
③ 내연기관에 의해 구동되는 발전기 ④ 구동용 모터

해설
수소자동차는 용기에 저장된 수소를 연료전지시스템(스택)에서 산소와 화학반응으로 생성된 전기로 모터를 구동하여 자동차를 움직이는 방식임

505 다음 중 수소자동차 점검에 대한 설명으로 틀린 것은?

① 수소는 가연성 가스이므로 수소자동차의 주기적인 점검이 필수적이다.
② 수소자동차 점검은 환기가 잘 되는 장소에서 실시해야 한다.
③ 수소자동차 점검 시 가스배관라인, 충전구 등의 수소 누출 여부를 확인해야 한다.
④ 수소자동차를 운전하는 자는 해당 차량이 안전 운행에 지장이 없는지 점검해야 할 의무가 없다..

해설
교통안전법 제7조(차량 운전자 등의 의무)에 의하면 차량을 운전하는 자 등은 법령이 정하는 바에 따라 당해 차량이 안전운행에 지장이 없는지를 점검하고 보행자와 자전거 이용자에게 위험과 피해를 주지 아니하도록 안전하게 운전하여야 한다.

506 수소자동차 운전자의 충전소 이용 시 주의사항으로 올바르지 않은 것은?

① 수소자동차 충전소 주변에서 흡연을 하여서는 아니 된다.
② 수소자동차 연료 충전 중에 자동차를 이동할 수 있다.
③ 수소자동차 연료 충전 중에는 시동을 끈다.
④ 충전소 직원이 자리를 비웠을 때 임의로 충전기를 조작하지 않는다.

해설
① 수소자동차 충전소 주변에서는 흡연이 금지되어 있다. ② 수소자동차 연료 충전 완료 상태를 확인한 후 이동한다. ③ 수소자동차 연료 충전 이전에 시동을 반드시 끈다. ④ 수소자동차 충전소 설비는 충전소 직원만이 작동할 수 있다.

507 다음 중 수소자동차 연료를 충전할 때 운전자의 행동으로 적절치 않은 것은?

① 수소자동차에 연료를 충전하기 전에 시동을 끈다.
② 수소자동차 충전소 충전기 주변에서 흡연을 하였다.
③ 수소자동차 충전소 내의 설비 등을 임의로 조작하지 않았다.
④ 연료 충전이 완료 된 이후 시동을 걸었다.

해설
수소자동차 충전소 내 시설에서는 지정된 장소를 제외하고 흡연을 하여서는 안된다. 「고압가스안전관리법」 시행규칙 별표5, KGS Code FP216/FP217 2.1.2 화기와의 거리에 따라 가스설비의 외면으로부터 화기 취급하는 장소까지 8m이상의 우회거리를 두어야 한다.

508 다음 중 운전습관 개선을 통한 친환경 경제운전이 아닌 것은?

① 자동차 연료를 가득 유지한다. ② 출발은 부드럽게 한다.
③ 정속주행을 유지한다. ④ 경제속도를 준수한다.

해설
운전습관 개선을 통해 실현할 수 있는 경제운전은 공회전 최소화, 출발을 부드럽게, 정속주행을 유지, 경제속도 준수, 관성주행 활용, 에어컨 사용자제 등이 있다.(국토교통부와 교통안전공단이 제시하는 경제운전)

509 긴급자동차가 긴급한 용도 외에 경광등을 사용할 수 있는 경우가 아닌 것은?

① 소방차가 화재예방을 위하여 순찰하는 경우
② 도로관리용 자동차가 도로상의 위험을 방지하기 위하여 도로 순찰하는 경우
③ 구급차가 긴급한 용도와 관련된 훈련에 참여하는 경우
④ 경찰용 자동차가 범죄예방을 위하여 순찰하는 경우

해설
도로교통법 시행령 제10조의2(긴급한 용도 외에 경광등 등을 사용할 수 있는 경우) 법 제2조제22호 각 목의 자동차 운전자는 법 제29조제6항 단서에 따라 해당 자동차를 그 본래의 긴급한 용도로 운행하지 아니하는 경우에도 다음 각 호의 어느 하나에 해당하는 경우에는 「자동차관리법」에 따라 해당 자동차에 설치된 경광등을 켜거나 사이렌을 작동할 수 있다.
1. 소방차가 화재 예방 및 구조·구급 활동을 위하여 순찰을 하는 경우
2. 법 제2조제22호 각 목에 해당하는 자동차가 그 본래의 긴급한 용도와 관련된 훈련에 참여하는 경우
3. 제2조제1항제1호에 따른 자동차가 범죄 예방 및 단속을 위하여 순찰을 하는 경우

510 어린이통학버스 운전자가 영유아를 승하차하는 방법으로 바른 것은?

① 영유아가 승차하고 있는 경우에는 점멸등 장치를 작동하여 안전을 확보하여야 한다.
② 교통이 혼잡한 경우 점멸등을 잠시 끄고 영유아를 승차시킨다.
③ 영유아를 어린이통학버스 주변에 내려주고 바로 출발한다.
④ 어린이 보호구역에서는 좌석안전띠를 매지 않아도 된다.

해설
도로교통법 제53조(어린이통학버스 운전자 및 운영자 등의 의무) ① 어린이통학버스를 운전하는 사람은 어린이나 영유아가 타고 내리는 경우에만 점멸등 등의 장치를 작동하여야 하며, 어린이나 영유아를 태우고 운행 중인 경우에만 제51조 제3항에 따른 표시를 하여야 한다. ② 어린이통학버스를 운전하는 사람은 어린이나 영유아가 어린이통학버스를 탈 때에는 승차한 모든 어린이나 영유아가 좌석 안전띠를 매도록 한 후에 출발하여야 하며, 내릴 때에는 보도나 길가장자리구역 등 자동차로부터 안전한 장소에 도착한 것을 확인한 후에 출발하여야 한다.

511 도로교통법령상 자전거 운전자가 지켜야 할 내용으로 맞는 것은?

① 보행자의 통행에 방해가 될 때는 서행 및 일시정지해야 한다.
② 어린이가 자전거를 운전하는 경우에 보도로 통행할 수 없다.
③ 자전거의 통행이 금지된 구간에서는 자전거를 끌고 갈 수도 없다.
④ 길가장자리구역에서는 2대까지 자전거가 나란히 통행할 수 있다.

해설
도로교통법 제13조의2(자전거등의 통행방법의 특례)

512 도로교통법령상 자전거(전기자전거 제외) 운전자의 도로 통행 방법으로 가장 바람직하지 않은 것은?

① 어린이가 자전거를 타고 보도를 통행하였다.
② 안전표지로 자전거 통행이 허용된 보도를 통행하였다.
③ 도로의 파손으로 부득이하게 보도를 통행하였다.
④ 통행 차량이 없어 도로 중앙으로 통행하였다.

해설
①, ②, ③의 경우 보도를 통행할 수 있다.(도로교통법 제13조의2 제4항)

513 도로교통법령상 개인형 이동장치 운전자에 대한 설명으로 바르지 않은 것은?

① 횡단보도를 이용하여 도로를 횡단할 때에는 개인형 이동장치에서 내려서 끌거나 들고 보행하여야 한다.
② 자전거도로가 설치되지 아니한 곳에서는 도로 우측 가장자리에 붙어서 통행하여야 한다.
③ 전동이륜평행차는 승차정원 1명을 초과하여 동승자를 태우고 운전할 수 있다.
④ 밤에 도로를 통행하는 때에는 전조등과 미등을 켜거나 야광띠 등 발광장치를 착용하여야 한다.

해설
도로교통법 제13조의2 제2항·제6항, 제50조 제9항·제10항

정답 503. ① 504. ③ 505. ④ 506. ② 507. ② 508. ① 509. ② 510. ① 511. ① 512. ④ 513. ③

Chapter 02

문장형문제 - 4지 2답형

01 운전면허 종류별 운전할 수 있는 차에 관한 설명으로 맞는 것 2가지는?

① 제1종 대형면허로 아스팔트살포기를 운전할 수 있다.
② 제1종 보통면허로 덤프트럭을 운전할 수 있다.
③ 제2종 보통면허로 250시시 이륜자동차를 운전할 수 있다.
④ 제2종 소형면허로 원동기장치자전거를 운전할 수 있다.

해설
도로교통법 시행규칙 별표18(운전할 수 있는 차의 종류)에 따라 덤프트럭은 제1종 대형면허, 배기량 125시시 초과 이륜자동차는 2종 소형면허가 필요하다.

02 다음 중 운전면허 취득 결격기간이 2년에 해당하는 사유 2가지는?(벌금 이상의 형이 확정된 경우)

① 무면허 운전을 3회한 때
② 다른 사람을 위하여 운전면허시험에 응시한 때
③ 자동차를 이용하여 감금한 때
④ 정기적성검사를 받지 아니하여 운전면허가 취소된 때

해설
자동차를 이용하여 감금한 때는 운전면허 취득 결격기간이 1년이나 정기적성검사를 받지 아니하여 운전면허가 취소된 때는 운전면허 취득 결격기간이 없다.

03 운전면허증을 시·도경찰청장에게 반납하여야 하는 사유 2가지는?

① 운전면허 취소의 처분을 받은 때
② 운전면허 효력 정지의 처분을 받은 때
③ 운전면허 수시적성검사 통지를 받은 때
④ 운전면허의 정기적성검사 기간이 6개월 경과한 때

해설
운전면허의 취소 처분을 받은 때, 운전면허의 효력 정지 처분을 받은 때, 운전면허증을 잃어버리고 다시 교부 받은 후 그 잃어버린 운전면허증을 찾은 때, 연습운전면허를 받은 사람이 제1종 보통운전면허 또는 제2종 보통운전면허를 받은 때에는 7일 이내에 주소지를 관할하는 시·도경찰청장에게 운전면허증을 반납하여야 한다.

04 자동차에 승차하기 전 주변점검 사항으로 맞는 2가지는?

① 타이어 마모상태
② 전·후방 장애물 유무
③ 운전석 계기판 정상작동 여부
④ 브레이크 페달 정상작동 여부

해설
운전석 계기판 및 브레이크 페달 정상작동 여부는 승차 후 운전석에서의 점검사항이다.

05 전기자동차 관리방법으로 옳지 않은 2가지는?

① 비사업용 승용자동차의 자동차검사 유효기간은 6년이다.
② 장거리 운전 시에는 사전에 배터리를 확인하고 충전한다.
③ 충전 직후에는 급가속, 급정지를 하지 않는 것이 좋다.
④ 열선시트, 열선핸들보다 공기 히터를 사용하는 것이 효율적이다.

해설
① 신조차를 제외하고 비사업용 승용자동차의 자동차검사 유효기간은 2년이다(자동차관리법 시행규칙 별표15의 2).
④ 내연기관이 없는 전기자동차의 경우, 히터 작동에 많은 전기에너지를 사용한다. 따라서 열선시트, 열선핸들 사용하는 것이 좋다.
② 배터리 잔량과 이동거리를 고려하여 주행 중 방전되지 않도록 한다.
③ 충전 직후에는 배터리 온도가 상승한다. 이때 급가속, 급정지의 경우 전기에너지를 많이 소모하므로 배터리 효율을 저하시킨다.

06 자동차관리법상 자동차의 종류로 맞는 2가지는?

① 건설기계 ② 화물자동차
③ 경운기 ④ 특수자동차

해설
자동차관리법상 자동차는 승용자동차, 승합자동차, 화물자동차, 특수자동차, 이륜자동차가 있다.

07 다음 중 친환경운전과 관련된 내용으로 맞는 것 2가지는?

① 온실가스 감축 목표치를 규정한 교토 의정서와 관련이 있다.
② 대기오염을 일으키는 물질에는 탄화수소, 일산화탄소, 이산화탄소, 질소산화물 등이 있다.
③ 자동차 실내 온도를 높이기 위해 엔진 시동 후 장시간 공회전을 한다.
④ 수시로 자동차 검사를 하고, 주행거리 2,000킬로미터마다 엔진오일을 무조건 교환해야 한다.

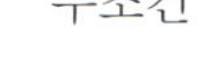
해설
공회전을 하지 말아야 하며 수시로 자동차 점검을 하고 엔진오일의 오염정도(약 10,000km주행)에 따라 교환하는 것이 경제적이다. 교토 의정서는 선진국의 온실가스 감축 목표치를 규정한 국제협약으로 2005년 2월 16일 공식 발효되었다.

08 운전자 준수 사항으로 맞는 것 2가지는?

① 어린이 교통사고 위험이 있을 때에는 일시 정지한다.
② 물이 고인 곳을 지날 때는 피해를 주지 않기 위해 서행하며 진행한다.
③ 자동차 유리창의 밝기를 규제하지 않으므로 짙은 틴팅(선팅)을 한다.
④ 보행자가 횡단보도를 통행하고 있을 때에는 서행한다.

해설
도로에서 어린이교통사고 위험이 있는 것을 발견한 경우 일시정지를 하여야 한다. 또한 보행자가 횡단보도를 통과하고 있을 때에는 일시정지하여야 하며, 안전지대에 보행자가 있는 경우에는 안전한 거리를 두고 서행하여야 한다.

09 다음 중 고속도로에서 운전자의 바람직한 운전행위 2가지는?

① 피로한 경우 갓길에 정차하여 안정을 취한 후 출발한다.
② 평소 즐겨보는 동영상을 보면서 운전한다.
③ 주기적인 휴식이나 환기를 통해 졸음운전을 예방한다.
④ 출발 전 뿐만 아니라 휴식 중에도 목적지까지 경로의 위험 요소를 확인하며 운전한다.

해설
사전에 주행계획을 세우며 운전 중 휴대전화 사용이 아닌 휴식 중 위험요소를 파악하고, 졸음운전을 이겨내기 보다 주기적인 휴식이나 환기를 통해 졸음운전을 예방한다.

10 다음 설명 중 맞는 2가지는?

① 양보 운전의 노면표시는 흰색 '△'로 표시한다.
② 양보표지가 있는 차로를 진행 중인 차는 다른 차로의 주행차량에 차로를 양보하여야 한다.
③ 일반도로에서 차로를 변경할 때에는 30미터 전에서 신호 후 차로변경한다.
④ 원활한 교통을 위해서는 무리가 되더라도 속도를 내어 차간거리를 좁혀서 운전하여야 한다.

해설
양보 운전 노면표시는 '▽'이며, 교통흐름에 방해가 되더라도 안전이 최우선이라는 생각으로 운행하여야 한다.

정답 01. ①, ④ 02. ①, ② 03. ①, ② 04. ①, ② 05. ①, ④ 06. ②, ④ 07. ①, ② 08. ①, ② 09. ③, ④ 10. ②, ③

11 **교통정리가 없는 교차로에서의 양보 운전에 대한 내용으로 맞는 것 2가지는?**

① 좌회전하고자 하는 차의 운전자는 그 교차로에서 직진 또는 우회전하려는 차에 진로를 양보해야 한다.
② 교차로에 들어가고자 하는 차의 운전자는 이미 교차로에 들어가 있는 좌회전 차가 있을 때에는 그 차에 진로를 양보할 의무가 없다.
③ 교차로에 들어가고자 하는 차의 운전자는 폭이 좁은 도로에서 교차로에 진입 하려는 차가 있을 경우에는 그 차에 진로를 양보해서는 안 된다.
④ 우선순위가 같은 차가 교차로에 동시에 들어가고자 하는 때에는 우측 도로의 차에 진로를 양보해야 한다.

해설

교통정리가 없는 교차로에서 좌회전하고자 하는 차의 운전자는 그 교차로에서 직진 또는 우회전하려는 차에 진로를 양보해야 하며, 우선순위가 같은 차가 교차로에 동시에 들어가고자 하는 때에는 우측 도로의 차에 진로를 양보해야 한다.

12 **자동차 등록의 종류가 아닌 것 2가지는?**

① 경정등록　② 권리등록
③ 설정등록　④ 말소등록

자동차등록은 신규, 변경, 이전, 말소, 압류, 경정, 예고등록이 있고, 특허등록은 권리등록, 설정등록 등이 있다. (자동차등록령)

13 **운전 중 집중력에 대한 내용으로 가장 적합한 2가지는?**

① 운전 중 동승자와 계속 이야기를 나누는 것은 집중력을 높여 준다.
② 운전자의 시야를 가리는 차량 부착물은 제거하는 것이 좋다.
③ 운전 중 집중력은 안전운전과는 상관이 없다.
④ TV/DMB는 뒷좌석 동승자들만 볼 수 있는 곳에 장착하는 것이 좋다.

해설

운전 중 동승자와 계속 이야기를 나누면 집중력을 흐리게 하며 운전 중 집중력은 항상 필요하다.

14 **도로교통법령상 운전 중 서행을 하여야 하는 경우 또는 장소에 해당하는 2가지는?**

① 신호등이 없는 교차로
② 어린이가 보호자 없이 도로를 횡단하는 때
③ 앞을 보지 못하는 사람이 흰색 지팡이를 가지고 도로를 횡단하고 있는 때
④ 도로가 구부러진 부근

해설

신호등이 없는 교차로는 서행을 하고, 어린이가 보호자 없이 도로를 횡단하는 때와 앞을 보지 못하는 사람이 흰색 지팡이를 가지고 도로를 횡단하고 있는 경우에서는 일시정지를 하여야 한다.

15 **도로교통법령상 긴급자동차의 준수사항으로 옳은 것 2가지는?**

① 속도에 관한 규정을 위반하는 자동차 등을 단속하는 긴급자동차는 자동차의 안전운행에 필요한 기준에서 정한 긴급자동차의 구조를 갖추어야 한다.
② 국내외 요인에 대한 경호업무수행에 공무로 사용되는 긴급자동차는 사이렌을 울리거나 경광등을 켜지 않아도 된다.
③ 일반자동차는 전조등 또는 비상표시등을 켜서 긴급한 목적으로 운행되고 있음을 표시하여도 긴급자동차로 볼 수 없다.
④ 긴급자동차는 원칙적으로 사이렌을 울리거나 경광등을 켜야만 우선통행 및 법에서 정한 특례를 적용받을 수 있다.

해설

도로교통법 시행령 제3조(긴급자동차의 준수 사항)

16 **다음 중 회전교차로의 통행 방법으로 가장 적절한 2가지는?**

① 회전교차로에서 이미 회전하고 있는 차량이 우선이다.
② 회전교차로에 진입하고자 하는 경우 신속히 진입한다.
③ 회전교차로 진입 시 비상점멸등을 켜고 진입을 알린다.
④ 회전교차로에서는 반시계 방향으로 주행한다.

해설

제25조의2(회전교차로 통행방법)
① 모든 차의 운전자는 회전교차로에서는 반시계방향으로 통행하여야 한다.
② 모든 차의 운전자는 회전교차로에 진입하려는 경우에는 서행하거나 일시정지하여야 하며, 이미 진행하고 있는 다른 차가 있는 때에는 그 차에 진로를 양보하여야 한다.

17 **고속도로를 주행할 때 옳은 2가지는?**

① 모든 좌석에서 안전띠를 착용하여야 한다.
② 고속도로를 주행하는 차는 진입하는 차에 대해 차로를 양보하여야 한다.
③ 고속도로를 주행하고 있다면 긴급자동차가 진입한다 하여도 양보할 필요는 없다.
④ 고장자동차의 표지(안전삼각대 포함)를 가지고 다녀야 한다.

고속도로를 진입하는 차는 주행하는 차에 대해 차로를 양보해야 하며 주행 중 긴급자동차가 진입하면 양보해야 한다.

18 **음주 운전자에 대한 처벌 기준으로 맞는 2가지는?**

① 혈중알코올농도 0.08퍼센트 이상의 만취 운전자는 운전면허 취소와 형사처벌을 받는다.
② 경찰관의 음주 측정에 불응하거나 혈중알코올농도 0.03퍼센트 이상의 상태에서 인적 피해의 교통사고를 일으킨 경우 운전면허 취소와 형사처벌을 받는다.
③ 혈중알코올농도 0.03퍼센트 이상 0.08퍼센트 미만의 단순 음주운전일 경우에는 120일간의 운전면허 정지와 형사처벌을 받는다.
④ 처음으로 혈중알코올농도 0.03퍼센트 이상 0.08퍼센트 미만의 음주운전자가 물적 피해의 교통사고를 일으킨 경우에는 운전면허가 취소된다.

혈중알코올농도 0.03퍼센트 이상 0.08퍼센트 미만의 단순 음주운전일 경우에는 100일간의 운전면허 정지와 형사처벌을 받으며, 혈중알코올농도 0.03퍼센트 이상의 음주운전자가 인적 피해의 교통사고를 일으킨 경우에는 운전면허가 취소된다.

19 **도로를 주행할 때 안전 운전 방법으로 맞는 2가지는?**

① 주차를 위해서는 되도록 안전지대에 주차를 하는 것이 안전하다.
② 황색 신호가 켜지면 신호를 준수하기 위하여 교차로 내에 정지한다.
③ 앞 차량이 급제동할 때를 대비하여 추돌을 피할 수 있는 거리를 확보한다.
④ 앞지르기할 경우 앞 차량의 좌측으로 통행한다.

앞 차량이 급제동할 때를 대비하여 추돌을 피할 수 있는 거리를 확보하며 앞지르기할 경우 앞 차량의 좌측으로 통행한다.

20 **도로교통법상 다인승전용차로를 통행할 수 있는 차의 기준으로 맞는 2가지는?**

① 3명 이상 승차한 승용자동차
② 3명 이상 승차한 화물자동차
③ 3명 이상 승차한 승합자동차
④ 2명 이상 승차한 이륜자동차

해설

도로교통법 시행령 별표 1(전용차로의 종류와 전용차로로 통행할 수 있는 차)

정답　11. ①, ④　12. ②, ③　13. ②, ④　14. ①, ④　15. ②, ④　16. ①, ④　17. ①, ④　18. ①, ②　19. ③, ④　20. ①, ③

21 도로교통법상 보행자 보호에 대한 설명 중 맞는 2가지는?

① 자전거를 끌고 걸어가는 사람은 보행자에 해당하지 않는다.
② 교통정리를 하고 있지 아니하는 교차로에 먼저 진입한 차량은 보행자에 우선하여 통행할 권한이 있다.
③ 시·도경찰청장은 보행자의 통행을 보호하기 위해 도로에 보행자 전용 도로를 설치할 수 있다.
④ 보행자 전용 도로에는 유모차를 끌고 갈 수 있다.

해설

자전거를 끌고 걸어가는 사람도 보행자에 해당하고, 교통정리를 하고 있지 아니하는 교차로에 먼저 진입한 차량도 보행자에게 양보해야 한다.

22 음주운전 관련 내용 중 맞는 2가지는?

① 호흡 측정에 의한 음주 측정 결과에 불복하는 경우 다시 호흡 측정을 할 수 있다.
② 이미 운전이 종료되고 귀가하여 교통안전과 위험 방지의 필요성이 소멸되었다면 음주 측정 대상이 아니다.
③ 자동차가 아닌 건설기계관리법상 건설 기계도 도로교통법상 음주 운전 금지 대상이다.
④ 술에 취한 상태에 있다고 인정할 만한 상당한 이유가 있음에도 경찰공무원의 음주 측정에 응하지 않은 사람은 운전면허가 취소된다.

해설

① 혈액 채취 등의 방법으로 측정을 요구할 수 있다. ② 술에 취한 상태에서 자동차 등을 운전하였다고 인정할 만한 상당한 이유가 있는 때에는 사후에도 음주 측정을 할 수 있다.

23 피로 및 과로, 졸음운전과 관련된 설명 중 맞는 것 2가지는?

① 피로한 상황에서는 졸음운전이 빈번하므로 카페인 섭취를 늘리고 단조로운 상황을 피하기 위해 진로변경을 자주한다.
② 변화가 적고 위험 사태의 출현이 적은 도로에서는 주의력이 향상되어 졸음운전 행동이 줄어든다.
③ 감기약 복용 시 졸음이 올 수 있기 때문에 안전을 위해 운전을 지양해야 한다.
④ 음주운전을 할 경우 대뇌의 기능이 비활성화되어 졸음운전의 가능성이 높아진다.

해설

교통 환경의 변화가 단조로운 고속도로 등에서의 운전은 시가지 도로나 일반도로에서 운전하는 것 보다 주의력이 둔화되고 수면 부족과 관계없이 졸음운전 행동이 많아진다. 아울러 음주운전을 할 경우 대뇌의 기능이 둔화되어 졸음운전의 가능성이 높아진다. 특히 감기약의 경우 도로교통법상 금지약물은 아니나 졸음을 유발하는 성분이 함유된 경우가 있을 수 있기 때문에 복용 후 운전을 하는 경우 유의하여야 하며, 운전하여야 할 경우 복용 전 성분에 대하 여 약사에게 문의한 후 복용할 필요가 있다.

24 어린이 보호구역 내에 설치된 횡단보도 중 신호기가 설치되지 아니한 횡단보도 앞(정지선이 설치된 경우에는 그 정지선을 말한다)에서 운전자의 행동으로 맞는 것 2가지는?

① 보행자가 횡단보도를 통행하려고 하는 때에는 보행자의 안전을 확인하고 서행하며 통과한다.
② 보행자가 횡단보도를 통행하려고 하는 때에는 일시정지하여 보행자의 횡단을 보호한다.
③ 보행자의 횡단 여부와 관계없이 서행하며 통행한다.
④ 보행자의 횡단 여부와 관계없이 일시정지한다.

해설

도로교통법 제27조(보행자의 보호) 제7항 모든 차 또는 노면전차의 운전자는 제12조 제1항에 따른 어린이 보호구역 내에 설치된 횡단보도 중 신호기가 설치되지 아니한 횡단보도 앞(정지선이 설치된 경우에는 그 정지선을 말한다)에서는 보행자의 횡단 여부와 관계없이 일시정지하여야 한다.

25 도로교통법상 자동차등(개인형 이동장치 제외)을 운전한 사람에 대한 처벌 기준에 대한 내용이다. 잘못 연결된 2가지는?

① 혈중알콜농도 0.2% 이상으로 음주운전한 사람 - 1년 이상 2년 이하의 징역이나 1천만 원 이하의 벌금
② 공동위험행위를 한 사람 - 2년 이하의 징역이나 500만 원 이하의 벌금
③ 난폭운전한 사람 - 1년 이하의 징역이나 500만 원 이하의 벌금
④ 원동기장치자전거 무면허운전 - 50만 원 이하의 벌금이나 구류

해설

① 혈중알콜농도 0.2% 이상으로 음주운전(1회 위반한 경우) - 2년 이상 5년 이하의 징역이나 1천만 원 이상 2천만원 이하의 벌금 ② 공동위험행위 - 2년 이하의 징역이나 500만 원 이하의 벌금 ③ 난폭운전 - 1년 이하의 징역이나 500만원 이하의 벌금 ④ 원동기장치자전거 무면허운전 - 30만 원 이하의 벌금이나 구류

26 도로교통법령상 교통사고 발생 시 긴급을 요하는 경우 동승자에게 조치를 하도록 하고 운전을 계속할 수 있는 차량 2가지는?

① 병원으로 부상자를 운반 중인 승용자동차
② 화재진압 후 소방서로 돌아오는 소방자동차
③ 교통사고 현장으로 출동하는 견인자동차
④ 택배화물을 싣고 가던 중인 우편물자동차

해설

도로교통법 제54조(사고 발생 시의 조치)제5항 긴급자동차, 부상자를 운반 중인 차, 우편물자동차 및 노면전차 등의 운전자는 긴급한 경우에는 동승자 등으로 하여금 사고 조치나 경찰에 신고를 하게 하고 운전을 계속할 수 있다.

27 보행자의 통행에 대한 설명 중 맞는 것 2가지는?

① 보행자는 차도를 통행하는 경우 항상 차도의 좌측으로 통행해야 한다.
② 보행자는 사회적으로 중요한 행사에 따라 행진 시에는 도로의 중앙으로 통행할 수 있다.
③ 도로횡단시설을 이용할 수 없는 지체장애인은 도로횡단시설을 이용하지 않고 도로를 횡단할 수 있다.
④ 도로횡단시설이 없는 경우 보행자는 안전을 위해 가장 긴 거리로 도로를 횡단하여야 한다.

해설

도로교통법 제9조 ① 학생의 대열과 그 밖에 보행자의 통행에 지장을 줄 우려가 있다고 인정하여 대통령령으로 정하는 사람이나 행렬(이하 "행렬등"이라 한다)은 제8조제1항 본문에도 불구하고 차도로 통행할 수 있다. 이 경우 행렬등은 차도의 우측으로 통행하여야 한다.
법 제13조 ③ 차마의 운전자는 도로(보도와 차도가 구분된 도로에서는 차도를 말한다)의 중앙(중앙선이 설치되어 있는 경우에는 그 중앙선을 말한다. 이하 같다) 우측 부분을 통행하여야 한다.

28 다음 중 도로교통법상 보행자전용도로에 대한 설명으로 맞는 2가지는?

① 통행이 허용된 차마의 운전자는 통행 속도를 보행자의 걸음 속도로운 행하여야 한다.
② 차마의 운전자는 원칙적으로 보행자전용도로를 통행할 수 있다.
③ 경찰서장이 특히 필요하다고 인정하는 경우는 차마의 통행을 허용할 수 없다.
④ 통행이 허용된 차마의 운전자는 보행자를 위험하게 할 때는 일시정지하여야 한다.

해설

도로교통법 제28조(보행자전용도로의 설치) ① 시·도경찰청장이나 경찰서장은 보행자의 통행을 보호하기 위하여 특히 필요한 경우에는 도로에 보행자전용도로를 설치할 수 있다.
② 차마의 운전자는 제1항에 따른 보행자전용도로를 통행하여서는 아니 된다. 다만, 시·도경찰청장이나 경찰서장은 특히 필요하다고 인정하는 경우에는 보행자전용도로에 차마의 통행을 허용할 수 있다.
③ 제2항 단서에 따라 보행자전용도로의 통행이 허용된 차마의 운전자는 보행자를 위험하게 하거나 보행자의 통행을 방해하지 아니하도록 차마를 보행자의 걸음 속도로 운행하거나 일시정지하여야 한다.

정답 21. ③, ④ 22. ③, ④ 23. ③, ④ 24. ②, ④ 25. ①, ④ 26. ①, ④ 27. ②, ③ 28. ①, ④

29 **노인보호구역에서 자동차에 싣고 가던 화물이 떨어져 노인에게 2주 진단의 상해를 발생시킨 경우 교통사고처리 특례법상 처벌로 맞는 2가지는?**

① 피해자의 처벌의사에 관계없이 형사처벌 된다.
② 피해자와 합의하면 처벌되지 않는다.
③ 손해를 전액 보상받을 수 있는 보험에 가입되어 있으면 처벌되지 않는다.
④ 손해를 전액 보상받을 수 있는 보험가입 여부와 관계없이 형사처벌 된다.

교통사고처리 특례법 제3조(처벌의 특례) 제2항 제12호 도로교통법 제39조 제4항을 위반하여 자동차의 화물이떨어지지 아니하도록 필요한 조치를 하지 아니하고 운전한 경우에 해당되어 종합보험에 가입되어도 형사처벌을 받게 된다.

30 **비보호좌회전 교차로에서 좌회전하고자 할 때 설명으로 맞는 2가지는?**

① 마주 오는 차량이 없을 때 반드시 녹색등화에서 좌회전하여야 한다.
② 마주 오는 차량이 모두 정지선 직전에 정지하는 적색등화에서 좌회전하여야 한다.
③ 녹색등화에서 비보호 좌회전할 때 사고가 나면 안전운전의무 위반으로 처벌받는다.
④ 적색등화에서 비보호 좌회전할 때 사고가 나면 안전운전의무 위반으로 처벌받는다.

비보호좌회전은 비보호 좌회전 안전표지가 있고, 차량신호가 녹색신호이고, 마주 오는 차량이 없을 때 좌회전할 수 있다. 또한 녹색등화에서 비보호좌회전 때 사고가 발생하면 2010.8.24. 이후 안전운전의무 위반으로 처벌된다.

31 **중앙 버스전용차로가 운영 중인 시내 도로를 주행하고 있다. 가장 안전한 운전방법 2가지는?**

① 다른 차가 끼어들지 않도록 경음기를 계속 사용하며 주행한다.
② 우측의 보행자가 무단 횡단할 수 있으므로 주의하며 주행한다.
③ 좌측의 버스정류장에서 보행자가 나올 수 있어 서행한다.
④ 적색신호로 변경될 수 있으므로 신속하게 통과한다.

중앙 버스전용차로(BRT) 구간 시내도로로 주행 중일 경우 버스정류장이 중앙에 위치하고 횡단보도 길이가 짧아 보행자의 무단횡단 사고가 많으므로 주의하며 서행해야 한다.

32 **다음 중 도로교통법상 차로를 변경할 때 안전한 운전방법으로 맞는 2가지는?**

① 차로를 변경할 때 최대한 빠르게 해야 한다.
② 백색실선 구간에서만 할 수 있다.
③ 진행하는 차의 통행에 지장을 주지 않을 때 해야 한다.
④ 백색점선 구간에서만 할 수 있다.

차로 변경은 차로변경이 가능한 구간에서 안전을 확인한 후 차로를 변경해야 한다.

33 **교차로에서 우회전할 때 가장 안전한 운전 행동으로 맞는 2가지는?**

① 방향지시등은 우회전하는 지점의 30미터 이상 후방에서 작동한다.
② 백색 실선이 그려져 있으면 주의하며 우측으로 진로 변경한다.
③ 진행 방향의 좌측에서 진행해 오는 차량에 방해가 없도록 우회전한다.
④ 다른 교통에 주의하며 신속하게 우회전한다.

교차로에 접근하여 백색 실선이 그려져 있으면 그 구간에서는 진로 변경해서는 안 되고, 다른 교통에 주의하며 서행으로 회전해야 한다. 그리고 우회전할 때 신호등 없는 교차로에서는 통행 우선권이 있는 차량에게 차로를 양보해야 한다.

34 **승용자동차 운전자가 앞지르기할 때의 운전 방법으로 옳은 2가지는?**

① 앞지르기를 시작할 때에는 좌측 공간을 충분히 확보하여야 한다.
② 주행하는 도로의 제한속도 범위 내에서 앞지르기 하여야 한다.
③ 안전이 확인된 경우에는 우측으로 앞지르기할 수 있다.
④ 앞차의 좌측으로 통과한 후 후사경에 우측 차량이 보이지 않을 때 빠르게 진입한다.

해설

모든 차의 운전자는 다른 차를 앞지르고자 하는 때에는 앞차의 좌측으로 통행하여야 한다. 앞지르고자 하는 모든 차의 운전자는 반대 방향의 교통과 앞차 앞쪽의 교통에도 주의를 충분히 기울여야 하며, 앞차의 속도□차로와 그 밖의 도로상황에 따라 방향지시기□등화 또는 경음기를 사용하는 등 안전한 속도와 방법으로 앞지르기를 하여야 한다.

35 **도로교통법령상 주차가 가능한 장소로 맞는 2가지는?**

① 도로의 모퉁이로부터 5미터 지점
② 소방용수시설이 설치된 곳으로부터 7미터 지점
③ 비상소화장치가 설치된 곳으로부터 7미터 지점
④ 안전지대로부터 5미터 지점

해설

주차 금지장소 : ① 횡단보도로부터 10미터 이내 ② 소방용수시설이 설치된 곳으로부터 5미터 이내 ③ 비상소화장치가 설치된 곳으로부터 5미터 이내 ④ 안전지대 사방으로부터 각각 10미터 이내 (도로교통법 제32조)
제34조의2(정차 또는 주차를 금지하는 장소의 특례) ① 다음 각 호의 어느 하나에 해당하는 경우에는 제32조제1호 · 제4호 · 제5호 · 제7호·제8호 또는 제33조제3호에도 불구하고 정차하거나 주차할 수 있다.

1. 「자전거 이용 활성화에 관한 법률」 제2조제2호에 따른 자전거이용시설 중 전기자전거 충전소 및 자전거주차장치에 자전거를 정차 또는 주차하는 경우
2. 시장등의 요청에 따라 시 · 도경찰청장이 안전표지로 자전거등의 정차 또는 주차를 허용한 경우

② 시 · 도경찰청장이 안전표지로 구역 · 시간 · 방법 및 차의 종류를 정하여 정차나 주차를 허용한 곳에서는 제32조제7호·제8호 또는 제33조제3호에도 불구하고 정차하거나 주차할 수 있다.

36 **다음 중 긴급자동차에 해당하는 2가지는?**

① 경찰용 긴급자동차에 의하여 유도되고 있는 자동차
② 수사기관의 자동차이지만 수사와 관련 없는 기능으로 사용되는 자동차
③ 사고차량을 견인하기 위해 출동하는 구난차
④ 생명이 위급한 환자 또는 부상자나 수혈을 위한 혈액을 운송 중인 자동차

해설

도로교통법 시행령 제2조(긴급자동차의 종류)

① 「도로교통법」(이하 "법"이라 한다) 제2조제22호라목에서 "대통령령으로 정하는 자동차"란 긴급한 용도로 사용되는 다음 각 호의 어느 하나에 해당하는 자동차를 말한다. 다만, 제6호부터 제11호까지의 자동차는 이를 사용하는 사람 또는 기관 등의 신청에 의하여 시·도경찰청장이 지정하는 경우로 한정한다.

1. 경찰용 자동차 중 범죄수사, 교통단속, 그 밖의 긴급한 경찰업무 수행에 사용되는 자동차
2. 국군 및 주한 국제연합군용 자동차 중 군 내부의 질서 유지나 부대의 질서 있는 이동을 유도(誘導)하는 데 사용되는 자동차
3. 수사기관의 자동차 중 범죄수사를 위하여 사용되는 자동차
4. 다음 각 목의 어느 하나에 해당하는 시설 또는 기관의 자동차 중 도주자의 체포 또는 수용자, 보호관찰 대상자의 호송·경비를 위하여 사용되는 자동차
   가. 교도소·소년교도소 또는 구치소
   나. 소년원 또는 소년분류심사원
   다. 보호관찰소
5. 국내외 요인(要人)에 대한 경호업무 수행에 공무(公務)로 사용되는 자동차
6. 전기사업, 가스사업, 그 밖의 공익사업을 하는 기관에서 위험 방지를 위한 응급작업에 사용되는 자동차
7. 방위업무를 수행하는 기관에서 긴급예방 또는 복구를 위한 출동에 사용되는 자동차
8. 도로관리를 위하여 사용되는 자동차 중 도로상의 위험을 방지하기 위한 응급작업에 사용되거나 운행이 제한되는 자동차를 단속하기 위하여 사용되는 자동차
9. 전신·전화의 수리공사 등 응급작업에 사용되는 자동차
10. 긴급한 우편물의 운송에 사용되는 자동차
11. 전파감시업무에 사용되는 자동차

② 제1항 각 호에 따른 자동차 외에 다음 각 호의 어느 하나에 해당하는 자동차는 긴급자동차로 본다.

1. 제1항제1호에 따른 경찰용 긴급자동차에 의하여 유도되고 있는 자동차
2. 제1항제2호에 따른 국군 및 주한 국제연합군용의 긴급자동차에 의하여 유도되고 있는 국군 및 주한 국제연합군의 자동차
3. 생명이 위급한 환자 또는 부상자나 수혈을 위한 혈액을 운송 중인 자동차

정답 29. ①, ④ 30. ①, ③ 31. ②, ③ 32. ③, ④ 33. ①, ③ 34. ①, ② 35. ②, ③ 36. ①, ④

37 다음은 도로교통법에서 정의하고 있는 용어이다. 알맞은 내용 2가지는?

① "차로"란 연석선, 안전표지 또는 그와 비슷한 인공구조물을 이용하여 경계(境界)를 표시하여 모든 차가 통행할 수 있도록 설치된 도로의 부분을 말한다.
② "차선"이란 차로와 차로를 구분하기 위하여 그 경계지점을 안전표지로 표시한 선을 말한다.
③ "차도"란 차마가 한 줄로 도로의 정하여진 부분을 통행하도록 차선으로 구분한 도로의 부분을 말한다.
④ "보도"란 연석선 등으로 경계를 표시하여 보행자가 통행할 수 있도록 한 도로의 부분을 말한다.

해설

도로교통법 제2조

38 도로교통법상 긴급한 용도로 운행되고 있는 구급차 운전자가 할 수 있는 2가지는?

① 교통사고를 일으킨 때 사상자 구호 조치 없이 계속 운행할 수 있다.
② 횡단하는 보행자의 통행을 방해하면서 계속 운행할 수 있다.
③ 도로의 중앙이나 좌측으로 통행할 수 있다.
④ 정체된 도로에서 끼어들기를 할 수 있다.

해설

제29조(긴급자동차의 우선 통행) 제1항. 긴급자동차는 제13조제3항에도 불구하고 긴급하고 부득이한 경우에는 도로의 중앙이나 좌측 부분을 통행할 수 있다. 제2항. 긴급자동차는 이법이나 이 법에 따른 명령에 따라 정지하여야 하는 경우에도 불구하고 긴급하고 부득이한 경우에는 정지하지 아니할 수 있다. 제3항긴급자동차의 운전자는 제1항이나 제2항의 경우에 교통안전에 특히 주의하면서 통행하여야 한다.

39 어린이통학버스의 특별 보호에 관한 설명으로 맞는 2가지는?

① 어린이 통학버스를 앞지르기하고자 할 때는 다른 차의 앞지르기 방법과 같다.
② 어린이들이 승하차 시, 중앙선이 없는 도로에서는 반대편에서 오는 차량도 안전을 확인한 후, 서행하여야 한다.
③ 어린이들이 승하차 시, 편도 1차로 도로에서는 반대편에서 오는 차량도 일시정지하여 안전을 확인한 후, 서행하여야 한다.
④ 어린이들이 승하차 시, 동일 차로와 그 차로의 바로 옆 차량은 일시정지하여 안전을 확인한 후, 서행하여야 한다.

해설

어린이통학버스가 도로에 정차하여 점멸등 등으로 어린이 또는 유아가 타고 내리는 중임을 표시하는 장치를 작동 중인 때에는 어린이 통학버스가 정차한 차로와 그 차로의 바로 옆 차로를 통행하는 차량은 일시정지하여 안전을 확인한 후, 서행하여야 한다. 그리고 중앙선이 설치되지 아니한 도로와 편도 1차로인 도로에서는 반대 방향에서 진행하는 차량의 운전자도 어린이통학버스에 이르기 전에 일시정지하여 안전을 확인한 후 서행하여야 한다.

40 다음 중 도로교통법상 긴급자동차로 볼 수 있는 것 2가지는?

① 고장 수리를 위해 자동차 정비 공장으로 가고 있는 소방차
② 생명이 위급한 환자 또는 부상자나 수혈을 위한 혈액을 운송 중인 자동차
③ 퇴원하는 환자를 싣고 가는 구급차
④ 시·도경찰청장으로부터 지정을 받고 긴급한 우편물의 운송에 사용되는 자동차

해설

도로교통법 제2조 제22호 "긴급자동차"란 다음 각 목의 자동차로서 그 본래의 긴급한 용도로 사용되고 있는 자동차를 말한다. 가. 소방차, 나. 구급차, 다. 혈액 공급차량, 라. 그 밖에 대통령령으로 정하는 자동차
도로교통법 시행령 제2조 제5호 국내외 요인(要人)에 대한 경호업무 수행에 공무(公務)로 사용되는 자동차, 제10호 긴급한 우편물의 운송에 사용되는 자동차

41 도로교통법령상 어린이 보호구역에 대한 설명으로 맞는 2가지는?

① 어린이 보호구역은 초등학교 주출입문 100미터 이내의 도로 중 일정구간을 말한다.
② 어린이 보호구역 안에서 오전 8시부터 오후 8시까지 주·정차 위반한경우 범칙금이 가중된다.
③ 어린이 보호구역 내 설치된 신호기의 보행 시간은 어린이 최고 보행속도를 기준으로 한다.
④ 어린이 보호구역 안에서 오전 8시부터 오후 8시까지 보행자보호 불이행하면 벌점이 2배된다.

해설

어린이 보호구역은 초등학교 주출입문 300미터 이내의 도로 중 일정 구간을 말하며 어린이 보호구역 내 설치된 신호기의 보행 시간은 어린이 평균 보행 속도를 기준으로 한다.

42 도로교통법령상 개인형 이동장치에 대한 설명으로 바르지 않은 것 2가지는?

① 시속 25킬로미터 이상으로 운행할 경우 전동기가 작동하지 않아야 한다.
② 전동킥보드, 전동이륜평행차, 전동보드가 해당된다.
③ 자전거등에 속한다.
④ 최고 정격출력 11킬로와트 이하의 원동기를 단 차로 전기자전거를 포함한다.

해설

도로교통법 제2조(정의) 개인형 이동장치란 원동기장치자전거 중 시속 25킬로미터 이상으로 운행할 경우 전동기가 작동하지 아니하고 차체 중량이 30킬로그램 미만으로 행정안전부령으로 정하는 것을 말한다. 도로교통법 시행규칙 제2조의2(개인형 이동장치의 기준) 전동킥보드, 전기이륜평행차, 전동기의 동력만으로 움직일 수 있는 자전거

43 도로교통법령상 급경사로에 주차할 경우 가장 안전한 방법 2가지는?

① 자동차의 주차제동장치만 작동시킨다.
② 조향장치를 도로의 가장자리(자동차에서 가까운 쪽을 말한다) 방향으로 돌려놓는다.
③ 경사의 내리막 방향으로 바퀴에 고임목 등 자동차의 미끄럼 사고를 방지할 수 있는 것을 설치한다.
④ 수동변속기 자동차는 기어를 중립에 둔다.

해설

도로교통법 시행령 제11조 제3항에 따라 경사의 내리막 방향으로 바퀴에 고임목 등 자동차의 미끄럼 사고를 방지할 수 있는 것을 설치하고, 조향장치(操向裝置)를 도로의 가장자리(자동차에서 가까운 쪽을 말한다) 방향으로 돌려놓을 것

44 도로교통법령상 주·정차 방법에 대한 설명이다. 맞는 2가지는?

① 도로에서 정차를 하고자 하는 때에는 차도의 우측 가장자리에 세워야 한다.
② 안전표지로 주·정차 방법이 지정되어 있는 곳에서는 그 방법에 따를 필요는 없다.
③ 평지에서는 수동변속기 차량의 경우 기어를 1단 또는 후진에 넣어두기만 하면 된다.
④ 경사진 도로에서는 고임목을 받쳐두어야 한다.

해설

도로교통법 시행령 제11조 제3항 제1호에 따라 자동차의 운전자는 법 제34조의3에 따라 경사진 곳에 정차하거나 주차(도로 외의 경사진 곳에서 정차하거나 주차하는 경우를 포함한다)하려는 경우 자동차의 주차제동장치를 작동한 후에 다음 각 호의 어느 하나에 해당하는 조치를 취하여야 한다. 다만, 운전자가 운전석을 떠나지 아니하고 직접 제동장치를 작동하고 있는 경우는 제외한다. 〈신설 2018. 9. 28.〉

1. 경사의 내리막 방향으로 바퀴에 고임목, 고임돌, 그 밖에 고무, 플라스틱 등 자동차의미끄럼 사고를 방지할 수 있는 것을 설치할 것
2. 조향장치(操向裝置)를 도로의 가장자리(자동차에서 가까운 쪽을 말한다) 방향으로 돌려 놓을 것
3. 그 밖에 제1호 또는 제2호에 준하는 방법으로 미끄럼 사고의 발생 방지를 위한 조치를 취할 것

정답 37. ②, ④ 38. ③, ④ 39. ③, ④ 40. ②, ④ 41. ②, ④ 42. ②, ④ 43. ②, ③ 44. ①, ④

45 운전자의 준수 사항에 대한 설명으로 맞는 2가지는?

① 승객이 문을 열고 내릴 때에는 승객에게 안전 책임이 있다.
② 물건 등을 사기 위해 일시 정차하는 경우에도 시동을 끈다.
③ 운전자는 차의 시동을 끄고 안전을 확인한 후 차의 문을 열고 내려야 한다.
④ 주차 구역이 아닌 경우에는 누구라도 즉시 이동이 가능하도록 조치해 둔다.

운전자가 운전석으로부터 떠나는 때에는 차의 시동을 끄고 제동 장치를 철저하게 하는 등 차의 정지 상태를 안전하게 유지하고 다른 사람이 함부로 운전하지 못하도록 필요한 조치를 하도록 규정하고 있다.

46 어린이 보호구역에 대한 설명과 주행방법이다. 맞는 것 2가지는?

① 어린이 보호를 위해 필요한 경우 통행속도를 시속 30킬로미터 이내로제한 할 수 있고 통행할 때는 항상 제한속도 이내로 서행한다.
② 위 ①의 경우 속도제한의 대상은 자동차, 원동기장치자전거, 노면전차이며 어린이가 횡단하는 경우 일시정지한다.
③ 대안학교나 외국인학교의 주변도로는 어린이 보호구역 지정 대상이아니므로 횡단보도가 아닌 곳에서 어린이가 횡단하는 경우 서행한다.
④ 어린이 보호구역에 속도 제한 및 횡단보도에 관한 안전표지를 우선적으로 설치할 수 있으며 어린이가 중앙선 부근에 서 있는 경우 서행한다.

도로교통법 제12조(어린이 보호구역의 지정 및 관리) 제1항 : 시장등은 교통사고의 위험으로부터 어린이를 보호하기 위하여 필요하다고 인정하는 경우 자동차등과 노면전차의 통행속도를 시속 30킬로미터 이내로 제한할 수 있다. 제4호 : 외국인학교, 대안학교도 어린이 보호구역으로 지정할 수 있다. 제5항 제2호 : 어린이 보호구역에 어린이의 안전을 위하여 속도제한 및 횡단보도에 관한 안전표지를 우선적으로 설치할 수 있다.

47 긴급한 용도로 운행 중인 긴급자동차에게 양보하는 운전방법으로 맞는 2가지는?

① 모든 자동차는 좌측 가장자리로 피하는 것이 원칙이다.
② 비탈진 좁은 도로에서 서로 마주보고 진행하는 경우 올라가는 긴급자동차는 도로의 우측 가장자리로 피하여 차로를 양보하여야 한다.
③ 교차로 부근에서는 교차로를 피하여 일시정지하여야 한다.
④ 교차로나 그 부근 외의 곳에서 긴급자동차가 접근한 경우에는 긴급자동차가 우선통행할 수 있도록 진로를 양보하여야 한다.

도로교통법 제29조(긴급자동차의 우선통행) ④교차로나 그 부근에서 긴급자동차가 접근하는 경우에는 차마와 노면전차의 운전자는 교차로를 피하여 일시정지하여야 한다. ⑤모든 차와 노면전차의 운전자는 제4항에 따른 곳 외의 곳에서 긴급자동차가 접근한 경우에는 긴급자동차가 우선통행할 수 있도록 진로를 양보하여야 한다.

48 차로를 변경 할 때 안전한 운전방법 2가지는?

① 변경하고자 하는 차로의 뒤따르는 차와 거리가 있을 때 속도를 유지한 채 차로를 변경한다.
② 변경하고자 하는 차로의 뒤따르는 차와 거리가 있을 때 감속하면서 차로를 변경한다.
③ 변경하고자 하는 차로의 뒤따르는 차가 접근하고 있을 때 속도를 늦추어 뒤차를 먼저 통과시킨다.
④ 변경하고자 하는 차로의 뒤따르는 차가 접근하고 있을 때 급하게 차로를 변경한다.

뒤따르는 차와 거리가 있을 때 속도를 유지한 채 차로를 변경하고, 접근하고 있을 때는 속도를 늦추어 뒤차를 먼저 통과시킨다.

49 편도 3차로인 도로의 교차로에서 우회전할 때 올바른 통행 방법 2가지는?

① 우회전할 때에는 교차로 직전에서 방향 지시등을 켜서 진행방향을 알려 주어야 한다.
② 우측 도로의 횡단보도 보행 신호등이 녹색이라도 보행자가 없으면 통과할 수 있다.
③ 우회전 삼색등이 적색일 경우에는 보행자가 없어도 통과할 수 없다.
④ 편도 3차로인 도로에서는 2차로에서 우회전하는 것이 안전하다.

교차로에서 우회전 시 우측 도로 횡단보도 보행 신호등이 녹색이라도 보행자의 통행에 방해를 주지 아니하는 범위내에서 통과할 수 있다. 다만, 보행 신호등 측면에 차량 보조 신호등이 설치되어 있는 경우, 보조 신호등이 적색일 때 통과하면 신호 위반에 해당될 수 있으므로 통과할 수 없고, 보행자가 횡단보도 상에 존재하면 진행하는 차와 보행자가 멀리 떨어져 있다 하더라도 보행자 통행에 방해를 주는 것이므로 통과할 수 없다.

50 다음 중 강풍이나 돌풍 상황에서 가장 올바른 운전방법 2가지는?

① 핸들을 양손으로 꽉 잡고 차로를 유지한다.
② 바람에 관계없이 속도를 높인다.
③ 표지판이나 신호등, 가로수 부근에 주차한다.
④ 산악 지대나 다리 위, 터널 출입구에서는 강풍의 위험이 많으므로 주의한다.

강풍이나 돌풍은 산악지대나 높은 곳, 다리 위, 터널 출입구 등에서 발생하기 쉬우므로 그러한 지역을 지날 때에는 주의한다. 이러한 상황에서는 핸들을 양손으로 꽉 잡아 차로를 유지하며 속도를 줄여야 안전하다. 또한 강풍이나 돌풍에 표지판이나 신호등, 가로수들이 넘어질 수 있으므로 근처에 주차하지 않도록 한다.

51 도로교통법상 정차 또는 주차를 금지하는 장소의 특례를 적용하지 않는 2가지는?

① 어린이보호구역 내 주출입문으로부터 50미터 이내
② 횡단보도로부터 10미터 이내
③ 비상소화장치가 설치된 곳으로부터 5미터 이내
④ 안전지대의 사방으로부터 각각 10미터 이내

해설

정차 및 주차 금지 장소 모든 차의 운전자는 다음 각 호의 어느 하나에 해당하는 곳에서는 차를 정차하거나 주차하여서는 아니 된다. 다만, 이 법이나 이 법에 따른 명령 또는 경찰공무원의 지시를 따르는 경우와 위험방지를 위하여 일시정지하는 경우에는 그러하지 아니하다.

1. 교차로 · 횡단보도 · 건널목이나 보도와 차도가 구분된 도로의 보도(「주차장법」에 따라 차도와 보도에 걸쳐서 설치된 노상주차장은 제외한다)
2. 교차로의 가장자리나 도로의 모퉁이로부터 5미터 이내인 곳
3. 안전지대가 설치된 도로에서는 그 안전지대의 사방으로부터 각각 10미터 이내인 곳
4. 버스여객자동차의 정류지(停留地)임을 표시하는 기둥이나 표지판 또는 선이 설치된 곳으로부터 10미터 이내인 곳. 다만, 버스여객자동차의 운전자가 그 버스여객자동차의 운행시간 중에 운행노선에 따르는 정류장에서 승객을 태우거나 내리기 위하여 차를 정차하거나 주차하는 경우에는 그러하지 아니하다.
5. 건널목의 가장자리 또는 횡단보도로부터 10미터 이내인 곳
6. 다음 각 목의 곳으로부터 5미터 이내인 곳
   가. 「소방기본법」 제10조에 따른 소방용수시설 또는 비상소화장치가 설치된 곳
   나. 「화재예방, 소방시설 설치 · 유지 및 안전관리에 관한 법률」 제2조제1항제1호에 따른 소방시설로서 대통령령으로 정하는 시설이 설치된 곳
7. 시 · 도경찰청장이 도로에서의 위험을 방지하고 교통의 안전과 원활한 소통을 확보하기 위하여 필요하다고 인정하여 지정한 곳
8. 시장등이 제12조제1항에 따라 지정한 어린이 보호구역

제34조의2(정차 또는 주차를 금지하는 장소의 특례) ① 다음 각 호의 어느 하나에 해당하는 경우에는 제32조제1호 · 제4호 · 제5호 · 제7호·제8호 또는 제33조제3호에도 불구하고 정차하거나 주차할 수 있다.

1. 「자전거 이용 활성화에 관한 법률」 제2조제2호에 따른 자전거이용시설 중 전기자전거 충전소 및 자전거주차장치에 자전거를 정차 또는 주차하는 경우
2. 시장등의 요청에 따라 시 · 도경찰청장이 안전표지로 자전거등의 정차 또는 주차를 허용한 경우

② 시 · 도경찰청장이 안전표지로 구역 · 시간 · 방법 및 차의 종류를 정하여 정차나 주차를 허용한 곳에서는 제32조제7호 또는 제33조제3호에도 불구하고 정차하거나 주차할 수 있다.

정답 45. ②, ③ 46. ①, ② 47. ③, ④ 48. ①, ③ 49. ②, ③ 50. ①, ④ 51. ③, ④

52 도로교통법령상 주차에 해당하는 2가지는?

① 차량이 고장 나서 계속 정지하고 있는 경우
② 위험 방지를 위한 일시정지
③ 5분을 초과하지 않았지만 운전자가 차를 떠나 즉시 운전할 수 없는 상태
④ 지하철역에 친구를 내려 주기 위해 일시정지

해설
신호 대기를 위한 정지, 위험 방지를 위한 일시정지는 5분을 초과하여도 주차에 해당하지 않는다. 그러나 5분을 초과하지 않았지만 운전자가 차를 떠나 즉시 운전할 수 없는 상태는 주차에 해당한다. (도로교통법 제2조)

53 도로교통법령상 정차에 해당하는 2가지는?

① 택시 정류장에서 손님을 태우기 위해 계속 정지 상태에서 승객을 기다리는 경우
② 화물을 싣기 위해 운전자가 차를 떠나 즉시 운전할 수 없는 경우
③ 신호 대기를 위해 정지한 경우
④ 차를 정지하고 지나가는 행인에게 길을 묻는 경우

해설
정차라 함은 운전자가 5분을 초과하지 아니하고 차를 정지시키는 것으로서 주차 외의 정지 상태를 말한다. (도로교통법 제2조 제25호)

54 교차로에서 좌회전하는 차량 운전자의 가장 안전한 운전 방법 2가지는?

① 반대 방향에 정지하는 차량을 주의해야 한다.
② 반대 방향에서 우회전하는 차량을 주의하면 된다.
③ 같은 방향에서 우회전하는 차량을 주의해야 한다.
④ 함께 좌회전하는 측면 차량도 주의해야 한다.

해설
교차로에서 비보호 좌회전하는 차량은 우회전 차량 및 같은 방향으로 함께 좌회전 하는 측면 차량도 주의하며 좌회전해야 한다. (도로교통법 제25조)

55 회전교차로 통행방법으로 가장 알맞은 2가지는?

① 교차로 진입 전 일시정지 후 교차로 내 왼쪽에서 다가오는 차량이 없으면 진입한다.
② 회전교차로에서의 회전은 시계방향으로 회전해야 한다.
③ 회전교차로를 진·출입 할 때에는 방향지시등을 작동할 필요가 없다.
④ 회전교차로 내에 진입한 후에도 다른 차량에 주의하면서 진행해야 한다.

해설
회전교차로에서의 회전은 반시계방향으로 회전해야 하고, 진·출입 할 때에는 방향지시등을 작동해야 한다.

56 다음은 자동차관리법상 승합차의 기준과 승합차를 따라 좌회전하고자 할 때 주의해야할 운전방법으로 올바른 것 2가지는?

① 대형승합차는 36인승 이상을 의미하며, 대형승합차로 인해 신호등이 안 보일 수 있으므로 안전거리를 유지하면서 서행한다.
② 중형승합차는 16인 이상 35인승 이하를 의미하며, 승합차가 방향지시기를 켜는 경우 다른 차가 끼어들 수 있으므로 차간거리를 좁혀 서행한다.
③ 소형승합차는 15인승 이하를 의미하며, 승용차에 비해 무게중심이 높아 전도될 수 있으므로 안전거리를 유지하며 진행한다.
④ 경형승합차는 배기량이 1200시시 미만을 의미하며, 승용차와 무게중심이 동일하지만 충분한 안전거리를 유지하고 뒤따른다.

해설
신호는 그 행위를 하고자 하는 지점(좌회전할 경우에는 그 교차로의 가장자리)에 이르기 전 30미터(고속도로에서는 100미터) 이상의 지점에 이르렀을 때 해야 하고, 미리 속도를 줄인 후 1차로 또는 좌회전 차로로 서행하며 진입해야 한다. 자동차관리법 시행규칙 제2조(자동차의 종별구분 별표1 자동차의 종류)

57 도로교통법령상 신호위반이 되는 경우 2가지는?

① 적색신호 시 정지선을 초과하여 정지
② 교차로 이르기 전 황색신호 시 교차로에 진입
③ 황색 점멸 시 주의하면서 진행
④ 적색 점멸 시 정지선 직전에 일시정지한 후 다른 교통에 주의하면서 진행

해설
적색신호 시 정지선 직전에 정지하고, 교차로 이르기 전 황색신호 시에도 정지선 직전에 정지해야 한다.

58 자갈길 운전에 대한 설명이다. 가장 적절한 2가지는?

① 운전대는 최대한 느슨하게 잡아 팔에 전달되는 충격을 최소화한다.
② 바퀴가 최대한 노면에 접촉되도록 속도를 높여서 운전한다.
③ 보행자 또는 다른 차마에게 자갈이 튀지 않도록 서행한다.
④ 타이어의 적정공기압 보다 약간 낮은 것이 높은 것보다 운전에 유리하다.

해설
자갈길은 노면이 고르지 않고, 자갈로 인해서 타이어 손상이나 핸들 움직임이 커질 수 있다. 최대한 핸들 조작을 작게 하면서 속도를 줄이고, 저단기어를 사용하여 일정 속도를 유지하며 타이어의 적정공기압이 약간 낮을수록 접지력이 좋고 충격을 최소화하여 운전에 유리하다.

59 도로교통법령상 자전거도로의 이용과 관련한 내용으로 적절치 않은 2가지는?

① 노인이 자전거를 타는 경우 보도로 통행할 수 있다.
② 자전거전용도로에는 원동기장치자전거가 통행할 수 없다.
③ 자전거도로는 개인형 이동장치가 통행할 수 없다.
④ 자전거전용도로는 도로교통법상 도로에 포함되지 않는다.

해설
도로교통법 제2조(정의) 자전거 도로의 통행은 자전거 및 개인형 이동장치(자전거등) 모두 가능하며, 자전거 전용도로도 도로에 포함됨

60 차로를 구분하는 차선에 대한 설명으로 맞는 것 2가지는?

① 차로가 실선과 점선이 병행하는 경우 실선에서 점선방향으로 차로 변경이 불가능하다.
② 차로가 실선과 점선이 병행하는 경우 실선에서 점선방향으로 차로 변경이 가능하다.
③ 차로가 실선과 점선이 병행하는 경우 점선에서 실선방향으로 차로 변경이 불가능하다.
④ 차로가 실선과 점선이 병행하는 경우 점선에서 실선방향으로 차로 변경이 가능하다.

해설
① 차로의 구분을 짓는 차선 중 실선은 차로를 변경할 수 없는 선이다. ② 점선은 차로를 변경할 수 있는 선이다.
③ 실선과 점선이 병행하는 경우 실선 쪽에서 점선방향으로는 차로 변경이 불가능하다.
④ 실선과 점선이 병행하는 경우 점선 쪽에서 실선방향으로는 차로 변경이 가능하다.

61 내리막길 주행 시 가장 안전한 운전 방법 2가지는?

① 기어 변속과는 아무런 관계가 없으므로 풋 브레이크만을 사용하여 내려간다.
② 위급한 상황이 발생하면 바로 주차 브레이크를 사용한다.
③ 올라갈 때와 동일한 변속기어를 사용하여 내려가는 것이 좋다.
④ 풋 브레이크와 엔진 브레이크를 적절히 함께 사용하면서 내려간다.

해설
내리막길은 차체의 하중과 관성의 힘으로 인해 풋 브레이크에 지나친 압력이 가해질 수 있기 때문에 반드시 저단기어(엔진 브레이크)를 사용하여 풋 브레이크의 압력을 줄여 주면서 운행을 하여야 한다.

정답 52. ①, ③ 53. ③, ④ 54. ②, ④ 55. ①, ④ 56. ①, ③ 57. ①, ② 58. ③, ④ 59. ③, ④ 60. ①, ④ 61. ③, ④

62 빗길 주행 중 앞차가 정지하는 것을 보고 제동했을 때 발생하는 현상으로 바르지 않은 2가지는?

① 급제동 시에는 타이어와 노면의 마찰로 차량의 앞숙임 현상이 발생한다.
② 노면의 마찰력이 작아지기 때문에 빗길에서는 공주거리가 길어진다.
③ 수막현상과 편(偏)제동 현상이 발생하여 차로를 이탈할 수 있다.
④ 자동차타이어의 마모율이 커질수록 제동거리가 짧아진다.

해설

① 급제동 시에는 타이어와 노면의 마찰로 차량의 앞숙임 현상이 발생한다. ② 빗길에서는 타이어와 노면의 마찰력이 낮아짐으로 제동거리가 길어진다. ③ 수막현상과 편(偏)제동 현상이 발생하여 조향방향이 틀어지며 차로를 이탈할 수 있다. ④ 자동차의 타이어가 마모될수록 제동거리가 길어진다.

63 관할 경찰서장이 노인 보호구역 안에서 할 수 있는 조치로 맞는 2가지는?

① 자동차의 통행을 금지하거나 제한하는 것
② 자동차의 정차나 주차를 금지하는 것
③ 노상주차장을 설치하는 것
④ 보행자의 통행을 금지하거나 제한하는 것

해설

어린이 · 노인 및 장애인 보호구역의 지정 및 관리에 관한 규칙 제9조(보호구역에서의 필요한 조치) 1. 차마(車馬)의 통행을 금지하거나 제한하는 것 2. 차마의 정차나 주차를 금지하는 것 3. 운행속도를 시속 30킬로미터 이내로 제한하는 것
4. 이면도로(도시지역에 있어서 간선도로가 아닌 도로로서 일반의 교통에 사용되는 도로를 말한다)를 일방통행로로 지정 · 운영하는 것

64 주행 중 벼락이 칠 때 안전한 운전 방법 2가지는?

① 자동차는 큰 나무 아래에 잠시 세운다.
② 차의 창문을 닫고 자동차 안에 그대로 있는다.
③ 건물 옆은 젖은 벽면을 타고 전기가 흘러오기 때문에 피해야 한다.
④ 벼락이 자동차에 친다면 매우 위험한 상황이니 차 밖으로 피신한다.

큰 나무는 벼락을 맞을 가능성이 높고, 그렇게 되면 나무가 넘어지면서 사고가 발생할 가능성이 높아 피하는 것이 좋으며, 설령 자동차에 벼락이 치더라도 자동차 내부가 외부보다 더 안전하다.

65 운전자의 하이패스 단말기 고장으로 하이패스가 인식되지 않은 경우, 올바른 조치방법 2가지는?

① 비상점멸등을 작동하고 일시정지한 후 일반차로의 통행권을 발권한다.
② 목적지 요금소에서 정산 담당자에게 진입한 장소를 설명하고 정산한다.
③ 목적지 요금소의 하이패스 차로를 통과하면 자동 정산된다.
④ 목적지 요금소에서 하이패스 단말기의 카드를 분리한 후 정산담당자에게 그 카드로 요금을 정산할 수 있다.

해설

목적지 요금소에서 정산담당자에게 진입한 장소를 설명하고 정산한다.

66 고속도로 주행 중 엔진 룸(보닛)에서 연기가 나고 화재가 발생하였을 때 가장 바람직한 조치 방법 2가지는?

① 발견 즉시 그 자리에 정차한다.
② 갓길로 이동한 후 시동을 끄고 재빨리 차에서 내려 대피한다.
③ 초기 진화가 가능한 경우에는 차량에 비치된 소화기를 사용하여 불을 끈다.
④ 초기 진화에 실패했을 때에는 119 등에 신고한 후 차량 바로 옆에서 기다린다.

해설

고속도로 주행 중 차량에 화재가 발생할 때 조치 요령
1. 차량을 갓길로 이동한다. 2. 시동을 끄고 차량에서 재빨리 내린다. 3. 초기 화재 진화가 가능하면 차량에 비치된 소화기를 사용하여 불을 끈다. 4. 초기 화재 진화에 실패했을 때는 차량이 폭발할 수 있으므로 멀리 대피한다. 5. 119 등에 차량 화재 신고를 한다.

67 지진이 발생할 경우 안전한 대처 요령 2가지는?

① 지진이 발생하면 신속하게 주행하여 지진 지역을 벗어난다.
② 차간거리를 충분히 확보한 후 도로의 우측에 정차한다.
③ 차를 두고 대피할 필요가 있을 때는 차의 시동을 끈다.
④ 지진 발생과 관계없이 계속 주행한다.

해설

지진이 발생할 경우 차를 운전하는 것이 불가능하다. 충분히 주의를 하면서 교차로를 피해서 도로 우측에 정차시키고, 라디오의 정보를 잘 듣고 부근에 경찰관이 있으면 지시에 따라서 행동한다. 차를 두고 대피할 경우 차의 시동은 끄고 열쇠를 꽂은 채 대피한다.

68 고속도로 공사구간을 주행할 때 운전자의 올바른 운전요령이 아닌 2가지는?

① 전방 공사 구간 상황에 주의하며 운전한다.
② 공사구간 제한속도표지에서 지시하는 속도보다 빠르게 주행한다.
③ 무리한 끼어들기 및 앞지르기를 하지 않는다.
④ 원활한 고통흐름을 위하여 공사구간 접근 전 속도를 일관되게 유지하여 주행한다.

해설

공사구간에서는 도로의 제한속도보다 속도를 더 낮추어 운영하므로 공사장에 설치되어 있는 제한속도표지에 표시된 속도에 맞게 감속하여 주행하여야 한다.

69 자동차 운전 중 터널 내에서 화재가 났을 경우 조치해야 할 행동으로 맞는 2가지는?

① 차에서 너려 이동할 경우 자동차의 시동을 끄고 하차한다.
② 소화기로 불을 끌 경우 바람을 등지고 서야 한다.
③ 터널 밖으로 이동이 어려운 경우 차량은 최대한 중앙선 쪽으로 정차시킨다.
④ 차를 두그 대피할 경우는 자동차 열쇠를 뽑아 가지고 이동한다.

해설

① 폭발 등의 위험에 대비해 시동을 꺼야 한다. ③ 측벽 쪽으로 정차시켜야 응급 차량 등이 소통할 수 있다. ④ 자동차 열쇠를 꽂아 두어야만 다른 상황 발생 시 조치 가능하다.

70 자동차가 미끄러지는 현상에 관한 설명으로 맞는 2가지는?

① 고속 주행 중 급제동 시에 주로 발생하기 때문에 과속이 주된 원인이다.
② 빗길에서는 저속 운행 시에 주로 발생한다.
③ 미끄러지는 현상에 의한 노면 흔적은 사고 원인 추정에 별 도움이 되질 않는다.
④ ABS 장착 차량도 미끄러지는 현상이 발생할 수 있다.

해설

② 고속 운행 시에 주로 발생한다. ③ 미끄러짐 현상에 의한 노면 흔적은 사고 처리에 중요한 자료가 된다.

71 도로교통법령상 교통사고 발생 시 계속 운전할 수 있는 경우로 옳은 2가지는?

① 긴급한 환자를 수송 중인 구급차 운전자는 동승자로 하여금 필요한 조치 등을 하게하고 계속 운전하였다.
② 긴급한 회의에 참석하기 위해 이동 중인 운전자는 동승자로 하여금 필요한 조치 등을 하게하고 계속 운전하였다.
③ 긴급한 우편물을 수송하는 차량 운전자는 동승자로 하여금 필요한 조치 등을 하게하고 계속 운전하였다.
④ 긴급한 약품을 수송 중인 구급차 운전자는 동승자로 하여금 필요한 조치 등을 하게하고 계속 운전하였다.

긴급자동차 또는 부상자를 후송 중인 차 및 우편물 수송 자동차 등의 운전자는 긴급한 경우에 동승자로 하여금 필요한 조치나 신고를 하게하고 운전을 계속할 수 있다.(도로교통법 제54조 제5항)

정답 62. ②, ④ 63. ①, ② 64. ②, ③ 65. ②, ④ 66. ②, ③ 67. ②, ③ 68. ②, ④ 69. ①, ② 70. ①, ④ 71. ①, ③

72 자동차가 차로를 이탈할 가능성이 가장 큰 경우 2가지는?

① 오르막길에서 주행할 때
② 커브 길에서 급히 핸들을 조작할 때
③ 내리막길에서 주행할 때
④ 노면이 미끄러울 때

해설

자동차가 차로를 이탈하는 경우는 커브 길에서 급히 핸들을 조작할 때에 주로 발생한다. 또한 타이어 트레드가 닳았거나 타이어 공기압이 너무 높거나 노면이 미끄러우면 노면과 타이어의 마찰력이 떨어져 차가 도로를 이탈하거나 중앙선을 침범할 수 있다.

73 다음 중 고속으로 주행하는 차량의 타이어 이상으로 발생하는 현상 2가지는?

① 베이퍼록 현상
② 스탠딩웨이브 현상
③ 페이드 현상
④ 하이드로플레이닝 현상

해설

고속으로 주행하는 차량의 타이어 공기압이 부족하면 스탠딩웨이브 현상이 발생하며, 고속으로 주행하는 차량의 타이어가 마모된 상태에서 물 고인 곳을 지나가면 하이드로플레이닝 현상이 발생한다. 페이드 현상은 제동기 페달을 과도하게 사용했을 때, 패드 및 라이닝의 마찰계수가 낮아져 제동력이 악화되면서 미끄러지는 현상을 말한다. 베이퍼록 현상과 페이드 현상은 제동장치의 이상으로 나타나는 현상이다.

74 다음 중 자동차 운전자가 위험을 느끼고 브레이크 페달을 밟아 실제로 정지할 때까지의 '정지거리'가 가장 길어질 수 있는 경우 2가지는?

① 차량의 중량이 상대적으로 가벼울 때
② 차량의 속도가 상대적으로 빠를 때
③ 타이어를 새로 구입하여 장착한 직후
④ 과로 및 음주 운전 시

해설

운전자가 위험을 느끼고, 브레이크 페달을 밟아서 실제로 자동차가 멈추게 되는 소위 자동차의 정지거리는 과로 및 음주 운전 시, 차량의 중량이 무겁거나 속도가 빠를수록, 타이어의 마모상태가 심할수록 길어진다.

75 도로교통법령상 '자동차'에 해당하는 2가지는?

① 덤프트럭 ② 노상안정기
③ 자전거 ④ 유모차(폭 1미터 이내)

해설

도로교통법 제 2조 및 건설기계관리법 제 26조 제1항 단서에 따라 건설기계 중 덤프트럭, 아스팔트살포기, 노상안정기, 콘크리트믹서트럭, 콘크리트펌프, 천공기는 자동차에 포함된다.

76 교통사고처리특례법상 형사 처벌되는 경우로 맞는 2가지는?

① 종합보험에 가입하지 않은 차가 물적 피해가 있는 교통사고를 일으키고 피해자와 합의한 때
② 택시공제조합에 가입한 택시가 중앙선을 침범하여 인적 피해가 있는 교통사고를 일으킨 때
③ 종합보험에 가입한 차가 신호를 위반하여 인적 피해가 있는 교통사고를 일으킨 때
④ 화물공제조합에 가입한 화물차가 안전운전 불이행으로 물적 피해가 있는 교통사고를 일으킨 때

해설

중앙선을 침범하거나 신호를 위반하여 인적 피해가 있는 교통사고를 일으킨 때는 종합보험 또는 공제조합에 가입되어 있어도 처벌된다. (교통사고처리특례법 제3조, 제4조)

77 다음 중 장거리 운행 전에 반드시 점검해야 할 우선순위 2가지는?

① 차량 청결 상태 점검
② DMB(영상표시장치) 작동여부 점검
③ 각종 오일류 점검
④ 타이어 상태 점검

장거리 운전 전 타이어 마모상태, 공기압, 각종 오일류, 와이퍼와 워셔액, 램프류 등을 점검하여야 한다.

78 전방에 교통사고로 앞차가 급정지했을 때 추돌 사고를 방지하기 위한 가장 안전한 운전방법 2가지는?

① 앞차와 정지거리 이상을 유지하며 운전한다.
② 비상점멸등을 켜고 긴급자동차를 따라서 주행한다.
③ 앞차와 추돌하지 않을 정도로 충분히 감속하며 안전거리를 확보한다.
④ 위험이 발견되면 풋 브레이크와 주차 브레이크를 동시에 사용하여 제동거리를 줄인다.

앞차와 정지거리 이상을 유지하고 앞차와 추돌하지 않을 정도로 충분히 감속하며 안전거리를 확보한다. (도로교통법 제19조)

79 도로교통법령상 승용차가 해당 도로에서 법정 속도를 위반하여 운전하고 있는 경우 2가지는?

① 편도 2차로인 일반도로를 매시 85킬로미터로 주행 중이다.
② 서해안 고속도로를 매시 90킬로미터로 주행 중이다.
③ 자동차전용도로를 매시 95킬로미터로 주행 중이다.
④ 편도 1차로인 고속도로를 매시 75킬로미터로 주행 중이다.

편도 2차로의 일반도로는 매시 80킬로미터, 자동차전용도로는 매시 90킬로미터가 제한최고속도이고, 서해안고속도로는 매시 110킬로미터, 편도 1차로 고속도로는 매시 80킬로미터가 제한최고속도이다. (도로교통법 시행규칙 제19조)

80 자동차를 운행할 때 공주거리에 영향을 줄 수 있는 경우로 맞는 2가지는?

① 비가 오는 날 운전하는 경우
② 술에 취한 상태로 운전하는 경우
③ 차량의 브레이크액이 부족한 상태로 운전하는 경우
④ 운전자가 피로한 상태로 운전하는 경우

공주거리는 운전자의 심신의 상태에 따라 영향을 주게 된다.

81 다음은 피로운전과 약물복용 운전에 대한 설명이다. 맞는 2가지는?

① 피로한 상태에서의 운전은 졸음운전으로 이어질 가능성이 낮다.
② 피로한 상태에서의 운전은 주의력, 판단능력, 반응속도의 저하를 가져오기 때문에 위험하다.
③ 마약을 복용하고 운전을 하다가 교통사고로 사람을 상해에 이르게 한 운전자는 처벌될 수 있다.
④ 마약을 복용하고 운전을 하다가 교통사고로 사람을 상해에 이르게 하고 도주하여 운전면허가 취소된 경우에는 3년이 경과해야 운전면허 취득이 가능하다.

해설

피로한 상태 및 약물복용 상태에서의 운전은 주의력, 판단능력, 반응속도의 저하와 졸음운전을 유발하기 쉽다. 특히, 마약 등 약물의 영향으로 정상적인 운전이 곤란한 상태에서 운전하다가 교통사고를 야기하여 상해에 이르게 한 경우는 특정범죄가중처벌등에관한법률 제5조의11(위험운전 등 치사상)으로 처벌된다. ④의 경우는 5년이 경과해야 한다.

정답 72. ②, ④ 73. ②, ④ 74. ②, ④ 75. ①, ② 76. ②, ③ 77. ③, ④ 78. ①, ③ 79. ①, ③ 80. ②, ④ 81. ②, ③

82 도로교통법령상 길가장자리 구역에 대한 설명으로 맞는 2가지는?

① 경계 표시는 하지 않는다.
② 보행자의 안전 확보를 위하여 설치한다.
③ 보도와 차도가 구분되지 아니한 도로에 설치한다.
④ 도로가 아니다.

길가장자리 구역이란 보도와 차도가 구분되지 아니한 도로에서 보행자의 안전을 위하여 안전표지 등으로 경계를 표시한 도로의 가장자리 부분을 말한다. (도로교통법 제2조 11호)

83 도로교통법령상 자전거가 통행할 수 있는 도로의 명칭에 해당하지 않는 2가지는?

① 자전거 전용도로
② 자전거 우선차로
③ 자전거·원동기장치자전거 겸용도로
④ 자전거 우선도로

자전거가 통행할 수 있는 도로에는 자전거전용도로, 자전거전용차로, 자전거우선도로, 자전거·보행자 겸용도로가 있다.

84 도로교통법상 "차로"를 설치할 수 있는 곳 2가지는?

① 교차로　② 터널 안
③ 횡단보도　④ 다리 위

차로는 횡단보도, 교차로, 철길 건널목에는 설치할 수 없다. (도로교통법 시행규칙 제15조)

85 도로교통법령상 자전거 통행방법에 대한 설명으로 맞는 2가지는?

① 자전거 운전자는 안전표지로 통행이 허용된 경우를 제외하고는 2대 이상이 나란히 차도를 통행하여서는 아니 된다.
② 자전거 운전자가 횡단보도를 이용하여 도로를 횡단할 때에는 자전거를 끌고 통행하여야 한다.
③ 자전거 운전자는 도로의 파손, 도로 공사나 그 밖의 장애 등으로 도로를 통행할 수 없는 경우에도 보도를 통행할 수 없다.
④ 자전거 운전자는 자전거 도로가 설치되지 아니한 곳에서는 도로 중앙으로 붙어서 통행하여야 한다.

자전거도로가 따로 있는 곳에서는 그 자전거도로로 통행하여야 하고, 자전거도로가 설치되지 아니한 곳에서는 도로 우측 가장자리에 붙어서 통행하여야 하며, 길가장자리구역(안전표지로 자전거의 통행을 금지한 구간은 제외)을 통행하는 경우 보행자의 통행에 방해가 될 때에는 서행하거나 일시정지하여야 한다.

86 '착한운전 마일리지' 제도에 대한 설명으로 적절치 않은 2가지는?

① 교통법규를 잘 지키고 이를 실천한 운전자에게 실질적인 인센티브를 부여하는 제도이다.
② 운전자가 정지처분을 받게 될 경우 누산점수에서 공제할 수 있다.
③ 범칙금이나 과태료 미납자도 마일리지 제도의 무위반·무사고 서약에 참여할 수 있다.
④ 서약 실천기간 중에 교통사고를 유발하거나 교통법규를 위반하면 다시 서약할 수 없다.

도로교통법 시행규칙 [별표 28] 운전자가 정지처분을 받게 될 경우 누산점수에서 이를 공제할 수 있다. 운전면허를 소지한 누구나 마일리지 제도에 참여할 수 있지만, 범칙금이나 과태료 미납자는 서약할 수 없고, 서약 실천기간 중에 교통사고를 발생하거나 교통법규를 위반해도 다시 서약할 수 있다(운전면허 특혜점수 부여에 관한 기준 고시

87 도로교통법령상 범칙금 납부 통고서를 받은 사람이 2차 납부기간을 경과한 경우에 대한 설명으로 맞는 2가지는?

① 지체 없이 즉결심판을 청구하여야 한다.
② 즉결심판을 받지 아니한 때 운전면허를 40일 정지한다.
③ 과태료 부과한다.
④ 범칙금액에 100분의 30을 더한 금액을 납부하면 즉결심판을 청구하지 않는다.

범칙금 납부 통고서를 받은 사람이 2차 납부기간을 경과한 경우 지체 없이 즉결심판을 청구하여야 한다. 즉결심판을 받지 아니한 때 운전면허를 40일 정지한다. 범칙금액에 100분의 50을 더한 금액을 납부하면 즉결심판을 청구하지 않는다. (도로교통법 제165조)

88 도로교통법령상 연습운전면허 취소사유로 맞는 것 2가지는?

① 단속하는 경찰공무원등 및 시·군·구 공무원을 폭행한 때
② 도로에서 자동차의 운행으로 물적 피해만 발생한 교통사고를 일으킨 때
③ 다른 사람에게 연습운전면허증을 대여하여 운전하게 한 때
④ 난폭운전으로 2회 형사입건된 때

도로교통법 시행규칙 별표29 도로에서 자동차등의 운행으로 인한 교통사고를 일으킨 때 연습운전면허를 취소한다. 다만, 물적 피해만 발생한 경우를 제외한다.

89 좌석안전띠에 대한 설명으로 맞는 2가지는?

① 운전자가 안전띠를 착용하지 않은 경우 과태료 3만원이 부과된다.
② 일반적으로 경부에 대한 편타손상은 2점식에서 더 많이 발생한다.
③ 13세 미만의 어린이가 안전띠를 착용하지 않으면 범칙금 6만원이 부과된다.
④ 안전띠는 2점식, 3점식, 4점식으로 구분된다.

① 운전자가 안전띠를 착용하지 않은 경우 범칙금 3만원이 부과된다.
② 일반적으로 경부에 대한 편타손상은 2점식에서 더 많이 발생한다.
③ 13세 미만의 어린이가 안전띠를 착용하지 않으면 과태료 6만원이 부과된다.
④ 안전띠는 착용방식에 따라 2점식, 3점식, 4점식으로 구분된다.

90 교통사고 현장에서 증거확보를 위한 사진 촬영 방법으로 맞는 2가지는?

① 블랙박스 영상이 촬영되는 경우 추가하여 사진 촬영할 필요가 없다.
② 도로에 엔진오일, 냉각수 등의 흔적은 오랫동안 지속되므로 촬영하지 않아도 된다.
③ 파편물, 자동차와 도로의 파손부위 등 동일한 대상에 대해 근접촬영과 원거리 촬영을 같이 한다.
④ 차량 바퀴의 진행방향을 스프레이 등으로 표시하거나 촬영을 해 둔다.

해설

파손부위 근접 촬영 및 원거리 촬영을 하여야 하고 차량의 바퀴가 돌아가 있는 것 까지도 촬영해야 나중에 사고를 규명하는데 도움이 된다.

91 보행자 신호등이 없는 횡단보도로 횡단하는 노인을 뒤늦게 발견한 승용차 운전자가 급제동을 하였으나 노인을 충격(2주 진단)하는 교통사고가 발생하였다. 올바른 설명 2가지는?

① 보행자 신호등이 없으므로 자동차 운전자는 과실이 전혀 없다.
② 자동차 운전자에게 민사책임이 있다.
③ 횡단한 노인만 형사처벌 된다.
④ 자동차 운전자에게 형사 책임이 있다.

해설

횡단보도 교통사고로 운전자에게 민사 및 형사 책임이 있다.

정답 82. ②, ③　83. ②, ③　84. ②, ④　85. ①, ②　86. ③, ④　87. ①, ②　88. ①, ③　89. ②, ④　90. ③, ④　91. ②, ④

92 자동차 승차인원에 관한 설명으로 맞는 2가지는?

① 고속도로에서는 자동차의 승차정원을 넘어서 운행할 수 없다.
② 자동차등록증에 명시된 승차정원은 운전자를 제외한 인원이다.
③ 출발지를 관할하는 경찰서장의 허가를 받은 때에는 승차정원을 초과하여 운행할 수 있다.
④ 승차정원 초과 시 도착지 관할 경찰서장의 허가를 받아야 한다.

해설

모든 차의 운전자는 승차 인원, 적재 중량 및 적재 용량에 관하여 운행상의 안전 기준을 넘어서 승차시키거나 적재하고 운전하여서는 아니 된다. 다만, 출발지를 관할하는 경찰서장의 허가를 받은 때에는 그러하지 아니하다. (도로교통법 제39조)

93 좌석 안전띠 착용에 대한 설명으로 맞는 2가지는?

① 가까운 거리를 운행할 경우에는 큰 효과가 없으므로 착용하지 않아도 된다.
② 자동차의 승차자는 안전을 위하여 좌석 안전띠를 착용하여야 한다.
③ 어린이는 부모의 도움을 받을 수 있는 운전석 옆 좌석에 태우고, 좌석 안전띠를 착용시키는 것이 안전하다.
④ 긴급한 용무로 출동하는 경우 이외에는 긴급자동차의 운전자도 좌석 안전띠를 반드시 착용하여야 한다.

해설

자동차의 승차자는 안전을 위하여 좌석 안전띠를 착용하여야 하고 긴급한 용무로 출동하는 경우 이외에는 긴급자동차의 운전자도 좌석 안전띠를 반드시 착용하여야 한다. (도로교통법 제50조)

94 도로교통법령상 어린이통학버스 신고에 관한 설명이다. 맞는 것 2가지는?

① 어린이통학버스를 운영하려면 미리 도로교통공단에 신고하고 신고증명서를 발급받아야 한다.
② 어린이통학버스는 원칙적으로 승차정원 9인승(어린이 1명을 승차정원 1인으로 본다) 이상의 자동차로 한다.
③ 어린이통학버스 신고증명서가 헐어 못쓰게 되어 다시 신청하는 때에는 어린이통학버스 신고증명서 재교부신청서에 헐어 못쓰게 된 신고증명서를 첨부하여 제출하여야 한다.
④ 어린이통학버스 신고증명서는 그 자동차의 앞면 차유리 좌측상단의 보기 쉬운 곳에 부착하여야 한다.

해설

도로교통법 제52조(어린이통학버스의 신고 등) ①어린이통학버스를 운영하려는 자는 미리 관할 경찰서장에게 신고하고 신고증명서를 발급받아야 한다.

도로교통법 시행규칙 제35조(어린이통학버스의 신고절차 등) ③어린이통학버스 신고증명서는 그 자동차의 앞면 창유리 우측상단의 보기 쉬운 곳에 부착하여야 한다. ④어린이통학버스 신고증명서가 헐어 못쓰게 되어 다시 신청하는 때에는 어린이통학버스 신고증명서 재교부신청서에 헐어 못쓰게 된 신고증명서를 첨부하여 제출하여야 한다.

95 도로교통법령상 신호에 대한 설명으로 맞는 2가지는?

① 황색 등화의 점멸 - 차마는 다른 교통 또는 안전표지에 주의하면서 진행할 수 있다.
② 적색의 등화 - 보행자는 횡단보도를 주의하면서 횡단할 수 있다.
③ 녹색 화살 표시의 등화 - 차마는 화살표 방향으로 진행할 수 있다.
④ 황색의 등화 - 차마가 이미 교차로에 진입하고 있는 경우에는 교차로 내에 정지해야 한다.

해설

황색의 등화 : 1. 차마는 정지선이 있거나 횡단보도가 있을 때에는 그 직전이나 교차로의 직전에 정지하여야 하며, 이미 교차로에 차마의 일부라도 진입한 경우에는 신속히 교차로 밖으로 진행하여야 한다. 2. 차마는 우회전할 수 있고 우회전하는 경우에는 보행자의 횡단을 방해하지 못한다.

적색의 등화 : 1. 차마는 정지선, 횡단보도 및 교차로의 직전에서 정지해야 한다. 2. 차마는 우회전하려는 경우 정지선, 횡단보도 및 교차로의 직전에서 정지한 후 신호에 따라 진행하는 다른 차마의 교통을 방해하지 않고 우회전할 수 있다. 3. 제2호에도 불구하고 차마는 우회전 삼색등이 적색의 등화인 경우 우회전할 수 없다. - 녹색 화살 표시의 등화 : 차마는 화살표 방향으로 진행할 수 있다. - 황색 등화의 점멸: 차마는 다른 교통 또는 안전표지의 표시에 주의하면서 진행할 수 있다. (도로교통법 시행규칙 별표2)

96 언덕길의 오르막 정상 부근으로 접근 중이다. 안전한 운전행동 2가지는?

① 연료 소모를 줄이기 위해서 엔진의 RPM(분당 회전수)을 높인다.
② 오르막의 정상에서는 반드시 일시정지한 후 출발한다.
③ 앞 차량과의 안전거리를 유지하며 운행한다.
④ 고단기어보다 저단기어로 주행한다.

해설

① RPM이 높으면 연료소모가 크다. ② 오르막의 정상에서는 서행하도록 하며 반드시 일시정지해야 하는 것은 아니다. ③ 앞 차량과의 거리를 넓히고 안전거리를 유지하는 것이 좋다. ④ 엔진의 힘이 적은 고단기어보다 엔진의 힘이 큰 저단기어로 주행하는 것이 좋다.

97 교차로에서 좌·우회전을 할 때 가장 안전한 운전 방법 2가지는?

① 우회전 시에는 미리 도로의 우측 가장자리로 서행하면서 우회전해야 한다.
② 혼잡한 도로에서 좌회전할 때에는 좌측 유도선과 상관없이 신속히 통과해야 한다.
③ 좌회전할 때에는 미리 도로의 중앙선을 따라 서행하면서 교차로의 중심 안쪽을 이용하여 좌회전해야 한다.
④ 유도선이 있는 교차로에서 좌회전할 때에는 좌측 바퀴가 유도선 안쪽을 통과해야 한다.

해설

모든 차의 운전자는 교차로에서 우회전을 하고자 하는 때에는 미리 도로의 우측 가장자리를 따라 서행하면서 우회전하여야 하며, 좌회전 시에는 미리 도로의 중앙선을 따라 서행하면서 교차로의 중심 안쪽을 이용하여 좌회전해야 한다.(도로교통법 제25조)

정답 92. ①, ③ 93. ②, ④ 94. ②, ③ 95. ①, ③ 96. ③, ④ 97. ①, ③

대형·특수 화물 문제

01 화물을 적재한 덤프트럭이 내리막길을 내려오는 경우 다음 중 가장 안전한 운전 방법은?

① 기어를 중립에 놓고 주행하여 연료를 절약한다.
② 브레이크 페달을 나누어 밟으면 제동의 효과가 없어 한 번에 밟는다.
③ 앞차의 급정지를 대비하여 충분한 차간 거리를 유지한다.
④ 경음기를 크게 울리고 속도를 높이면서 신속하게 주행한다.

해설
짐을 실은 덤프트럭은 적재물의 무게로 인해 브레이크 장치가 파열될 우려가 있으므로 저단으로 기어를 유지하여 엔진브레이크를 사용하며 브레이크 페달을 자주 나누어 밟아 브레이크 장치에 무리를 최소화하도록 하고 안전거리를 충분히 유지하여야 한다.

02 다음 중 화물의 적재불량 등으로 인한 교통사고를 줄이기 위한 운전자의 조치사항으로 가장 알맞은 것은?

① 화물을 싣고 이동할 때는 반드시 덮개를 씌운다.
② 예비 타이어 등 고정된 부착물은 점검할 필요가 없다.
③ 화물의 신속한 운반을 위해 화물은 느슨하게 묶는다.
④ 가까운 거리를 이동하는 경우에는 화물을 고정할 필요가 없다.

해설
화물을 싣고 이동할 때는 반드시 가까운 거리라도 화물을 튼튼히 고정하고 덮개를 씌워 유동이 없도록 하고 출발 전에 예비 타이어 등 부착물의 이상 유무를 점검□확인하고 시정 후 출발하여야 한다.

03 화물자동차의 화물 적재에 대한 설명 중 가장 옳지 않은 것은?

① 화물을 적재할 때는 적재함 가운데부터 좌우로 적재한다.
② 화물자동차는 무게 중심이 앞 쪽에 있기 때문에 적재함의 뒤쪽부터 적재한다.
③ 적재함 아래쪽에 상대적으로 무거운 화물을 적재한다.
④ 화물을 모두 적재한 후에는 화물이 차량 밖으로 낙하하지 않도록 고정한다.

해설
화물운송사 자격시험 교재 중 화물취급요령, 화물 적재함에 화물 적재 시 앞쪽이나 뒤쪽으로 무게가 치우치지 않도록 균형되게 적재한다.

04 다음 중 대형화물자동차의 운전특성에 대한 설명으로 가장 알맞은 것은?

① 무거운 중량과 긴 축거 때문에 안정도는 낮다.
② 고속주행 시에 차체가 흔들리기 때문에 순간적으로 직진안정성이 나빠지는 경우가 있다.
③ 운전대를 조작할 때 소형승용차와는 달리 핸들복원이 원활하다.
④ 운전석이 높아서 이상기후 일 때에는 시야가 더욱 좋아진다.

해설
대형화물차가 운전석이 높다고 이상기후 시 시야가 좋아지는 것은 아니며, 소형승용차에 비해 핸들복원력이 원활치 못하고 무거운 중량과 긴 축거 때문에 안정도는 승용차에 비해 높다.

05 다음 중 운송사업용 자동차 등 도로교통법상 운행기록계를 설치하여야 하는 자동차 운전자의 바람직한 운전행위는?

① 운행기록계가 설치되어 있지 아니한 자동차 운전행위
② 고장 등으로 사용할 수 없는 운행기록계가 설치된 자동차 운전행위
③ 운행기록계를 원래의 목적대로 사용하지 아니하고 자동차를 운전하는 행위
④ 주기적인 운행기록계 관리로 고장 등을 사전에 예방하는 행위

해설
도로교통법 제50조(특정 운전자의 준수사항) 제5항 각 호
운행기록계가 설치되어 있지 아니하거나 고장 등으로 사용할 수 없는 운행기록계가 설치된 자동차를 운전하거나 운행기록계를 원래의 목적대로 사용하지 아니하고 자동차를 운전하는 행위를 해서는 아니 된다.

06 다음 중 저상버스의 특성에 대한 설명이다. 가장 거리가 먼 것은?

① 노약자나 장애인이 쉽게 탈 수 있다.
② 차체바닥의 높이가 일반버스 보다 낮다.
③ 출입구에 계단 대신 경사판이 설치되어 있다.
④ 일반버스에 비해 차체의 높이가 1/2이다.

해설
바닥이 낮고 출입구에 계단이 없는 버스이다. 기존 버스의 계단을 오르내리기 힘든 교통약자들, 특히 장애인들의 이동권을 보장하기 위해 도입되었다.

07 운행기록계를 설치하지 않은 견인형 특수자동차(화물자동차 운수사업법에 따른 자동차에 한함)를 운전한 경우 운전자 처벌 규정은?

① 과태료 10만 원 ② 범칙금 10만 원
③ 과태료 7만 원 ④ 범칙금 7만 원

해설
도로교통법 제50조 제5항, 도로교통법 시행령 별표8 16호 운행기록계가 설치되지 아니한 승합자동차등을 운전한 경우에는 범칙금 7만 원, 교통안전법 제55조제1항, 교통안전법 시행령 별표9 운행기록장치를 부착하지 아니한 경우에는 과태료 50~150만 원

08 화물자동차의 적재물 추락방지를 위한 설명으로 가장 옳지 않은 것은?

① 구르기 쉬운 화물은 고정목이나 화물받침대를 사용한다.
② 건설기계 등을 적재하였을 때는 와이어, 로프 등을 사용한다.
③ 적재함 전후좌우에 공간이 있을 때는 멈춤목 등을 사용한다.
④ 적재물 추락방지 위반의 경우에 범칙금은 5만 원에 벌점은 10점이다.

해설
도로교통법 시행령 별표8, 적재물 추락방지 위반 : 4톤 초과 화물자동차 범칙금 5만 원, 4톤 이하 화물자동차 범칙금 4만 원, 도로교통법 시행규칙 별표28, 적재물 추락방지위반 벌점 15점

09 유상운송을 목적으로 등록된 사업용 화물자동차 운전자가 반드시 갖추어야 하는 것은?

① 차량정비기술 자격증 ② 화물운송종사 자격증
③ 택시운전자 자격증 ④ 제1종 특수면허

해설
사업용(영업용) 화물자동차(용달·개별·일반) 운전자는 반드시 화물운송종사자격을 취득 후 운전하여야 한다.

10 다음은 대형화물자동차의 특성에 대한 설명이다. 가장 알맞은 것은?

① 화물의 종류에 따라 선회 반경과 안정성이 크게 변할 수 있다.
② 긴 축간거리 때문에 안정도가 현저히 낮다.
③ 승용차에 비해 핸들복원력이 원활하다.
④ 차체의 무게는 가벼우나 크기는 승용차보다 크다.

해설
대형화물차는 승용차에 비해 핸들복원력이 원활하지 못하고 차체가 무겁고 긴 축거 때문에 상대적으로 안정도가 높으며, 화물의 종류에 따라 선회반경과 안정성이 크게 변할 수 있다.

11 다음 중 대형화물자동차의 특징에 대한 설명으로 가장 알맞은 것은?

① 적재화물의 위치나 높이에 따라 차량의 중심위치는 달라진다.
② 중심은 상·하(上下)의 방향으로는 거의 변화가 없다.
③ 중심높이는 진동특성에 거의 영향을 미치지 않는다.
④ 진동특성이 없어 대형화물자동차의 진동각은 승용차에 비해 매우 작다.

해설
대형화물차는 진동특성이 있고 진동각은 승용차에 비해 매우 크며, 중심높이는 진동특성에 영향을 미치며 중심은 상·하 방향으로도 미친다.

정답 01. ③ 02. ① 03. ② 04. ② 05. ④ 06. ④ 07. ④ 08. ④ 09. ② 10. ① 11. ①

12 제1종 대형면허의 취득에 필요한 청력기준은?(단, 보청기 사용자 제외)

① 25데시벨 ② 35데시벨 ③ 45데시벨 ④ 55데시벨

해설
도로교통법 시행령 제 45조 1항에 의하여 대형면허 또는 특수면허를 취득하려는 경우의 운전에 필요한 적성 기준은 55데시벨(보청기를 사용하는 사람은 40데시벨)의 소리를 들을 수 있어야 한다.

13 대형 및 특수 자동차의 제동특성에 대한 설명이다. 잘못된 것은?

① 하중의 변화에 따라 달라진다.
② 타이어의 공기압과 트레드가 고르지 못하면 제동거리가 달라진다.
③ 차량 중량에 따라 달라진다.
④ 차량의 적재량이 커질수록 실제 제동거리는 짧아진다.

해설
차량의 중량(적재량)이 커질수록 실제 제동거리는 길어지므로, 안전거리의 유지와 브레이크 페달 조작에 주의하여야 한다.

14 다음 중 대형 화물자동차의 사각지대와 제동 시 하중변화에 대한 설명으로 가장 알맞은 것은?

① 사각지대는 보닛이 있는 차와 없는 차가 별로 차이가 없다.
② 앞, 뒷바퀴의 제동력은 하중의 변화와는 관계없다.
③ 운전석 우측보다는 좌측 사각지대가 훨씬 넓다.
④ 화물 하중의 변화에 따라 제동력에 차이가 발생한다.

해설
대형 화물차의 사각지대는 보닛유무 여부에 따라 큰 차이가 있고, 하중의 변화에 따라 앞·뒷바퀴의 제동력에 영향을 미치며 운전석 좌측보다는 우측 사각지대가 훨씬 넓다.

15 대형차의 운전특성에 대한 설명으로 잘못된 것은?

① 무거운 중량과 긴 축거 때문에 안정도는 높으나, 핸들을 조작할 때 소형차와 달리 핸들 복원이 둔하다.
② 소형차에 비해 운전석이 높아 차의 바로 앞만 보고 운전하게 되므로 직진 안정성이 좋아진다.
③ 화물의 종류와 적재 위치에 따라 선회 특성이 크게 변화한다.
④ 화물의 종류와 적재 위치에 따라 안정성이 크게 변화한다.

해설
대형차는 고속 주행 시에 차체가 흔들리기 때문에 순간적으로 직진 안정성이 나빠지는 경우가 있으며, 더욱이 운전석 높기 때문에 밤이나 폭우, 안개 등 기상이 나쁠 때에는 차의 바로 앞만 보고 운전하게 되므로 더욱 직진 안정성이 나빠진다. 직진 안정성을 높이기 위해서는 가급적 주시점을 멀리 두고 핸들 조작에 신중을 기해야 한다.

16 자동차 및 자동차부품의 성능과 기준에 관한 규칙에 따라 자동차(연결자동차 제외)의 길이는 ( )미터를 초과하여서는 아니 된다. ( )에 기준으로 맞는 것은?

① 10 ② 11 ③ 12 ④ 13

해설
자동차 및 자동차부품의 성능과 기준에 관한 규칙 제4조(길이 · 너비 및 높이)
① 자동차의 길이 · 너비 및 높이는 다음의 기준을 초과하여서는 아니 된다.
1. 길이 : 13미터(연결자동차의 경우에는 16.7미터를 말한다)
2. 너비 : 2.5미터(간접시계장치 · 환기장치 또는 밖으로 열리는 창의 경우 이들 장치의 너비는 승용자동차에 있어서는 25센티미터, 기타의 자동차에 있어서는 30센티미터. 다만, 피견인자동차의 너비가 견인자동차의 너비보다 넓은 경우 그 견인자동차의 간접시계장치에 한하여 피견인자동차의 가장 바깥쪽으로 10센티미터를 초과할 수 없다)
3. 높이 : 4미터

17 다음 제1종 특수면허에 대한 설명 중 옳은 것은?

① 소형견인차 면허는 적재중량 3.5톤의 견인형 특수자동차를 운전할 수 있다.
② 소형견인차 면허는 적재중량 4톤의 화물자동차를 운전할 수 있다.
③ 구난차 면허는 승차정원 12명인 승합자동차를 운전할 수 있다.
④ 대형 견인차 면허는 적재중량 10톤의 화물자동차를 운전할 수 있다.

해설
도로교통법시행규칙 별표 18
① 소형견인차 면허는 총중량 3.5톤의 견인형 특수자동차를 운전할 수 있다.
② 소형견인차 면허는 적재중량 4톤의 화물자동차를 운전할 수 있다.
③ 구난차 면허는 승차정원 10명 이하의 승합자동차를 운전할 수 있다.
④ 대형 견인차 면허는 적재중량 4톤의 화물자동차를 운전할 수 있다.

18 대형승합자동차 운행 중 차내에서 승객이 춤추는 행위를 방치하였을 경우 운전자의 처벌은?

① 범칙금 9만 원, 벌점 30점 ② 범칙금 10만 원, 벌점 40점
③ 범칙금 11만 원, 벌점 50점 ④ 범칙금 12만 원, 벌점 60점

해설
차내 소란행위 방치운전의 경우 범칙금 10만 원에 벌점 40점이 부과된다. 도로교통법 제49조(모든 운전자의 준수사항 등), 도로교통법 시행령 (별표 8)범칙행위 및 범칙금액(운전자), 도로교통법 시행규칙 (별표 28) 운전면허 취소·정지처분기준

19 도로교통법령상 화물자동차의 적재용량 안전기준에 위반한 차량은?

① 자동차 길이의 10분의 2를 더한 길이
② 후사경으로 뒤쪽을 확인할 수 있는 범위의 너비
③ 지상으로부터 3.9미터 높이
④ 구조 및 성능에 따르는 적재중량의 105퍼센트

해설
도로교통법 시행령 제22조(운행상의 안전기준) 법 제39조제1항 본문에서 "대통령령으로 정하는 운행상의 안전기준"이란 다음 각 호를 말한다.
3. 화물자동차의 적재중량은 구조 및 성능에 따르는 적재중량의 110퍼센트 이내일 것
4. 자동차(화물자동차, 이륜자동차 및 소형 3륜자동차만 해당한다)의 적재용량은 다음 각 목의 구분에 따른 기준을 넘지 아니할 것
가. 길이 : 자동차 길이에 그 길이의 10분의 1을 더한 길이. 다만, 이륜자동차는 그 승차장치의 길이 또는 적재장치의 길이에 30센티미터를 더한 길이를 말한다.
나. 너비 : 자동차의 후사경(後寫鏡)으로 뒤쪽을 확인할 수 있는 범위(후사경의 높이보다 화물을 낮게 적재한 경우에는 그 화물을, 후사경의 높이보다 화물을 높게 적재한 경우에는 뒤쪽을 확인할 수 있는 범위를 말한다)의 너비
다. 높이 : 화물자동차는 지상으로부터 4미터(도로구조의 보전과 통행의 안전에 지장이 없다고 인정하여 고시한 도로노선의 경우에는 4미터 20센티미터), 소형 3륜자동차는 지상으로부터 2미터 50센티미터, 이륜자동차는 지상으로부터 2미터의 높이

20 4.5톤 화물자동차의 화물 적재함에 사람을 태우고 운행한 경우 범칙금액은?

① 5만 원 ② 4만 원 ③ 3만 원 ④ 2만 원

해설
도로교통법 제49조 제1항 제12호, 시행령 별표8, 4톤 초과 화물자동차의 화물 적재함에 승객이 탑승하면 범칙금 5만 원이다.

21 화물자동차의 적재화물 이탈 방지에 대한 설명으로 올바르지 않은 것은?

① 화물자동차에 폐쇄형 적재함을 설치하여 운송한다.
② 효율적인 운송을 위해 적재중량의 120퍼센트 이내로 적재한다.
③ 화물을 적재하는 경우 급정지, 회전 등 차량의 주행에 의해 실은 화물이 떨어지거나 날리지 않도록 덮개나 포장을 해야 한다.
④ 7톤 이상의 코일을 적재하는 경우에는 레버블록으로 2줄 이상 고정하되 줄당 고정점을 2개 이상 사용하여 고정해야 한다.

해설
도로교통법 시행령 제22조(운행상의 안전기준)
3. 화물자동차의 적재중량은 구조 및 성능에 따르는 적재중량의 110퍼센트 이내일 것
화물자동차 운수사업법 시행규칙 별표 1의3.

22 도로교통법상 차의 승차 또는 적재방법에 관한 설명으로 틀린 것은?

① 운전자는 승차인원에 관하여 대통령령으로 정하는 운행상의 안전기준을 넘어서 승차시킨 상태로 운전해서는 아니 된다.
② 운전자는 운전 중 타고 있는 사람이 떨어지지 아니하도록 문을 정확히 여닫는 등 필요한 조치를 하여야 한다.
③ 운전자는 운전 중 실은 화물이 떨어지지 아니하도록 덮개를 씌우거나 묶는 등 확실하게 고정해야 한다.
④ 운전자는 영유아나 동물의 안전을 위하여 안고 운전하여야 한다.

해설
도로교통법 제39조(승차 또는 적재의 방법과 제한)
모든 차의 운전자는 영유아나 동물을 안고 운전 장치를 조작하거나 운전석 주위에 물건을 싣는 등 안전에 지장을 줄 우려가 있는 상태로 운전하여서는 아니 된다.

23 다음 중 편도 3차로 고속도로에서 견인차의 주행 차로는?(버스전용차로 없음)

① 1차로 ② 2차로 ③ 3차로 ④ 모두가능

해설
도로교통법 시행규칙 [별표 9] 참조

정답 12. ④ 13. ④ 14. ④ 15. ② 16. ④ 17. ② 18. ② 19. ① 20. ① 21. ② 22. ④ 23. ③

24 고속버스가 밤에 도로를 통행할 때 켜야 할 등화에 대한 설명으로 맞는 것은?

① 전조등, 차폭등, 미등, 번호등, 실내조명등 ② 전조등, 미등
③ 미등, 차폭등, 번호등 ④ 미등, 차폭등

해설
고속버스가 밤에 통행할 때 켜야 할 등화는 전조등, 차폭등, 미등, 번호등, 실내조명등이다.

25 제1종 대형면허와 제1종 보통면허의 운전범위를 구별하는 화물자동차의 적재중량 기준은?

① 12톤 미만 ② 10톤 미만 ③ 4톤 이하 ④ 2톤 이하

해설
적재중량 12톤 미만의 화물자동차는 제1종 보통면허로 운전이 가능하고 적재중량 12톤 이상의 화물자동차는 제1종 대형면허를 취득하여야 운전이 가능하다.

26 제1종 보통면허 소지자가 총중량 750kg 초과 3톤 이하의 피견인자동차를 견인하기 위해 추가로 소지하여야 하는 면허는?

① 제1종 소형견인차면허 ② 제2종 보통면허
③ 제1종 대형면허 ④ 제1종 구난차면허

해설
(도로교통법 시행규칙 별표 18 비고 3) 총중량 750kg 초과 3톤 이하의 피견인자동차를 견인하기 위해서는 견인하는 자동차를 운전할 수 있는 면허와 소형견인차면허 또는 대형견인차면허를 가지고 있어야 한다.

27 다음 중 총중량 750킬로그램 이하의 피견인자동차를 견인할 수 없는 운전면허는?

① 제1종 보통면허 ② 제1종 보통연습면허
③ 제1종 대형면허 ④ 제2종 보통면허

해설
연습면허로는 피견인자동차를 견인할 수 없다.

28 고속도로가 아닌 곳에서 총중량이 1천5백킬로그램인 자동차를 총중량 5천킬로그램인 승합자동차로 견인할 때 최고속도는?

① 매시 50킬로미터 ② 매시 40킬로미터
③ 매시 30킬로미터 ④ 매시 20킬로미터

해설
도로교통법시행규칙 제20조, 총중량 2천킬로그램 미만인 자동차를 총중량이 그의 3배 이상인 자동차로 견인하는 경우에는 매시 30킬로미터이다.

29 자동차 및 자동차부품의 성능과 기준에 관한 규칙상 트레일러의 차량중량이란?

① 공차상태의 자동차의 중량을 말한다.
② 적차상태의 자동차의 중량을 말한다.
③ 공차상태의 자동차의 축중을 말한다.
④ 적차상태의 자동차의 축중을 말한다.

해설
차량중량이란 공차상태의 자동차의 중량을 말한다. 차량총중량이란 적차상태의 자동차의 중량을 말한다.

30 다음 중 도로교통법상 소형견인차 운전자가 지켜야할 사항으로 맞는 것은?

① 소형견인차 운전자는 긴급한 업무를 수행하므로 안전띠를 착용하지 않아도 무방하다.
② 소형견인차 운전자는 주행 중 일상 업무를 위한 휴대폰 사용이 가능하다.
③ 소형견인차 운전자는 운행 시 제1종 특수(소형견인차)면허를 취득하고 소지하여야 한다.
④ 소형견인차 운전자는 사고현장 출동 시에는 규정된 속도를 초과하여 운행할 수 있다.

해설
소형견인차의 운전자도 도로교통법 상 모든 운전자의 준수사항을 지켜야 하며, 운행 시 소형견인차 면허를 취득하고 소지하여야 한다.

31 다음 중 트레일러 차량의 특성에 대한 설명으로 가장 적정한 것은?

① 좌회전 시 승용차와 비슷한 회전각을 유지한다.
② 내리막길에서는 미끄럼 방지를 위해 기어를 중립에 둔다.
③ 승용차에 비해 내륜차(內輪差)가 크다.
④ 승용차에 비해 축간 거리가 짧다.

해설
트레일러는 좌회전 시 승용차와 비슷한 회전각을 유지하게 되면 뒷바퀴에 의한 좌회전 대기 차량을 충격하게 되므로 승용차보다 넓게 회전하여야 하며 내리막길에서 기어를 중립에 두는 경우 대형사고의 원인이 된다.

32 다음 중 특수한 작업을 수행하기 위해 제작된 총중량 3.5톤 이하의 특수자동차(구난차등은 제외)를 운전할 수 있는 면허는?

① 제1종 보통연습면허 ② 제2종 보통연습면허
③ 제2종 보통면허 ④ 제1종 소형면허

해설
도로교통법 시행규칙 별표18
총중량 3.5톤 이하의 특수자동차는 제2종 보통면허로 운전이 가능하다.

33 자동차를 견인하는 경우에 대한 설명으로 바르지 못한 것은?

① 3톤을 초과하는 자동차를 견인하기 위해서는 견인하는 자동차를 운전할 수 있는 면허와 제1종 대형견인차면허를 가지고 있어야 한다.
② 편도 2차로 이상의 고속도로에서 견인자동차로 다른 차량을 견인할 때에는 최고속도의 100분의 50을 줄인 속도로 운행하여야 한다.
③ 일반도로에서 견인차가 아닌 차량으로 다른 차량을 견인할 때에는 도로의 제한속도로 진행할 수 있다.
④ 견인자동차가 아닌 일반자동차로 다른 차량을 견인하려는 경우에는 해당 차종을 운전할 수 있는 면허를 가지고 있어야 한다.

해설
도로교통법 시행규칙 제19조
- 편도 2차로 이상 고속도로에서의 최고속도는 매시 100킬로미터[화물자동차(적재중량 1.5톤을 초과하는 경우에 한한다. 이하 이 호에서 같다) · 특수자동차 · 위험물운반자동차(별표 9 (주) 6에 따른 위험물 등을 운반하는 자동차를 말한다. 이하 이호에서 같다) 및 건설기계의 최고속도는 매시 80킬로미터], 최저속도는 매시 50킬로미터

도로교통법 시행규칙제20조
- 견인자동차가 아닌 자동차로 다른 자동차를 견인하여 도로(고속도로를 제외한다)를 통행하는 때의 속도는 제19조에 불구하고 다음 각 호에서 정하는 바에 의한다.
  1. 총중량 2천킬로그램 미만인 자동차를 총중량이 그의 3배 이상인 자동차로 견인하는 경우에는 매시 30킬로미터 이내
  2. 제1호 외의 경우 및 이륜자동차가 견인하는 경우에는 매시 25킬로미터 이내

같은법 시행규칙 별표18
- 피견인자동차는 제1종 대형면허, 제1종 보통면허 또는 제2종 보통면허를 가지고 있는 사람이 그 면허로 운전할 수 있는 자동차(「자동차관리법」 제3조에 따른 이륜자동차는 제외한다)로 견인할 수 있다. 이 경우, 총중량 750킬로그램을 초과하는 3톤 이하의 피견인자동차를 견인하기 위해서는 견인하는 자동차를 운전할 수 있는 면허와 소형견인차면허 또는 대형견인차 면허를 가지고 있어야 하고, 3톤을 초과하는 피견인자동차를 견인하기 위해서는 견인하는 자등차를 운전할 수 있는 면허와 대형견인차면허를 가지고 있어야 한다.

34 차체 일부가 견인자동차의 상부에 실리고, 해당 자동차 및 적재물 중량의 상당 부분을 견인자동차에 분담시키는 구조의 피견인자동차는?

① 풀트레일러 ② 세미트레일러
③ 저상트레일러 ④ 센터차축트레일러

해설
① **풀트레열러** – 자동차 및 적재물 중량의 대부분을 해당 자동차의 차축으로 지지하는 구조의 피견인자동차
② **세미트레일러** – 그 일부가 견인자동차의 상부에 실리고, 해당 자동차 및 적재물 중량의 상당 부분을 견인자동차에 분담시키는 구조의 피견인자동차
③ **저상 트레일러** – 중량물의 운송에 적합하고 세미트레일러의 구조를 갖춘 것으로서, 대부분의 상면지상고가 1,100밀리미터 이하이며 견인자동차의 커플러 상부높이보다 낮게 제작된 피견인자동차
④ **센터차축트레일러** – 균등하게 적재한 상태에서의 무게중심이 차량축 중심의 앞쪽에 있고, 견인자동차와의 연결장치가 수직방향으로 굴절되지 아니하며, 차량총중량의 10퍼센트 또는 1천 킬로그램보다 작은 하중을 견인자동차에 분담시키는 구조로서 1개 이상의 축을 가진 피견인자동차

35 다음 중 트레일러의 종류에 해당되지 않는 것은?

① 풀트레일러 ② 저상트레일러 ③ 세미트레일러 ④ 고가트레일러

해설
트레일러는 풀트레일러, 저상트레일러, 세미트레일러, 센터차축트레일러, 모듈트레일러가 있다.

정답 24. ① 25. ① 26. ① 27. ② 28. ③ 29. ① 30. ③ 31. ③ 32. ③ 33. ③ 34. ② 35. ④

36 다음 중 구난차로 상시 4륜구동 자동차를 견인하는 경우 가장 적절한 방법은?

① 자동차의 뒤를 들어서 견인한다.
② 상시 4륜구동 자동차는 전체를 들어서 견인한다.
③ 구동 방식과 견인하는 방법은 무관하다.
④ 견인되는 모든 자동차의 주차브레이크는 반드시 제동 상태로 한다.

해설
구난차로 상시 4륜구동 자동차를 견인하는 경우 차량 전체를 들어서 화물칸에 싣고 이동하여야 한다.

37 자동차 및 자동차부품의 성능과 기준에 관한 규칙상 견인형 특수자동차의 뒷면 또는 우측면에 표시하여야 하는 것은?

① 차량총중량·최대적재량
② 차량중량에 승차정원의 중량을 합한 중량
③ 차량총중량에 승차정원의 중량을 합한 중량
④ 차량총중량·최대적재량·최대적재용적·적재물품명

해설
자동차 및 자동차부품의 성능과 기준에 관한 규칙 제19조 화물자동차의 뒷면에는 정하여진 차량총중량 및 최대적 재량(탱크로리에 있어서는 차량총중량 · 최대적재량 · 최대적재용적 및 적재물품명)을 표시하고, 견인형특수자동차의 뒷면 또는 우측면에는 차량중량에 승차정원의 중량을 합한 중량을 표시하여야 하며, 기타의 자동차의 뒷면에는 정하여진 최대적 재량을 표시하여야 한다. 다만, 차량총중량이 15톤 미만인 경우에는 차량총중량을 표시하지 아니할 수 있다.

38 화물을 적재한 트레일러 자동차가 시속 50킬로미터로 편도 1차로 도로의 우로 굽은 도로를 진행할 때 가장 안전한 운전 방법은?

① 주행하던 속도를 줄이면 전복의 위험이 있어 속도를 높여 진입한다.
② 회전반경을 줄이기 위해 반대차로를 이용하여 진입한다.
③ 원활한 교통흐름을 위해 현재 속도를 유지하면서 신속하게 진입한다.
④ 원심력에 의해 전복의 위험성이 있어 속도를 줄이면서 진입한다.

해설
커브길에서는 원심력에 의한 차량 전복의 위험성이 있어 속도를 줄이면서 안전하게 진입한다.

39 다음 중 도로교통법상 자동차를 견인하는 경우에 대한 설명으로 바르지 못한 것은?

① 견인자동차가 아닌 자동차로 고속도로에서 다른 자동차를 견인하였다.
② 소형견인차 면허로 총중량 3.5톤 이하의 견인형 특수자동차를 운전하였다.
③ 제1종보통 면허로 10톤의 화물자동차를 운전하여 고장난 승용자동차를 견인하였다.
④ 총중량 1천5백킬로그램 자동차를 총중량이 5천킬로그램인 자동차로 견인하여 매시 30킬로미터로 주행하였다.

해설
도로교통법 시행규칙 제19조
– 편도 2차로 이상 고속도로에서의 최고속도는 매시 100킬로미터[화물자동차(적재중량 1.5톤을 초과하는 경우에 한한다. 이하 이 호에서 같다) · 특수자동차 · 위험물운반자동차(별표 9 (주) 6에 따른 위험물 등을 운반하는 자동차를 말한다. 이하 이 호에서 같다) 및 건설기계의 최고속도는 매시 80킬로미터], 최저속도는 매시 50킬로미터
도로교통법 시행규칙 제20조
– 견인자동차가 아닌 자동차로 다른 자동차를 견인하여 도로(고속도로를 제외한다)를 통행하는 때의 속도는 제19조에 불구하고 다음 각 호에서 정하는 바에 의한다.
1. 총중량 2천킬로그램 미만인 자동차를 총중량이 그의 3배 이상인 자동차로 견인하는 경우에는 매시 30킬로미터 이내
2. 제1호 외의 경우 및 이륜자동차가 견인하는 경우에는 매시 25킬로미터 이내
도로교통법 시행규칙 [별표18]
– 소형견인차 : 총중량 3.5톤이하 견인형 특수자동차, 제2종 보통면허로 운전할 수 있는 차량
– 피견인자동차는 제1종 대형면허, 제1종 보통면허 또는 제2종 보통면허를 가지고 있는 사람이 그 면허로 운전할 수 있는 자동차(「자동차관리법」 제3조에 따른 이륜자동차는 제외한다)로 견인할 수 있다. 이 경우, 총중량 750킬로그램을 초과하는 3톤 이하의 피견인자동차를 견인하기 위해서는 견인하는 자동차를 운전할 수 있는 면허와 소형견인차면허 또는 대형견인차 면허를 가지고 있어야 하고, 3톤을 초과하는 피견인자동차를 견인하기 위해서는 견인하는 자동차를 운전할 수 있는 면허와 대형견인차면허를 가지고 있어야 한다.

40 자동차관리법상 유형별로 구분한 특수자동차에 해당되지 않는 것은?

① 견인형 ② 구난형 ③ 일반형 ④ 특수용도형

해설
자동차관리법상 특수자동차의 유형별 구분에는 견인형, 구난형, 특수용도형으로 구분된다.

41 급감속·급제동 시 피견인차가 앞쪽 견인차를 직선 운동으로 밀고 나아가면서 연결 부위가 'ㄱ'자처럼 접히는 현상을 말하는 용어는?

① 스윙-아웃(swing-out) ② 잭 나이프(jack knife)
③ 하이드로플래닝(hydropaning) ④ 베이퍼 록(vapor lock)

해설
'jack knife'는 젖은 노면 등의 도로 환경에서 트랙터의 제동력이 트레일러의 제동력보다 클 때 발생할 수 있는 현상으로 트레일러의 관성 운동으로 트랙터를 밀고 나아가면서 트랙터와 트레일러의 연결부가 기역자처럼 접히는 현상을 말한다. 'swing-out'은 불상의 이유로 트레일러의 바퀴만 제동되는 경우 트레일러가 시계추처럼 좌우로 흔들리는 운동을 뜻한다. 'hydroplaning'은 물에 젖은 노면을 고속으로 달릴 때 타이어가 노면과 접촉하지 않아 조종 능력이 상실되거나 또는 불가능한 상태를 말한다. 'vapor lock'은 브레이크액에 기포가 발생하여 브레이크가 제대로 작동하지 않게 되는 현상을 뜻한다.

42 도로에서 캠핑트레일러 피견인 차량 운행 시 횡풍 등 물리적 요인에 의해 피견인 차량이 물고기 꼬리처럼 흔들리는 현상은?

① 잭 나이프(jack knife) 현상 ② 스웨이(Sway) 현상
③ 수막(Hydroplaning) 현상 ④ 휠 얼라이먼트(wheel alignment) 현상

해설
캐러밴 운행 시 대형 사고의 대부분이 스웨이 현상으로 캐러밴이 물고기 꼬리처럼 흔들리는 현상으로 피쉬테일 현상이라고도 한다.

43 자동차 및 자동차부품의 성능과 기준에 관한 규칙상 연결자동차가 초과해서는 안 되는 자동차 길이의 기준은?

① 13.5미터 ② 16.7미터 ③ 18.9미터 ④ 19.3미터

해설
자동차 및 자동차부품의 성능과 기준에 관한 규칙 제19조 2항
자동차 및 자동차부품의 성능과 기준에 관한 규칙 제4조 제1항의 내용에 따라 자동차의 길이는 13미터를 초과하여서는 안되며, 연결자동차의 경우는 16.7미터를 초과하여서는 안 된다.

44 다음 중 견인차의 트랙터와 트레일러를 연결하는 장치로 맞는 것은?

① 커플러 ② 킹핀 ③ 아우트리거 ④ 붐

해설
커플러(coupler, 연결기) : 트랙터(견인차)와 트레일러(피견인차)를 연결하는 장치로 트랙터 후면은 상단부위가 반원형인데 중심부위로 갈수록 좁아지며, 약 20센티미터의 홈이 파여 있고 커플러 우측은 커플러 작동 핸들 및 스프링 로크로 구성되어 있다.

45 초대형 중량물의 운송을 위하여 단독으로 또는 2대 이상을 조합하여 운행할 수 있도록 되어 있는 구조로서 하중을 골고루 분산하기 위한 장치를 갖춘 피견인자동차는?

① 세미트레일러 ② 저상트레일러
③ 모듈트레일러 ④ 센터차축트레일러

해설
① **세미트레일러** – 그 일부가 견인자동차의 상부에 실리고, 해당 자동차 및 적재물 중량의 상당 부분을 견인자동차에 분담시키는 구조의 피견인자동차
② **저상 트레일러** – 중량물의 운송에 적합하고 세미트레일러의 구조를 갖춘 것으로서, 대부분의 상면지상고가 1,100밀리미터 이하이며 견인자동차의 커플러 상부 높이보다 낮게 제작된 피견인자동차
④ **센터차축 트레일러** – 균등하게 적재한 상태에서의 무게중심이 차량축 중심의 앞쪽에 있고, 견인자동차와의 연결장치가 수직방향으로 굴절되지 아니하며, 차량총중량의 10퍼센트 또는 1천 킬로그램보다 작은 하중을 견인자동차에 분담시키는 구조로서 1개 이상의 축을 가진 피견인자동차

46 다음 중 구난차의 각종 장치에 대한 설명으로 맞는 것은?

① 크레인 본체에 달려 있는 크레인의 팔 부분을 후크(hook)라 한다.
② 구조물을 견인할 때 구난차와 연결하는 장치를 PTO스위치라고 한다.
③ 작업 시 안정성을 확보하기 위하여 전방과 후방 측면에 부착된 구조물을 아우트리거라고 한다.
④ 크레인에 장착되어 있으며 갈고리 모양으로 와이어 로프에 달려서 중량물을 거는 장치를 붐(boom)이라 한다.

해설
① 크레인의 붐(boom) : 크레인 본체에 달려 있는 크레인의 팔 부분 ② 견인삼각대 : 구조물을 견인할 때 구난차와 연결하는 장치, PTO스위치 : 크레인 및 구난 윈치에 소요되는 동력은 차량의 PTO(동력인출장치)로부터 나오게 된다. ③ 아우트리거 : 작업 시 안정성을 확보하기 위하여 전방과 후방 측면에 부착된 구조물 ④ 후크(hook) : 크레인에 장착되어 있으며 갈고리 모양으로 와이어 로프에 달려서 중량물을 거는 장치

정답 36. ② 37. ② 38. ④ 39. ① 40. ③ 41. ② 42. ② 43. ② 44. ① 45. ③ 46. ③

47 다음 중 대형화물자동차의 선회특성과 진동특성에 대한 설명으로 가장 알맞은 것은?

① 진동각은 차의 원심력에 크게 영향을 미치지 않는다.
② 진동각은 차의 중심높이에 크게 영향을 받지 않는다.
③ 화물의 종류와 적재위치에 따라 선회 반경과 안정성이 크게 변할 수 있다.
④ 진동각도가 승용차보다 작아 추돌사고를 유발하기 쉽다.

해설
대형화물차는 화물의 종류와 적재위치에 따라 선회반경과 안정성이 크게 변할 수 있고 진동각은 차의 원심력과 중심높이에 크게 영향을 미치며, 진동각도가 승용차보다 크다.

48 트레일러 운전자의 준수사항에 대한 설명으로 가장 알맞은 것은?

① 운행을 마친 후에만 차량 일상점검 및 확인을 해야 한다.
② 정당한 이유 없이 화물의 운송을 거부해서는 아니 된다.
③ 차량의 청결상태는 운임요금이 고가일 때만 양호하게 유지한다.
④ 적재화물의 이탈방지를 위한 덮개·포장 등은 목적지에 도착해서 확인한다.

해설
운전자는 운행 전 적재화물의 이탈방지를 위한 덮개, 포장을 튼튼히 하고 항상 청결을 유지하며 차량의 일상점검 및 확인은 운행 전은 물론 운행 후에도 꾸준히 하여야 한다.

49 트레일러의 특성에 대한 설명이다. 가장 알맞은 것은?

① 차체가 무거워서 제동거리가 일반승용차보다 짧다.
② 급 차로변경을 할 때 전도나 전복의 위험성이 높다.
③ 운전석이 높아서 앞 차량이 실제보다 가까워 보인다.
④ 차체가 크기 때문에 내륜차(內輪差)는 크게 관계가 없다.

해설
① 차체가 무거우면 제동거리가 길어진다. ② 차체가 길기 때문에 전도나 전복의 위험성이 높고 급 차로변경 시 잭 나이프현상이 발생할 수 있다.(잭나이프현상 – 트레일러 앞부분이 급 차로변경을 해도 뒤에 연결된 컨테이너가 차로 변경한 방향으로 가지 않고 진행하던 방향 그대로 튀어나가는 현상) ③ 트레일러는 운전석이 높아서 앞 차량이 실제 차간거리보다 멀어보여 안전거리를 확보하지 않는 경향(운전자는 안전거리가 확보되었다고 착각함)이 있다. ④ 차체가 길고 크므로 내륜차가 크게 발생한다.

50 자동차 및 자동차부품의 성능과 기준에 관한 규칙에 따른 자동차의 길이 기준은? (연결자동차 아님)

① 13미터 ② 14미터 ③ 15미터 ④ 16미터

해설
자동차 및 자동차부품의 성능과 기준에 관한 규칙 제4조 제4조(길이·너비 및 높이)
① 자동차의 길이·너비 및 높이는 다음의 기준을 초과하여서는 아니 된다.
1. 길이 : 13미터(연결자동차의 경우에는 16.7미터를 말한다)
2. 너비 : 2.5미터(간접시계장치·환기장치 또는 밖으로 열리는 창의 경우 이들 장치의 너비는 승용자동차에 있어서는 25센티미터, 기타의 자동차에 있어서는 30센티미터. 다만, 피견인자동차의 너비가 견인자동차의 너비보다 넓은 경우 그 견인자동차의 간접시계장치에 한하여 피견인자동차의 가장 바깥쪽으로 10센티미터를 초과할 수 없다)
3. 높이 : 4미터

51 자동차관리법상 구난형 특수자동차의 세부기준은?

① 피견인차의 견인을 전용으로 하는 구조인 것
② 견인·구난할 수 있는 구조인 것
③ 고장·사고 등으로 운행이 곤란한 자동차를 구난·견인할 수 있는 구조인 것
④ 위 어느 형에도 속하지 아니하는 특수작업용인 것

해설
자동차관리법 시행규칙 별표1
특수자동차 중에서 구난형의 유형별 세부기준은 고장, 사고 등으로 운행이 곤란한 자동차를 구난·견인할 수 있는 구조인 것을 말한다.

52 구난차로 고장차량을 견인할 때 견인되는 차가 켜야 하는 등화는?

① 전조등, 비상점멸등 ② 전조등, 미등
③ 미등, 차폭등, 번호등 ④ 좌측방향지시등

해설
도로교통법 제37조, 같은법 시행령 제19조 견인되는 차는 미등, 차폭등, 번호등을 켜야 한다.

53 다음 중 편도 3차로 고속도로에서 구난차의 주행 차로는? (버스전용차로 없음)

① 1차로 ② 왼쪽차로 ③ 오른쪽차로 ④ 모든 차로

해설
도로교통법 시행규칙 별표9 참조

54 교통사고 발생 현장에 도착한 구난차 운전자의 가장 바람직한 행동은?

① 사고차량 운전자의 운전면허증을 회수한다.
② 도착 즉시 사고차량을 견인하여 정비소로 이동시킨다.
③ 운전자와 사고차량의 수리비용을 흥정한다.
④ 운전자의 부상 정도를 확인하고 2차 사고에 대비 안전조치를 한다.

해설
구난차(레커) 운전자는 사고처리 행정업무를 수행할 권한이 없어 사고현장을 보존해야 한다. 다만, 부상자의 구호 및 2차 사고를 대비 주변 상황에 맞는 안전조치를 취할 수 있다.

55 구난차 운전자의 행동으로 가장 바람직한 것은?

① 고장차량 발생 시 신속하게 출동하여 무조건 견인한다.
② 피견인차량을 견인 시 법규를 준수하고 안전하게 견인한다.
③ 견인차의 이동거리별 요금이 고가일 때만 안전하게 운행한다.
④ 사고차량 발생 시 사고현장까지 신호는 무시하고 가도 된다.

해설
구난차운전자는 신속하게 출동하되 준법운전을 하고 차주의 의견을 무시하거나 사고현장을 훼손하는 경우가 있어서는 안 된다.

56 구난차가 갓길에서 고장차량을 견인하여 주행차로로 진입할 때 가장 주의해야 할 사항으로 맞는 것은?

① 고속도로 전방에서 정속 주행하는 차량에 주의
② 피견인자동차 트렁크에 적재되어있는 화물에 주의
③ 주행차로 뒤쪽에서 빠르게 주행해오는 차량에 주의
④ 견인자동차는 눈에 확 띄므로 크게 신경 쓸 필요가 없다.

해설
구난차가 갓길에서 고장차량을 견인하여 주행차로로 진입하는 경우에는 주행차로를 진행하는 후속 차량의 통행에 방해가 되지 않도록 주의하면서 진입하여야 한다.

57 부상자가 발생한 사고현장에서 구난차 운전자가 취한 행동으로 가장 적절하지 않은 것은?

① 부상자의 의식 상태를 확인하였다.
② 부상자의 호흡 상태를 확인하였다.
③ 부상자의 출혈상태를 확인하였다.
④ 바로 견인준비를 하며 합의를 종용하였다.

해설
사고현장에서 사고차량 당사자에게 사고처리 하지 않도록 유도하거나 사고에 대한 합의를 종용해서는 안 된다.

58 구난차 운전자가 FF방식(Front engine Front wheel drive)의 고장난 차를 구난하는 방법으로 가장 적절한 것은?

① 차체의 앞부분을 들어 올려 견인한다.
② 차체의 뒷부분을 들어 올려 견인한다.
③ 앞과 뒷부분 어느 쪽이든 관계없다.
④ 반드시 차체 전체를 들어 올려 견인한다.

해설
FF방식(Front engine Front wheel drive)의 앞바퀴 굴림방식의 차량은 엔진이 앞에 있고, 앞바퀴 굴림방식이기 때문에 손상을 방지하기 위하여 차체의 앞부분을 들어 올려 견인한다.

59 다음 중 자동차관리법령상 특수자동차의 유형별 구분에 해당하지 않는 것은?

① 견인형 특수자동차 ② 특수용도형 특수자동차
③ 구난형 특수자동차 ④ 도시가스 응급복구용 특수자동차

해설
자동차관리법 시행령 [별표1] 특수자동차의 유형별 구분에는 견인형, 구난형, 특수용도형으로 구분된다.

정답 47. ③ 48. ② 49. ② 50. ① 51. ③ 52. ③ 53. ③ 54. ④ 55. ② 56. ③ 57. ④ 58. ① 59. ④

60 구난차 운전자가 교통사고현장에서 한 조치이다. 가장 바람직한 것은?

① 교통사고 당사자에게 민사합의를 종용했다.
② 교통사고 당사자 의사와 관계없이 바로 견인 조치했다.
③ 주간에는 잘 보이므로 별다른 안전조치 없이 견인준비를 했다.
④ 사고당사자에게 일단 심리적 안정을 취할 수 있도록 도와줬다.

해설
교통사고 당사자에게 합의를 종용하는 등 사고처리에 관여해서는 안 되며, 주간이라도 안전조치를 하여야 한다.

61 다음 중 구난차 운전자의 가장 바람직한 행동은?

① 화재발생 시 초기진화를 위해 소화 장비를 차량에 비치한다.
② 사고현장에 신속한 도착을 위해 중앙선을 넘어 주행한다.
③ 경미한 사고는 운전자간에 합의를 종용한다.
④ 교통사고 운전자와 동승자를 사고차량에 승차시킨 후 견인한다.

해설
구난차 운전자는 사고현장에 가장 먼저 도착할 수 있으므로 차량 화재발생시 초기 진압 할 수 있는 소화 장비를 비치하는 것이 바람직하다.

62 구난차 운전자가 RR방식(Rear engine Rear wheel drive)의 고장난 차를 구난하는 방법으로 가장 적절한 것은?

① 차체의 앞부분을 들어 올려 견인한다.
② 차체의 뒷부분을 들어 올려 견인한다.
③ 앞과 뒷부분 어느 쪽이든 관계없다.
④ 반드시 차체 전체를 들어 올려 견인한다.

해설
RR방식(Rear engine Rear wheel drive)의 뒷바퀴 굴림방식의 차량은 엔진이 뒤에 있고, 뒷바퀴 굴림방식이기 때문에 손상을 방지하기 위하여 차체의 뒷부분을 들어 올려 견인한다.

63 다음 중 자동차의 주행 또는 급제동 시 자동차의 뒤쪽 차체가 좌우로 떨리는 현상을 뜻하는 용어는?

① 피쉬테일링(fishtailing)
② 하이드로플래닝(hydroplaning)
③ 스탠딩 웨이브(standing wave)
④ 베이퍼락(vapor lock)

해설
'fishtailing'은 주행이나 급제동 시 뒤쪽 차체가 물고기 꼬리지느러미처럼 좌우로 흔들리는 현상이다. 'hydroplaning'은 물에 젖은 노면을 고속으로 달릴 때 타이어가 노면과 접촉하지 않아 조종 능력이 상실되거나 또는 불가능한 상태를 말한다. 'standing wave'는 자동차가 고속 주행할 때 타이어 접지부에 열이 축적되어 변형이 나타나는 현상이다. 'vapor lock'은 브레이크액에 기포가 발생하여 브레이크가 제대로 작동하지 않게 되는 현상을 뜻한다.

64 구난차 운전자가 지켜야 할 사항으로 맞는 것은?

① 구난차 운전자의 경찰무선 도청은 일부 허용된다.
② 구난차 운전자는 도로교통법을 반드시 준수해야 한다.
③ 교통사고 발생 시 출동하는 구난차의 과속은 무방하다.
④ 구난차는 교통사고 발생 시 신호를 무시하고 진행 할 수 있다.

해설
구난차 운전자의 경찰무선 도청은 불법이다. 모든 운전자는 도로교통법을 반드시 준수해야 하므로 과속, 난폭운전, 신호위반을 해서는 안 된다.

65 제한속도 매시 100킬로미터인 편도 2차로 고속도로에서 구난차량이 매시 145킬로미터로 주행하다 과속으로 적발되었다. 벌점과 범칙금액은?

① 벌점 70점, 범칙금 14만 원
② 벌점 60점, 범칙금 13만 원
③ 벌점 30점, 범칙금 10만 원
④ 벌점 15점, 범칙금 7만 원

해설
도로교통법 시행령 [별표 8] 같은법 시행규칙 [별표 28] 참조
편도 2차로의 고속도로는 제한최고속도가 매시 100킬로미터인 경우 구난차 등 특수자동차의 최고속도는 매시 80킬로미터이므로 견인자동차가 시속 145킬로미터로 주행했다면 매시 60킬로미터를 초과한 것에 해당되어 범칙금 13만 원, 벌점 60점을 부여받게 된다.

66 다음 중 구난차 운전자가 자동차에 도색(塗色)이나 표지를 할 수 있는 것은?

① 교통단속용자동차와 유사한 도색 및 표지
② 범죄수사용자동차와 유사한 도색 및 표지
③ 긴급자동차와 유사한 도색 및 표지
④ 응급상황 발생 시 연락할 수 있는 운전자 전화번호

해설
도로교통법 제24조, 같은법 시행 제27조 누구든지 자동차등에 교통단속용자동차·범죄수사용자동차나 그 밖의 긴급자동차와 유사하거나 혐오감을 주는 도색이나 표지 등을 하거나 그러한 도색이나 표지 등을 한 자동차등을 운전하여서는 아니 된다.

67 교통사고 현장에 출동하는 구난차 운전자의 운전방법으로 가장 바람직한 것은?

① 신속한 도착이 최우선이므로 반대차로로 주행한다.
② 긴급자동차에 해당됨으로 최고 속도를 초과하여 주행한다.
③ 고속도로에서 차량 정체 시 경음기를 울리면서 갓길로 주행한다.
④ 신속한 도착도 중요하지만 교통사고 방지를 위해 안전운전 한다.

해설
교통사고현장에 접근하는 경우 견인을 하기 위한 경쟁으로 심리적인 압박을 받게 되어 교통사고를 유발할 가능성이 높아지므로 안전운전을 해야 한다.

68 제1종 특수면허 중 소형견인차면허의 기능시험에 대한 내용이다. 맞는 것은?

① 소형견인차 면허 합격기준은 100점 만점에 90점 이상이다.
② 소형견인차 시험은 굴절, 곡선, 방향전환, 주행코스를 통과하여야 한다.
③ 소형견인차 시험 코스통과 기준은 각 코스마다 5분 이내이다.
④ 소형견인차 시험 각 코스의 확인선 미접촉 시 각 5점씩 감점된다.

해설
도로교통법 시행규칙 제66조 같은법 시행규칙 [별표24] 기능시험 채점기준 · 합격기준
소형견인차면허의 기능시험은 굴절코스, 곡선코스, 방향전환코스를 통과해야하며, 각 코스마다 3분 초과 시, 검지선 접촉 시, 방향전환코스의 확인선 미접촉 시 각 10점이 감점된다. 합격기준은 90점 이상이다.

69 구난차 운전자가 교통사고 현장에서 부상자를 발견하였을 때 대처방법으로 가장 바람직한 것은?

① 말을 걸어보거나 어깨를 두드려 부상자의 의식 상태를 확인한다.
② 부상자가 의식이 없으면 인공호흡을 실시한다.
③ 골절 부상자는 즉시 부목을 대고 구급차가 올 때까지 기다린다.
④ 심한 출혈의 경우 출혈 부위를 심장 아래쪽으로 둔다.

해설
부상자가 의식이 없으면 가슴압박을 실시하며, 심한 출혈의 경우 출혈 부위를 심장 위쪽으로 둔다. 골절환자는 손상된 부위를 잘 관찰하여 옷을 느슨하게 해주어 숨을 편히 쉴 수 있도록 하고 주변관절이 움직이지 않도록 안정시켜 추가적인 손상을 막을 수 있도록 하고, 지혈 후 마지막으로 부목과 천붕대등을 이용하여 골절부위를 고정시킨다.

70 교통사고 발생 현장에 도착한 구난차 운전자가 부상자에게 응급조치를 해야 하는 이유로 가장 거리가 먼 것은?

① 부상자의 빠른 호송을 위하여
② 부상자의 고통을 줄여주기 위하여
③ 부상자의 재산을 보호하기 위하여
④ 부상자의 구명률을 높이기 위하여

정답 60. ④ 61. ① 62. ② 63. ① 64. ② 65. ② 66. ④ 67. ④ 68. ① 69. ① 70. ③

Chapter 04 안전표지형 문제 - 4지 1답형

01 다음의 횡단보도 표지가 설치되는 장소로 가장 알맞은 곳은?

① 포장도로의 교차로에 신호기가 있을 때
② 포장도로의 단일로에 신호기가 있을 때
③ 보행자의 횡단이 금지되는 곳
④ 신호가 없는 포장도로의 교차로나 단일로

해설
도로교통법 시행규칙 별표 6. 132.횡단보도표지

02 다음 안전표지에 대한 설명으로 맞는 것은?

① 유치원 통원로이므로 자동차가 통행할 수 없음을 나타낸다.
② 어린이 또는 유아의 통행로나 횡단보도가 있음을 알린다.
③ 학교의 출입구로부터 2킬로미터 이후 구역에 설치 한다.
④ 어린이 또는 유아가 도로를 횡단할 수 없음을 알린다.

해설
도로교통법 시행규칙 별표 6. 133.어린이보호표지
어린이 또는 유아의 통행로나 횡단보도가 있음을 알리는 것, 학교, 유치원 등의 통학, 통원로 및 어린이놀이터가 부근에 있음을 알리는 것

03 다음 안전표지가 뜻하는 것은?

① 노면이 고르지 못함을 알리는 것
② 터널이 있음을 알리는 것
③ 과속방지턱이 있음을 알리는 것
④ 미끄러운 도로가 있음을 알리는 것

해설
도로교통법 시행규칙 별표 6. 129.과속방지턱
과속방지턱, 고원식 횡단보도, 고원식 교차로가 있음을 알리는 것

04 다음 안전표지가 있는 경우 안전 운전방법은?

① 도로 중앙에 장애물이 있으므로 우측 방향으로 주의하면서 통행한다.
② 중앙 분리대가 시작되므로 주의하면서 통행한다.
③ 중앙 분리대가 끝나는 지점이므로 주의하면서 통행한다.
④ 터널이 있으므로 전조등을 켜고 주의하면서 통행한다.

해설
도로교통법 시행규칙 별표 6. 121.우측방향통행표지
도로의 우측방향으로 통행하여야 할 지점이 있음을 알리는 것

05 도로교통법령상 그림의 안전표지와 같이 주의표지에 해당되는 것을 나열한 것은?

① 오르막경사표지, 상습정체구간표지
② 차폭제한표지, 차간거리확보표지
③ 노면전차전용도로표지, 우회로표지
④ 비보호좌회전표지, 좌회전 및 유턴표지

해설
도로교통법 시행규칙 별표6, 횡풍표지(주의표지 137번), 야생동물보호표지(주의표지 139번)
① 오르막경사표지와 상습정체구간표지는 주의표지이다. ② 차폭제한표지와 차간거리확보표지는 규제표지이다. ③노면전차전용도로표지와 우회도로표지는 지시표지이다. ④ 비보호좌회전표지와 좌회전 및 유턴표지는 지시표지이다.

06 도로교통법령상 다음 안전표지에 대한 내용으로 맞는 것은?

① 규제표지이다.
② 직진차량 우선표지이다.
③ 좌합류 도로표지이다.
④ 좌회전 금지표지이다.

해설
도로교통법 시행규칙 별표6, 좌합류도로표지(주의표지 108번)

07 다음 안전표지의 뜻으로 맞는 것은?

① 전방 100미터 앞부터 낭떠러지 위험 구간이므로 주의
② 전방 100미터 앞부터 공사 구간이므로 주의
③ 전방 100미터 앞부터 강변도로이므로 주의
④ 전방 100미터 앞부터 낙석 우려가 있는 도로이므로 주의

해설
도로교통법 시행규칙 별표 6. 130.낙석도로표지
낙석우려지점 전 30미터 내지 200미터의 도로 우측에 설치

08 다음 안전표지의 뜻으로 맞는 것은?

① 철길표지
② 교량표지
③ 높이제한표지
④ 문화재보호표지

해설
도로교통법 시행규칙 별표 6. 138의 2.교량표지 교량이 있음을 알리는 것, 교량이 있는 지점 전 50미터에서 200미터의 도로우 측에 설치

09 다음 안전표지의 뜻으로 맞는 것은?

① 전방에 양측방 통행 도로가 있으므로 감속 운행
② 전방에 장애물이 있으므로 감속 운행
③ 전방에 중앙 분리대가 시작되는 도로가 있으므로 감속 운행
④ 전방에 두 방향 통행 도로가 있으므로 감속 운행

해설
도로교통법 시행규칙 별표 6. 123.중앙분리대시작표지

10 다음 안전표지가 의미하는 것은

① 좌측방 통행
② 우합류 도로
③ 도로폭 좁아짐
④ 우측차로 없어짐

해설
도로교통법 시행규칙 별표 6. 119.우측차로 없어짐 편도 2차로 이상의 도로에서 우측차로가 없어질 때 설치

11 다음 안전표지가 의미하는 것은?

① 중앙분리대 시작
② 양측방 통행
③ 중앙분리대 끝남
④ 노상 장애물 있음

해설
도로교통법 시행규칙 별표 6. 123.중앙분리대 시작표지 중앙분 리대가 시작됨을 알리는 것

정답 01. ④ 02. ② 03. ③ 04. ① 05. ① 06. ③ 07. ④ 08. ② 09. ③ 10. ④ 11. ①

12 다음 안전표지가 의미하는 것은?

① 편도 2차로의 터널
② 연속 과속방지턱
③ 노면이 고르지 못함
④ 굴곡이 있는 잠수교

해설
도로교통법 시행규칙 별표 6. 128.노면고르지못함표지 노면이 고르지 못함을 알리는 것

13 다음 안전표지가 있는 도로에서 올바른 운전방법은?

① 눈길인 경우 고단 변속기를 사용한다.
② 눈길인 경우 가급적 중간에 정지하지 않는다.
③ 평지에서 보다 고단 변속기를 사용한다.
④ 짐이 많은 차를 가까이 따라간다.

해설
도로교통법 시행규칙 별표 6. 116.오르막경사표지 오르막경사 가 있음을 알리는 것

14 다음 안전표지가 있는 도로에서의 안전운전 방법은?

① 신호기의 진행신호가 있을 때 서서히 진입 통과한다.
② 차단기가 내려가고 있을 때 신속히 진입 통과한다.
③ 철도건널목 진입 전에 경보기가 울리면 가속하여 통과한다.
④ 차단기가 올라가고 있을 때 기어를 자주 바꿔가며 통과한다.

해설
도로교통법 시행규칙 별표 6. 110 철길건널목이 있음을 알리는 것

15 다음 안전표지가 뜻하는 것은?

① 우선도로에서 우선도로가 아닌 도로와 교차함을 알리는 표지이다.
② 일방통행 교차로를 나타내는 표지이다.
③ 동일방향통행도로에서 양측방으로 통행하여야 할 지점이 있음을 알리는 표지이다.
④ 2방향 통행이 실시됨을 알리는 표지이다.

해설
도로교통법 시행규칙 별표6 Ⅱ. 개별기준. 1.주의표지 106번, 우선도로에서 우선도로가 아닌 도로와 교차하는 경우

16 도로교통법령상 다음 안전표지에 대한 설명으로 맞는 것은?

① 도로의 일변이 계곡 등 추락위험지역임을 알리는 보조표지
② 도로의 일변이 강변 등 추락위험지역임을 알리는 규제표지
③ 도로의 일변이 계곡 등 추락위험지역임을 알리는 주의표지
④ 도로의 일변이 강변 등 추락위험지역임을 알리는 지시표지

해설
도로교통법 시행규칙 별표6, 강변도로표지(주의표지 127번) 도로의 일변이 강변·해변·계곡등 추락 위험지역임을 알리는 것이다.

17 다음 안전표지에 대한 설명으로 맞는 것은?

① 2방향 통행 표지이다.
② 중앙분리대 끝남 표지이다.
③ 양측방통행 표지이다.
④ 중앙분리대 시작 표지이다.

해설
도로교통법 시행규칙 별표6, 주의표지 122 양측방통행표지로 동일방향 통행도로에서 양측방으로 통행하여야 할 지점이 있음을 알리는 것

18 다음 안전표지가 설치되는 장소로 가장 알맞은 곳은?

① 도로가 좌로 굽어 차로이탈이 발생할 수 있는 도로
② 눈·비 등의 원인으로 자동차등이 미끄러지기 쉬운 도로
③ 도로가 이중으로 굽어 차로이탈이 발생할 수 있는 도로
④ 내리막경사가 심하여 속도를 줄여야 하는 도로

해설
도로교통법 시행규칙 별표6, 주의표지 126 미끄러운 도로표지로 도로 결빙 등에 의해 자동차등이 미끄러운 도로에 설치한다.

19 다음 안전표지에 대한 설명으로 바르지 않은 것은?

도 시 부

① 국토의 계획 및 이용에 관한 법률에 따른 주거지역에 설치한다.
② 도시부 도로임을 알리는 것으로 시작지점과 그 밖의 필요한 구간에 설치한다.
③ 국토의 계획 및 이용에 관한 법률에 따른 계획관리구역에 설치한다.
④ 국토의 계획 및 이용에 관한 법률에 따른 공업지역에 설치한다.

해설
국토의 계획 및 이용에 관한 법률 제36조 제1항 제1호에 따른 도시지역 중 주거지역, 상업지역, 공업지역에 설치하여 도시부 도로임을 알리는 것으로 시작지점과 그 밖의 필요한 구간의 우측에 설치한다.

20 다음 안전표지에 대한 설명으로 맞는 것은?

① 회전형 교차로표지
② 유턴 및 좌회전 차량 주의표지
③ 비신호 교차로표지
④ 좌로 굽은 도로

해설
도로교통법 시행규칙 별표6, 주의표지 109 회전형교차로표지로 교차로 전 30미터에서 120미터의 도로 우측에 설치

21 도로교통법령상 다음의 안전표지에 대한 설명으로 맞는 것은?

50

① 지시표지이며, 자동차의 통행속도가 평균 매시 50킬로미터를 초과해서는 아니 된다.
② 규제표지이며, 자동차의 통행속도가 평균 매시 50킬로미터를 초과해서는 아니 된다.
③ 지시표지이며, 자동차의 최고속도가 매시 50킬로미터를 초과해서는 아니 된다.
④ 규제표지이며, 자동차의 최고속도가 매시 50킬로미터를 초과해서는 아니 된다.

해설
도로교통법 시행규칙 별표6, 규제표지 224. 최고속도제한표지 표지판에 표시한 속도로 자동차등의 최고속도를 지정하는 것이다. 설치기준 및 장소는 자동차 등의 최고속도를 제한하는 구역, 도로의 구간 또는 장소내의 필요한 지점 우측에 설치한다.

22 도로교통법령상 다음 안전표지가 설치된 곳에서의 운전 방법으로 맞는 것은?

50m

① 자동차전용도로에 설치되며 차간거리를 50미터 이상 확보한다.
② 일방통행 도로에 설치되며 차간거리를 50미터 이상 확보한다.
③ 자동차전용도로에 설치되며 50미터 전방 교통정체 구간이므로 서행한다.
④ 일방통행 도로에 설치되며 50미터 전방 교통정체 구간이므로 서행한다.

해설
도로교통법 시행규칙 별표6, 규제표지 223 차간거리표지, 표지판에 표시된 차간거리 이상 확보할 것을 지시하는 안전표지이다. 표지판에 표시된 차간거리 이상을 확보하여야 할 도로의 구간 또는 필요한 지점의 우측에 설치하고 자동차전 용도로에 설치한다.

정답 12. ③ 13. ② 14. ① 15. ① 16. ③ 17. ③ 18. ② 19. ③ 20. ① 21. ④ 22. ①

23 다음 안전표지에 대한 설명으로 맞는 것은?

① 차의 우회전 할 것을 지시하는 표지이다.
② 차의 직진을 금지하게 하는 주의표지이다.
③ 전방 우로 굽은 도로에 대한 주의표지이다.
④ 차의 우회전을 금지하는 주의표지이다.

해설
도로교통법 시행규칙 별표6, 주의표지 111 우로굽은 도로표지 전방 우로 굽은 도로에 대한 주의표지이다.

24 다음 안전표지가 의미하는 것은?

① 자전거 통행이 많은 지점
② 자전거 횡단도
③ 자전거 주차장
④ 자전거 전용도로

해설
도로교통법 시행규칙 별표 6. 134.자전거표지 자전거 통행이 많 은 지점이 있음을 알리는 것

25 다음 안전표지에 대한 설명으로 맞는 것은?

① 보행자는 통행할 수 있다.
② 보행자뿐만 아니라 모든 차마는 통행할 수 없다.
③ 도로의 중앙 또는 좌측에 설치한다.
④ 통행금지 기간은 함께 표시할 수 없다.

해설
도로교통법 시행규칙 별표6, 규제표지 201, 통행금지표지로 보행자 뿐 아니라 모든 차마는 통행할 수 없다.

26 다음 안전표지에 대한 설명으로 가장 옳은 것은?

① 이륜자동차 및 자전거의 통행을 금지한다.
② 이륜자동차 및 원동기장치자전거의 통행을 금지한다.
③ 이륜자동차와 자전거 이외의 차마는 언제나 통행할 수 있다.
④ 이륜자동차와 원동기장치자전거 이외의 차마는 언제나 통행 할 수 있다.

해설
도로교통법 시행규칙 [별표6] 규제표지 205, 이륜자동차 및 원동기장치 자전거의 통행금지표지로 통행을 금지하는 구역, 도로의 구간 또는 장소의 전면이나 도로의 중앙 또는 우측에 설치

27 다음 안전표지에 대한 설명으로 맞는 것은?

① 차의 진입을 금지한다.
② 모든 차와 보행자의 진입을 금지한다.
③ 위험물 적재 화물차 진입을 금지한다.
④ 진입금지기간 등을 알리는 보조표지는 설치할 수 없다.

해설
도로교통법 시행규칙 별표6, 규제표지 211, 진입금지표지로 차의 진입을 금지하는 구역 및 도로의 중앙 또는 우측에 설치

28 다음 규제표지를 설치할 수 있는 장소는?

① 교통정리를 하고 있지 아니하고 교통이 빈번한 교차로
② 비탈길 고갯마루 부근
③ 교통정리를 하고 있지 아니하고 좌우를 확인할 수 없는 교차로
④ 신호기가 없는 철길 건널목

해설
도로교통법 시행규칙 [별표6] 규제표지 226, 서행규제표지로 차가 서행하여야 하는 도로의 구간 또는 장소의 필요한 지점 우측에 설치

29 다음 안전표지가 있는 도로에서의 운전 방법으로 맞는 것은?

① 다가오는 차량이 있을 때에만 정지하면 된다.
② 도로에 차량이 없을 때에도 정지해야 한다.
③ 어린이들이 길을 건널 때에만 정지한다.
④ 적색등이 켜진 때에만 정지하면 된다.

해설
도로교통법 시행규칙 [별표6] 규제표지 227, 일시정지표지로 차가 일시정지 하여야 하는 교차로 기타 필요한 지점의 우측에 설치

30 다음 안전표지에 대한 설명으로 가장 옳은 것은?

① 직진하는 차량이 많은 도로에 설치한다.
② 금지해야 할 지점의 도로 좌측에 설치한다.
③ 이런 지점에서는 반드시 유턴하여 되돌아가야 한다.
④ 좌·우측 도로를 이용하는 등 다른 도로를 이용해야 한다.

해설
도로교통법 시행규칙 별표6, 규제표지 212, 직진금지표지로 차의 직진을 금지하는 규제표지이며, 차의 직진을 금지해야 할 지점의 도로우측에 설치

31 도로교통법령상 다음 안전표지에 대한 설명으로 맞는 것은?

① 차마의 유턴을 금지하는 규제표지이다.
② 차마(노면전차는 제외한다.)의 유턴을 금지하는 지시표지이다.
③ 개인형 이동장치의 유턴을 금지하는 주의표지이다.
④ 자동차등(개인형 이동장치는 제외한다.)의 유턴을 금지하는지시표지이다.

해설
도로교통법 시헝구칙 별표6, 규제표지 216번, 유턴금지표지로 차마의 유턴을 금지하는 것이다. 유턴금지표지에서 제외 되는 차종은 정하여 있지 않다.

32 다음 안전표지에 관한 설명으로 맞는 것은?

① 화물을 싣기 위해 잠시 주차할 수 있다.
② 승객을 내려주기 위해 일시적으로 정차할 수 있다.
③ 주차 및 정차를 금지하는 구간에 설치한다.
④ 이륜자동차는 주차할 수 있다.

해설
도로교통법 시행규칙 [별표6] 규제표지 219, 주차금지표지로 차의 주차를 금지하는 구역, 도로의 구간이나 장소의 전면 또는 필요한 지점의 도로우측에 설치

33 다음 안전표지가 뜻하는 것은?

① 차폭 제한
② 차 높이 제한
③ 차간거리 확보
④ 터널의 높이

해설
도로교통법 시행규칙 [별표6] 규제표지 221, 차높이제한표지로 표지판에 표시한 높이를 초과하는 차(적재한 화물의 높이를 포함)의 통행을 제한하는 것

34 다음 안전표지가 뜻하는 것은?

① 차 높이 제한
② 차간거리 확보
③ 차폭 제한
④ 차 길이 제한

해설
도로교통법 시행규칙 [별표6] 규제표지 222, 차폭제한표지로 표지판에 표시한 폭이 초과된 차(적재한 화물의 폭을 포함)의 통행을 제한하는 것

정답 23. ③ 24. ① 25. ② 26. ② 27. ① 28. ② 29. ② 30. ④ 31. ① 32. ② 33. ② 34. ③

35 다음 규제표지가 의미하는 것은?

① 위험물을 실은 차량 통행금지
② 전방에 차량 화재로 인한 교통 통제 중
③ 차량화재가 빈발하는 곳
④ 산불발생지역으로 차량 통행금지

해설
도로교통법 시행규칙 [별표6] 규제표지 231, 위험물적재차량 통행금지표지로 위험물을 적재한 차의 통행을 금지하는 도로의 구간 우측에 설치

36 다음 규제표지가 설치된 지역에서 운행이 금지된 차량은?

① 이륜자동차
② 승합자동차
③ 승용자동차
④ 원동기장치자전거

해설
도로교통법 시행규칙 [별표6] 규제표지 204, 승합자동차 통행금지표지로 승합자동차(승차정원 30명 이상인 것)의 통행을 금지하는 것

37 다음 규제표지가 의미하는 것은?

① 커브길 주의
② 자동차 진입금지
③ 앞지르기 금지
④ 과속방지턱 설치 지역

해설
도로교통법 시행규칙 [별표6] 규제표지 217, 앞지르기 금지표지로 차의 앞지르기를 금지하는 도로의 구간이나 장소의 전면 또는 필요한 지점의 도로 우측에 설치

38 다음 규제표지가 설치된 지역에서 운행이 허가되는 차량은?

① 화물자동차
② 경운기
③ 트랙터
④ 손수레

해설
도로교통법 시행규칙 [별표6] 규제표지 207, 경운기·트랙터 및 손수레 통행금지표지이다.

39 다음의 안전표지에 대한 설명으로 맞는 것은?

① 중량 5.5t 이상 차의 횡단을 제한하는 것
② 중량 5.5t 초과 차의 횡단을 제한하는 것
③ 중량 5.5t 이상 차의 통행을 제한하는 것
④ 중량 5.5t 초과 차의 통행을 제한하는 것

해설
도로교통법 시행규칙 [별표6] 규제표지 220번 차중량제한표지로 표지판에 표시한 중량을 초과하는 차의 통행을 제한하는 것이다.

40 다음 안전표지에 대한 설명으로 맞는 것은?

① 신호에 관계없이 차량 통행이 없을 때 좌회전할 수 있다.
② 적색신호에 다른 교통에 방해가 되지 않을 때에는 좌회전 할 수 있다.
③ 비보호이므로 좌회전 신호가 없으면 좌회전할 수 없다.
④ 녹색신호에서 다른 교통에 방해가 되지 않을 때에는 좌회전 할 수 있다.

해설
도로교통법 시행규칙 [별표6] 지시표지 329, 비보호좌회전표지로 진행신호 시 반대방면에서 오는 차량에 방해가되지 아니하도록 좌회전할 수 있다.

41 다음 안전표지의 뜻으로 맞는 것은?

① 일렬주차표지
② 상습정체구간표지
③ 야간통행주의표지
④ 차선변경구간표지

해설
도로교통법 시행규칙 [별표6] 주의표지 141, 상습정체구간표지로 상습정체구간 사고 위험이 있는 구간에 설치

42 다음 안전표지에 대한 설명으로 맞는 것은?

① 승용자동차의 통행을 금지하는 것이다.
② 위험물 운반 자동차의 통행을 금지하는 것이다.
③ 승합자동차의 통행을 금지하는 것이다.
④ 화물자동차의 통행을 금지하는 것이다.

해설
도로교통법 시행규칙 [별표6] 규제표지 203, 화물자동차 통행금지표지로 화물자동차(차량총중량 8톤 이상의 화물 자동차와 승용자동차 이외의 차체 길이 8미터 이상의 자동차)의 통행을 금지하는 것

43 다음 규제표지에 대한 설명으로 맞는 것은?

① 최저속도 제한표지
② 최고속도 제한표지
③ 차간거리 확보표지
④ 안전속도 유지표지

해설
도로교통법 시행규칙 [별표6] 규제표지 225, 최저속도제한표지로 표지판에 표시한 속도로 자동차 등의 최저속도를 지정하는 것

44 다음 안전표지에 대한 설명으로 맞는 것은?

① 차가 좌회전 후 유턴할 것을 지시하는 안전표지이다.
② 차가 좌회전 또는 유턴할 것을 지시하는 안전표지이다.
③ 좌회전 차가 유턴차 보다 우선임을 지시하는 안전표지이다.
④ 좌회전 차보다 유턴차가 우선임을 지시하는 안전표지이다.

해설
도로교통법 시행규칙 [별표6] 지시표지 309의2번 좌회전 및 유턴표지로 차가 좌회전 또는 유턴할 것을 지시하는 것이다. 좌회전 또는 유턴에 대한 우선순위는 명시되어 있지 않다. 이 안전표지는 차가 좌회전 또는 유턴할 지점의 도로우측또는 중앙에 설치한다.

45 다음 안전표지에 대한 설명으로 맞는 것은?

① 최고속도 매시 50킬로미터 제한표지
② 최저속도 매시 50킬로미터 제한표지
③ 차간거리 50미터 확보표지
④ 안개구간 가시거리 50미터 표지서는 아니 된다.

해설
도로교통법 시행규칙 [별표6] 규제표지 224, 최고속도제한표지로 매시 50킬로미터 최고속도 제한표지이다.

46 다음 교통안내표지에 대한 설명으로 맞는 것은?

① 소통확보가 필요한 도심부 도로 안내표지이다.
② 자동차 전용도로임을 알리는 표지이다.
③ 최고속도 매시 70킬로미터 규제표지이다.
④ 최저속도 매시 70킬로미터 안내표지이다.

해설
국토교통부령 도로표지규칙 별표4 자동차전용도로 표지

정답 35. ① 36. ② 37. ③ 38. ① 39. ④ 40. ④ 41. ② 42. ④ 43. ① 44. ② 45. ① 46. ②

47 다음 안전표지의 명칭으로 맞는 것은?

① 양측방 통행표지
② 양측방 통행금지 표지
③ 중앙분리대 시작표지
④ 중앙분리대 종료표지

해설
도로교통법 시행규칙 [별표6] 지시표지 312, 양측방통행표지로 차가 양측방향으로 통행할 것을 지시하는 표지이다.

48 다음 안전표지에 대한 설명으로 맞는 것은?

① 주차장에 진입할 때 화살표 방향으로 통행할 것을 지시하는 것
② 좌회전이 금지된 지역에서 우회 도로로 통행할 것을 지시하는 것
③ 회전형 교차로이므로 주의하여 회전할 것을 지시하는 것
④ 좌측면으로 통행할 것을 지시하는 것

해설
도로교통법 시행규칙 [별표6] 지시표지316, 우회로표지로 차의 좌회전이 금지된 지역에서 우회도로로 통행할 것을 지시하는 것

49 다음 안전표지에 대한 설명으로 맞는 것은?

① 자전거도로에서 2대 이상 자전거의 나란히 통행을 허용한다.
② 자전거의 횡단도임을 지시한다.
③ 자전거만 통행하도록 지시한다.
④ 자전거 주차장이 있음을 알린다.

해설
도로교통법 시행규칙 [별표6] 지시표지333 자전거 나란히 통행 허용표지이다.

50 다음 안전표지가 의미하는 것은?

① 좌측도로는 일방통행 도로이다.
② 우측도로는 일방통행 도로이다.
③ 모든 도로는 일방통행 도로이다.
④ 직진도로는 일방통행 도로이다.

해설
도로교통법 시행규칙 [별표6] 지시표지 328 일방통행로표지로 전방으로만 진행할 수 있는 일방통행로임을 지시하는 표지이다. 일방통행 도로의 입구 및 구간내의 필요한 지점의 도로양측에 설치하고 구간의 시작 및 끝의 보조표지를 부착·설치하며 구간 내에 교차하는 도로가 있을 경우에는 교차로 부근의 도로양측에 설치한다.

51 다음 안전표지가 설치된 차로 통행방법으로 올바른 것은?

① 전동킥보드는 이 표지가 설치된 차로를 통행할 수 있다.
② 전기자전거는 이 표지가 설치된 차로를 통행할 수 없다.
③ 자전거인 경우만 이 표지가 설치된 차로를 통행할 수 있다.
④ 자동차는 이 표지가 설치된 차로를 통행할 수 있다.

해설
도로교통법 시행규칙 별표6, 자전거전용차로표지(지시표지 318번) 자전거등만 통행할 수 있도록 지정된 차로의 위에 설치한다. 도로교통법 제2조(정의)에 의해 자전거등이란 자전거와 개인형 이동장치이다. 자전거란 자전거 이용 활성화에 관한 법률 제2조제1호 및 제1호의2에 따른 자전거 및 전기자전거를 말한다. 도로교통법 시행규칙 제2조의2(개인형 이동 장치의 기준)에 따라 전동킥보드는 개인형 이동장치이다. 따라서 전동킥보드는 자전거등만 통행할 수 있도록 지정된 차로를 통행할 수 있다.

52 다음 안전표지에 대한 설명으로 맞는 것은?

① 자전거만 통행하도록 지시한다.
② 자전거 및 보행자 겸용 도로임을 지시한다.
③ 어린이보호구역 안에서 어린이 또는 유아의 보호를 지시한다.
④ 자전거횡단도임을 지시한다.

해설
도로교통법 시행규칙 [별표6] 지시표지303 자전거 및 보행자 겸용도로표지

53 다음 안전표지가 의미하는 것은?

① 자전거 횡단이 가능한 자전거횡단도가 있다.
② 자전거 횡단이 불가능한 것을 알리거나 지시하고 있다.
③ 자전거와 보행자가 횡단할 수 있다.
④ 자전거와 보행자의 횡단에 주의한다.

해설
도로교통법 시행규칙 [별표6] 지시표지325, 자전거횡단도표지이다.

54 다음 안전표지가 설치된 교차로의 설명 및 통행방법으로 올바른 것은?

① 중앙교통섬의 가장자리에는 화물차 턱(Truck Apron)을 설치할 수 없다.
② 교차로에 진입 및 진출 시에는 반드시 방향지시등을 작동해야 한다.
③ 방향지시등은 진입 시에 작동해야 하며 진출 시는작동하지 않아도 된다.
④ 교차로 안에 진입하려는 차가 화살표방향으로 회전하는 차보다 우선이다.

해설
도로교통법 시행규칙 별표6, 회전교차로표지(지시표지 304번) 회전교차로(Roundabout)에 설치되는 회전교차로표지이다. 회전교차로(Round About)는 회전교차로에 진입하려는 경우 교차로 내에서 반시계 방향으로 회전하는 차에 양보해야 하고, 진입 및 진출 시에는 반드시 방향지시등을 작동해야 한다. 그리고 중앙교통섬의 가장자리에 대형자동차 또는 세미트레일 러가 밟고 지나갈 수 있도록 만든 화물차 턱(Truck Apron)이 있다. 회전교차로와 로터리 구 분은 "도로의구조·시설 기준에 관한규칙 해설"(국토교통부) 및 "회전교차로 설계지침"(국토교 통부)에 의거 설치·운영.

〈회전교차로와 교통서클의 차이점〉. 자료출처:"회전교차로 설계지침"(국토교통부)

구분	회전교차로(Roundabout)	교통서클(Traffic Circle)
진입방식	• 진입자동차가 양보 (회전자동차가 진입자동차에 대해 통행우선권을 가짐)	• 회전자동차가 양보
진입부	• 저속 진입 유도	• 고속 진입
회전부	• 고속의 회전차로 주행방지를 위한 설계(대규모 회전반지름 지양)	• 대규모 회전부에서 고속 주행
분리교통섬	• 감속 및 방향 분리를 위해 필수 설치	• 선택 설치
중앙교통섬	• 지름이 대부분 50m 이내 • 도시지역에서는 지름이 최소 2m인 초소형 회전교차로도 설치 가능	• 지름 제한 없음

55 다음 안전표지의 의미와 이 표지가 설치된 도로에서 운전행동에 대한 설명으로 맞는 것은?

① 진행방향별 통행구분 표지이며 규제표지이다.
② 차가 좌회전·직진 또는 우회전할 것을 안내하는주의표지이다.
③ 차가 좌회전을 하려는 경우 교차로의 중심 바깥쪽을 이용한다.
④ 차가 좌회전을 하려는 경우 미리 도로의 중앙선을따라 서행한다.

해설
도로교통법 시행규칙 별표6, 진행방향별통행구분표지(지시표지 315번) 차가 좌회전·직진 또는 우회전할 것을 지시하는 것이다. 도로교통법 25조(교차로 통행방법)제1항 모든 차의 운전자는 교차로에서 우회전을 하려는 경우에는 미리 도로의 우측 가장자리를 서행하면서 우회전하여야 한다. 이 경우 우회전하는 차의 운전자는 신호에 따라 정지하거나 진행하는 보행자 또는 자전거등에 주의하여야 한다. 제2항 모든 차의 운전자는 교차로에서 좌회전을 하려는 경우에는 미리 도로의 중앙선을 따라 서행하면서 교차로의 중심 안쪽을 이용하여 좌회전하여야 한다.

56 다음과 같은 노면표시에 따른 운전행동으로 맞는 것은?

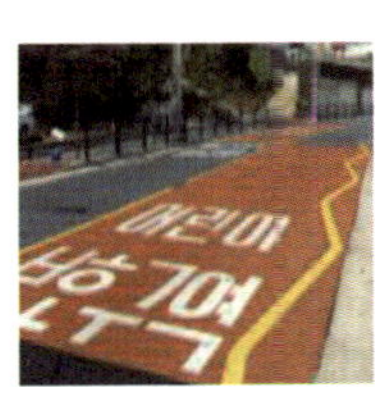

① 어린이 보호구역으로 주차는 불가하나 정차는 가능하므로 짧은 시간 길가장자리에 정차하여 어린이를 태운다.
② 어린이 보호구역 내 횡단보도 예고표시가 있으므로 미리 서행해야 한다.
③ 어린이 보호구역으로 어린이 및 영유아 안전에 유의해야 하며 지그재그 노면표시에 의하여 서행하여야 한다.
④ 어린이 보호구역은 시간제 운영 여부와 관계없이 잠시 정차는 가능하다.

해설
도로교통법 시행규칙 별표6, 서행표시(노면표시 520번), 정차·주차금지 표시(노면표시 516번), 어린이보호구역표시(노면표시 536번), 도로교통법 제2조(정의) 어린이란 13세 미만의 사람을 말한다.

정답 47. ① 48. ② 49. ① 50. ④ 51. ① 52. ② 53. ① 54. ② 55. ④ 56. ③

57 다음 안전표지가 의미하는 것은?

① 백색화살표 방향으로 진행하는 차량이 우선 통행할 수 있다.
② 적색화살표 방향으로 진행하는 차량이 우선 통행할 수 있다.
③ 백색화살표 방향의 차량은 통행할 수 없다.
④ 적색화살표 방향의 차량은 통행할 수 없다.

해설 도로교통법 시행규칙 [별표6] 지시표지 332 통행우선표지로 백색 화살표 방향으로 진행하는 차량이 우선 통행할 수 있도록 표시하는 것

58 다음 안전표지의 명칭은?

① 양측방 통행표지
② 좌·우회전 표지
③ 중앙분리대 시작표지
④ 중앙분리대 종료표지

해설 도로교통법 시행규칙 [별표6] 지시표지 310 좌우회전표지이다.

59 다음 안전표지에 대한 설명으로 맞는 것은?

① 자전거횡단도 표지이다.
② 자전거우선도로 표지이다.
③ 자전거 및 보행자 겸용도로 표지이다.
④ 자전거 및 보행자 통행구분 표지이다.

해설 도로교통법 시행규칙 [별표6] 지시표지 317 자전거 및 보행자 통행구분 도로표지로 자전거 및 보행자 겸용도로에서 자전거와 보행자를 구분하여 통행하도록 지시하는 것

60 도로교통법령상 지시표지가 설치된 도로의 통행방법으로 맞는 것은?

① 특수자동차는 이 도로를 통행할 수 없다.
② 화물자동차는 이 도로를 통행할 수 없다.
③ 이륜자동차는 긴급자동차인 경우만 이 도로를 통행할 수 있다.
④ 원동기장치자전거는 긴급자동차인 경우만 이 도로를 통행할 수 있다.

해설 도로교통법시행규칙 별표6, 자동차전용도로표지(지시표지 301번) 자동차 전용도로 또는 전용구역임을 지시하는 것이다. 도로교통법에 따라 자동차(이륜자동차는 긴급자동차만 해당한다.)외의 차마의 운전자 또는 보행자는 고속도로와 자동차전용도로를 통행하거나 횡단하여서는 아니된다. 따라서 이륜자동차는 긴급자동차인 경우만 도로를 통행할 수 있다.

61 다음 안전표지에 대한 설명으로 맞는 것은?

① 차가 직진 후 좌회전할 것을 지시한다.
② 차가 좌회전 후 직진할 것을 지시한다.
③ 차가 직진 또는 좌회전할 것을 지시한다.
④ 좌회전하는 차보다 직진하는 차가 우선임을 지시한다.

해설 도로교통법시행규칙 별표6, 지시표지 309번, 직진 및 좌회전표지로 차가 직진 또는 좌회전할 것을 지시하는 것

62 다음 안전표지에 대한 설명으로 맞는 것은?

① 노약자 보호를 우선하라는 지시를 하고 있다.
② 보행자 전용도로임을 지시하고 있다.
③ 어린이보호를 지시하고 있다.
④ 보행자가 횡단보도로 통행할 것을 지시하고 있다.

해설 도로교통법 시행규칙 별표6, 횡단보도표지(지시표지 322번) 보행자가 횡단보도로 통행할 것을 지시하고 있다.

63 도로표지규칙상 다음 도로표지의 명칭으로 맞는 것은?

① 위험구간 예고표지
② 속도제한 해제표지
③ 합류지점 유도표지
④ 출구감속 유도표지

해설 도로표지규칙(국토교통부령) 출구감속유도표지(도로표지의 규격상세 및 설치방법 426-3번) 첫 번째 출구감속차로의 시점부터 전방 300m, 200m, 100m 지점에 각각 설치한다.

64 다음의 안전표지에 대한 설명으로 맞는 것은?

① 노인보호구역에서 노인의 보호를 지시하는 것
② 노인보호구역에서 노인이 나란히 걸어갈 것을 지시하는 것
③ 노인보호구역에서 노인이 나란히 걸어가면 정지할 것을 지시하는 것
④ 노인보호구역에서 남성노인과 여성노인을 차별하지 않을 것을 지시하는 것

해설 도로교통법 시행규칙 별표6, 노인보호표지(지시표지 323번) 노인보호구역 안에서 노인의 보호를 지시한다.

65 다음 안전표지가 설치된 도로를 통행할 수 없는 차로 맞는 것은?

① 전기자전거
② 전동이륜평행차
③ 개인형 이동장치
④ 원동기장치자전거(개인형 이동장치 제외)

해설 도로교통법시행규칙 별표6, 지시표지 302번, 자전거전용도로표지로 자전거 전용도로 또는 전용구역임을 지시하는 것이다. 도로교통법 제2조(정의). 자전거등이란 자전거와 개인형 이동장치를 말한다. 자전거란 자전거 이용 활성화에 관한 법률 제2조제1호 및 제1호의2에 따른 자전거 및 전기자전거를 말한다. 도로교통법 시행규칙 제2조의2(개인형 이동장치의 기준) 1. 전동킥보드 2. 전동이륜평행차 3. 전동기의 동력만으로 움직일 수 있는 자전거

66 다음 안전표지에 대한 설명으로 맞는 것은?

① 어린이 보호구역 안에서 어린이 또는 유아의 보호를 지시한다.
② 보행자가 횡단보도로 통행할 것을 지시한다.
③ 보행자 전용도로임을 지시한다.
④ 노인 보호구역 안에서 노인의 보호를 지시한다.

해설 도로교통법 시행규칙 [별표6] 지시표지321 보행자전용도로표지이다.

67 다음 안전표지에 대한 설명으로 바르지 않은 것은?

① 어린이 보호구역에서 어린이통학버스가 어린이 승하차를 위해 표지판에 표시된 시간 동안 정차를 할 수 있다.
② 어린이 보호구역에서 어린이통학버스가 어린이 승하차를 위해 표지판에 표시된 시간 동안 정차와 주차 모두 할 수 있다.
③ 어린이 보호구역에서 자동차등이 어린이의 승하차를 위해 정차를 할 수 있다.
④ 어린이 보호구역에서 자동차등이 어린이의 승하차를 위해 정차는 할 수 있으나 주차는 할 수 없다.

해설 도로교통법 시행규칙 별표6 320의4 어린이승하차표시 어린이 보호구역에서 어린이통학버스와 자동차등이 어린이 승하차를 위해 표지판에 표시된 시간 동안 정차 및 주차할 수 있도록 지시하는 것으로 어린이 보호구역에서 어린이통학버스와 자동차등이 어린이의 승하차를 위해 정차 및 주차할 수 있는 장소 및 필요한 지점 또는 구간의 도로 우측에 설치한다.
·구간의 시작 및 끝 또는 시간의 보조표지를 부착·설치

정답 57. ① 58. ② 59. ④ 60. ③ 61. ③ 62. ④ 63. ④ 64. ① 65. ④ 66. ③ 67. ④

68 다음 안전표지 중 도로교통법령에 따른 규제표지는 몇 개인가?

① 1개 ② 2개
③ 3개 ④ 4개

해설
도로교통법시행규칙 별표6, 4개의 안전표지 중에서 규제표지는 3개, 보조표지는 1개이다.

69 다음 안전표지 중에서 지시표지는?

① 

② 

③ 
④ 

해설
도로교통법 시행규칙 별표6, 회전교차로표지(지시표지 304번), ⓐ 규제표지, ⓑ 보조표지, ⓓ 주의표지 도로교통법의 안전표지에 해당하는 종류로는 주의표지, 지시표지, 규제표지, 보조표지 그리고 노면표시가 있다.

70 다음 안전표지의 종류로 맞는 것은?

① 우회전 표지
② 우로 굽은 도로 표지
③ 우회전 우선 표지
④ 우측방 우선 표지

해설
도로교통법 시행규칙 별표6, 우회전 표지(지시표지 306)이다.

71 다음과 같은 교통안전시설이 설치된 교차로에서의 통행방법 중 맞는 것은?

① 좌회전 녹색 화살표시가 등화된 경우에만 좌회전할 수 있다.
② 좌회전 신호 시 좌회전하거나 진행신호 시 반대 방면에서 오는 차량에 방해가 되지 아니하도록 좌회전할 수 있다.
③ 신호등과 관계없이 반대 방면에서 오는 차량에 방해가 되지 아니하도록 좌회전할 수 있다.
④ 황색등화 시 반대 방면에서 오는 차량에 방해가 되지 아니하도록 좌회전할 수 있다.

해설
도로교통법 제5조, 도로교통법시행규칙 제6조, 도로교통법시행규칙 제8조 신호등의 좌회전 녹색 화살표시가 등화된 경우 좌회전할 수 있으며, 진행신호 시 반대 방면에서 오는 차량에 방해가 되지 아니하도록 좌회전할 수 있다.

72 다음 노면표시가 표시하는 뜻은?

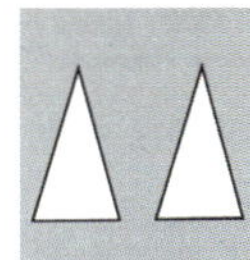

① 전방에 과속방지턱 또는 교차로에 오르막 경사면이 있다.
② 전방 도로가 좁아지고 있다.
③ 차량 두 대가 동시에 통행할 수 있다.
④ 산악지역 도로이다.

해설
도로교통법 시행규칙 별표6, 오르막경사면표시(노면표시 544) 오르막경사면 노면표시로 전방에 오르막 경사면 또는 과속방지턱이 있음을 알리는 것

73 다음 안전표지에 대한 설명으로 맞는 것은?

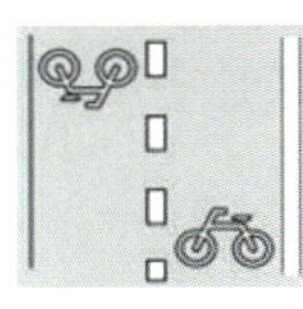

① 자전거 전용도로임을 표시하는 것이다
② 자전거의 횡단도임을 표시하는 것이다.
③ 자전거주차장에 주차하도록 지시하는 것이다.
④ 자전거도로에서 2대 이상 자전거의 나란히 통행을 허용하는 것이다.

해설
도로교통법 시행규칙 별표6 자전거횡단도표시(노면표시 534) 도로에 자전거 횡단이 필요한 지점에 설치, 횡단보도가 있는 교차로에서는 횡단보도 측면에 설치

74 다음의 노면표시가 설치되는 장소로 맞는 것은?

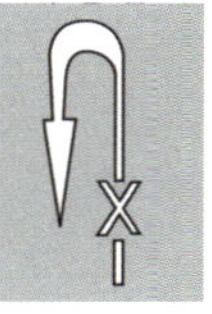

① 차마의 역주행을 금지하는 도로의 구간에 설치
② 차마의 유턴을 금지하는 도로의 구간에 설치
③ 회전교차로 내에서 역주행을 금지하는 도로의 구간에 설치
④ 회전교차로 내에서 유턴을 금지하는 도로의 구간에 설치

해설
도로교통법 시행규칙 별표6, 유턴금지표시(노면표시 514번) 차마의 유턴을 금지하는 도로의 구간 또는 장소내의 필요한 지점에 설치한다.

75 다음 상황에서 적색 노면표시에 대한 설명으로 맞는 것은?

① 차도와 보도를 구획하는 길가장자리 구역을 표시 하는 것
② 차의 차로변경을 제한하는 것
③ 보행자를 보호해야 하는 구역을 표시하는 것
④ 소방시설 등이 설치된 구역을 표시하는 것

해설
도로교통법 시행규칙 별표6 노면표시516의3 소방시설 등이 설치된 곳으로부터 각각 5미터 이내인 곳에서 신속한 소방 활동을 위해 특히 필요하다고 인정하는 곳에 정차·주차금지를 표시하는 것

76 다음 안전표지에 대한 설명으로 맞는 것은?

① 차가 회전 진행할 것을 지시한다.
② 차가 좌측면으로 통행할 것을 지시한다.
③ 차가 우측면으로 통행할 것을 지시한다.
④ 차가 유턴할 것을 지시한다.

해설
도로교통법 시행규칙 [별표6] 지시표지313 우측면통행표지로 차가 우측면으로 통행할 것을 지시하는 것

77 다음 안전표지에 대한 설명으로 틀린 것은?

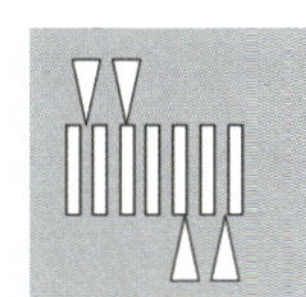

① 고원식횡단보도 표시이다.
② 볼록 사다리꼴과 과속방지턱 형태로 하며 높이는 10cm로 한다.
③ 운전자의 주의를 환기시킬 필요가 있는 지점에 설치한다.
④ 모든 도로에 설치할 수 있다.

해설
도로교통법 시행규칙 별표6 고원식횡단보도표시(노면표시 533) 제한속도를 시속 30킬로미터 이하로 제한할 필요가 있는 도로에서 횡단보도임을 표시하는 것

78 다음 안전표지에 대한 설명으로 맞는 것은?

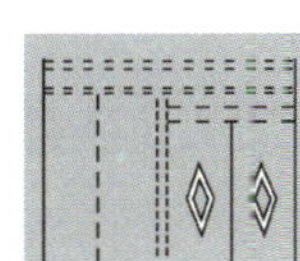

① 전방에 안전지대가 있음을 알리는 것이다
② 차가 양보하여야 할 장소임을 표시하는 것이다.
③ 전방에 횡단보도가 있음을 알리는 것이다.
④ 주차할 수 있는 장소임을 표시하는 것이다.

해설
도로교통법 시행구칙 별표6 횡단보도표시(노면표시 529) 횡단보도 전 50미터에서 60미터 노상에 설치, 필요할 경우에는 10미터에서 20미터를 더한 거리에 추가 설치

79 중앙선표시 우에 설치된 도로안전시설에 대한 설명으로 틀린 것은?

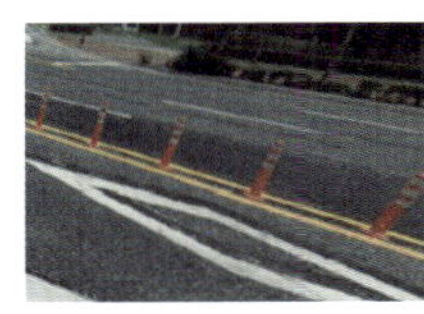

① 중앙선 노면표시에 설치된 도로안전시설물은 중앙분리봉이다.
② 교통사고 발생의 위험이 높은 곳으로 위험구간을 예고하는 목적으로 설치한다.
③ 운전자의 주의가 요구되는 장소에 노면표시를 보조하여 시선을 유도하는 시설물이다.
④ 동일 및 반대방향 교통흐름을 공간적으로 분리하기 위해 설치한다.

해설
① 문제의 도로안전시설은 시선유도봉이다. 도로안전시설 설치 및 관리지침(국토교통부예규 제318호) -제1편 시선유도시설편 시선유도봉은 교통사고 발생의 위험이 높은 곳으로서, 운전자의 주의가 현저히 요구되는 장소에 노면표시를 보조하여 동일 및 반대방향 교통류를 공간적으로 분리하고 위험 구간을 예고할 목적으로 설치하는 시설이다.

정답 68. ③ 69. ③ 70. ① 71. ② 72. ① 73. ② 74. ② 75. ④ 76. ③ 77. ④ 78. ③ 79. ①

80 다음 안전표지에 대한 설명으로 잘못된 것은?

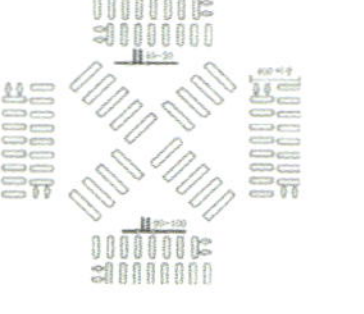

① 대각선횡단보도표시를 나타낸다.
② 모든 방향으로 통행이 가능한 횡단보도이다.
③ 보도 통행량이 많거나 어린이 보호구역 등 보행자 안전과 편리를 확보할 수 있는 지점에 설치한다.
④ 횡단보도 표시 사이 빈 공간은 횡단보도에 포함되지 않는다.

해설
도로교통법 시행규칙 별표6. 532의 2. 대각선횡단보도표시 모든 방향으로 통행이 가능한 횡단보도(횡단보도 표시사이 빈 공간도 횡단보도에 포함한다)임을 표시하는 것. 보도 통행량이 많거나 어린이 보호구역 등 보행자 안전과 편리를 확보할 수 있는 지점에 설치한다.

81 다음 안전표지에 대한 설명으로 맞는 것은?

① 일요일, 공휴일만 버스전용차로 통행 차만 통행할 수 있음을 알린다.
② 일요일, 공휴일을 제외하고 버스전용차로 통행 차만 통행할 수 있음을 알린다.
③ 모든 요일에 버스전용차로 통행 차만 통행할 수 있음을 알린다.
④ 일요일, 공휴일을 제외하고 모든 차가 통행할 수 있음을 알린다.

해설
지정된 날을 제외하고 버스전용차로 통행 차만 통행할 수 있음을 의미한다.

82 다음 차도 부문의 가장자리에 설치된 노면표시의 설명으로 맞는 것은?

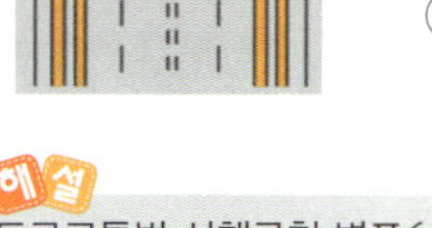

① 정차를 금지하고 주차를 허용한 곳을 표시하는 것
② 정차 및 주차금지를 표시하는 것
③ 정차를 허용하고 주차금지를 표시하는 것
④ 구역·시간·장소 및 차의 종류를 정하여 주차를 허용할 수 있음을 표시하는 것

해설
도로교통법 시행규칙 별표6, 노면표시516, 도로교통법 제32조에 따라 정차 및 주차금지를 표시하는 것

83 다음 안전표지의 의미로 맞는 것은?

① 교차로에서 좌회전하려는 차량이 다른 교통에 방해가 되지 않도록 적색등화동안 교차로 안에서 대기하는 지점을 표시하는 것
② 교차로에서 좌회전하려는 차량이 다른 교통에 방해가 되지 않도록 황색등화동안 교차로 안에서 대기하는 지점을 표시하는 것
③ 교차로에서 좌회전하려는 차량이 다른 교통에 방해가 되지 않도록 녹색등화동안 교차로 안에서 대기하는 지점을 표시하는 것
④ 교차로에서 좌회전하려는 차량이 다른 교통에 방해가 되지 않도록 적색 점멸등화 동안 교차로 안에서 대기하는 지점을 표시하는 것

해설
도로교통법 시행규칙 별표6 5. 노면표시 525의2번 좌회전 유도차로 표시

84 다음 안전표지의 뜻으로 가장 옳은 것은?

08:00~20:00

① 자동차와 이륜자동차는 08:00~20:00 통행을 금지
② 자동차와 이륜자동차 및 원동기장치자전거는 08:00 ~20:00 통행을 금지
③ 자동차와 원동기장치자전거는 08:00~20:00 통행을 금지
④ 자동차와 자전거는 08:00~20:00 통행을 금지

해설
도로교통법 시행규칙 별표6 자동차 · 이륜자동차 및 원동기장치자전거통행금지표지(규제표시 206) 자동차와 이륜자동차 및 원동기장치자전거의 통행을 지정된 시간에 금지하는 것을 의미한다.

85 다음 사진 속의 유턴표지에 대한 설명으로 틀린 것은?

① 차마가 유턴할 지점의 도로의 우측에 설치할 수 있다.
② 차마가 유턴할 지점의 도로의 중앙에 설치할 수 있다.
③ 지시표지이므로 녹색등화 시에만 유턴할 수 있다.
④ 지시표지이며 신호등화와 관계없이 유턴할 수 있다.

해설
도로교통법 시행규칙 별표6, 유턴표지(지시표지 311번) 차마가 유턴할 지점의 도로우측 또 는 중앙에 설치

86 다음 안전표지의 의미로 맞는 것은?

① 자전거 우선도로 표시
② 자전거 전용도로 표시
③ 자전거 횡단도 표시
④ 자전거 보호구역 표시

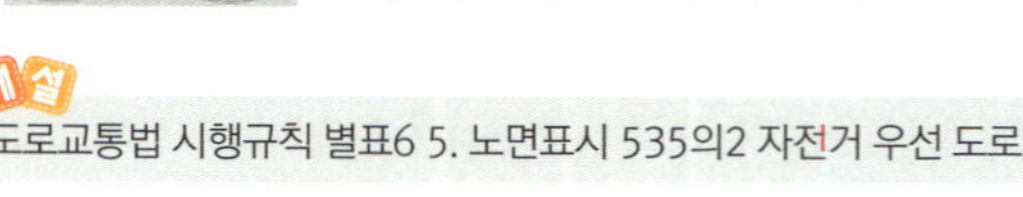

해설
도로교통법 시행규칙 별표6 5. 노면표시 535의2 자전거 우선 도로 표시

87 다음 안전표지의 의미로 맞는 것은?

① 갓길 표시
② 차로변경 제한선 표시
③ 유턴 구역선 표시
④ 길 가장자리 구역선 표시

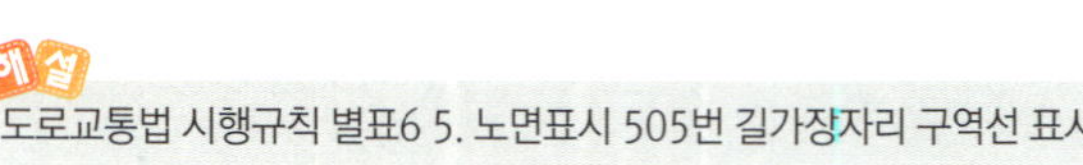

해설
도로교통법 시행규칙 별표6 5. 노면표시 505번 길가장자리 구역선 표시

88 다음 노면표시의 의미로 맞는 것은?

① 전방에 교차로가 있음을 알리는 것
② 전방에 횡단보도가 있음을 알리는 것
③ 전방에 노상장애물이 있음을 알리는 것
④ 전방에 주차금지를 알리는 것

해설
도로교통법 시행규칙 별표6 5. 노면표시 529번 횡단보도 예고 표시

89 고속도로에 설치된 표지판 속의 대전 143㎞가 의미하는 것은?

대 전 Daejeon 143km
천 안 Cheonan 75km
수 원 Suwon 23km

① 대전광역시청까지의 잔여거리
② 대전광역시 행정구역 경계선까지의 잔여거리
③ 위도상 대전광역시 중간지점까지의 잔여거리
④ 가장 먼저 닿게 되는 대전 지역 나들목까지의 잔여거리

해설
표지판 설치 위치에서 해당 지역까지 남은 거리를 알려주는 고속도로 이정표지판으로 고속도로 폐쇄식 구간에서 가장 먼저 닿는 그 지역의 IC 기준으로 거리를 산정한다.

90 다음 방향표지와 관련된 설명으로 맞는 것은?

6 군포
군포 Gunpo 47 150m

① 150m 앞에서 6번 일반국도와 합류한다.
② 나들목(IC)의 명칭은 군포다.
③ 고속도로 기점에서 47번째 나들목(IC)이라는 의미이다.
④ 고속도로와 고속도로를 연결해 주는 분기점(JCT) 표지이다.

해설
고속도로 기점에서 6번째 나들목인 군포 나들목(IC)이 150m 앞에 있고, 나들목으로 나가면 군포 및 국도 47호선을 만날 수 있다는 의미이다.

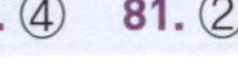
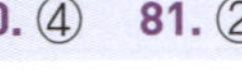
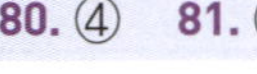

정답 80. ④ 81. ② 82. ② 83. ③ 84. ② 85. ③ 86. ① 87. ④ 88. ② 89. ④ 90. ②

91 다음의 안전표지에 따라 견인되는 경우가 아닌 것은?

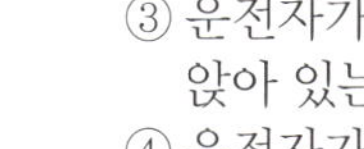

① 운전자가 차에서 떠나 4분 동안 화장실에 다녀오는 경우
② 운전자가 차에서 떠나 10분 동안 짐을 배달하고오는 경우
③ 운전자가 차를 정지시키고 운전석에 10분 동안 앉아 있는 경우.
④ 운전자가 차를 정지시키고 운전석에 4분 동안 앉아 있는 경우

해설
도로교통법 제2조(정의) 주차란 운전자가 승객을 기다리거나 화물을 싣거나 차가 고장 나거나 그 밖의 사유로 차를 계속 정지 상태에 두는 것 또는 운전자가 차에서 떠나서 즉시 그 차를 운전할 수 없는 상태에 두는 것을 말한다. 정차란 운전자가 5분을 초과하지 아니하고 차를 정지시키는 것으로서 주차 외의 정지 상태를 말한다. 도로교통법 시행규칙 별표6, 주차금지표지(규제표지 219번) 차의 주차를 금지하는 것이다. 견인지역표지(보조표지 428번)

92 다음 그림에 대한 설명 중 적절하지 않은 것은?

■ 녹색로

① 건물이 없는 도로변이나 공터에 설치하는 주소정보시설(기초번호판)이다.
② 녹색로의 시작 지점으로부터 4.73km 지점의 오른쪽 도로변에 설치된 기초 번호판이다.
③ 녹색로의 시작 지점으로부터 40.73km 지점의 왼쪽 도로변에 설치된 기초번 호판이다.
④ 기초번호판에 표기된 도로명과 기초번호로 해당 지점의 정확한 위치를 알 수 있다.

해설
기초번호판은 가로등·교통신호등·도로표지 등이 설치된 지주, 도로구간의 터널 및 교량 등에서 위치를 표시해야 할 필요성이 있는 장소, 그 밖에 시장 등이 필요하다고 인정하는 장소에 설치한다.
도로명주소법 제9조(도로명판과 기초번호판의 설치) 제2항
도로명주소법 제9조(도로명판과 기초번호판의 설치) 제1항
주소정보시설규칙 제15조(기초번호판의 설치방법) 제1항 제3호
주소정보시설규칙 제14조(기초번호판의 설치장소 등)
도로명주소법 제11조(건물번호의 부여), 같은 법 시행령 제23조(건물번호의 부여 기준)

93 다음 안전표지에 대한 설명으로 맞는 것은?

① 횡단보도임을 표시하는 것이다.
② 차가 들어가 정차하는 것을 금지하는 표시이다.
③ 차가 양보하여야 할 장소임을 표시하는 것이다.
④ 교차로에 오르막 경사면이 있음을 표시하는 것이다.

해설
도로교통법 시행규칙 별표6, 양보표시(노면표시 522번) 차가 양보하여야 할 장소임을 표시하는 것이다.

94 다음 안전표지에 대한 설명으로 맞는 것은

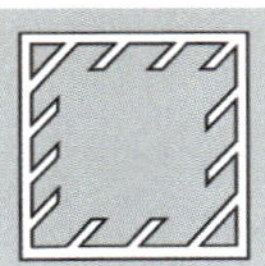

① 차가 양보하여야 할 장소임을 표시하는 것이다.
② 노상에 장애물이 있음을 표시하는 것이다.
③ 차가 들어가 정차하는 것을 금지하는 것을 표시이다.
④ 주차할 수 있는 장소임을 표시하는 것이다.

해설
도로교통법 시행규칙 별표6 정차금지지대표시(노면표시 524) 광장이나 교차로 중앙지점 등에 설치된 구획부분에 차가 들어가 정차하는 것을 금지하는 표시이다.

95 다음 중 관공서용 건물번호판은?

① 

② 

③ 

④ 

해설
①과 ②는 일반용 건물번호판이고, ③은 문화재 및 관광용 건물번호판, ④는 관공서용 건물번호판이다.(도로명 주소 안내시스템 http://www.juso.go.kr)

96 다음 도로명판에 대한 설명으로 맞는 것은?

① 왼쪽과 오른쪽 양 방향용 도로명판이다.
② "1 →" 이 위치는 도로 끝나는 지점이다.
③ 강남대로는 699미터이다.
④ "강남대로"는 도로이름을 나타낸다.

해설
강남대로의 넓은 길 시작점을 의미하며 "1→" 이 위치는 도로의 시작점을 의미하고 강남대 로는 6.99킬로미터를 의미한다.

97 다음 안전표지의 설치장소에 대한 기준으로 바르지 않는 것은?

① A 표지는 노면전차 교차로 전 50미터에서 120미터 사이의 도로 중앙 또는우측에 설치한다.
② B 표지는 회전교차로 전 30미터 내지 120미터의 도로 우측에 설치한다.
③ C 표지는 내리막 경사가 시작되는 지점 전 30미터 내지 200미터의 도로 우측에 설치한다.
④ D 표지는 도로 폭이 좁아지는 지점 전 30미터 내지 200미터의 도로 우측에설치한다.

해설
A. 노면전차 주의표지 – 노면전차 교차로 전 50미터에서 120미터 사이의 도로 중앙 또는 우측(주의표지 110의2)
B. 회전형교차로 표지 – 교차로 전 30미터 내지 120미터의 도로 우측(주의표지 109)
C. 내리막 경사 표지 – 내리막 경사가 시작되는 지점 전 30미터 내지 200미터의 도로 우측(주의표지 117)
D. 도로 폭이 좁아짐 표지 – 도로 폭이 좁아지는 지점 전 50미터 내지 200미터의 도로 우측(주의표지 118)

98 다음과 같은 기점 표지판의 의미는?

① 국도와 고속도로 IC까지의 거리를 알려주는 표지
② 고속도로가 시작되는 기점에서 현재 위치까지 거리를 알려주는 표지
③ 고속도로 휴게소까지 거리를 알려주는 표지
④ 톨게이트까지의 거리안내 표지

해설
고속도로가 시작되는 기점에서 현재 위치까지 거리를 알려주는 표지
차가 고장 나거나 사고 예기치 못한 상황에서 내 위치를 정확히 알 수 있다.
–초록색 바탕 숫자 : 기점으로 부터의 거리(km)
–흰색 바탕 숫자 : 소수점 거리(km)

99 다음 건물번호판에 대한 설명으로 맞는 것은?

① 평촌길은 도로명, 30은 건물번호이다.
② 평촌길은 주 출입구, 30은 기초번호이다.
③ 평촌길은 도로시작점, 30은 건물주소이다.
④ 평촌길은 도로별 구분기준, 30은 상세주소이다.

해설

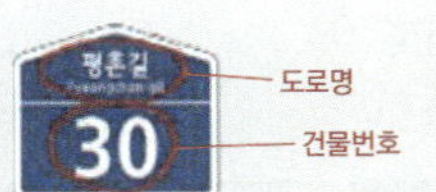

100 다음 3방향 도로명 예고표지에 대한 설명으로 맞는 것은?

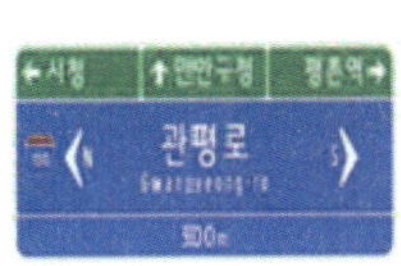

① 좌회전하면 300미터 전방에 시청이 나온다.
② '관평로'는 북에서 남으로 도로구간이 설정되어 있다.
③ 우회전하면 300미터 전방에 평촌역이 나온다.
④ 직진하면 300미터 전방에 '관평로'가 나온다.

해설
도로구간은 서→동, 남→북으로 설정되며, 도로의 시작지점에서 끝지점으로 갈수록 건물번호가 커진다.

정답 91. ④ 92. ② 93. ③ 94. ③ 95. ④ 96. ④ 97. ④ 98. ② 99. ① 100. ④

Chapter 05

사진형 문제 - 5지 2답형

01 황색등화가 켜진 교차로를 통과하려 한다. 가장 안전한 운전 방법 2가지는?

① 어린이 보호 안전표지가 있으므로 특히 주의한다.
② 경음기를 울리면서 횡단보도 내에 정지한다.
③ 속도를 높여 신속히 통과한다.
④ 정지선 직전에서 정지한다.
⑤ 서행하며 빠져나간다.

해설
전방에 횡단보도가 있고 차량신호가 황색등화이므로 감속하여 교차로 정지선 앞에 정지한다.

02 교차로를 통과 하던 중 차량 신호가 녹색에서 황색으로 변경된 경우 가장 안전한 운전 방법 2가지는?

① 교차로 밖으로 신속하게 빠져나가야 한다.
② 즉시 정지하여야 한다.
③ 서행하면서 진행하여야 한다.
④ 일시정지 후 진행하여야 한다.
⑤ 주위를 살피며 신속히 진행하여야 한다.

해설
도로교통법 시행규칙 [별표2] 이미 교차로에 차마의 일부라도 진입하고 있는 경우에는 신속히 교차로 밖으로 진행하여야 한다.

03 다음 상황에서 가장 안전한 운전 방법 2가지는?

① 정지선 직전에 일시정지하여 전방 차량 신호와 보행자 안전을 확인한 후 진행한다.
② 경음기를 울려 보행자가 빨리 횡단하도록 한다.
③ 서행하면서 보행자와 충돌하지 않도록 보행자를 피해 나간다.
④ 신호기가 없으면 주행하던 속도 그대로 진행한다.
⑤ 횡단보도 부근에서 무단 횡단하는 보행자에 대비한다.

해설
모든 차의 운전자는 보행자가 횡단보도를 통행하고 있는 때에는 그 횡단보도 앞(정지선이 설치되어 있는 곳에서는 그 정지선을 말한다.)에서 일시정지하여 보행자의 횡단을 방해하거나 위험을 주어서는 아니 된다.

04 소형 회전교차로에서 중앙 교통섬을 이용할 수 있는 차의 종류 2가지를 고르시오?

① 좌회전하는 승용자동차
② 대형 긴급자동차
③ 대형 트럭
④ 오토바이 등 이륜자동차
⑤ 자전거

해설
소형 회전교차로에서의 중앙 교통섬은 화물차 턱 기능을 하므로 소형 회전교차로에서 회전반경이 부족한 대형 차량(긴급자동차, 트럭 등)은 중앙 교통섬을 이용하여 통행할 수 있다.(국토교통부령 회전교차로 설계지침 4.5.3)

05 편도 3차로 도로에서 우회전하기 위해 차로를 변경하려 한다. 가장 안전한 운전방법 2가지는?

① 차로 변경 중 2차로로 끼어드는 화물차는 주의할 필요가 없다.
② 차로 변경은 신속하게 하는 것이 다른 차에 방해가 되지 않는다.
③ 차로 변경 중 다른 차의 끼어들기로 인해 앞차가 급정지할 수 있음을 예상하고 안전하게 차로를 변경한다.
④ 방향지시등을 켠 후 3차로를 주행하는 차들과 충분한 거리를 확보하고 차로를 변경한다.
⑤ 앞차와의 안전거리만 확보하면 된다.

해설
차로변경을 위해서는 진행하는 방향의 다른 차량의 통행에 방해가 되지 않아야 하며, 급차로변경하여 끼어드는 차량으로 인하여 앞차가 급정지할 경우에 대비하여 충분한 안전거리를 확보하는 것이 바람직한 운전 방법이다.

06 다음과 같은 도로 상황에서 가장 안전한 운전방법 2가지는?

① 속도를 줄여 과속방지턱을 통과한다.
② 과속방지턱을 신속하게 통과한다.
③ 서행하면서 과속방지턱을 통과한 후 가속하며 횡단보도를 통과한다.
④ 계속 같은 속도를 유지하며 빠르게 주행한다.
⑤ 속도를 줄여 횡단보도를 안전하게 통과한다.

해설
속도를 줄여 과속방지턱을 통과하고 전방 횡단보도에 주의한다.

정답 01. ①, ④ 02. ①, ⑤ 03. ①, ⑤ 04. ②, ③ 05. ③, ④ 06. ①, ⑤

07 비보호좌회전 하는 방법에 관한 설명 중 맞는 2가지는?

① 반대편 직진 차량의 진행에 방해를 주지 않을 때 좌회전한다.
② 반대편에서 진입하는 차량이 있으므로 일시정지하여 안전을 확인한 후 좌회전한다.
③ 비보호좌회전은 우선권이 있으므로 신속하게 좌회전한다.
④ 비보호좌회전이므로 좌회전해서는 안 된다.
⑤ 적색 등화에서 좌회전한다.

반대편에서 좌회전 차량과 직진하는 차량이 있으므로 안전하게 일시정지하여 녹색 등화에서 마주 오는 차량의 진행에 방해를 주지 않을 때 좌회전할 수 있다.

08 고장 난 신호기가 있는 교차로에서 가장 안전한 운전방법 2가지는?

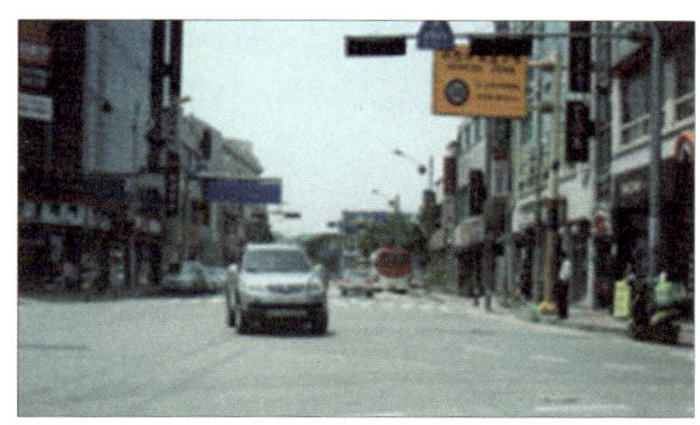

① 좌회전 차량에게 경음기를 사용하여 정지시킨 후 교차로를 통과한다.
② 직진차량이 통행 우선순위를 가지므로 교차로에 진입하여 좌회전 차량을 피해 통과한다.
③ 교차로에 진입하여 정지한 후 좌회전 차량이 지나가면 통과한다.
④ 반대편 좌회전 차량이 먼저 교차로에 진입하였으므로 좌회전 차량에게 진로를 양보한 후 통과한다.
⑤ 교차로 직전에서 일시정지한 후 안전을 확인하고 통과한다.

해설

교차로에 먼저 진입한 차에게 진로를 양보하고 교차로에서 접근하는 다른 차량이 없는지 확인한 후 통과해야 한다.

09 다음 상황에서 가장 안전한 운전 방법 2가지는?

① 전방 도로에 설치된 노면표시는 횡단보도가 있음을 알리는 것이므로 속도를 줄여 진행한다.
② 전방에 설치된 노면표시는 신호등이 있음을 알리는 것이므로 속도를 줄여 진행한다.
③ 속도 규제가 없으므로 매시 90킬로미터 정도의 속도로 진행한다.
④ 전방 우측 버스 정류장에 사람이 있으므로 주의하며 진행한다.
⑤ 좌측으로 급차로 변경하여 진행한다.

해설

전방에 횡단보도 예고 표시가 있으므로 감속하고, 우측에 보행자가 서 있으므로 우측보행자를 주의하면서 진행하여야 한다.

10 화물차를 뒤따라가는 중이다. 충분한 안전거리를 두고 운전해야 하는 이유 2가지는?

① 전방 시야를 확보하는 것이 위험에 대비할 수 있기 때문에
② 화물차에 실린 적재물이 떨어질 수 있으므로
③ 뒤 차량이 앞지르기하는 것을 방해할 수 있으므로
④ 신호가 바뀔 경우 교통 흐름에 따라 신속히 빠져나갈 수 있기 때문에
⑤ 화물차의 뒤를 따라 주행하면 안전하기 때문에

해설

화물차 뒤를 따라갈 경우 충분한 안전거리를 유지해야만 전방 시야를 넓게 확보할 수 있다. 이것은 운전자에게 전방을 보다 넓게 확인할 수 있고 어떠한 위험에도 대처할 수 있도록 도와준다

11 다음 상황에서 가장 올바른 운전방법 2가지는?

① 최고 속도에 대한 특별한 규정이 없는 경우 시속 70킬로미터 이내로 주행해야 한다.
② 전방에 비보호좌회전 표지가 있으므로 녹색 신호에 좌회전할 수 있다.
③ 오르막길을 올라갈 때는 최고 속도의 100분의 20으로 감속해야 한다.
④ 횡단보도 근처에는 횡단하는 보행자들이 있을 수 있으므로 주의한다.
⑤ 앞서 가는 차량이 서행으로 갈 경우 앞지르기를 한다.

해설

도로교통법 제17조, 같은법 시행규칙 제19조의 해설
- 주거지역 · 상업지역 및 공업지역의 일반도로에서는 매시 50킬로미터 이내. 다만, 시 · 도경찰청장이 원활한 소통을 위하여 특히 필요하다고 인정하여 지정한 노선 또는 구간에서는 매시 60킬로미터 이내,
- 주거지역 · 상업지역 및 공업지역외의 일반도로에서는 매시 60킬로미터 이내. 다만, 편도 2차로 이상의 도로에서는 매시 80킬로미터 이내

12 회전교차로에 진입하고 있다. 가장 안전한 운전 방법 2가지는?

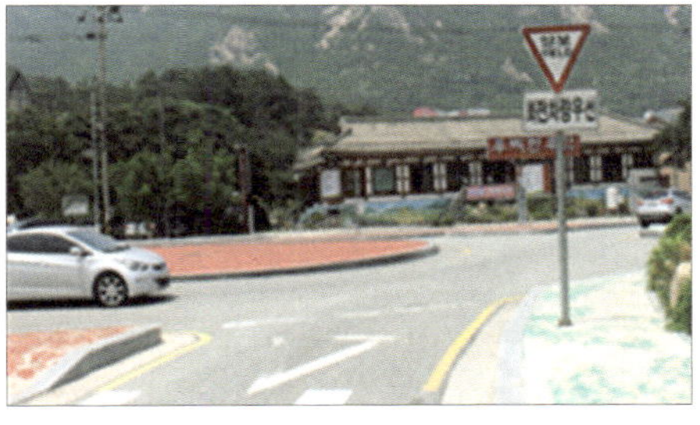

① 좌측에서 회전하는 차량이 우선이므로 회전차량이 통과한 후 진입한다.
② 진입차량이 우선이므로 신속히 진입한다.
③ 일시정지 후 안전을 확인하면서 진입한다.
④ 우측 도로에 있는 차가 우선이므로 그대로 진입한다.
⑤ 회전차량이 멈출 수 있도록 경음기를 울리며 진입한다.

해설

- 모든 차의 운전자는 회전교차로에서는 반시계방향으로 통행하여야 한다.
- 모든 차의 운전자는 회전교차로에 진입하려는 경우에는 서행하거나 일시정지하여야 하며, 이미 진행하고 있는 다른 차가 있는 때에는 그 차에 진로를 양보하여야 한다

정답 07. ①, ② 08. ④, ⑤ 09. ①, ④ 10. ①, ② 11. ②, ④ 12. ①, ③

13 다음 상황에 관한 설명 중 맞는 2가지는?

① 비보호좌회전을 할 수 있는 교차로이다.
② 유턴을 할 수 있는 교차로이다.
③ 전방 차량 신호기에는 좌회전 신호가 없다.
④ 녹색 신호에 따라 직진할 수 있다.
⑤ 녹색 신호에 따라 유턴할 수 있다.

4색 신호등이 설치된 교차로에 유턴안내 표지판이 있는 교차로의 통행방법이다.

14 다음과 같이 고장으로 인하여 부득이하게 주차하는 경우 조치로 맞는 2가지는?

① 기어를 중립(N)으로 둔다.
② 견인에 대비하여 주차제동장치를 작동하지 않는다.
③ 조향장치를 도로의 가장자리 방향(자동차에서 가까운 쪽)으로 돌려 놓는다.
④ 바퀴 방향을 11자로 나란히 둔다.
⑤ 경사의 내리막 방향으로 바퀴에 고임목 등을 설치한다.

해설

도로교통법 시행령 제11조(정차 또는 주차의 방법 등)제3항 자동차의 주차제동장치를 작동한 후 경사의 내리막 방향으로 바퀴에 고임목 등 자동차의 미끄럼 사고를 방지할 수 있는 것을 설치하고 조향장치를 도로의 가장자리(자동차에서 가까운 쪽을 말한다) 방향으로 돌려 놓는다.

15 다음 상황에서 가장 안전한 운전방법 2가지는?

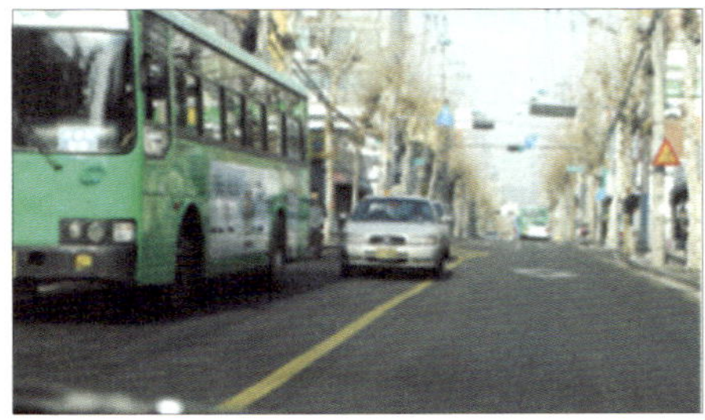

① 반대편 버스에서 내린 승객이 버스 앞으로 뛰어나올 가능성이 있으므로 속도를 줄인다.
② 반대편 버스가 갑자기 출발할 경우 택시가 중앙선을 넘을 가능성이 크기때문에 주의한다.
③ 전방에 횡단보도가 없는 것으로 보아 무단 횡단자는 없을 것이므로 속도를 높인다.
④ 내 앞에 주행하는 차가 없으므로 속도를 높여 주행한다.
⑤ 편도 1차로 도로이므로 시속 80킬로미터 속도로 주행한다.

해설

버스에서 내린 승객은 버스 앞이나 뒤로 뛰어나올 가능성이 높으며, 버스가 출발할 경우 택시들은 중앙선을 넘을 가능성이 많다. 편도 1차로에 횡단보도가 예고 노면표지가 있고, 횡단보도가 없으면 무단횡단 보행자를 뛰어 나올 수 있다는 것을 염두에 두어야 하며, 버스 뒷부분에 보이지 않는 공간이 있으므로 속도를 높이면 사고의 위험이 있다.

16 신호등 없는 교차로에서 앞차를 따라 좌회전 중이다. 가장 안전한 운전방법 2가지는?

① 반대 방향에서 직진 차량이 올 수 있으므로 신속히 앞차를 따라 진행한다.
② 앞차가 급정지할 수 있으므로 서행한다.
③ 교차로에 진입했으므로 속도를 높여 앞만 보고 진행한다.
④ 교차로 부근에 보행자가 있을 수 있으므로 안전을 확인하며 진행한다.
⑤ 이미 좌회전 중이므로 전방 상황을 고려하지 않고 진행한다.

신호 없는 교차로에서는 방어 운전을 하고 보행자에 주의하면서 좌회전하여야 한다.

17 혼잡한 교차로에서 직진할 때 가장 안전한 운전방법 2가지는?

① 교차로 안에서 정지할 우려가 있을 때에는 녹색신호일지라도 교차로에 진입하지 않는다.
② 앞차의 주행방향으로 따라만 가면 된다.
③ 앞지르기해서 신속히 통과한다.
④ 다른 방향의 교통을 의식하지 않고 신호에 따라 진행한다.
⑤ 정체된 차들 사이로 무단 횡단하는 보행자에 주의한다.

해설

도로교통법 제25조의 해설
혼잡한 교차로에서는 녹색신호일지라도 교차로내 정지할 우려가 있을 때에는 교차로에 진입하여서는 아니되며, 정차 금지지대 표시가 있는 경우는 그 직전에 정지하여야 한다.

18 교차로에 진입하기 전에 황색신호로 바뀌었다. 가장 안전한 운전 방법 2가지는?

① 속도를 높여 신속하게 지나간다.
② 정지선 또는 횡단보도 직전에 정지 한다.
③ 앞에 있는 자전거나 횡단하려는 보행자에 유의한다.
④ 주행하는데 방해가 되는 전방의 자전거가 비켜나도록 경음기를 울린다.
⑤ 앞에 정차한 차량이 있으므로 왼쪽 차로로 차로 변경 후 진행한다.

해설

앞에 있는 자전거나 횡단하려는 보행자에 유의하여야 하며, 교차로 또는 횡단보도 진입 전에 황색신호로 바뀌면 정지선 직전에 정지한다.

정답 13. ②, ④ 14. ③, ⑤ 15. ①, ② 16. ②, ④ 17. ①, ⑤ 18. ②, ③

19 교차로에서 우회전하려고 한다. 가장 안전한 운전 방법 2가지는?

① 차량신호등이 적색이므로 우회전을 하지 못한다.
② 횡단보도를 건너려고 하는 사람이 있으므로 일시정지하여야 한다.
③ 보도에 사람들이 있으므로 서행하면서 우회전한다.
④ 보도에 있는 보행자가 차도로 나오지 못하게 경음기를 계속 울린다.
⑤ 신호에 따라 정지선에서 일시정지 하여야 한다.

도로교통법 제27조, 같은법 시행규칙 [별표2]
- 운전자는 보행자가 횡단보도를 통행하고 있거나 통행하려고 하는 때에는 보행자의 횡단을 방해하거나 위험을 주지 아니하도록 그 횡단보도 앞에서 일시정지하여야 한다.
- 운전자는 교통정리를 하고 있는 교차로에서 좌회전이나 우회전을 하려는 경우에는 신호기 또는 경찰공무원등의 신호나 지시에 따라 도로를 횡단하는 보행자의 통행을 방해하여서는 아니 된다. 보도에 있는 보행자와 좌회전하고 있는 차량에 주의하면서 서행으로 우회전한다.

20 전방에 공사 중인 차로로 주행하고 있다. 다음 중 가장 안전한 운전 방법 2가지는?

① 좌측 차로로 신속하게 끼어들기 한다.
② 좌측 방향지시기를 작동하면서 좌측 차로로 안전하게 차로 변경한다.
③ 공사구간이 보도이므로 진행 중인 차로로 계속 주행한다.
④ 공사관계자들이 비킬 수 있도록 경음기를 울린다.
⑤ 좌측 차로가 정체 중일 경우 진행하는 차로에 일시 정지한다.

해설

좌측 방향지시기를 작동하면서 좌측 차로로 안전하게 차로 변경하고, 좌측 차로가 정체 중일 경우 진행하는 차로에 일시정지 후 안전을 확인 후 진로변경 한다.

21 전방에 마주 오는 차량이 있는 상황에서 가장 안전한 운전방법 2가지는?

① 상대방이 피해 가도록 그대로 진행한다.
② 전조등을 번쩍거리면서 경고한다.
③ 통과할 수 있는 공간을 확보하여 준다.
④ 경음기를 계속 사용하여 주의를 주면서 신속하게 통과하게 한다.
⑤ 골목길에서도 보행자가 나올 수 있으므로 속도를 줄인다.

해설

주택가 이면 도로에서는 돌발 상황 예측, 방어 운전, 양보운전이 중요하다.

22 다음 상황에서 우회전하는 경우 가장 안전한 운전 방법 2가지는?

① 전방 우측에 주차된 차량의 출발에 대비하여야 한다.
② 전방 우측에서 보행자가 갑자기 뛰어나올 것에 대비한다.
③ 신호에 따르는 경우 전방 좌측의 진행 차량에 대비할 필요는 없다.
④ 서행하면 교통 흐름에 방해를 줄 수 있으므로 신속히 통과한다.
⑤ 우측에 불법 주차된 차량에서는 사람이 나올 수 없으므로 속도를 높여 주행한다.

우측에 주차된 차량과 보행자의 갑작스러운 출현에 대비하여야 한다.

23 다음 상황에서 가장 안전한 운전방법 2가지는?

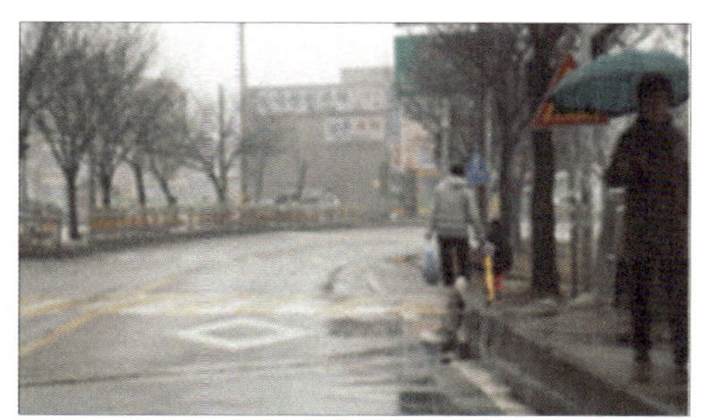

① 빗길에서는 브레이크 페달을 여러 번 나누어 밟는 것보다는 급제동하는 것이 안전하다.
② 물이 고인 곳을 지날 때에는 보행자나 다른 차에게 물이 튈 수 있으므로 속도를 줄여서 주행한다.
③ 과속방지턱 직전에서 급정지한 후 주행한다.
④ 전방 우측에 우산을 들고 가는 보행자가 차도로 들어올 수 있으므로 충분한 거리를 두고 서행한다.
⑤ 우산을 쓰고 있는 보행자는 보도 위에 있으므로 신경 쓸 필요가 없다.

비가 오는 날 주행 시에는 평소보다 속도를 줄이고 보행자 또는 다른 차에 물이 튈 수 있으므로 주의해야 한다.

24 전방에 고장 난 버스가 있는 상황에서 가장 안전한 운전 방법 2가지는?

① 경음기를 울리며 급제동하여 정지한다.
② 버스와 거리를 두고 안전을 확인한 후 좌측 차로를 이용해 서행한다.
③ 좌측 후방에 주의하면서 좌측 차로로 서서히 차로 변경을 한다.
④ 비상 점멸등을 켜고 속도를 높여 좌측 차로로 차로 변경을 한다.
⑤ 좌측 차로로 차로 변경한 후 그대로 빠르게 주행해 나간다.

해설

버스와 거리를 두고 안전을 확인 한 후 좌측 후방에 주의하면서 서행으로 진행하여야 한다.

정답 19. ②, ⑤ 20. ②, ⑤ 21. ③, ⑤ 22. ①, ② 23. ②, ④ 24. ②, ③

25 다음과 같은 도로에서 가장 안전한 운전 방법 2가지는?

① 앞서 가는 자전거가 갑자기 도로 중앙 쪽으로 들어올 수 있으므로 자전거의 움직임에 주의한다.
② 자전거 앞 우측의 차량은 주차되어 있어 특별히 주의할 필요는 없다.
③ 한적한 도로이므로 도로의 좌·우측 상황은 무시하고 진행한다.
④ 자전거와의 안전거리를 충분히 유지하며 서행한다.
⑤ 경음기를 울려 자전거에 주의를 주고 앞지른다.

해설
자전거가 앞차의 왼쪽을 통과하기 위해 도로의 중앙 쪽으로 이동이 예상되고, 전방 우측 차량의 움직임은 확인할 수 없는 상황이므로 서행하여야 한다. 또한 도로의 좌·우측 상황을 확인할 수 없으므로 안전을 확인할 필요가 있다.

26 다음 상황에서 가장 안전한 운전방법 2가지는?

① 주차된 차량들 중에서 갑자기 출발하는 차가 있을 수 있으므로 좌우를 잘 살피면서 서행한다.
② 주차 금지 구역이긴 하나 전방 우측의 흰색 차량 뒤에 공간이 있으므로 주차하면 된다.
③ 반대 방향에서 언제든지 차량이 진행해 올 수 있으므로 우측으로 피할 수 있는 준비를 한다.
④ 뒤따라오는 차량에게 불편을 주지 않도록 최대한 빠르게 통과하거나 주차한다.
⑤ 중앙선을 넘어서 주행해 오는 차량이 있을 수 있으므로 자신이 먼저 중앙선을 넘어 신속히 통과한다.

해설
주차된 차량들 중에서 갑자기 출발하는 차가 있을 수 있으므로 좌우를 잘 살피면서 서행해야 하며 반대방향에서 진행해 올 수 있는 차량에 주의한다.

27 고갯마루 부근에서 가장 안전한 운전방법 2가지는?

① 현재 속도를 그대로 유지한다.
② 무단 횡단하는 사람 등이 있을 수 있으므로 주의하며 주행한다.
③ 속도를 높여 진행한다.
④ 내리막이 보이면 기어를 중립에 둔다.
⑤ 급커브와 연결된 구간이므로 속도를 줄여 주행한다.

해설
오르막길에서는 전방 상황을 확인하기가 어려우므로 속도를 줄여 진행하고 보행자의 통행에도 주의하면서 진행해야 한다.

28 내 차 앞에 무단 횡단하는 보행자가 있다. 가장 안전한 운전 방법 2가지는?

① 일시 정지하여 횡단하는 보행자를 보호한다.
② 무단횡단자는 보호할 의무가 없으므로 신속히 진행한다.
③ 급정지 후 차에서 내려 무단 횡단하는 보행자에게 화를 낸다.
④ 비상점멸등을 켜서 뒤차에게 위험상황을 알려준다.
⑤ 경음기를 울려 무단 횡단하는 보행자가 횡단하지 못하도록 한다.

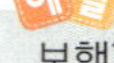
해설
보행자가 횡단보도가 설치되어 있지 아니한 도로를 횡단하고 있을 때에는 안전거리를 두고 일시 정지하다 보행자가 안전하게 횡단할 수 있도록 하여야 한다. 또한, 뒤차에게 위험을 알리기 위해 비상점멸등을 켠다.

29 다음 상황에서 가장 안전한 운전방법 2가지는?

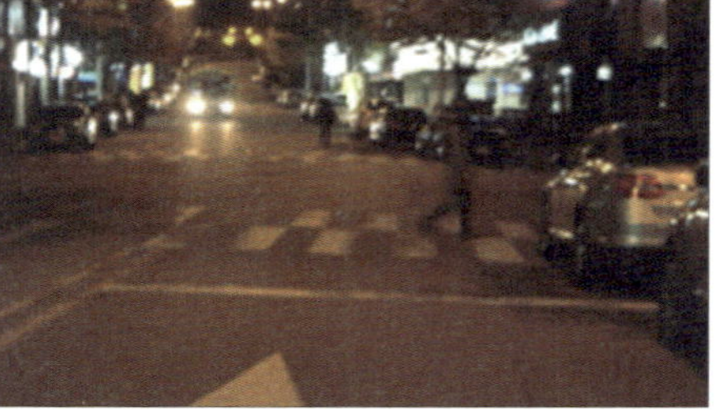

① 보행자의 횡단이 끝나가므로 그대로 통과한다.
② 반대 차의 전조등에 현혹되지 않도록 하고 보행자에 주의한다.
③ 전조등을 상하로 움직여 보행자에게 주의를 주며 통과한다.
④ 서행하며 횡단보도 앞에서 일시정지하여야 한다.
⑤ 시야 확보를 위해 상향등을 켜고 운전한다.

해설
야간운전은 주간보다 주의력을 더 집중하고 감속하는 것이 중요하다. 야간에는 시야가 전조등의 범위로 좁아져서 가시거리가 짧아지기 때문에 주변상황을 잘 살피고 안전하게 운전해야 한다. 야간에는 마주 오는 차의 전조등에 눈이 부셔 시야가 흐려지지 않도록 주의하고, 상대방의 시야를 방해하지 않도록 하향등으로 바꾸어 주는 것이 원칙이다. 신호등이 없는 횡단보도 전에는 서행하며 정지 전에는 일시정지하여 보행자의 안전에 주의해야 한다.

30 보행자가 횡단보도를 건너는 중이다. 가장 안전한 운전방법 2가지는?

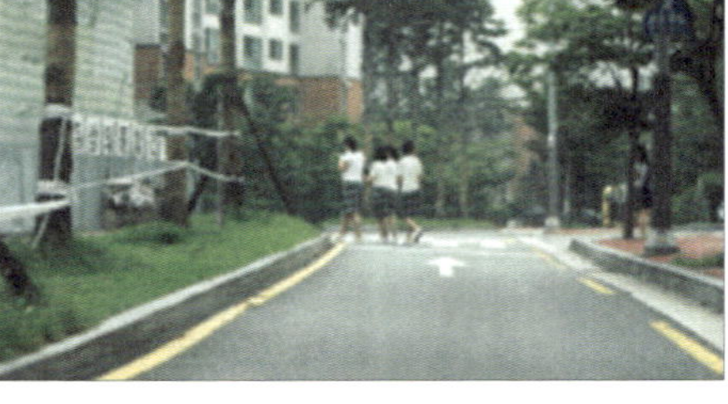

① 보행자가 안전하게 횡단하도록 정지선에 일시정지한다.
② 빠른 속도로 빠져나간다.
③ 횡단보도 우측에서 갑자기 뛰어드는 보행자에 주의한다.
④ 횡단보도 접근 시 보행자의 주의를 환기하기 위해 경음기를 여러 번 사용한다.
⑤ 좌측 도로에서 차량이 접근할 수 있으므로 경음기를 반복하여 사용한다.

해설
도로교통법 제27조(보행자의 보호) 모든 차 또는 노면전차의 운전자는 보행자가 횡단보도를 통행하고 있거나 통행하려고 하는 때에는 보행자의 횡단을 방해하거나 위험을 주지 아니하도록 그 횡단보도 앞에서 일시정지하여야 한다.

정답 25. ①, ④ 26. ①, ③ 27. ②, ⑤ 28. ①, ④ 29. ②, ④ 30. ①, ③

31 비오는 날 횡단보도에 접근하고 있는 상황에서 가장 안전한 운전방법 2가지는?

① 물방울이나 습기로 전방을 보기 어렵기 때문에 신속히 통과한다.
② 비를 피하기 위해 서두르는 보행자를 주의한다.
③ 차의 접근을 알리기 위해 경음기를 계속해서 사용하며 진행한다.
④ 우산에 가려 차의 접근을 알아차리지 못하는 보행자를 주의한다.
⑤ 빗물이 고인 곳을 통과할 때는 미끄러질 위험이 있으므로 급제동하여 정지한 후 통과한다.

비오는 날 횡단보도 부근의 보행자의 특성은 비에 젖고 싶지 않아 서두르고 발밑에만 신경을 쓴다. 또한 주위를 잘 살피지 않고 우산에 가려 주위를 보기도 어렵다. 특히 물이 고인곳을 통과할 때에는 미끄러지기 쉬워 속도를 줄이고 서행으로 통과하되 급제동하여서는 아니 된다.

32 편도 2차로 오르막 커브 길에서 가장 안전한 운전 방법 2가지는?

① 앞차와의 거리를 충분히 유지하면서 진행한다.
② 앞차의 속도가 느릴 때는 2대의 차량을 동시에 앞지른다.
③ 커브 길에서의 원심력에 대비해 속도를 높인다.
④ 전방 1차로 차량의 차로 변경이 예상되므로 속도를 줄인다.
⑤ 전방 1차로 차량의 차로 변경이 예상되므로 속도를 높인다.

차로를 변경하기 전 뒤따르는 차량 진행여부를 확인하고 오르막 차로에서는 특히 앞차와의 거리를 충분히 유지하여야 한다. 커브 길에서는 속도를 줄여 차량의 주행안정성을 확보하여야 하며, 반대편 차로로 넘어가지 않도록 주의하여 주행해야 한다.

33 황색점멸신호의 교차로에서 가장 안전한 운전방법 2가지는?

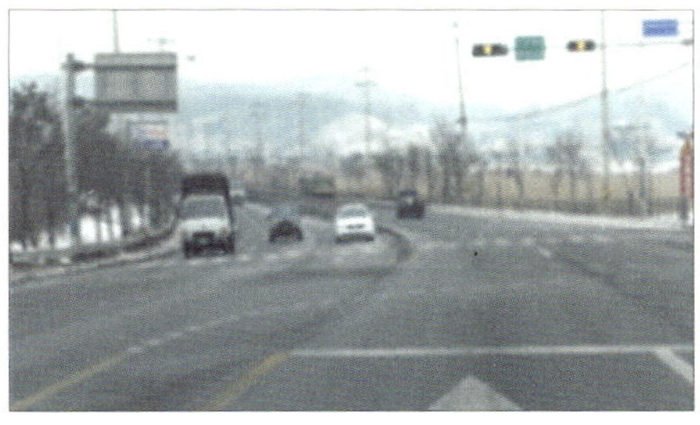

① 주변차량의 움직임에 주의하면서 서행한다.
② 위험예측을 할 필요가 없이 진행한다.
③ 교차로를 그대로 통과한다.
④ 전방 좌회전하는 차량은 주의하지 않고 그대로 진행한다.
⑤ 횡단보도를 건너려는 보행자가 있는지 확인한다.

해설

도로교통법 시행규칙 [별표2] - 차량이 밀집되는 교차로는 운전자의 시야확보에 어려움이 있으므로 차간거리를 넓히고 서행하여 시야를 확보해야 하며,교차로를 지나 횡단보도가 있는 경우 특히 보행자의 안전에 주의해야 한다.

34 다음과 같은 지방 도로를 주행 중이다. 가장 안전한 운전 방법 2가지는?

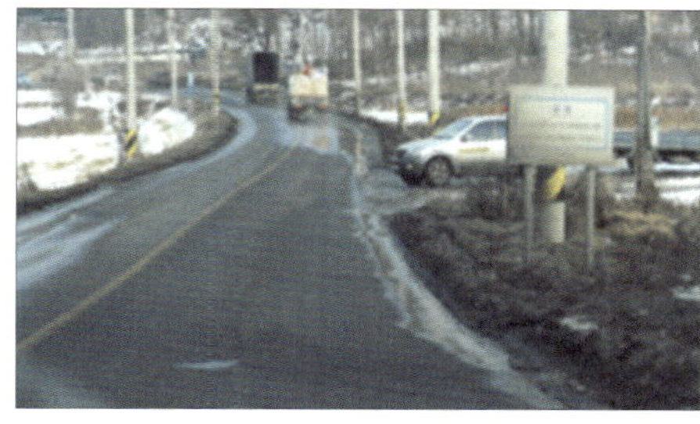

① 언제든지 정지할 수 있는 속도로 주행한다.
② 반대편 도로에 차량이 없으므로 전조등으로 경고하면서 그대로 진행한다.
③ 전방 우측 도로에서 차량 진입이 예상되므로 속도를 줄이는 등 후속 차량에도 이에 대비토록 한다.
④ 전방 우측 도로에서 진입하고자 하는 차량이 우선이므로 모든 차는 일시정지하여 우측 도로 차에 양보한다.
⑤ 직진 차가 우선이므로 경음기를 계속 울리면서 진행한다.

편도 1차로의 내리막 도로이고, 우측 도로에서 진입코자 하는 승용차가 대기 중이므로 감속하여 서행으로 통과하도록 한다.

35 다음 상황에서 가장 안전한 운전방법 2가지는?

① 반대편 차량의 앞지르기는 불법이므로 경음기를 사용하면서 그대로 주행한다.
② 반대편 앞지르기 중인 차량이 통과한 후 우측의 보행자에 주의하면서 커브길을 주행한다.
③ 커브길은 신속하게 진입해서 천천히 빠져나가는 것이 안전하다.
④ 커브길은 중앙선에 붙여서 운행하는 것이 안전하다.
⑤ 반대편 앞지르기 중인 차량이 안전하게 앞지르기 할 수 있도록 속도를 줄이며 주행한다..

해설

불법으로 앞지르기하는 차량이라도 안전하게 앞지르기할 수 있도록 속도를 줄여야 하고, 커브 길은 속도를 줄이고 보행자에 주의하면서 안전하게 통과한다.

36 회전교차로에서 가장 안전한 운전방법 2가지는?

① 회전하는 차량이 우선이므로 진입차량이 양보한다.
② 직진하는 차량이 우선이므로 그대로 진입한다.
③ 회전하는 차량에 경음기를 사용하며 진입한다.
④ 회전차량은 진입차량에 주의하면서 회전한다.
⑤ 첫 번째 회전차량이 지나간 다음 바로 진입한다.

해설

- 모든 차의 운전자는 회전교차로에 진입하려는 경우에는 서행하거나 일시정지하여야 하며, 이미 진행하고 있는 다른 차가 있는 때에는 그 차에 진로를 양보하여야 한다.
- 회전차량은 진입차량에 주의 하면서 회전하여야 한다.

정답 31. ②, ④ 32. ①, ④ 33. ①, ⑤ 34. ①, ③ 35. ②, ⑤ 36. ①, ④

37 Y자형 교차로에서 좌회전해야 하는 경우 가장 안전한 운전방법 2가지는?

① 반대편 도로에 차가 없을 경우에는 황색 실선의 중앙선을 넘어가도 상관없다.
② 교차로 직전에 좌측 방향 지시등을 작동한다.
③ 교차로를 지나고 나서 좌측 방향 지시등을 작동한다.
④ 교차로에 이르기 전 30미터 이상의 지점에서 좌측 방향 지시등을 작동한다.
⑤ 좌측 방향지시등 작동과 함께 주변 상황을 충분히 살펴 안전을 확인한 후 통과한다.

해설 교차로에서 차로 변경할 때에는 교차로에 이르기 전 30미터 전방에서 신호를 하고, 속도를 줄여 서행으로 주변의 안전을 확인한 후 통과하여야 한다.

38 다음 상황에서 시내버스가 출발하지 않을 때 가장 안전한 운전방법 2가지는?

① 정차한 시내버스가 빨리 출발할 수 있도록 경음기를 반복하여 사용한다.
② 정지 상태에서 고개를 돌려 뒤따르는 차량이 진행해 오는지 확인한다.
③ 좌측 방향지시등을 켜고 후사경을 보면서 안전을 확인한 후 차로 변경한다.
④ 좌측 차로에서 진행하는 차와 사고가 발생할 수 있기 때문에 급차로 변경한다.
⑤ 버스에서 내린 사람이 무단 횡단할 수 있으므로 버스 앞으로 빠르게 통과한다.

해설 승객을 안전하게 태우기 위해서 시내버스가 오래 정차할 수도 있으니 경음기를 울려 출발토록 경고하는 것은 삼가야 하며, 좌측으로 차로 변경함에 있어 사각지대로 인해 진행 차량이 보이지 않을 수 있으므로 직접 고개를 돌려 확인하는 것이 안전하다. 버스 앞을 통과할 때는 무단횡단자가 있을 수 있으므로 절대 속도를 높이면 안 된다.

39 진출로로 나가려고 할 때 가장 안전한 운전방법 2가지는?

① 안전지대에 일시정지한 후 진출한다.
② 백색점선 구간에서 진출한다.
③ 진출로를 지나치면 차량을 후진해서라도 진출을 시도한다.
④ 진출하기 전 미리 감속하여 진입한다.
⑤ 진출 시 앞 차량이 정체되면 안전지대를 통과해서 빠르게 진출을 시도한다.

40 다음과 같은 도로 상황에서 가장 안전한 운전방법 2가지는?

① 앞차가 앞지르기 금지 구간에서 앞지르기하고 있으므로 경음기를 계속 사용하여 이를 못하게 한다.
② 앞차가 앞지르기를 하고 있으므로 교통 흐름을 원활하게 하기 위해 자신도 그 뒤를 따라 앞지르기한다.
③ 중앙선이 황색 실선 구간이므로 앞지르기해서는 안 된다.
④ 교통 흐름상 앞지르기하고 있는 앞차를 바싹 따라가야 한다.
⑤ 전방 우측에 세워진 차량이 언제 출발할지 알 수 없으므로 주의하며 운전한다.

해설 황색 실선의 구간에서는 앞지르기를 할 수 없고 우측에 세워진 차량의 갑작스러운 출발에도 대비하여야 한다.

41 다음과 같은 지하차도 부근에서 금지되는 운전행동 2가지는?

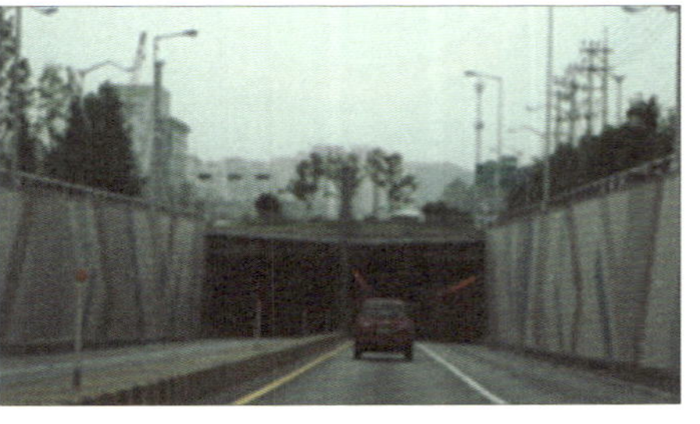

① 앞지르기
② 전조등 켜기
③ 차폭등 및 미등 켜기
④ 경음기 사용
⑤ 차로변경

해설 차선은 실선이므로 차로변경 및 앞지르기를 할 수 없다.

42 제한속도가 시속 90킬로미터인 고속도로를 주행 중 다음과 같은 상황에서 가장 안전한 운전 방법 2가지는?

① 제한속도 90킬로미터 미만으로 주행한다.
② 최고속도를 초과하여 주행하다가 무인 단속장비 앞에서 속도를 줄인다.
③ 안전표지의 제한속도보다 법정속도가 우선이므로 매시 100킬로미터로 주행한다.
④ 화물차를 앞지르기 위해 매시 100킬로미터의 속도로 신속히 통과한다.
⑤ 전방의 화물차가 갑자기 속도를 줄이는 것에 대비하여 안전거리를 확보한다.

해설 안전표지의 제한속도가 시속 90킬로미터이므로 속도를 준수하면서 무인 단속 장비가 설치된 장소에 이르러서 갑자기 속도를 줄이는 자동차가 있을 수 있을 수 있으므로 이에 대비하여 안전거리를 충분히 확보한다.

정답 37. ④, ⑤ 38. ②, ③ 39. ②, ④ 40. ③, ⑤ 41. ①, ⑤ 42. ①, ⑤

43 전방 버스를 앞지르기 하고자 한다. 가장 안전한 운전방법 2가지는?

① 앞차의 우측으로 앞지르기 한다.
② 앞차의 좌측으로 앞지르기 한다.
③ 전방버스가 앞지르기를 시도할 경우 동시에 앞지르기 하지 않는다.
④ 뒤차의 진행에 관계없이 급차로 변경하여 앞지르기 한다.
⑤ 법정속도 이상으로 앞지르기 한다.

해설
도로교통법 제21조, 제22조 – 앞지르기는 반드시 좌측으로 하고 앞지르기에 필요한 시간과 거리를 사전에 확인하고, 앞지르기 금지 장소가 아닌지 또한 확인해야 한다. 뒤차가 앞지르기를 시도할 때에는 서행하며 양보해 주어야 하고, 속도를 높여 경쟁하거나 앞을 가로막는 행동으로 방해해서는 안 된다. 앞지르기를 할 때는 전방상황을 예의 주시하며 법정속도 이내에서만 앞지르기를 해야 한다.

44 오르막 커브길 우측에 공사 중 표지판이 있다. 가장 안전한 운전방법 2가지는?

① 공사 중이므로 전방 상황을 잘 주시한다.
② 차량 통행이 한산하기 때문에 속도를 줄이지 않고 진행한다.
③ 커브길이므로 속도를 줄여 진행한다.
④ 오르막길이므로 속도를 높인다.
⑤ 중앙분리대와의 충돌위험이 있으므로 차선을 밟고 주행한다.

해설
커브길에서의 과속은 원심력으로 인해 차가 길 밖으로 벗어날 수 있으므로 급제동이나 급핸들 조작을 하지 않도록 하며, 커브 진입 전에 충분히 감속해야 한다. 또한 오르막 도로는 반대편 방향을 볼 수 없기 때문에 중앙선 침범 등의 돌발상황에 대비하여 안전하게 주행하여야 한다. 도로가 공사 중일 때에는 더욱 더 전방 상황을 잘 주시하여야 한다.

45 전방 정체 중인 교차로에 접근 중이다. 가장 안전한 운전 방법 2가지는?

① 차량 신호등이 녹색이므로 계속 진행한다.
② 횡단보도를 급히 지나 앞차를 따라서 운행한다.
③ 정체 중이므로 교차로 직전 정지선에 일시정지한다.
④ 보행자에게 빨리 지나가라고 손으로 알린다.
⑤ 보행자의 움직임에 주의한다.

해설
도로교통법 제25조 – 차량 신호가 진행신호라도 교차로 내가 정체이면 진행하지 말고 정지선 앞에 일시정지하여 교차로내 차량의 진행상황을 살펴 녹색신호에 교차로를 통과할 수 있을지 여부를 확인하고 진행하여야 한다.

46 교외지역을 주행 중 다음과 같은 상황에서 안전한 운전방법 2가지는?

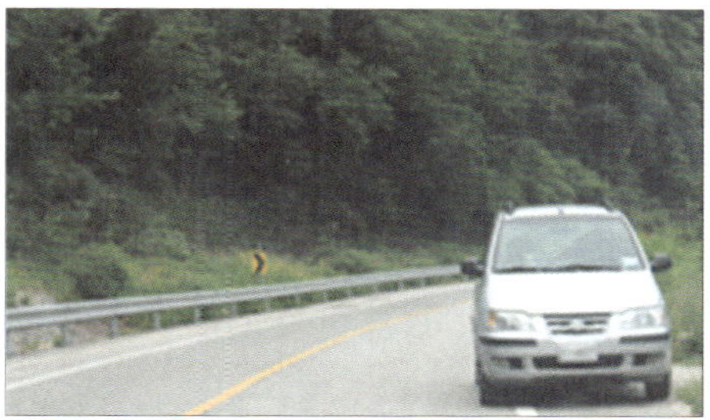

① 우로 굽은 길의 앞쪽 상황을 확인할 수 없으므로 서행한다.
② 우측에 주차된 차량을 피해 재빠르게 중앙선을 넘어 통과한다.
③ 제한속도 범위를 초과하여 빠르게 빠져 나간다.
④ 원심력으로 중앙선을 넘어갈 수 있기 때문에 길 가장자리 구역선에 바싹 붙어 주행한다.
⑤ 주차된 차량 뒤쪽에서 사람이 갑자기 나타날 수도 있으므로 서행으로 통과한다.

해설
교외지역에 비정상적으로 주차된 차량을 피해 통과하려면 도로 전방 상황을 충분히 잘 살피고 서행으로 주행하여야 하며, 주차 차량 주변에서 사람이 갑자기 나타날 수 있음을 충분히 예상하고 안전하게 운전하여야 한다.

47 고속도로를 주행 중 다음과 같은 상황에서 가장 안전한 운전 방법 2가지는?

① 터널 입구에서는 횡풍(옆바람)에 주의하며 속도를 줄인다.
② 터널에 진입하기 전 야간에 준하는 등화를 켠다.
③ 색안경을 착용한 상태로 운행한다.
④ 옆 차로의 소통이 원활하면 차로를 변경한다.
⑤ 터널 속에서는 속도감을 잃게 되므로 빠르게 통과한다.

해설
터널 주변에서는 횡풍(옆에서 부는 바람)에 주의하여야 하며, 터널 안에서는 야간에 준하는 등화를 켜야 한다.

48 지하차도 입구로 진입하고 있다. 가장 안전한 운전방법 2가지는?

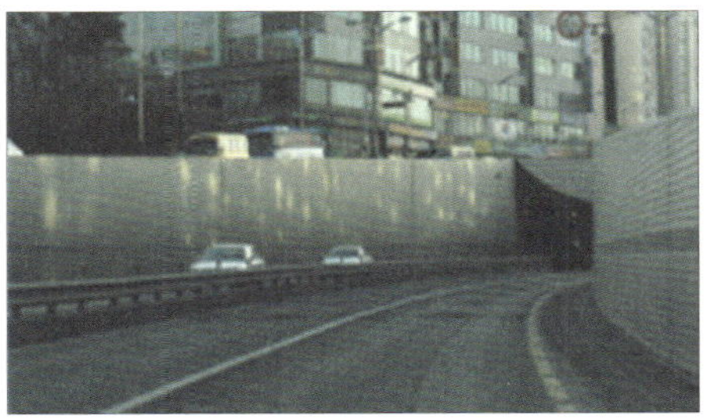

① 지하차도 안에서는 앞차와 안전거리를 유지하면서 주행한다.
② 전조등을 켜고 전방을 잘 살피면서 안전한 속도로 주행한다.
③ 지하차도 안에서는 교통 흐름을 고려하여 속도가 느린 다른 차를 앞지르기한다.
④ 지하차도 안에서는 속도감이 빠르게 느껴지므로 앞차의 전조등에 의존하며 주행한다.
⑤ 다른 차가 끼어들지 못하도록 앞차와의 거리를 좁혀 주행한다.

해설
지하차도는 터널과 마찬가지로 주간이라도 야간에 준하는 등화를 켜고, 앞차와의 안전거리를 유지하면서 실선구간이므로 차로변경 없이 통과하여야 한다.

정답
43. ②, ③ 44. ①, ③ 45. ③, ⑤ 46. ①, ⑤ 47. ①, ② 48. ①, ②

49 3차로에서 2차로로 차로를 변경하려고 할 때 가장 안전한 운전방법 2가지는?

① 2차로에 진입할 때는 속도를 최대한 줄인다.
② 2차로에서 주행하는 차량의 위치나 속도를 확인 후 진입한다.
③ 다소 위험하더라도 급차로 변경을 한다.
④ 2차로에 진입할 때는 경음기를 사용하여 경고 후 진입한다.
⑤ 차로를 변경하기 전 미리 방향지시등을 켜고 안전을 확인한 후 진입한다.

해설 도로교통법 제19조 – 진로변경하고자 할 때에는 미리 방향지시등을 조작하고 2차로에 주행하는 차량을 잘 살피고 안전을 확인 후 진입한다.

50 다음과 같은 교외지역을 주행할 때 가장 안전한 운전 방법 2가지는?

① 앞차가 매연이 심하기 때문에 그 차의 앞으로 급차로 변경하여 정지시킨다.
② 속도를 높이면 우측 방호벽에 부딪힐 수도 있으므로 속도를 줄인다.
③ 좌측 차량이 원심력으로 우측으로 넘어올 수도 있으므로 속도를 높여 그 차보다 빨리 지나간다.
④ 앞쪽 도로가 3개 차로로 넓어지기 때문에 속도를 높여 주행하여야 한다.
⑤ 좌측차로에서 주행 중인 차량으로 인해 진행 차로의 앞 쪽 상황을 확인하기 어렵기 때문에 속도를 줄여 주행한다.

해설 앞에서 진행하는 차량 때문에 전방의 교통상황의 확인이 어렵고, 굽은 도로를 주행 중일 때에는 감속하도록 한다.

51 다음 상황에서 가장 안전한 운전방법 2가지는?

① 2차로에 화물 차량이 주행하고 있으므로 버스전용차로를 이용하여 앞지르기한다.
② 2차로에 주행 중인 화물 차량 앞으로 신속하게 차로변경 한다.
③ 운전 연습 차량의 진행에 주의하며 감속 운행한다.
④ 2차로의 화물 차량 뒤쪽으로 안전하게 차로 변경한 후 주행한다.
⑤ 운전 연습 차량이 속도를 높이도록 경음기를 계속 사용한다.

해설 교외 일반도로를 주행할 때에는 법정 속도 이하의 속도와 주변 차량의 상황을 잘 살피면서 주행해야 한다. 특히, 3차로로 서행하는 차량의 운전자는 운전 연습 중이거나 운전 경력이 짧은 운전자이다. 안전하게 운전할 수 있도록 양보와 배려를 해 주어야 하며, 빨리 가라고 경음기를 울리거나 앞으로 끼어드는 행위는 절대 삼가야 한다.

52 차로변경하려는 차가 있을 때 가장 안전한 운전방법 2가지는?

① 경음기를 계속 사용하여 차로변경을 못하게 한다.
② 가속하여 앞차 뒤로 바싹 붙는다.
③ 사고 예방을 위해 좌측 차로로 급차로 변경한다.
④ 차로변경을 할 수 있도록 공간을 확보해 준다.
⑤ 후사경을 통해 뒤차의 상황을 살피며 속도를 줄여 준다.

해설 차로를 변경하고자 하는 차량이 있다면 속도를 서서히 줄여 안전하게 차로 변경을 할 수 있도록 도와줘야 하며, 후사경을 통해 뒤따라오는 차량의 상황도 살피는 것이 중요하다

53 전방 교차로를 지나 우측 고속도로 진입로로 진입하고자 할 때 가장 안전한 운전방법 2가지는?

① 교차로 우측 도로에서 우회전하는 차량에 주의한다.
② 계속 직진하다가 진입로 직전에서 차로 변경하여 진입한다.
③ 진입로 입구 횡단보도에서 일시정지한 후 천천히 진입한다.
④ 진입로를 지나쳐 통과했을 경우 비상 점멸등을 켜고 후진하여 진입한다.
⑤ 교차로를 통과한 후 우측 후방의 안전을 확인하고 천천히 우측으로 차로를 변경하여 진입한다.

해설 교차로에서 우측 차로로 진행하고자 할 때에는 교차로 우측에서 우회전하는 차량에 주의해야 하고, 우측 후방 차량의 통행을 방해하지 않아야 한다.

54 다음 상황에서 가장 안전한 운전방법 2가지는?

① 전방 우측 차가 신속히 진입할 수 있도록 내 차의 속도를 높여 먼저 통과한다.
② 전방 우측 차가 안전하게 진입할 수 있도록 속도를 줄이며 주행한다.
③ 전방 우측 차가 급진입 시 미끄러질 수 있으므로 안전거리를 충분히 두고 주행한다.
④ 전방 우측에서는 진입할 수 없는 차로이므로 경음기를 사용하며 주의를 환기시킨다.
⑤ 진입 차량이 양보를 해야 하므로 감속 없이 그대로 진행한다.

해설 비오는 날 합류되는 도로에서는 우측에서 합류하는 차량의 움직임을 잘 살피고 충분한 안전거리를 유지하면서 미끄러짐에 주의하면서 진행하여야 한다.

정답 49. ②, ⑤ 50. ②, ⑤ 51. ③, ④ 52. ④, ⑤ 53. ①, ⑤ 54. ②, ③

55 다음 자동차 전용도로(주행차로 백색실선)에서 차로변경에 대한 설명으로 맞는 2가지는?

① 2차로를 주행 중인 화물차는 1차로로 차로변경을 할 수 있다.
② 2차로를 주행 중인 화물차는 3차로로 차로변경을 할 수 없다.
③ 3차로에서 가속 차로로 차로변경을 할 수 있다.
④ 가속 차로에서 3차로로 차로변경을 할 수 있다.
⑤ 모든 차로에서 차로변경을 할 수 있다.

해설
도로교통법 제14조, 제19조, 같은법 시행규칙 [별표6] 506,507 진로변경 제한선 표지 – 백색 점선 구간에서는 차로 변경이 가능하지만 백색 실선 구간에서는 차로 변경을 하면 안 된다. 또한 점선과 실선이 복선일 때도 점선이 있는 쪽에서만 차로 변경이 가능하다.

56 다음 상황에서 가장 안전한 운전방법 2가지는?

① 우측 전방의 화물차가 갑자기 진입할 수 있으므로 경음기를 사용하며 속도를 높인다.
② 신속하게 본선차로로 차로를 변경한다.
③ 본선 후방에서 진행하는 차에 주의하면서 차로를 변경한다.
④ 속도를 높여 본선차로에 진행하는 차의 앞으로 재빠르게 차로를 변경한다.
⑤ 우측 전방에 주차된 화물차의 앞 상황에 주의하며 진행한다.

해설
고속도로 본선에 진입하려고 할 때에는 방향지시등으로 진입 의사를 표시한 후 가속차로에서 충분히 속도를 높이고 주행하는 다른 차량의 흐름을 살펴 안전을 확인한 후 진입한다. 진입 시 전방우측에 주차차량이 있다면 상황을 잘 살피고 안전하게 진입하여야 한다.

57 다음 상황에서 안전한 진출방법 2가지는?

① 우측 방향지시등으로 신호하고 안전을 확인한 후 차로를 변경한다.
② 주행차로에서 서행으로 진행한다.
③ 주행차로에서 충분히 가속한 후 진출부 바로 앞에서 빠져 나간다.
④ 감속차로를 이용하여 서서히 감속하여 진출부로 빠져 나간다.
⑤ 우측 승합차의 앞으로 나아가 감속차로로 진입한다.

해설
우측 방향지시등으로 신호하고 안전을 확인한 후 감속차로로 차로를 변경하여 서서히 속도를 줄이면서 진출부로 나아간다. 이 때 주행차로에서 감속을 하면 뒤따르는 차에 교통흐름의 방해를 주기 때문에 감속차로를 이용하여 감속하여야 한다.

58 도로법령상 고속도로 톨게이트 입구의 화물차 하이패스 혼용차로에 대한 설명으로 옳지 않은 것 2가지는?

① 화물차 하이패스 전용차로이며, 하이패스 장착 차량만 이용이 가능하다.
② 화물차 하이패스 혼용차로이며, 일반차량도 이용이 가능하다.
③ 4.5톤 이상 화물차는 하이패스 단말기 장착과 상관없이 이용이 가능하다.
④ 4.5톤 미단 화물차나 승용자동차만 이용이 가능하다.
⑤ 하이패스 단말기를 장착하지 않은 승용차도 이용이 가능하다..

해설
도로법 제78조 3항(적재량 측정 방해 행위의 금지 등)에 의거 4.5톤 이상 화물차는 적재량 측정장비가 있는 화물차 하이패스 전용차로 또는 화물차 하이패스 혼용차로를 이용하여야 하고, 화물차 하이패스 혼용차로는 전차량이 이용이 가능하며, 단말기를 장착하지 않은 차량은 통행권이 발권됨

59 전방의 저속화물차를 앞지르기 하고자 한다. 안전한 운전 방법 2가지는?

① 경음기나 상향등을 연속적으로 사용하여 앞차가 양보하게 한다.
② 전방 화물차의 우측으로 신속하게 차로변경 후 앞지르기 한다.
③ 좌측 방향지시등을 미리 켜고 안전거리를 확보한 후 좌측차로로 진입하여 앞지르기 한다.
④ 좌측 차로에 차량이 많으므로 무리하게 앞지르기를 시도하지 않는다.
⑤ 전방 화물차에 최대한 가깝게 다가간 후 앞지르기 한다.

해설
좌측 방향지시등을 미리 켜고 안전거리를 확보 후 좌측 차로로 진입한 후 앞지르기를 시도해야 한다

60 다음 고속도로의 도로전광표지(VMS)에 따른 설명으로 맞는 2가지는?

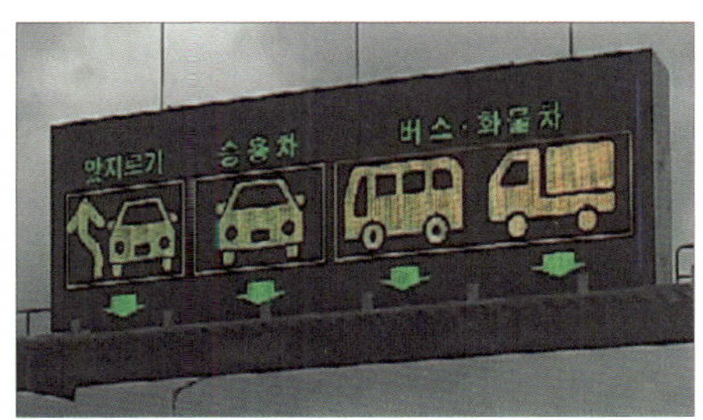

① 모든 차량은 앞지르기차로인 1차로로 앞지르기하여야 한다.
② 고속도르 지정차로에 대한 안내표지이다.
③ 승용차는 모든 차로의 통행이 가능하다.
④ 승용차가 정속 주행한다면 1차로로 계속 통행할 수 있다.
⑤ 승합차 운전자가 지정차로 통행위반을 한 경우에는 범칙금 5만 원과 벌점 10점이 부과된다.

해설
도로교통법 제60조, 도로교통법 시행령 별표8. 제39호. 승합자동차등 범칙금 5만 원
도로교통법 시행규칙 제16조, 제39조, 별표9, 별표28. 제21호 벌점 10점
앞지르기를 할 때에는 지정된 차로의 왼쪽 바로 옆 차로로 통행할 수 있으며, 모든 차는 지정된 차로보다 오른쪽에 있는 차로로 통행할 수 있다.

정답 55. ②, ④ 56. ③, ⑤ 57. ①, ④ 58. ①, ④ 59. ③, ④ 60. ②, ⑤

61 자동차 전용도로에서 우측도로로 진출하고자 한다. 안전한 운전방법 2가지는?

① 진출로를 지나친 경우 즉시 비상점멸등을 켜고 후진하여 진출로로 나간다.
② 급가속하며 우측 진출방향으로 차로를 변경한다.
③ 우측 방향지시등을 켜고 안전거리를 확보하며 상황에 맞게 우측으로 진출한다.
④ 진출로를 오인하여 잘못 진입한 경우 즉시 비상점멸등을 켜고 후진하여 가고자 하는 차선으로 들어온다.
⑤ 진출로에 진행차량이 보이지 않더라도 우측 방향지시등을 켜고 진입해야 한다.

해설 가급적 급차로 변경을 하면 안 되며, 충분한 안전거리를 확보하고 진출하고자 하는 방향의 방향지시등을 미리 켜야 한다

62 다리 위를 주행하는 중 강한 바람이 불어와 차체가 심하게 흔들릴 경우 가장 안전한 운전방법 2가지는?

① 빠른 속도로 주행한다. ② 감속하여 주행한다.
③ 핸들을 느슨히 잡는다. ④ 핸들을 평소보다 꽉 잡는다.
⑤ 빠른 속도로 주행하되 핸들을 꽉 잡는다.

해설 자동차가 빠른 속도로 움직일 경우 차체 중심이 위쪽으로 움직이고 바람이 심하게 불면 전도 위험이 있는 만큼 속도를 줄이고 핸들을 평소보다 꽉 잡고 운전하여야 한다.

63 고속도로를 주행 중이다. 가장 안전한 운전 방법 2가지는?

① 우측 방향 지시등을 켜고 우측으로 차로 변경 후 앞지르기한다.
② 앞서 가는 화물차와의 안전거리를 좁히면서 운전한다.
③ 앞차를 앞지르기 위해 좌측 방향 지시등을 켜고 전후방의 안전을 살핀 후에 좌측으로 앞지르기한다.
④ 앞서 가는 화물차와의 안전거리를 충분히 유지하면서 운전한다.
⑤ 경음기를 계속 울리며 빨리 가도록 재촉한다.

해설 모든 차의 운전자는 다른 차를 앞지르고자 하는 때에는 앞차의 좌측으로 통행하여야 한다. 운전자는 차의 조향장치·제동장치와 그 밖의 장치를 정확하게 조작하여야 하며, 도로의 교통 상황과 차의 구조 및 성능에 따라 다른 사람에게 위험과 장해를 주는 속도나 방법으로 운전하여서는 아니 된다.

64 다음 상황에서 가장 안전한 운전 방법 2가지는?

① 전방에 교통 정체 상황이므로 안전거리를 확보하며 주행한다.
② 상대적으로 진행이 원활한 차로로 변경한다.
③ 음악을 듣거나 담배를 피운다.
④ 내 차 앞으로 다른 차가 끼어들지 못하도록 앞차와의 거리를 좁힌다.
⑤ 앞차의 급정지 상황에 대비해 전방 상황에 더욱 주의를 기울이며 주행한다.

해설 통행차량이 많은 도로에서는 앞 차의 급제동으로 인한 추돌사고가 빈발하므로 전방을 주시하고 안전거리를 확보하면서 진행하여야 한다.

65 편도 2차로 고속도로 주행 중 다음과 같은 도로시설물이 보일 때 올바른 운전방법이 아닌 것 2가지는?

① 2차로로 주행하고 있을 때에는 1차로로 진로를 변경한다.
② 2차로로 주행하고 있을 때에는 즉시 일시정지한다.
③ 갓길로 주행하여서는 안 된다.
④ 속도를 낮추며 전방 상황을 주시한다.
⑤ 1차로로 주행하고 있을 때에는 속도를 높여 신속히 통과한다.

해설 고속도로 공사장 전방에서 도로의 일부 차로를 차단한 경우 공사장 전방에서부터 교통흐름을 주시하여 안전하게 차로변경을 해야 하며, 고속도로에서 갑자기 정지할 경우 후방에서 접근하는 차량이 급정거 등 위험상황을 초래할 수 있음

66 다음과 같은 상황에서 운전자의 올바른 판단 2가지는?

① 3차로를 주행하는 승용차와 차간거리를 충분히 둘 필요가 없다.
② 2차로를 주행하는 차량이 공항방향으로 진출하기 위해 3차로로 끼어들 것에 대비한다.
③ 2차로를 주행하는 자동차가 앞차와의 충돌을 피하기 위해 3차로로 급진입할 것에 대비한다.
④ 2차로의 자동차가 끼어들기 할 수 있으므로 3차로의 앞차와 거리를 좁혀야 한다.
⑤ 2차로로 주행하는 승용차는 3차로로 절대 차로변경하지 않을 것이라 믿는다.

해설 2차로를 주행하는 차량이 공항방향으로 진출하기 위해 3차로로 끼어들 것에 대비하여야 하며, 2차로를 주행하는 자동차가 앞차와의 충돌을 피하기 위해 3차로로 급진입할 것에 대비한다.

정답 61. ③, ⑤ 62. ②, ④ 63. ③, ④ 64. ①, ⑤ 65. ②, ⑤ 66. ②, ③

67 다음 상황에서 가장 안전한 운전 방법 2가지는?

① 차로를 변경하지 않고 현재 속도를 유지하면서 통과한다.
② 미끄러지지 않도록 감속 운행한다.
③ 장애인 전동차가 갑자기 방향을 바꿀 수 있으므로 주의한다.
④ 전방 우측에 정차 중인 버스 옆을 신속하게 통과한다.
⑤ 별다른 위험이 없어 속도를 높인다.

해설

노면에 습기가 있으므로 미끄러지지 않도록 감속 서행하면서 앞서가는 장애인전동차의 방향전환에 대비하여 거리를 두고 서행으로 통과하여야 한다.

68 다음 고속도로의 차로제어시스템(LCS)에 대한 설명으로 맞는 2가지는?

① 화물차는 1차로를 이용하여 앞지르기할 수 있다.
② 차로제어시스템은 효율적인 교통흐름을 위한 교통관리기법이다.
③ 버스전용차로제가 시행 중인 구간이다.
④ 승용차는 정속 주행한다면 1차로로 계속 운행할 수 있다.
⑤ 화물차가 2차로를 이용하여 앞지르기하는 것은 지정차로 통행위반이다.

해설

도로교통법 시행규칙 제39조, [별표9] 버스전용차로제가 시행 중일 때는 전용차로 우측 차로가 1차로가 되어 앞지르기 차로가 됨.

※ 차로제어시스템(LCS, Lane Control Systems)은 차로제어신호기를 설치하여 기존차로를 가변활용 하거나 갓길의 일반 차로 활용 등으로 단기적인 서비스교통량의 증대를 통해 지·정체를 완화시키는 교통관리기법이다.

69 고속도로를 장시간 운전하여 졸음이 오는 상황이다. 가장 안전한 운전방법 2가지는?

① 가까운 휴게소에 들어가서 휴식을 취한다.
② 졸음 방지를 위해 차로를 자주 변경한다.
③ 갓길에 차를 세우고 잠시 휴식을 취한다.
④ 졸음을 참으면서 속도를 높여 빨리 목적지까지 운행한다.
⑤ 창문을 열어 환기하고 가까운 휴게소가 나올 때까지 안전한 속도로 운전한다.

해설

장시간 운전으로 졸음이 올 때에는 가까운 휴게소 또는 졸음쉼터에서 충분한 휴식을 취한 후 운전하는 것이 바람직하다.

70 다음 상황에서 가장 안전한 운전 방법 2가지는?

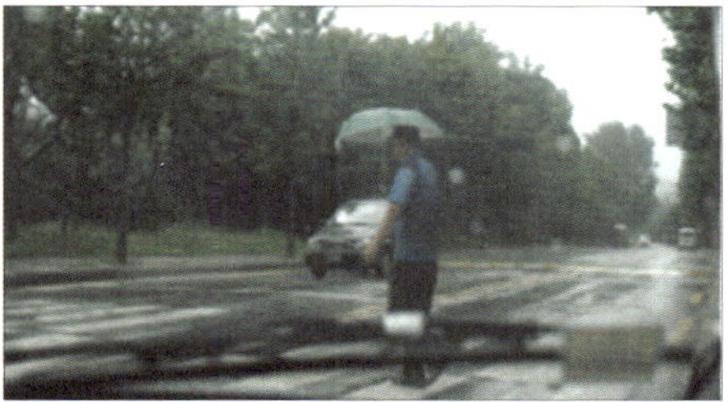

① 경음기를 계속 울려 차가 접근하고 있음을 보행자에게 알린다.
② 보행자 뒤쪽으로 서행하며 진행해 나간다.
③ 횡단보도 직전 정지선에 일시정지 한다.
④ 보행자가 신속히 지나가도록 전조등을 번쩍이면서 재촉한다.
⑤ 보행자가 횡단을 완료한 것을 확인한 후 출발한다.

해설

도로교통법 제27조 – 모든 차의 운전자는 보행자가 횡단보도를 통행하고 있는 때에는 그 횡단보도 앞에서 일시정지하여 보행자의 횡단을 방해하거나 위험을 주어서는 아니 된다.

71 다음 상황에서 가장 안전한 운전방법 2가지는?

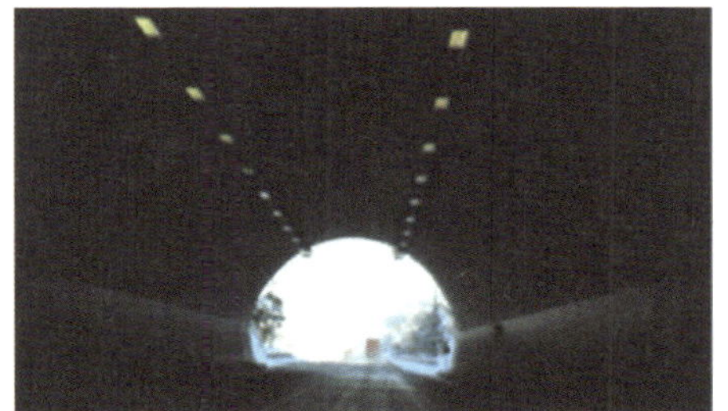

① 터널 밖의 상황을 잘 알 수 없으므로 터널을 빠져나오면서 속도를 높인다.
② 터널을 통과하면서 강풍이 불 수 있으므로 핸들을 두 손으로 꽉 잡고 운전한다.
③ 터널 내에서 충분히 감속하며 주행한다.
④ 터널 내에서 가속을 하여 가급적 앞차를 바싹 뒤따라간다.
⑤ 터널 내에서 차로를 변경하여 가고 싶은 차로를 선택한다.

해설

터널 밖 빙판길인 경우 터널 내에서 충분히 감속 주행해야 하며, 터널을 나올 때에는 강풍이 부는 경우가 많으므로 핸들을 두 손으로 꽉 잡고 운전해야 한다.

72 다음 상황에서 가장 안전한 운전방법 2가지는?

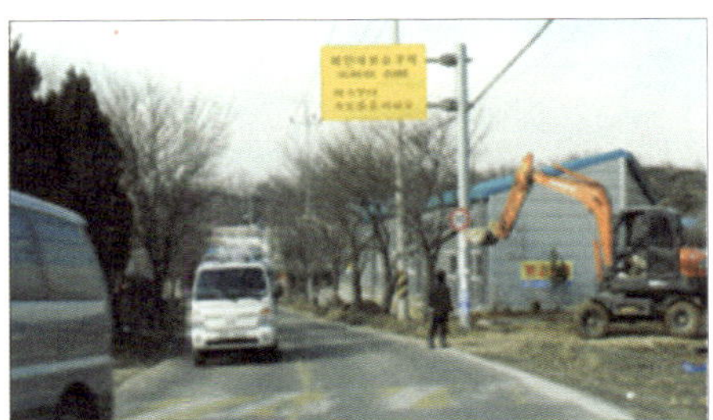

① 작업 중인 건설 기계나 작업 보조자가 갑자기 도로로 진입할 수 있으므로 대비한다.
② 도로변의 작업 차량보다 도로를 통행하는 차가 우선권이 있으므로 경음기를 사용하여 주의를 주며 그대로 통과한다.
③ 건설 기계가 도로에 진입할 경우 느린 속도로 뒤따라 가야하므로 빠른 속도로 진행해 나간다.
④ 어린이 보호구역이 시작되는 구간이므로 시속 30킬로미터 이내로 서행하여 갑작스러운 위험에 대비한다.
⑤ 어린이 보호구역의 시작 구간이지만 도로에 어린이가 없으므로 현재 속도를 유지한다.

해설

어린이보호구역임을 알리는 표지와 속도제한표지판이 있으므로 제한속도를 확인하고, 전방 우측에 작업하는 건설 기계를 잘 살피면서 갑작스러운 위험 등에 대비한다.

정답 67. ②, ③ 68. ②, ③ 69. ①, ⑤ 70. ③, ⑤ 71. ②, ③ 72. ①, ④

73 어린이 보호구역에 대한 설명 중 맞는 2가지는?

① 어린이보호구역내 신호기가 설치되어 있지 않은 횡단보도에서 보행자가 없으면 서행하며 진행한다.
② 교통사고의 위험으로부터 어린이를 보호하기 위해 어린이 보호구역을 지정할 수 있다.
③ 어린이 보호구역에서는 주 · 정차가 허용된다.
④ 어린이 보호구역에서는 어린이들이 주의하기 때문에 사고가 발생하지 않는다.
⑤ 통행속도를 준수하고 어린이의 안전에 주의하면서 운행하여야 한다.

해설

도로교통법 제12조, 제27조, 제32조
- 어린이 보호구역에서는 어린이 교통사고가 자주 발생하고 있으므로 주·정차가 금지된다.
- 어린이 보호구역 내에 설치된 횡단보도 중 신호기가 설치되지 아니한 횡단보도 앞에서는 보행자의 횡단 여부와 관계없이 일시정지하여야 한다

74 다음과 같이 전기차 주행 중 연기가 발생하는 경우 가장 올바른 조치방법 2가지는?

① 연기가 언제까지 발생하는지 지켜본다.
② 주행 중인 경우 우선 목적지까지 주행한다.
③ 연기 발생 원인을 찾기 위해 차량을 직접 점검한다.
④ 화재 위험성이 있으므로 119에 신고한다.
⑤ 차량을 안전한 곳에 정지 후 하차한다.

해설

전기차 고전원배터리에서 발생하는 화재의 대부분은 열폭주 화재로 초기 약 10~20분간 연기를 발생 시킨 후 화재로 진전됨

75 다음 상황에서 가장 안전한 운전 방법 2가지는?

① 도로 폭이 넓어 충분히 빠져나갈 수 있으므로 그대로 통과한다.
② 서행하면서 자전거의 움직임에 주의한다.
③ 자전거와 교행 시 가속 페달을 밟아 신속하게 통과한다.
④ 경음기를 계속 울려 자전거 운전자에게 경각심을 주면서 주행한다.
⑤ 자전거와 충분한 간격을 유지하면서 충돌하지 않도록 주의한다.

해설

자전거와 충분한 간격을 유지하면서 충돌하지 않도록 서행한다.

76 다음과 같이 고속도로 요금소 하이패스 차로를 이용하여 통과하려고 할 때 가장 안전한 운전방법 2가지는?

① 하이패스 전용차로 이용 시 영업소 도착 직전에 비어 있는 하이패스 전용차로로 차로변경 한다.
② 하이패스 이용차량이 아닌 경우에도 하이패스 전용차로의 소통이 원활하므로 영업소 입구까지 하이패스 전용차로로 주행한 뒤 차로변경 한다.
③ 하이패스 이용차량은 앞차의 감속에 대비하여 안전거리를 유지하며 진입한다.
④ 하이패스 이용차량은 영업소 통과 시 정차할 필요가 없으므로 앞차와의 안전거리를 확보하지 않고 빠른 속도로 주행한다.
⑤ 하이패스 전용차로를 이용하지 않는 차량은 미리 다른 차로로 차로를 변경한다.

해설

고속도로 요금소 진입 전 미리 하이패스 차로로 차로를 변경하고, 앞차와 안전거리를 확보하면서 안전하게 통과한다.

77 다음 상황에서 가장 안전한 운전방법 2가지는?

① 비어있는 차로로 속도를 높여 통과한다.
② 별다른 위험이 없으므로 다른 차들과 같이 통과한다.
③ 노면표시에 따라 주행속도를 줄이며 진행한다.
④ 보행자가 갑자기 뛰어 나올 수 있으므로 경음기를 사용하면서 통과한다.
⑤ 다른 차에 가려서 안 보일 수 있는 보행자 등에 주의한다.다.

해설

가장자리의 서행하라는 노면표시가 있고, 전방에 횡단보도가 있어 서행으로 접근하고 다른 차에 가려 안 보이는 보행자가 있을 수 있어 주의하여야 한다.

78 다음과 같은 도로를 통행할 때 주의사항에 대한 설명으로 올바른 것 2가지는?

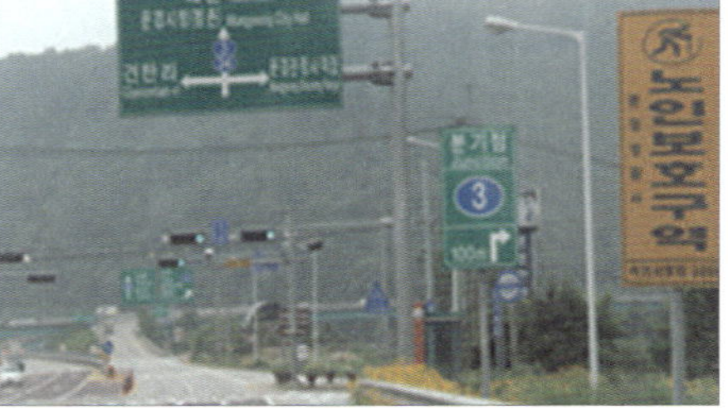

① 노인보호구역임을 알리고 있으므로 미리 충분히 감속하여 운전한다.
② 노인보호구역은 보행자가 보이지 않더라도 좌우를 충분히 살펴야 한다.
③ 노인보호구역이라도 건물 앞에서만 서행으로 주행한다.
④ 안전을 위하여 가급적 앞 차의 후미를 바싹 따라 주행한다.
⑤ 속도를 높여 신속히 노인보호구역을 벗어난다.

해설

노인보호구역에서는 보행자가 보이지 않더라도 감속하여 좌우를 충분히 살피며 진행하여야 한다.

정답 73. ②, ⑤ 74. ④, ⑤ 75. ②, ⑤ 76. ③, ⑤ 77. ③, ⑤ 78. ①, ②

79 다음 상황에서 가장 안전한 운전방법 2가지는?

① 시속 30킬로미터 이하로 서행한다.
② 주 · 정차를 해서는 안 된다.
③ 내리막길이므로 빠르게 주행한다.
④ 주차는 할 수 없으나 정차는 할 수 있다.
⑤ 횡단보도를 통행할 때는 경음기를 사용하며 주행한다.

해설

어린이 보호구역은 교통사고의 위험으로부터 어린이를 보호하기 위하여 필요하다고 인정하는 때에 유치원, 초등학교 등의 시설 주변도로 가운데 일정구간을 어린이 보호구역으로 지정하고 있다. 어린이보호구역의 속도제한 표시는 30km이므로 통행속도 이하로 서행하여야 하며, 주·정차를 금지하고 있다.

80 교차로에서 우회전을 하려는 상황이다. 가장 안전한 운전 방법 2가지는?

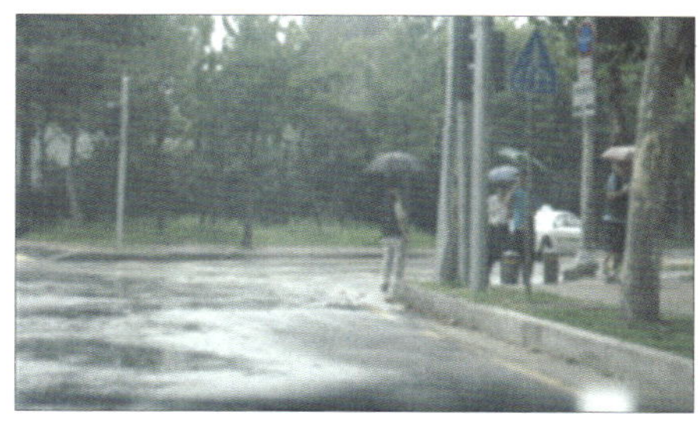

① 우산을 쓴 보행자가 갑자기 횡단보도로 내려올 가능성이 있으므로 감속 운행한다.
② 보행자가 횡단을 마친 상태로 판단되므로 신속하게 우회전한다.
③ 비오는 날은 되도록 앞차에 바싹 붙어 서행으로 운전한다.
④ 도로변의 웅덩이에서 물이 튀어 피해를 줄 수 있으므로 주의 운전한다.
⑤ 교차로에서 우회전을 할 때에는 브레이크 페달을 세게 밟는 것이 안전하다.

해설

물이 고인 곳을 운행할 때에는 다른 사람에게 피해를 주지 않도록 해야 하며, 우천 시에는 보행자의 시야도 좁아지므로 돌발 행동에 주의하면서 감속 운행하여야 한다.

81 학교 앞 신호등이 없는 횡단보도에서 지켜야 하는 내용으로 맞는 2가지는?

① 차의 통행이 없는 때 주차는 가능하다.
② 보행자의 움직임에 주의하면서 전방을 잘 살핀다.
③ 제한속도보다 빠르게 진행한다.
④ 차의 통행에 관계없이 정차는 가능하다.
⑤ 보행자의 횡단여부와 관계없이 일시정지 한다.

해설

도로교통법 제12조, 제27조 – 학교 앞 이면도로 횡단보도는 어린이 보호구역 내이므로 최고속도는 30km/h이내를 준수하고, 어린이의 움직임에 주의하면서 전방을 잘 살펴야 한다. 어린이 보호구역내 사고는 안전운전 불이행, 보행자 보호의무위반, 불법 주·정차, 신호위반 등 법규를 지키지 않는 것이 원인이다. 그리고 어린이보호구역내 횡단보도에서는 보행자의 횡단여부와 관계없이 일시정지한 후 안전을 확인하고 통과하여야 한다.

82 다음 상황에서 가장 안전한 운전 방법 2가지는?

① 차로를 변경하기 어려울 경우 버스 뒤에 잠시 정차하였다가 버스의 움직임을 보며 진행한다.
② 하차하는 승객이 갑자기 차도로 뛰어들 수 있으므로 급정지한다.
③ 뒤따르는 차량과 버스에서 하차하는 승객들의 움직임을 살피는 등 안전을 확인하며 주행한다.
④ 다른 차량들의 움직임을 살펴보고 별 문제가 없으면 버스를 그대로 앞질러 주행한다.
⑤ 경음기를 울려 주변에 주의를 환기하며 신속히 좌측 차로로 차로 변경을 한다.

해설

정차 중인 버스 주위로 보행자가 갑자기 뛰어나올 수 있다. 차로를 안전하게 변경할 수 없을 때는 버스 뒤에 잠시 정차하였다가 버스가 움직일 때 진행하여야 한다. 버스를 피해 차로를 변경 할 때에도 서행하면서 주변의 보행자나 돌발상황에 대비하여야 한다.

83 다음과 같은 상황에서 자동차의 통행 방법으로 올바른 2가지는?

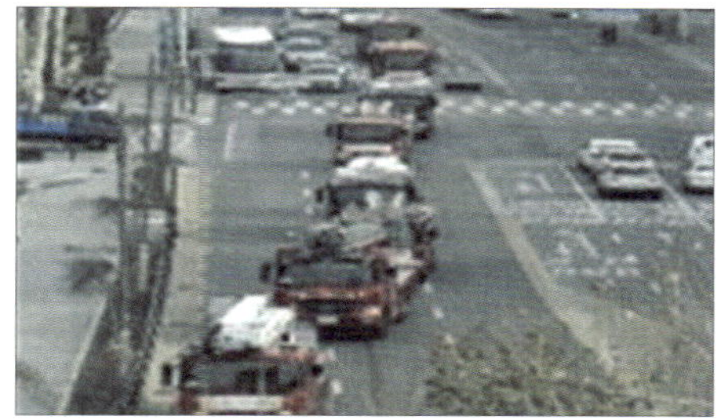

① 좌측도로의 화물차는 우회전하여 긴급자동차 대열로 끼어든다.
② 모든 차량은 긴급자동차에게 차로를 양보해야 한다.
③ 긴급자동차 주행과 관계없이 진행신호에 따라 주행한다.
④ 긴급자동차를 앞지르기하여 신속히 진행 한다.
⑤ 좌측도로의 화물차는 긴급자동차가 통과할 때까지 기다린다.

해설

모든 자동차는 긴급자동차에 양보하여야 한다.

84 1 · 2차로를 걸쳐서 주행 중이다. 이때 가장 안전한 운전 방법 2가지는?

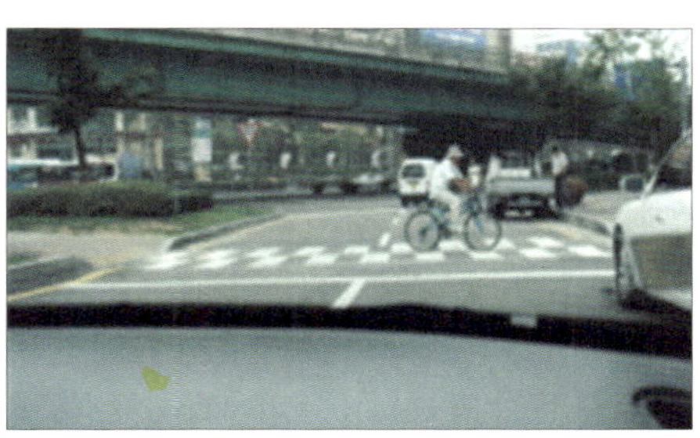

① 1차로로 차로 변경 후 신속히 통과한다.
② 우측 보도에서 횡단보도로 진입하는 보행자가 있는지를 확인한다.
③ 경음기를 울려 자전거 운전자가 신속히 통과하도록 한다.
④ 자전거는 보행자가 아니므로 자전거 뒤쪽으로 통과한다.
⑤ 정지선 직전에 일시정지한다.

해설

자전거가 횡단보도를 통행하는 경우 정지선에 일시정지하여 자전거가 안전하게 통과할 수 있도록 하여야 한다.

정답 79. ①, ② 80. ①, ④ 81. ②, ⑤ 82. ①, ③ 83. ②, ⑤ 84. ②, ⑤

85 다음과 같은 도로상황에서 가장 안전한 운전방법 2가지는?

① 안전표지가 표시하는 속도를 준수한다.
② 어린이가 갑자기 뛰어 나올 수 있으므로 주위를 잘 살피면서 주행한다.
③ 차량이 없으므로 도로우측에 주차할 수 있다.
④ 어린이보호구역이라도 어린이가 없을 경우에는 일반도로와 같다.
⑤ 어린이보호구역으로 지정된 구간은 위험하므로신속히 통과한다.

해설
어린이보호구역의 제한속도를 준수하며, 어린이가 갑자기 뛰어 나올 수 있으므로 주위를 잘 살피면서 주행한다.

86 다음과 같은 어린이보호구역을 통과할 때 예측할 수 있는 가장 위험한 요소 2가지는?

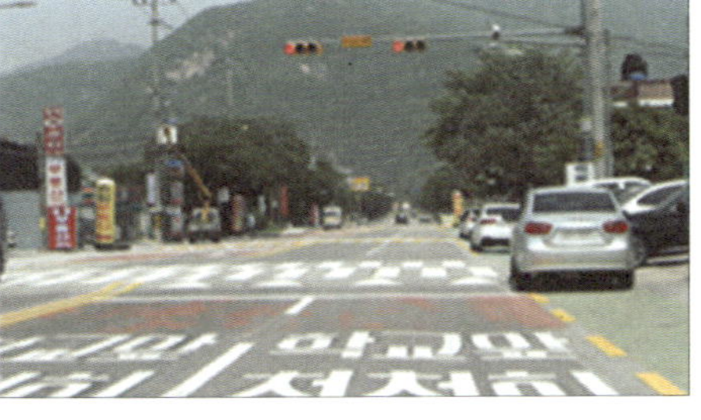

① 반대편 길 가장자리 구역에서 전기공사중인 차량
② 반대편 하위 차로에 주차된 차량
③ 전방에 있는 차량의 급정지
④ 주차된 차량 사이에서 뛰어나오는 보행자
⑤ 진행하는 차로로 진입하려는 정차된 차량

해설
위와 같은 도로 상황에서 위험 요소가 높은 것은 주차된 차량 사이에서 뛰어나오는 보행자와 진행하는 차로로 진입하려는 정차된 차량이다.

87 다음과 같은 도로상황에서 바람직한 통행방법 2가지는?

① 길가장자리구역에 보행자가 있으므로 미리 감속하면서 주의한다.
② 길가장자리구역의 보행자에 주의하면서 진행한다.
③ 보행자가 2차로로 접근하지 않을 것으로 확신하고 그대로 주행한다.
④ 보행자에게 경음기를 울려 차가 지나가고 있음을 알리면서 신속히 주행한다.
⑤ 1차로와 2차로의 중간을 이용하여 감속하지 않고 그대로 주행한다.

해설
길가장자리 구역에 보행자가 있으므로 미리 감속하고 보행자에 주의하면서 진행해야 한다.

88 다음과 같은 눈길 상황에서 가장 안전한 운전방법 2가지는?

① 급제동, 급핸들 조작을 하지 않는다.
② 전조등을 이용하여 마주 오는 차에게 주의를 주며 통과한다.
③ 앞차와 충분한 안전거리를 두고 주행한다.
④ 경음기를 사용하며 주행한다.
⑤ 앞차를 따라서 빠르게 통과한다.

미끄러지기 쉬운 눈길에서는 급제동, 급핸들, 급출발 등은 삼가야 하고, 도로의 상태는 앞차의 움직임으로 확인할 수 있으므로 속도를 줄이고, 앞차와 충분한 안전거리를 유지하여야 한다.

89 긴급자동차가 출동 중인 경우 가장 바람직한 운전방법 2가지는?

① 긴급자동차와 관계없이 신호에 따라 주행 한다.
② 긴급자동차가 신속하게 진행할 수 있도록 차로를 양보한다.
③ 반대편 도로의 버스는 좌회전 신호가 켜져도 일시 정지하여 긴급자동차에 양보한다.
④ 모든 자동차는 긴급자동차에게 차로를 양보할 필요가 없다.
⑤ 긴급자동차의 주행 차로에 일시정지 한다.

모든 자동차는 긴급자동차에 우선 양보하되 뒤에 긴급자동차가 따라오는 경우에는 긴급차가 통행할 수 있도록 진로를 양보하여야 한다.

90 다음 상황에서 운전자의 가장 바람직한 운전방법 2가지는?

① 회전중인 승용차는 긴급자동차가 회전차로에 진입하려는 경우 양보한다.
② 긴급자동차에게 차로를 양보하기 위해 좌·우측으로 피하여 양보한다.
③ 승객을 태운 버스는 차로를 양보 할 필요는 없다.
④ 긴급자동차라도 안전지대를 가로질러 앞차를 앞지르기 할 수 없다.
⑤ 안전한 운전을 위해 긴급자동차 뒤를 따라서 운행 한다.

해설
모든 자동차는 긴급자동차에 우선 양보하되 뒤에 긴급자동차가 따라오는 경우 좌 · 우측으로 양보하여야 한다. 긴급자동차는 앞지르기 규제 적용 대상이 아니다.

정답 85. ①, ② 86. ④, ⑤ 87. ①, ② 88. ①, ③ 89. ②, ③ 90. ①, ②

91 **도로교통법령상 다음과 같은 개인형 이동장치를 도로에서 운전 시 올바른 2가지는?**

① 안전모 등 인명보호 장구를 착용하지 않아도 된다.
② 운전면허 없이 운전하더라도 위법하지 않다.
③ 혈중알콜농도 0.03% 이상으로 운전 시 처벌받지 않는다.
④ 13세 미만의 어린이가 운전하면 보호자에게 과태료가 부과된다.
⑤ 동승자를 태우고 운전하면 처벌 받는다.

해설

도로교통법 시행령 별표8 ① 38의2 (2만원 범칙금), ② 1의4 (10만원 범칙금), ③ 64의 2(10만원 범칙금), ④ 1의 3(10만원 과태료) ⑤ 3의4(범칙금 4만원)

92 **다음 상황에서 가장 안전한 운전 방법 2가지는?**

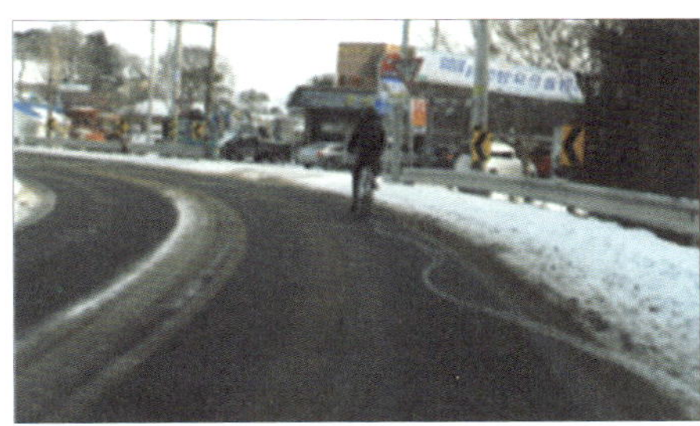

① 경음기를 울려 자전거를 우측으로 피양하도록 유도한 후 자전거 옆으로 주행한다.
② 눈이 와서 노면이 미끄러우므로 급제동은 삼가야 한다.
③ 좌로 급하게 굽은 오르막길이고 노면이 미끄러우므로 자전거와 안전거리를 유지하고 서행한다.
④ 반대 방향에 마주 오는 차량이 없으므로 반대 차로로 주행한다.
⑤ 신속하게 자전거를 앞지르기한다.

해설

전방 우측에 자전거 운전자가 가장자리로 주행하고 있기 때문에 자전거 움직임을 잘 살피면서 서행하고, 자전거 옆을 지나갈 때 충분한 간격을 유지하여야 한다

93 **다음 상황에서 가장 안전한 운전방법 2가지는?**

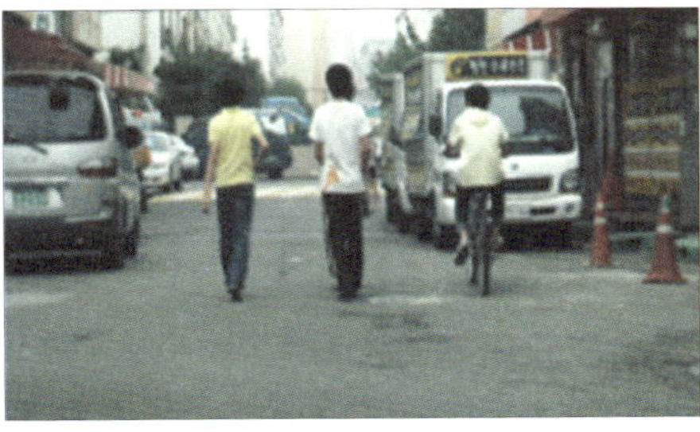

① 경음기를 지속적으로 사용해서 보행자의 길 가장자리 통행을 유도한다.
② 주차된 차의 문이 갑자기 열리는 것에도 대비하여 일정 거리를 유지하면서 서행한다.
③ 공회전을 강하게 하여 보행자에게 두려움을 갖게 하면서 진행한다.
④ 보행자나 자전거가 전방에 가고 있을 때에는 이어폰을 사용하는 경우도 있기 때문에 거리를 유지하며 서행한다.
⑤ 전방의 보행자와 자전거가 길 가장자리로 피하게 되면 빠른 속도로 빠져나간다.

해설

주택가 이면 도로에서 보행자의 통행이 빈번한 도로를 주행할 때에는 보행자 보호를 최우선으로 생각하면서 운행해야 하며, 특히 어린이들은 돌발 행동을 많이 하고, 이어폰 등으로 음악을 듣고 있는 경우에는 경음기 소리나 차의 엔진소리를 듣지 못할 가능성이 많으므로 더욱 주의하여 운전해야 한다. 또 주차된 차의 문이 갑자기 열릴 수 있으므로 차 옆을 지날 때는 일정한 간격을 두고 운행해야 한다.

94 **다음은 하이패스 전용나들목에 대한 설명이다. 잘못된 2가지는?**

① 하이패스 전용차로로 운영되는 간이형식의 나들목이다.
② 하이패스 단말기를 장착한 모든 차량이 이용이 가능하다.
③ 일반 나들목의 하이패스 차로와는 달리 정차 후 통과하여야 한다.
④ 근무자가 상시 근무하는 유인 전용차로이다.
⑤ 단말기 미부착 차량의 진입을 방지하기 위하여 차단기 및 회차 시설을 설치하여 운영한다.

해설

하이패스 전용 나들목 : 고속도로와 국도간의 접근성을 높이기 위해 휴게소나 버스정류장 등을 활용하여 하이패스 전용차로를 운영하는 간이형식의 나들목이다.

■ 하이패스 전용 나들목 이용가능차량
- 1~3종 (승용·승합·소형화물·4.5톤 미만 화물차) 하이패스 단말기 부착차량
- 4.5톤 미만 화물차 중 하이패스 단말기 부착차량

■ 운영방안
- 일반 나들목의 하이패스 차로와는 달리 "정차 후 통과 시스템" 적용

※ 휴게소 등의 이용차량과의 교통안전을 위하여 정차 후 통과(차단기)
- 단말기 미 부착차량의 진입을 방지하기 위하여 차단기 및 회차 시설을 설치하여 본선 재진입 유도

95 **두 대의 차량이 합류 도로로 진입 중이다. 가장 안전한 운전방법 2가지는?**

① 차량 합류로 인해 뒤따르는 이륜차가 넘어질 수 있으므로 이륜차와 충분한 거리를 두고 주행한다.
② 이륜차는 긴급 상황에 따른 차로 변경이 쉽기 때문에 내 차와 충돌 위험성은 없다.
③ 합류 도로에서는 차가 급정지할 수 있어 앞차와의 거리를 충분하게 둔다.
④ 합류 도로에서 차로가 감소되는 쪽에서 끼어드는 차가 있을 경우 경음기를 사용하면서 같이 주행한다.
⑤ 신호등 없는 합류 도로에서는 운전자가 주의하고 있으므로 교통사고의 위험성이 없다.

해설

두 차량이 이륜차 앞쪽에 가고 있으므로 두 차량 뒤쪽에 위치하여 안전거리 확보 후 운전하는 것이 바람직한 운전 방법이다.

정답 91. ④, ⑤ 92. ②, ③ 93. ②, ④ 94. ②, ④ 95. ①, ③

96 어린이 보호구역의 지정에 대한 설명으로 가장 옳은 것 2가지는?

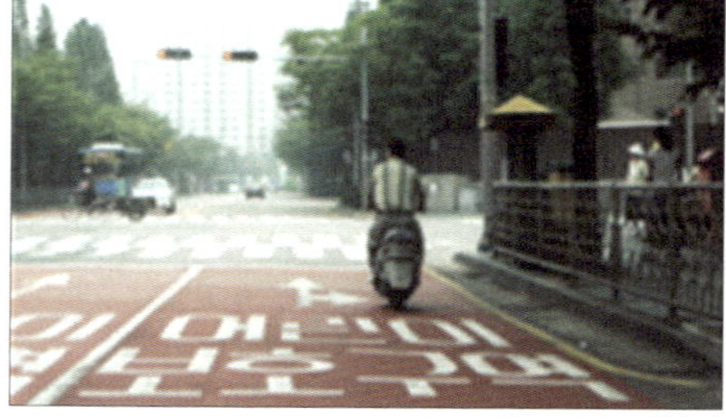

① 어린이보호구역이지만 4차로 이상의 도로에서는 자동차의 통행속도를 시속 30킬로미터 이상으로 해야 한다.
② 유치원 시설의 주변도로를 어린이 보호구역으로 지정할 수 있다.
③ 초등학교의 주변도로를 어린이 보호구역으로 지정할 수 있다.
④ 특수학교의 주변도로는 어린이 보호구역으로 지정할 수 없다.
⑤ 어린이보호구역으로 지정된 어린이집 주변도로에서 통행속도는 시속 10킬로미터 이하로 해야 한다.

해설
- 도로교통법 제12조 어린이보호구역으로 지정하여 자동차등의 통행속도를 시속 30킬로미터 이내로 제한할 수 있다.
- 「초·중등교육법」 제38조 및 제55조에 따른 초등학교 또는 특수학교도 가능하다. 5번의 경우, 어린이집의 주변도로도 통행속도를 시속 30킬로미터 이내로 제한할 수 있다.

97 다음 상황에서 가장 안전한 운전 방법 2가지는?

① 자전거가 차도로 진입하지 않은 상태이므로 가속하여 신속하게 통과한다.
② 자전거가 횡단보도에 진입할 것에 대비해 일시정지한다.
③ 자전거가 안전하게 횡단한 후 통과한다.
④ 1차로로 급차로 변경하여 신속하게 통과한다.
⑤ 자전거를 타고 횡단보도를 횡단하면 보행자로 보호받지 못하므로 그대로 통과한다.

해설
자전거가 횡단보도를 통과하려고 대기하고 있는 것을 발견하는 경우 횡단보도 앞에서 일시정지하고, 자전거가 도로에 진입한 경우에는 자전거가 도로를 횡단 한 후 진행한다.

98 다음과 같은 상황에서 우회전하려고 한다. 가장 안전한 운전방법 2가지는?

① 신속하게 우회전하여 자전거와의 충돌 위험으로부터 벗어난다.
② 경음기를 울려 자전거가 최대한 도로 가장자리로 통행하도록 유도한다.
③ 우회전 시 뒷바퀴보다도 앞바퀴가 길 가장자리 선을 넘으면서 사고를 야기할 가능성이 높다.
④ 우측 자전거가 마주 오는 자전거를 피하기 위해 차도 안쪽으로 들어올 수 있어 감속한다.
⑤ 우회전 시 보이지 않는 좌측 도로에서 직진하는 차량 및 자전거와의 안전거리를 충분히 두고 진행한다.

해설
자동차가 우회전할 때에는 내륜차로 인해 뒷바퀴가 도로 가장자리 선을 침범할 가능성이 높아 이로 인한 교통사고의 위험이 있으므로 위 상황에서는 특히 뒷바퀴와 자전거의 간격을 충분히 유지해야 한다. 또한 우회전 시에는 좌측 도로에 서 진입하는 차량이 통행할 가능성이 있으므로 좌측 도로의 안전을 반드시 확인하여야 한다.

99 자전거 옆을 통과하고자 할 때 가장 안전한 운전 방법 2가지는?

① 연속적으로 경음기를 울리면서 통과한다.
② 자전거와의 안전거리를 충분히 유지한다.
③ 자전거가 갑자기 도로의 중앙으로 들어올 수 있으므로 서행한다.
④ 자전거와의 안전거리를 좁혀 빨리 빠져나간다.
⑤ 대형차가 오고 있을 경우에는 전조등으로 주의를 주며 통과한다.

해설
차로의 구분이 없는 좁은 도로를 통과할 때에는 도로 옆을 통행하는 보행자나 자전거의 안전에 특히 주의하며 진행해야 한다. 특히 도로의 중앙 쪽으로 갑자기 뛰어들거나 핸들을 돌리는 경우가 있으므로 충분히 안전거리를 유지하며 서행으로 진행해야 한다. 갑자기 경음기를 울리는 경우 도로의 우측으로 추락하는 등 돌발 상황이 발생할 수 있으므로 가급적 삼가야 한다.

100 전방 교차로에서 우회전하기 위해 신호대기 중이다. 가장 안전한 운전 방법 2가지는?

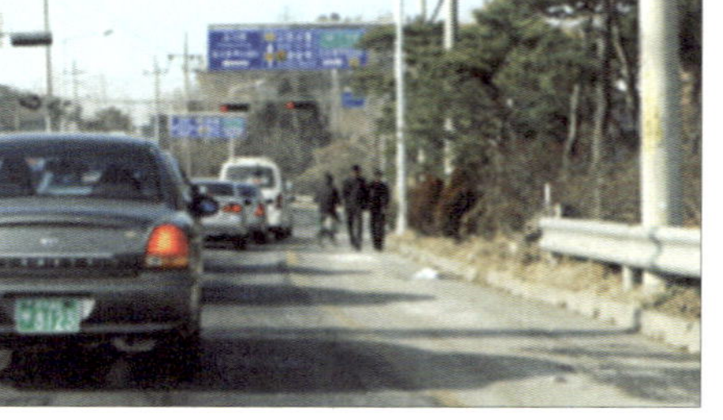

① 길가장자리구역을 통하여 우회전한다.
② 앞차를 따라 서행하면서 우회전한다.
③ 교차로 안쪽이 정체되어 있더라도 차량 신호가 녹색 신호인 경우 일단 진입한다.
④ 전방 우측의 자전거 운전자와 보행자에게 계속 경음기를 울리며 우회전한다.
⑤ 전방 우측의 자전거 및 보행자와의 안전거리를 두고 우회전한다.

해설
모든 차의 운전자는 교차로에서 우회전을 하고자 하는 때에는 미리 도로의 우측 가장자리를 서행하면서 우회전하여야 한다. 우회전 또는 좌회전을 하기 위하여 손이나 방향 지시기 또는 등화로써 신호를 하는 차가 있는 경우에 그 뒤차의 운전자는 신호를 한 앞차의 진행을 방해하여서는 아니 된다.

정답 96. ②, ③ 97. ②, ③ 98. ④, ⑤ 99. ②, ③ 100. ②, ⑤

일러스트형 문제 – 5지 2답형

01 오른쪽으로 갔어야 하는데 길을 잘못 들었다. 이 때 가장 안전한 운전방법 2가지는?

도로상황
- 울산·양산 방면으로 가야 하는 상황
- 분기점에서 오른쪽으로 진입하려는 상황

① 안전지대로 진입하여 비상점멸등을 작동한 후 오른쪽으로 진입한다.
② 오른쪽 방향지시기를 작동하며 안전지대로 진입하여 오른쪽으로 진입한다.
③ 신속하게 가속하여 오른쪽으로 진입한다.
④ 대구방향으로 그대로 진행한다.
⑤ 다음에서 만나는 나들목 또는 갈림목을 이용한다.

해설
일부 운전자들은 나들목이나 갈림목의 직전에서 어느쪽으로 진입할 지를 결정하기 위해 급감속하거나 진입이 금지된 안전지대에 진입하여 대기하다가 무리하게 진입하기도 한다. 또 진입로를 지나친 경우 안전지대 또는 갓길에 정차한 후 후진하는 행동을 하기도 한다. 이와 같은 행동은 다른 운전자들이 예측할 수 없는 행동을 직접적인 사고의 원인이 될 수 있음으로 진입을 포기하고 다음 갈림목 또는 나들목을 이용하여 안전을 도모해야 한다. 가장 안전한 운전방법은 출발부터 목적지까지의 통행경로를 미리 파악하는 자세를 겸비하는 것이다.

02 다음 상황에서 가장 안전한 운전방법 2가지는?

도로상황
- 아파트(APT) 단지 주차장 입구 접근 중

① 차의 통행에 방해되지 않도록 지속적으로 경음기를 사용한다.
② B는 차의 왼쪽으로 통행할 것으로 예상하여 그대로 주행한다.
③ B의 횡단에 방해되지 않도록 횡단이 끝날때까지 정지한다.
④ 도로가 아닌 장소는 차의 통행이 우선이므로 B가 횡단하지 못하도록 경적을 울린다.
⑤ B의 옆을 지나는 경우 안전한 거리를 두고서행해야 한다.

해설
도로교통법 제27조제⑥항 모든 차의 운전자는 다음 각 호의 어느 하나에 해당하는 곳에서 보행자의 옆을 지나는 경우에는 안전한 거리를 두고 서행하여야 하며, 보행자의 통행에 방해가 될 때에는 서행하거나 일시정지하여 보행자가 안전하게 통행할 수 있도록 하여야 한다. 〈개정 2022. 1. 11.〉 1. 보도와 차도가 구분되지 아니한 도로 중 중앙선이 없는 도로 2. 보행자우선도로 3. 도로 외의 곳

03 다음 상황에서 교차로를 통과하려는 경우 예상되는 위험 2가지는?

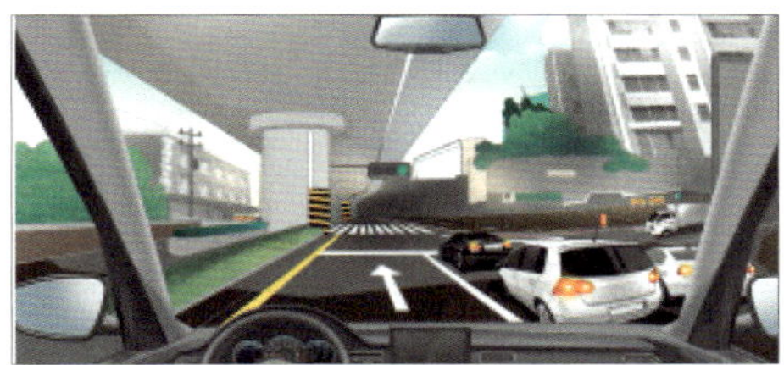

도로상황
- 교각이 설치되어있는 도로
- 정지해있던 차량들이 녹색신호에 따라 출발하려는 상황
- 3지 신호교차로

① 3차로의 하얀색 차량이 우회전 할 수 있다.
② 2차로의 하얀색 차량이 1차로 쪽으로 급차로 변경할 수 있다.
③ 교각으로 부터 무단횡단 하는 보행자가 나타날 수 있다.
④ 횡단보도를 뒤 늦게 건너려는 보행자를 위해 일시정지 한다.
⑤ 뒤차가 내 앞으로 앞지르기를 할 수 있다.

해설
도로에 교각이 설치된 환경으로 교각 좌우측에서 진입하는 이륜차와 보행자 등 위험을 예측하며 운전해야 한다.

04 직진 중 전방 차량 신호가 녹색 신호에서 황색 신호로 바뀌었다. 가장 위험한 상황 2가지는?

도로상황
- 우측 도로에 신호 대기 중인 승용차
- 후사경 속의 바싹 뒤따르는 택시
- 2차로에 주행 중인 승용차

① 급제동 시 뒤차가 내 차를 추돌할 위험이 있다.
② 뒤차를 의식하다가 내 차가 신호 위반 사고를 일으킬 위험이 있다.
③ 뒤차가 앞지르기를 할 위험이 있다.
④ 우측 차가 내 차 뒤로 끼어들기를 할 위험이 있다.
⑤ 우측 도로에서 신호 대기 중인 차가 갑자기 유턴할 위험이 있다.

해설
교차로 부근에서 신호가 바뀌는 경우 안전거리를 유지하지 않아 후속 차량이 추돌 사고를 야기할 우려가 매우 높으므로 브레이크 페달을 살짝 밟거나 비상등을 켜 차가 스스로 안전거리를 유지할 수 있도록 유도한다.

05 다음 상황에서 비보호좌회전할 때 가장 큰 위험 요인 2가지는?

도로상황
- 현재 차량 신호 녹색(양방향 녹색 신호)
- 반대편 1차로에 좌회전하려는 승합차

① 반대편 2차로에서 승합차에 가려 보이지 않는 차량이 빠르게 직진해 올 수 있다.
② 반대편 1차로 승합차 뒤에 차량이 정지해 있을 수 있다.
③ 좌측 횡단보도로 보행자가 횡단을 할 수 있다.
④ 후방 차량이 갑자기 불법 유턴을 할 수 있다.
⑤ 반대편 1차로에서 승합차가 비보호좌회전을 할 수 있다.

해설
비보호좌회전을 할 때에는 반대편 도로에서 녹색 신호를 보고 오는 직진 차량에 주의해야 하며, 그 차량의 속도가 생각보다 빠를 수 있고 반대편 1차로의 승합차 때문에 2차로에서 달려오는 직진 차량을 보지 못할 수도 있다.

06 다음의 도로를 통행하려는 경우 가장 올바른 운전방법 2가지는?

도로상황
- 중앙선이 없는 도로
- 도로 좌우측 불법주정차된 차들

① 자전거에 이르기 전 일시정지한다.
② 횡단보도를 통행할 때는 정지선에 일시정지한다.
③ 뒤차와의 거리가 가까우므로 가속하여 거리를 벌린다.
④ 횡단보도 위에 사람이 없으므로 그대로 통과한다.
⑤ 경음기를 반복하여 작동하며 서행으로 통행한다.

해설
위험예측. 어린이보호구역에 정차 및 주차를 위반한 자동차들이 확인된다. 어린이보호구역을 통행하는 운전자는 어린이의 신체적 특성 중 '작은 키'로 정차 및 주차를 위반한 자동차에 가려져 보이지 않는 점을 항시 기억해야한다. 문제의 그림에서는 왼쪽 회색자동차 앞으로 자전거가 차도쪽으로 횡단을 하려는 상황이다. 이러한 때에는 횡단보도가 아니라고 하더라도 정지하여야 한다. 도로교통법 제12조 제3항. 차마 또는 노면전차의 운전자는 어린이 보호구역에서 제1항에 따른 조치를 준수하고 어린이의 안전에 유의하면서 운행하여야 한다. 도로교통법 제27조 제7항. 모든 차 또는 노면전차의 운전자는 제12조제1항에 따른 어린이 보호구역 내에 설치된 횡단보도 중 신호기가 설치되지 아니한 횡단보도 앞(정지선이 설치된 경우에는 그 정지선을 말한다)에서는 보행자의 횡단 여부와 관계없이 일시정지하여야 한다.

정답 01. ④, ⑤ 02. ③, ⑤ 03. ②, ③ 04. ①, ② 05. ①, ③ 06. ①, ②

07 다음 상황에서 가장 안전한 운전방법 2가지는?

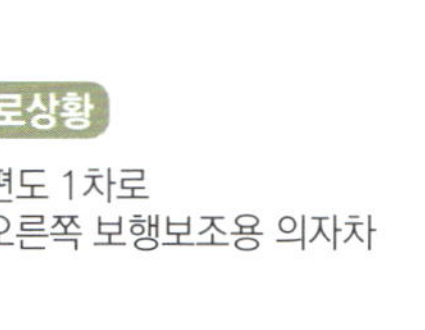

도로상황
- 편도 1차로
- 오른쪽 보행보조용 의자차

① 전동휠체어와 옆쪽으로 안전한 거리를 유지하기 위해 좌측통행한다.
② 전동휠체어에 이르기 전에 감속하여 행동을 살핀다.
③ 전동휠체어가 차로에 진입하기 전이므로 가속하여 통행한다.
④ 전동휠체어가 차로에 진입하지 않고 멈추도록 경음기를 작동한다.
⑤ 전동휠체어가 차도에 진입했으므로 일시정지한다.

해설
위험예측. 그림의 상황은 전동휠체어를 사용하는 노인이 횡단보도에 진입하려는 상황이다. 이러한 때 다수의 운전자들은 전동휠체어를 피하기 위해 좌측으로 이동하여 중앙선을 넘어 통행하는 행동을 보인다. 이러한 행동은 도로교통법을 위반하는 행동이며, 반대방면의 자동차와 충돌할 가능성이 높은 행동임을 기억해야 한다. 따라서 운전자는 전동휠체어 또는 노인 보행자가 확인되는 경우 우측통행을 유지하며 그 전동휠체어 또는 노인 보행자에 이르기 전 감속을 해야 하며, 그 대상들이 어떤 행동을 하는 지 자세히 살펴야 한다. 또 그림의 상황에서 전동휠체어가 이미 차도에 진입하여 횡단하려고 하는 때이므로 횡단시설 여부 관계없이 일시정지하여 보행자를 보호해야 한다.

08 다음 상황에서 동승자를 하차시킨 후 출발할 때 가장 위험한 상황 2가지는?

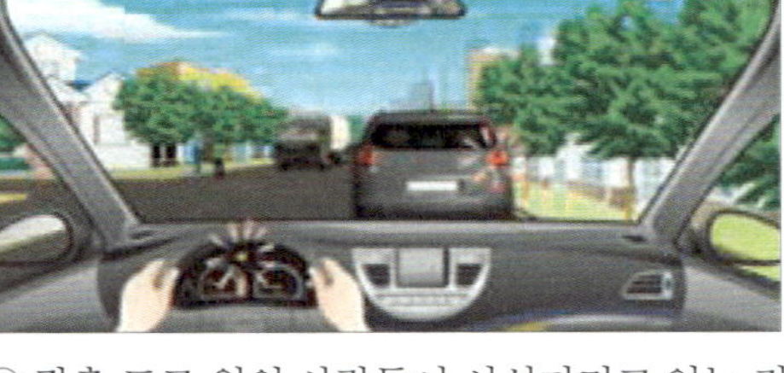

도로상황
- 차로가 구분되지 않은 도로
- 반대편 좌측 도로 위의 사람들
- 반대편에 속도를 줄이는 화물차
- 우측 방향 지시등을 켜고 정차한 앞차

① 좌측 도로 위의 사람들이 서성거리고 있는 경우
② 반대편에 속도를 줄이던 화물차가 우회전하는 경우
③ 정차한 앞 차량 운전자가 갑자기 차문을 열고 내리는 경우
④ 좌측 도로에서 갑자기 우회전해 나오는 차량이 있는 경우
⑤ 내 뒤쪽 차량이 우측에 갑자기 차를 정차시키는 경우

해설
내 앞의 정차 차량 운전자는 문을 열기 전 뒤쪽에서 차가 오는가를 보통 확인하지만 뒤에 서 있던 내 차량이 갑자기 출발할 것을 예측하기는 어렵다. 따라서 모든 운전자는 정차했다 출발할 때 앞차의 움직임에도 주의해야 하며 맞은편 좌측 도로에서 나오는 차량들의 움직임에도 주의를 기울여야 한다.

09 다음 상황에서 유턴하기 위해 차로를 변경하려고 한다. 가장 안전한 운전방법 2가지는?

도로상황
- 교차로에 좌회전 신호가 켜짐
- 유턴을 하기 위해 1차로로 들어가려함
- 1차로는 좌회전과 유턴이 허용

① 1차로가 비었으므로 신속히 1차로로 차로를 변경한다.
② 차로변경하기 전 30미터 이상의 지점에서 좌측 방향지시등을 켠다.
③ 전방의 횡단보도에 보행자가 있는지 살핀다.
④ 안전지대를 통해 미리 1차로로 들어간다.
⑤ 왼쪽 후사경을 통해 안전지대로 진행해 오는 차가 없는지 살핀다.

해설
좌회전을 하기 위해 안전지대를 통해 1차로로 들어가는 차들이 있기 때문에 이를 보지 못하여 사고가 발생하기도 한다. 그러나 설령 안전지대로 달려오는 차를 보지 못하였다 하더라도 방향지시등을 통해 차로를 변경하겠다는 신호를 미리 한다면 안전지대로 달려오는 차가 사고를 피할 수 있을 것이다. 그리고 갑작스럽게 차로를 변경한다면 안전지대로 달리는 차의 운전자가 위험을 감지하였다 하더라도 사고를 피할 시간이 부족할 수 있다. 따라서 차로를 변경할 때는 후방을 확인하고, 방향지시등을 켜고, 점진적으로 천천히 들어가는 습관이 중요하다.

10 다음 중 대비해야 할 가장 위험한 상황 2가지는?

도로상황
- 이면 도로
- 대형버스 주차중
- 거주자우선주차구역에 주차중
- 자전거 운전자가 도로를 횡단 중

① 주차중인 버스가 출발할 수 있으므로 주의하면서 통과한다.
② 왼쪽에 주차중인 차량사이에서 보행자가 나타날 수 있다.
③ 좌측 후사경을 통해 도로의 주행상황을 확인한다.
④ 대형버스 옆을 통과하는 경우 서행으로 주행한다.
⑤ 자전거가 도로를 횡단한 이후에 뒤 따르는 자전거가 나타날 수 있다.

해설
학교 앞 도로, 생활도로 등은 언제, 어디서, 누가 위반을 할 것인지 미리 예측하기 어렵기 때문에 모든 법규위반의 가능성에 대비해야 한다. 예를 들어 중앙선을 넘어오는 차, 신호를 위반하는 차, 보이지 않는 곳에서 갑자기 뛰어나오는 어린이, 갑자기 방향을 바꾸는 이륜차를 주의하며 운전해야 한다.

11 다음 상황에서 주차된 A차량이 출발할 때 가장 주의해야 할 위험 요인 2가지는?

도로상황
- 우측에 일렬로 주차된 차량
- 전방 좌측 좁은 도로
- 전방 좌측 먼 곳에 주차된 차량

① 내 앞에 주차된 화물차 앞으로 갑자기 나올 수 있는 사람
② 화물차 앞 주차 차량의 출발
③ 반대편 좌측 도로에서 좌회전할 수 있는 자전거
④ A차량 바로 뒤쪽 놀이에 열중하고 있는 어린이
⑤ 반대편 좌측 주차 차량의 우회전

해설
전방에 주차된 차량의 차체 크기가 큰 경우 그 앞쪽에서 위험이 나타날 수 있으므로 차량 주변을 확인하고 출발해야 한다.

12 다음 상황에서 가장 올바른 운전방법 2가지로 맞는 것은?

도로상황
- 긴급차 싸이렌 및 경광등 작동
- 긴급차가 역주행 하려는 상황

① 긴급차가 도로교통법 위반을 하므로 무시하고 통행한다.
② 긴급차가 위반행동을 하지 못하도록 상향등을 수회 작동한다.
③ 뒤 따르는 운전자에게 알리기 위해 브레이크페달을 여러 번 나누어 밟는다.
④ 긴급차가 역주행할 수 있도록 거리를 두고 정지한다.
⑤ 긴급차가 진행할 수 없도록 그 앞에 정차한다.

해설
제29조(긴급자동차의 우선 통행) ① 긴급자동차는 제13조제3항에도 불구하고 긴급하고 부득이한 경우에는 도로의 중앙이나 좌측 부분을 통행할 수 있다. ② 긴급자동차는 이 법이나 이 법에 따른 명령에 따라 정지하여야 하는 경우에도 불구하고 긴급하고 부득이한 경우에는 정지하지 아니할 수 있다. ③ 긴급자동차의 운전자는 제1항이나 제2항의 경우에 교통안전에 특히 주의하면서 통행하여야 한다. ④ 교차로나 그 부근에서 긴급자동차가 접근하는 경우에는 차마와 노면전차의 운전자는 교차로를 피하여 일시정지하여야 한다. ⑤ 모든 차와 노면전차의 운전자는 제4항에 따른 곳 외의 곳에서 긴급자동차가 접근한 경우에는 긴급자동차가 우선통행할 수 있도록 진로를 양보하여야 한다.
⑥ 제2조제22호 각 목의 자동차 운전자는 해당 자동차를 그 본래의 긴급한 용도로 운행하지 아니하는 경우에는 「자동차관리법」에 따라 설치된 경광등을 켜거나 사이렌을 작동하여서는 아니 된다. 다만, 대통령령으로 정하는 바에 따라 범죄 및 화재 예방 등을 위한 순찰 · 훈련 등을 실시하는 경우에는 그러하지 아니하다. 문제의 그림에서 확인되는 상황은 도로교통법에 따라 본래의 긴급한 용도로 운행하는 때이다. 따라서 긴급자동차의 우선 통행하는 때이므로 모든 차와 노면전차의 운전자는 긴급자동차가 우선통행할 수 있도록 진로를 양보해야한다. 그리고 이때 뒤따르는 자동차 운전자들에게 정보제공을 하기 위해 브레이크페달을 여러 번 짧게 반복하여작동하는 등의 정차를 예고하는 행동이 필요할 수 있다.

정답 07. ②, ⑤ 08. ③, ④ 09. ②, ⑤ 10. ②, ⑤ 11. ①, ④ 12. ③, ④

13 다음 상황에서 가장 안전한 운전방법 2가지는?

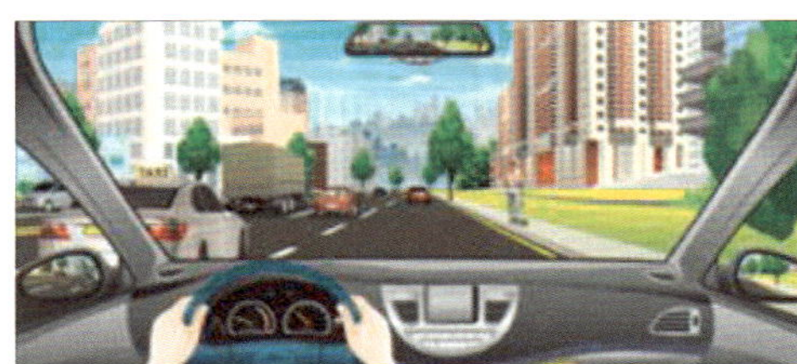

도로상황
- 편도 3차로 도로
- 우측 전방에 택시를 잡으려는 사람
- 좌측 차로에 택시가 주행 중
- 시속 60킬로미터 속도로 주행 중

① 우측 전방의 사람이 택시를 잡기 위해 차도로 내려올 수 있으므로 주의하며 진행한다.
② 우측 전방의 사람이 택시를 잡기 위해 차도로 내려올 수 있으므로 전조등 불빛으로 경고를 준다.
③ 2차로의 택시가 사람을 태우려고 3차로로 급히 들어올 수 있으므로 속도를 줄여 대비한다.
④ 2차로의 택시가 사람을 태우려고 3차로로 급히 들어올 수 있으므로 앞차와의 거리를 좁혀 진행한다.
⑤ 2차로의 택시가 3차로로 들어올 것을 대비해 신속히 2차로로 피해 준다.

해설
택시를 잡으려는 승객이 보이면 주변 택시를 살피면서 다음 행동을 예측하고 대비하여야 한다. 택시는 승객을 태워야 한다는 생각에 주변 차량들에 대한 주의력이 떨어지거나 무리한 차로 변경과 급제동을 할 수 있다. 또한 승객 역시 택시를 잡기 위해 주변 차량의 움직임을 살피지 않고 도로로 나오기도 한다. 특히 날씨가 춥고 바람이 불거나 밤늦은 시간일수록 빨리 택시를 잡으려는 보행자가 돌발적인 행동을 할 수 있다.

14 다음 상황에서 가장 안전한 운전방법 2가지로 맞는 것은?

도로상황
- 편도 1차로
- (실내후사경)뒤에서 후행하는 차

① 자전거와의 충돌을 피하기 위해 좌측통행한다.
② 자전거 위치에 이르기 전 충분히 감속한다.
③ 뒤 따르는 자동차의 소통을 위해 가속한다.
④ 보행자의 차도진입을 대비하여 감속하고 보행자를 살핀다.
⑤ 보행자를 보호하기 위해 길가장자리구역을 통행한다.

해설
위험예측. 문제의 그림에서 확인되는 상황은 길가장자리구역에서 보행자와 자전거가 통행하고 있는 상황이다. 이러한 상황에서 일반적으로 자전거의 속도는 보행자의 속도보다 빠른 상태에서 자전거 운전자가 보행자를 앞지르기하는 운전행동이 나타난다. 자전거가 왼쪽 또는 오른쪽으로 앞지르기를 하는 과정에서 충돌이 이루어지고 차도로 갑자기 진입하거나 넘어지는 등의 교통사고가 빈번하다. 따라서 운전자는 길가장자리 구역에 보행자와 자전거가 있는 경우 미리 속도를 줄이고 보행자와 자전거의 차도진입을 예측하여 정지할 준비를 하는 것이 바람직하다. 또 이 때 보행자와 자전거를 피하기 위해 중앙선을 넘어 좌측통행하는 경우도 빈번하게 나타나는 데 이는 바람직한 행동이라 할 수 없다.

15 다음과 같은 도로에서 A차량이 동승자를 내려주기 위해 잠시 정차했다가 출발할 때 사고 발생 가능성이 가장 높은 2가지는?

도로상황
- 신호등 없는 교차로

① 반대편 도로 차량이 직진하면서 A차와 정면충돌
② 뒤따라오던 차량이 A차를 앞지르기하다가 A차가 출발하면서 일어나는 충돌
③ A차량 앞에서 우회전 중이던 차량과 A차량과의 추돌
④ 우측 도로에서 우측 방향지시등을 켜고 대기 중이던 차량과 A차량과의 충돌
⑤ A차량이 출발해 직진할 때 반대편 도로 좌회전 차량과의 충돌

해설
차량이 정차했다가 출발할 때에는 주변 차량에게 나의 진행을 미리 알려야 한다. 뒤차가 정차 중인 차를 앞지르기할 경우에도 대비해야 하며, 반대편 차량이 먼저 교차로에 진입하고 있다면 그 차량이 교차로를 통과한 후에 진행하는 것이 안전하다.

16 다음 상황에서 가장 안전한 운전 방법 2가지는?

도로상황
- 교차로에서 직진을 하려고 진행 중
- 전방에 녹색 신호지만 언제 황색으로 바뀔지 모르는 상황
- 왼쪽 1차로에는 좌회전하려는 차량들이 대기 중
- 매시 70킬로미터 속도로 주행 중

① 교차로 진입 전에 황색 신호가 켜지면 신속히 교차로를 통과하도록 한다.
② 속도가 빠를 경우 황색 신호가 켜졌을 때 정지하기 어려우므로 속도를 줄여 황색 신호에 대비한다.
③ 신호가 언제 바뀔지 모르므로 속도를 높여 신호가 바뀌기 전에 통과하도록 노력한다.
④ 뒤차가 가까이 따라올 수 있으므로 속도를 높여 신속히 교차로를 통과한다.
⑤ 1차로에서 2차로로 갑자기 차로를 변경하는 차가 있을 수 있으므로 속도를 줄여 대비한다.

해설
이번 신호에 교차로를 통과할 욕심으로 속도를 높였을 때 발생할 수 있는 사고는 우선 신호가 황색으로 바뀌었을 때 정지하기 어려워 신호 위반 사고의 위험이 커지고, 무리하게 정지하려고 급제동을 하면 뒤차와 사고가 발생할 수 있으며, 1차로에서 2차로로 진입하는 차를 만났을 때 사고 위험이 높아질 수밖에 없다. 따라서 이번 신호에 반드시 통과한다는 생각을 버리고 교차로에 접근할 때 속도를 줄이는 습관을 갖게 되면 황색 신호에 정지하기도 쉽고 뒤차와의 추돌도 피할 수 였게 된다.

17 다음 상황에서 직진하려는 경우 가장 안전한 운전방법 2가지는?

도로상황
- 교차로 모퉁이에 정차중인 어린이통학버스
- 뒷차에 손짓을 하는 어린이 통학버스 운전자

① 어린이통학버스가 출발할 때까지 교차로에 진입하지 않는다.
② 어린이통학버스가 정차하고 있으므로 좌측으로 통행한다.
③ 어린이통학버스 운전자의 손짓에 따라 좌측으로 통행한다.
④ 교차로에 진입하여 어린이통학버스 뒤에서 기다린다.
⑤ 반대편 화물자동차 뒤에서 나타날 수 있는 보행자에 대비한다.

해설
도로교통법 제13조 제3항. 차마의 운전자는 도로(보도와 차도가 구분된 도로에서는 차도를 말한다)의 중앙(중앙선이 설치되어 있는 경우에는 그 중앙선을 말한다. 이하 같다) 우측 부분을 통행하여야 한다. 도로교통법 시행규칙 별표2. 황색등화의 점멸은 '차마는 다른 교통 또는 안전표지의 표시에 주의하면서 진행할 수 있다'이므로 앞쪽의 어린이통학버스가 출발하여 교차로에 진입할 수 있는 때에도 주의를 살피고 진행해야 한다. 도로교통법 제51조.
① 어린이통학버스가 도로에 정차하여 어린이나 영유아가 타고 내리는 중임을 표시하는 점멸등 등의 장치를 작동 중일 때에는 어린이통학버스가 정차한 차로와 그 차로의 바로 옆 차로로 통행하는 차의 운전자는 어린이통학버스에 이르기 전에 일시정지하여 안전을 확인한 후 서행하여야 한다. ② 제1항의 경우 중앙선이 설치되지 아니한 도로와 편도 1차로인 도로에서는 반대방향에서 진행하는 차의 운전자도 어린이통학버스에 이르기 전에 일시정지하여 안전을 확인한 후 서행하여야 한다. ③ 모든 차의 운전자는 어린이나 영유아를 태우고 있다는 표시를 한 상태로 도로를 통행하는 어린이통학버스를 앞지르지 못한다.

18 버스가 우회전하려고 한다. 사고 발생 가능성이 가장 높은 2가지는?

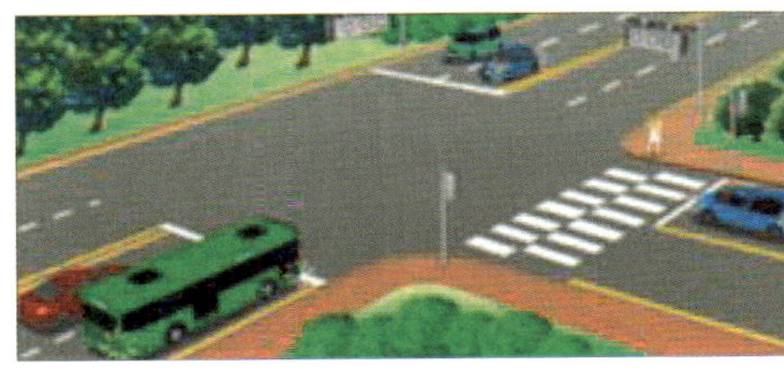

도로상황
- 신호등 있는 교차로
- 우측 도로에 횡단보도

① 우측 횡단보도 보행 신호기에 녹색 신호가 점멸할 경우 뒤늦게 달려들어 오는 보행자와의 충돌
② 우측도로에서 좌회전하는 차와의 충돌
③ 버스 좌측 1차로에서 직진하는 차와의 충돌
④ 반대편 도로 1차로에서 좌회전하는 차와의 충돌
⑤ 반대편 도로 2차로에서 직진하려는 차와의 충돌

해설
우회전할 때에는 우회전 직후 횡단보도의 보행자에 주의해야 한다. 특히 보행자 신호기에 녹색 신호가 점멸 중일 때 뒤늦게 뛰어나오는 보행자가 있을 수 있으므로 이에 주의해야 하며 반대편에서 좌회전하는 차량에도 주의해야 한다.

정답 13. ①, ③ 14. ②, ④ 15. ②, ⑤ 16. ②, ⑤ 17. ①, ⑤ 18. ①, ④

19 다음 도로상황에서 가장 적절한 행동 2가지는?

도로상황
- 2차로 주행중
- 고장난 신호등

① 일시정지 후 주위 차량을 먼저 보낸 후 교차로를 통과한다.
② 교차로 통과 후 지구대나 경찰관서에 고장 사실을 신고한다.
③ 신호기가 고장이므로 진행하던 속도로 신속히 통과한다.
④ 신호기가 고장 난 교차로는 통과할 수 없으므로 유턴해서 돌아간다.
⑤ 먼저 진입하려는 차량이 있으면 전조등을 번쩍이며 통과한다.

해설
일시정지하여 주위를 살피고 주변차량에 주의하면서 교차로를 통과한 후 경찰관서에 고장사실을 신고한다.

20 다음 도로상황에서 가장 위험한 요인 2가지는?

도로상황
- 교차로 진입 후 황색신호로 바뀜
- 시속 55킬로미터로 주행 중

① 우측도로에서 우회전 하는 차와 충돌할 수 있다.
② 왼쪽 2차로로 진입한 차가 우회전할 수 있다.
③ 반대편에서 우회전하는 차와 충돌할 수 있다.
④ 반대편에서 미리 좌회전하는 차와 충돌할 수 있다.
⑤ 우측 후방에서 우회전하려고 주행하는 차와 충돌할 수 있다.

해설
신호가 황색으로 바뀌면 운전자는 빨리 교차로를 빠져나가려고 속도를 높이게 되는데 이때 무리하게 우회전하는 차와 사고의 가능성이 있다. 또한 직진신호 다음에 좌회전신호가 켜질 것을 생각하고 미리 교차로에 진입하는 차와 마주칠 수 있다.

21 다음 도로상황에서 가장 안전한 운전행동 2가지는?

도로상황
- 노인 보호구역
- 무단횡단 중인 노인

① 경음기를 사용하여 보행자에게 위험을 알린다.
② 비상등을 켜서 뒤차에게 위험을 알린다.
③ 정지하면 뒤차의 앞지르기가 예상되므로 속도를 줄이며 통과한다.
④ 보행자가 도로를 건너갈 때까지 충분한 거리를 두고 일시정지하다.
⑤ 2차로로 차로를 변경하여 통과한다.

해설
도로는 자동차뿐만 아니라 노약자 및 장애인도 이용할 수 있다. 이와 같은 교통약자가 안전하게 도로를 이용하려면 모든 운전자가 교통약자를 보호하려는 적극적인 자세가 필요하다.

22 다음 상황에서 가장 주의해야 할 위험 요인 2가지는?

도로상황
- 겨울철 고가도로 아래의 그늘
- 군데군데 젖은 노면
- 진행차로로 진입하는 택시

① 반대편 뒤쪽의 화물차
② 내 뒤를 따르는 차
③ 전방의 앞차
④ 고가 밑 그늘진 노면
⑤ 내 차 앞으로 진입하려는 택시

해설
겨울철 햇빛이 비치지 않는 고가도로의 그늘에는 내린 눈이 얼어 있기도 하고 빙판이 되어 있는 경우도 많다. 따라서 고가도로의 그늘을 지날 때는 항상 노면의 상황에 유의하면서 속도를 줄여 주행해야 한다.

23 다음과 같이 비보호좌회전 교차로에서 좌회전할 경우 가장 위험한 요인 2가지는?

도로상황
- 전방 신호등은 녹색
- 좌측 횡단보도에 횡단하는 보행자
- 후사경 속의 멀리 뒤따르는 승용차
- 전방에서 직진해 오는 승용차

① 반대 차로 승용차의 좌회전
② 뒤따르는 승용차와의 추돌 위험
③ 보행자 보호를 위한 화물차의 횡단보도 앞 일시정지
④ 반대 방향에서 직진하는 차량과 내 차의 충돌 위험
⑤ 뒤따르는 승용차의 앞지르기

해설
비보호좌회전 구역을 통과할 때는 앞차와의 간격을 유지하고 상황을 파악하면서 진행하여야 한다. 그렇지 않으면 교차로 중간에 서게 되어 반대 차로에서 직진하는 차량과 충돌할 수 있다.

24 다음 도로상황에서 가장 주의해야 할 위험상황 2가지는?

도로상황
- 보행자가 횡단보도에서 횡단 중
- 일시정지 후 출발하려는 상황
- 우측 후방 보행자

① 뒤쪽에서 앞지르기를 시도하는 차와 충돌할 수 있다.
② 반대편 화물차가 속도를 높일 수 있다.
③ 반대편 화물차가 유턴할 수 있다.
④ 반대편 차 뒤에서 길을 건너는 보행자와 마주칠 수 있다.
⑤ 오른쪽 뒤편에 있던 보행자가 횡단보도로 뛰어들 수 있다.

해설
횡단보도 주변에서는 급하게 횡단하려고 뛰어드는 보행자들이 있을 수 있으므로 주의해야 한다.

25 다음 상황에서 가장 안전한 운전방법 2가지는?

도로상황
- 현재 속도 시속 25킬로미터
- 후행하는 4대의 자동차들

① 왼쪽 방향지시기와 전조등을 작동하며 안전하게 추월한다.
② 경운기 운전자의 수신호에 따라 주의하며 안전하게 추월한다.
③ 경운기 운전자의 수신호가 끝나면 앞지른다.
④ 경운기 운전자의 손짓을 무시하고 그 뒤를 따른다.
⑤ 경운기와 충분한 안전거리를 유지한다.

해설
도로교통법 제13조 제3항. 차마의 운전자는 도로(보도와 차도가 구분된 도로에서는 차도를 말한다)의 중앙(중앙선이 설치되어 있는 경우에는 그 중앙선을 말한다. 이하 같다) 우측 부분을 통행하여야 한다. 제4항 차마의 운전자는 제3항에도 불구하고 다음 각 호의 어느 하나에 해당하는 경우에는 도로의 중앙이나 좌측 부분을 통행할 수 있다.
1. 도로가 일방통행인 경우
2. 도로의 파손, 도로공사나 그 밖의 장애 등으로 도로의 우측 부분을 통행할 수 없는 경우
3. 도로 우측 부분의 폭이 6미터가 되지 아니하는 도로에서 다른 차를 앞지르려는 경우. 다만, 다음 각 목의 어느 하나에 해당하는 경우에는 그러하지 아니하다.
가. 도로의 좌측 부분을 확인할 수 없는 경우
나. 반대 방향의 교통을 방해할 우려가 있는 경우
다. 안전표지 등으로 앞지르기를 금지하거나 제한하고 있는 경우
4. 도로 우측 부분의 폭이 차마의 통행에 충분하지 아니한 경우
5. 가파른 비탈길의 구부러진 곳에서 교통의 위험을 방지하기 위하여 시 · 도경찰청장이 필요하다고 인정하여 구간 및 통행방법을 지정하고 있는 경우에 그 지정에 따라 통행하는 경우.
농기계 운전자는 수신호를 할 수 있는 사람이 아니다. 도로를 통행하는 경우 느린 속도로 통행하고 있는 화물자동차, 특수자동차 그리고 농기계 등의 운전자가 '그냥 앞질러서 가세요' 라는 의미로 손짓을 하는 경우가 있으나,이 때의 손짓은 수신호가 아니다.

정답 19. ①, ② 20. ①, ④ 21. ②, ④ 22. ④, ⑤ 23. ③, ④ 24. ④, ⑤ 25. ④, ⑤

26 다음 상황에서 가장 안전한 운전방법 2가지는?

도로상황
- 어린이보호구역의 'ㅏ'자형 교차로
- 교통정리가 이루어지지 않는교차로
- 좌우가 확인되지 않는 교차로
- 통행하려는 보행자가 없는 횡단보도

① 우회전하려는 경우 서행으로 횡단보도를 통행한다.
② 우회전하려는 경우 횡단보도 앞에서 반드시 일시정지한다.
③ 직진하려는 경우 다른 차보다 우선이므로 서행하며 진입한다.
④ 직진 및 우회전하려는 경우 모두 일시정지한 후 진입한다.
⑤ 우회전하려는 경우만 일시정지한 후 진입한다.

해설

도로교통법 제31조(서행 또는 일시정지할 장소) 제2항. 모든 차 또는 노면전차의 운전자는 다음 각 호의 어느 하나에 해당하는 곳에서는 일시정지하여야 한다.
1. 교통정리를 하고 있지 아니하고 좌우를 확인할 수 없거나 교통이 빈번한 교차로
2. 시 · 도경찰청장이 도로에서의 위험을 방지하고 교통의 안전과 원활한 소통을 확보하기 위하여 필요하다고 인정하여 안전표지로 지정한 곳

보기의 상황은 오른쪽의 확인이 어려운 장소로서 일시정지하여할 장소이며, 이 때는 직진 및 우회전하려는 경우 모두 일시정지하여야 한다.
도로교통법 제27조 제7항. 모든 차 또는 노면전차의 운전자는 동법 제12조제1항에 따른 어린이 보호구역 내에 설치된 횡단보도 중 신호기가 설치되지 아니한 횡단보도 앞(정지선이 설치된 경우에는 그 정지선을 말한다.)에서는 보행자의 횡단 여부와 관계없이 일시정지하여야 한다.

27 다음과 같은 야간 도로상황에서 운전할 때 특히 주의하여야 할 위험 2가지는?

도로상황
- 시속 50킬로미터 주행 중

① 도로의 우측부분에서 역주행하는 자전거
② 도로 건너편에서 차도를 횡단하려는 사람
③ 내 차 뒤로 무단횡단 하는 보행자
④ 방향지시등을 켜고 우회전 하려는 후방 차량
⑤ 우측 주차 차량 안에 탑승한 운전자

해설

교외도로는 지역주민들에게 생활도로로 보행자들의 도로횡단이 잦으며 자전거 운행이 많은 편이다. 자전거는 차로서 우측통행을 하여야 하는데 일부는 역주행하거나 도로를 가로질러가기도 하며 특히 어두워 잘 보이지 않으므로 사고가 잦아 자전거나 보행자에 대한 예측이 필요하다.

28 다음 상황에서 가장 안전한 운전방법 2가지는?

도로상황
- 횡단보도 진입 전
- 왼쪽에 비상점멸하며 정차하고 있는 차

① 원활한 소통을 위해 앞차를 따라 그대로 통행한다.
② 자전거의 횡단보도 진입속도보다 빠르므로 가속하여 통행한다.
③ 횡단보도 직전 정지선에서 정지한다.
④ 보행자가 횡단을 완료했으므로 신속히 통행한다.
⑤ 정차한 자동차의 갑작스러운 출발을 대비하여 감속한다.

해설

위험예측. 문제의 그림 상황에서 왼쪽에 정차한 자동차 운전자는 조급한 상황이거나 오른쪽을 확인하지 않은 채 본래 차로로 갑자기 진입할 수 있다. 이와 같은 상황은 도로에서 빈번하게 발생하고 있다. 따라서 가장자리에서 정차하고 있는 차에 특별히 주의해야 한다. 그리고 왼쪽에 정차한 자동차의 뒤편에 자전거 운전자는 횡단보도를 진입하려는 상황인데, 비록 보행자는 아닐지라도 운전자는 그 대상을 보호해야 한다. 따라서 자전거의 진입속도와 자신의 자동차의 통행속도는 고려하지 않고 횡단보도 직전 정지선에 정지하여야 한다.

29 다음 상황에서 12시 방향으로 진출하려는 경우 가장 안전한 운전방법 2가지는?

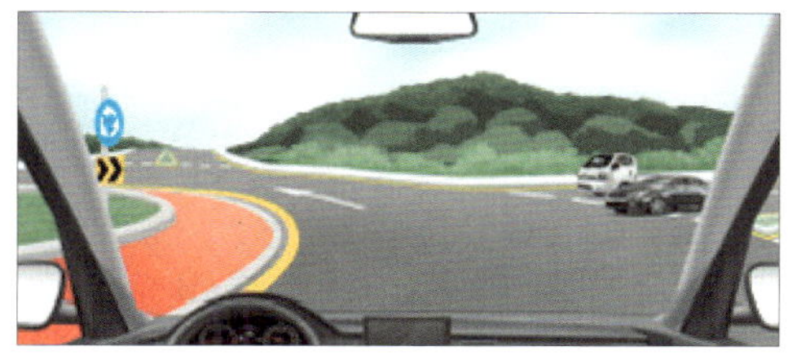

도로상황
- 회전교차로 안에서 회전 중
- 우측에서 회전교차로에 진입하려는 상황

① 회전교차로에 진입하려는 승용자동차에 양보하기 위해 정차한다.
② 좌측방향지시기를 작동하며 화물차턱으로 진입한다.
③ 우측방향지시기를 작동하며 12시 방향으로 통행한다.
④ 진출 시기를 놓친 경우 한 바퀴 회전하여 진출한다.
⑤ 12시 방향으로 직진하려는 경우이므로 방향지시기를 작동하지 아니 한다.

해설

도로교통법 제25조의2(회전교차로 통행방법) ① 모든 차의 운전자는 회전교차로에서는 반시계방향으로 통행하여야 한다. ② 모든 차의 운전자는 회전교차로 에 진입하려는 경우에는 서행하거나 일시정지하여야 하며, 이미 진행하고 있는 다른 차가 있는 때에는 그 차에 진로를 양보하여야 한다. ③ 제1항 및 제2항에 따라 회전교차로 통행을 위하여 손이나 방향지시기 또는 등화로써 신호를 하는 차가 있는 경우 그 뒤차의 운전자는 신호를 한 앞차의 진행을 방해하여서는 아니 된다. 도로교통법 제38조(차의 신호) ① 모든 차의 운전자는 좌회전 · 우회전 · 횡단 · 유턴 · 서행 · 정지 또는 후진을 하거나 같은 방향으로 진행하면서 진로를 바꾸려고 하는 경우와 회전교차로에 진입하거나 회전교차로에서 진출하는 경우에는 손이나 방향지 시기 또는 등화로써 그 행위가 끝날 때까지 신호를 하여야 한다.
승용자동차나 화물자동차가 양보없이 무리하게 진입하려는 경우 12시 방향 진출을 삼가고 다시 반시계 방향으로 360도 회전하여 12시로 진출한다.

30 다음 도로상황에서 대비하여야할 위험 2개를 고르시오.

도로상황
- 횡단보도에서 횡단을 시작하려는 보행자
- 시속 30킬로미터로 주행 중

① 역주행하는 자동차와 충돌할 수 있다.
② 우측 건물 모퉁이에서 자전거가 갑자기 나타날 수 있다.
③ 우회전하여 들어오는 차와 충돌할 수 있다.
④ 뛰어서 횡단하는 보행자를 만날 수 있다.
⑤ 우측에서 좌측으로 직진하는 차와 충돌할 수 있다.

해설

아파트 단지를 들어가고 나갈 때 횡단보도를 통과하는 경우가 있는데 이때 좌우의 확인이 어려워 항상 일시정지하는 습관이 필요하다.

31 다음 상황에서 가장 안전한 운전 방법 2가지는?

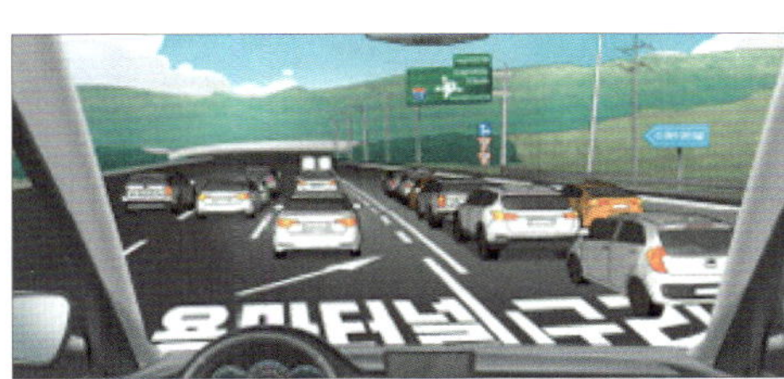

도로상황
- 자동차전용도로 분류구간
- 자동차전용도로로 부터 진출하고자 차로변경을 하려는 운전자
- 진로변경제한선 표시

① 진로변경제한선 표시와 상관없이 우측차로로 진로변경 한다.
② 우측 방향지시기를 켜서 주변 운전자에게 알린다.
③ 급가속하며 우측으로 진로변경 한다.
④ 진로변경은 진출로 바로 직전에서 속도를 낮춰 시도한다.
⑤ 다른 차량 통행에 장애를 줄 우려가 있을 때에는 진로변경을 해서는 안 된다.

해설

진로를 변경하고자 하는 경우에는 진로변경이 가능한 표시에서 손이나 방향지시기 또는 등화로써 그 행위가 끝날 때까지 주변운전자에게 적극적으로 알려야하며 다른 차의 정상적인 통행에 장애를 줄 우려가 있을 때에는 진로를 변경하여서는 아니 된다.
· 도로교통법 제19조, 안전거리 확보 등 ③ 모든 차의 운전자는 차의 진로를 변경하려는 경우에 그 변경하려는 방향으로 오고 있는 다른 차의 정상적인 통행에 장애를 줄 우려가 있을 때에는 진로를 변경하여서는 아니 된다.
· 도로교통법 제38조, 차의 신호
① 모든 차의 운전자는 좌회전·우회전·횡단·유턴·서행·정지 또는 후진을 하거나 같은 방향으로 진행하면서 진로를 바꾸려고 하는 경우에는 손이나 방향지시기 또는 등화로써 그 행위가 끝날 때까지 신호를 하여야 한다.

정답 26. ②, ④ 27. ①, ② 28. ③, ⑤ 29. ③, ④ 30. ②, ④ 31. ②, ⑤

32 내리막길을 빠른 속도로 내려갈 때 사고 발생 가능성이 가장 높은 2가지는?

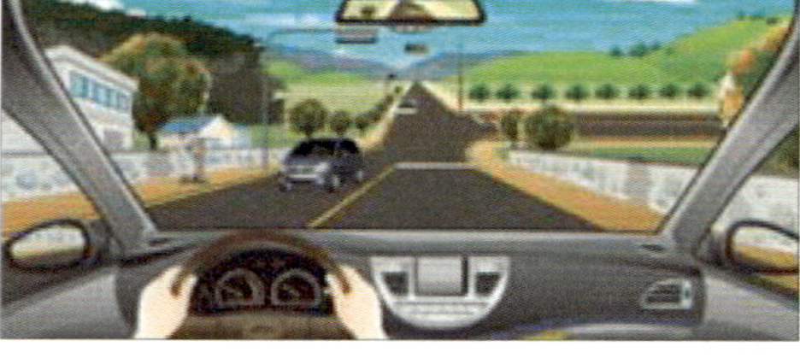

도로상황
- 편도 1차로 내리막길
- 내리막길 끝 부분에 신호등 있는 교차로
- 차량 신호는 녹색

① 반대편 도로에서 올라오고 있는 차량과의 충돌
② 교차로 반대편 도로에서 진행하는 차와의 충돌
③ 반대편 보도 위에 걸어가고 있는 보행자와의 충돌
④ 전방 교차로 차량 신호가 바뀌면서 우측 도로에서 좌회전하는 차량과의 충돌
⑤ 전방 교차로 차량 신호가 바뀌면서 급정지하는 순간 뒤따르는 차와의 추돌

해설
내리막길에서 속도를 줄이지 않으면 전방 및 후방 차량과의 충돌 위험에도 대비하기 어렵다. 속도가 빨라지면 운전자의 시야는 좁아지고 정지거리가 길어지므로 교통사고의 위험성이 높아진다.

33 다음 도로상황에서 발생할 수 있는 가장 위험한 요인 2가지는?

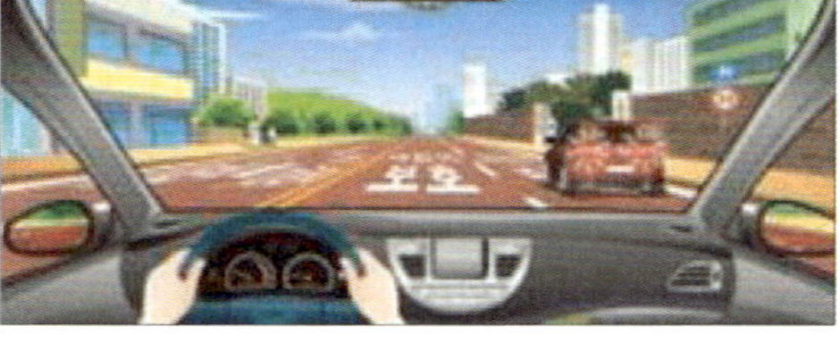

도로상황
- 어린이 보호구역 주변의 어린이들
- 우측전방에 정차 중인 승용차

① 오른쪽에 정차한 승용차 조수석에 어린이가 승차할 수 있다
② 오른쪽 승용차 앞으로 어린이가 뛰어나올 수 있다.
③ 오른쪽 정차한 승용차가 출발할 수 있다.
④ 속도를 줄이면 뒤차에게 추돌사고를 당할 수 있다.
⑤ 좌측 보도 위에서 놀던 어린이가 도로를 횡단할 수 있다.

해설
보이지 않는 곳에서 위험이 발생할 수 있으므로 위험을 예측하고 미리 속도를 줄이고 우측 차량의 움직임을 잘 살펴야 한다. 또한 어린이보호구역이므로 어린이의 돌발행동에 주의하여야 한다.

34 다음의 도로를 통행하려는 경우 가장 올바른 운전방법 2가지는?

도로상황
- 어린이를 태운 어린이통학버스 시속 35킬로미터
- 어린이통학버스 방향지시기 미작동
- 어린이통학버스 황색점멸등, 제동등 켜짐
- 3차로 전동킥보드 통행

① 어린이통학버스가 오른쪽으로 진로 변경할 가능성이 있으므로 속도를 줄이며 안전한 거리를 유지한다.
② 어린이통학버스가 제동하며 감속하는 상황이므로 앞지르기 방법에 따라 안전하게 앞지르기한다.
③ 3차로 전동킥보드를 주의하며 진로를 변경하고 우측으로 앞지르기한다.
④ 어린이통학버스 앞쪽이 보이지 않는 상황이므로 진로변경하지 않고 감속하며 안전한 거리를 유지한다.
⑤ 어린이통학버스 운전자에게 최저속도 위반임을 알려주기 위하여 경음기를 사용한다.

해설
도로교통법 제51조(어린이통학버스의 특별보호) ① 어린이통학버스가 도로에 정차하여 어린이나 영유아가 타고 내리는 중임을 표시하는 점멸등 등의 장치를 작동 중일 때에는 어린이통학버스가 정차한 차로와 그 차로의 바로 옆 차로로 통행하는 차의 운전자는 어린이통학버스에 이르기 전에 일시정지하여 안전을 확인한 후 서행하여야 한다. ② 제1항의 경우 중앙선이 설치되지 아니한 도로와 편도 1차로인 도로에서는 반대방향에서 진행하는 차의 운전자도 어린이통학버스에 이르기 전에 일시정지하여 안전을 확인한 후 서행하여야 한다. ③ 모든 차의 운전자는 어린이나 영유아를 태우고 있다는 표시를 한 상태로 도로를 통행하는 어린이통학버스를 앞지르지 못한다. 자동차 및 자동차 부품의 성능과 기준에 관한 규칙. 제48조(등화에 대한 그 밖의 기준) 제4항. 어린이운송용 승합자동차에는 다음 각호의 기준에 적합한 표시등을 설치하여야 한다. 제5호. 도로에 정지하려고 하거나 출발하려고 하는 때에는 다음 각목의 기준에 적합할 것. 도로에 정지하려는 때에는 황색표시등 또는 호박색표시등이 점멸되도록 운전자가 조작할 수 있어야 할 것
어린이통학버스의 황색점멸 등화가 작동 중인 상태이기 때문에 어린이통학버스는 도로의 우측 가장자리에 정지하려는 과정일 수 있다. 따라서 어린이통학버스의 속도가 예측과 달리 급감속할 수 있는 상황이다. 또 어린이통학버스의 높이 때문에 전방시야가 제한된 상태이므로 앞쪽 교통상황이 안전할 것이라는 예측은 삼가야한다.

35 우측 주유소로 들어가려고 할 때 사고 발생 가능성이 가장 높은 2가지는?

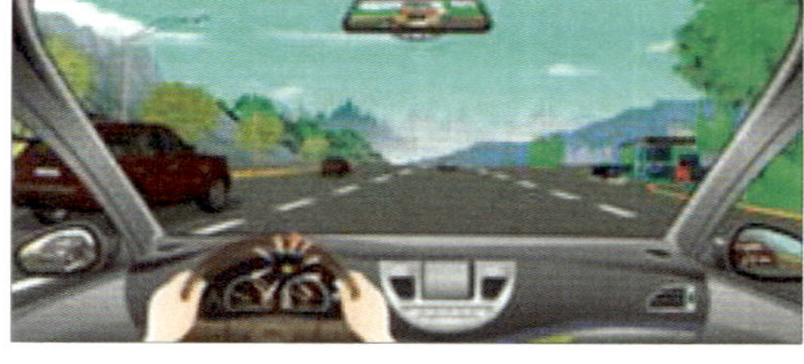

도로상황
- 전방 우측 주유소
- 우측 후방에 차량
- 후방에 승용차

① 주유를 마친 후 속도를 높여 차도로 진입하는 차량과의 충돌
② 우측으로 차로 변경하려고 급제동하는 순간 후방 차량과의 추돌
③ 우측으로 급차로 변경하는 순간 우측 후방 차량과의 충돌
④ 제한속도보다 느리게 주행하는 1차로 차량과의 충돌
⑤ 과속으로 주행하는 반대편 2차로 차량과의 정면충돌

해설
전방의 주유소나 휴게소 등에 들어갈 때에는 미리 속도를 줄이며 안전하게 차로를 변경해야 한다. 이때 급제동을 하게 되면 후방 차량과의 추돌 사고가 발생할 수 있으며, 급차로 변경으로 인하여 우측 후방 차량과도 사고가 발생할 수 있다.

36 다음 상황에서 1차로로 진로변경 하려할 때 가장 안전한 운전 방법 2가지는?

도로상황
- 좌로 굽은 언덕길
- 전방을 향해 이륜차 운전 중
- 도로로 진입하려는 농기계

① 좌측 후사경을 통하여 1차로에 주행 중인 차량을 확인한다.
② 전방의 승용차가 1차로로 진로변경을 못하도록 상향등을 미리 켜서 경고한다.
③ 농기계가 도로로 진입할 수 있어 1차로로 신속히 차로변경 한다.
④ 오르막차로이기 때문에 속도를 높여 운전한다.
⑤ 전방의 이륜차가 1차로로 진로 변경할 수 있어 안전거리를 유지한다.

해설
안전거리를 확보하지 않았을 경우에는 전방 차량의 급제동이나 급차로 변경 시에 적절한 대처하기 어렵다. 특히 언덕길의 경우 고갯마루 너머의 상황이 보이지 않아 더욱 위험하므로 속도를 줄이고 앞 차량과 의 안전거리를 충분히 둔다.

37 다음 상황에서 가장 바람직한 운전방법 2가지는?

도로상황
- 편도 3차로 도로
- 기후상황 : 가시거리 50미터인 안개낀 날

① 1차로로 진로변경하여 빠르게 통행한다.
② 등화장치를 작동하여 내 차의 존재를 다른 운전자에게 알린다.
③ 노면이 습한 상태이므로 속도를 줄이고 서행한다.
④ 앞차가 통행하고 있는 속도에 맞추어 앞차를 보며 통행한다.
⑤ 갓길로 진로변경하여 앞쪽 차들보다 앞서간다.

해설
위험예측. 도로교통법 시행규칙 제19조. 제2항 비 · 안개 · 눈 등으로 인한 거친 날씨에는 제1항에도 불구하고 다음 각 호의 기준에 따라 감속 운행해야 한다. 다만, 경찰청장 또는 시 · 도경찰청장이 별표 6 Ⅰ. 제1호타목에 따른 가변형 속도제한표지로 최고속도를 정한 경우에는 이에 따라야 하며, 가변형 속도제한표지로 정한 최고속도와 그 밖의 안전표지로 정한 최고속도가 다를 때에는 가변형 속도제한표지에 따라야 한다.
1. 최고속도의 100분의 20을 줄인 속도로 운행하여야 하는 경우
가. 비가 내려 노면이 젖어있는 경우
나. 눈이 20밀리미터 미만 쌓인 경우
2. 최고속도의 100분의 50을 줄인 속도로 운행하여야 하는 경우
가. 폭우 · 폭설 · 안개 등으로 가시거리가 100미터 이내인 경우
나. 노면이 얼어 붙은 경우
다. 눈이 20밀리미터 이상 쌓인 경우
안개가 있는 도로를 통행하는 경우 도로교통법령에 따라 속도를 감속하고, 노면에 습기가 많은 상태이므로 제동시 필요한 거리가 맑은 날보다 길어진다. 따라서 운전자는 급제동하는 상황이 없도록 하는 것이 중요하다. 이 때 일부 운전자들은 앞쪽의 차가 보이지 않으면 불안해 하는 경향이 나타나게 되고, 빠르게 통행하는 앞쪽 자동차라도 그 자동차를 확인하며 안전거리를 확보하지 않은 채 통행하는 행동이 나타나기도 한다. 안개가 있는 도로에서의 안전운전 방법은 가시거리가 짧아 앞쪽의 차가 보이지 않더라도 감속기준을 준수하고 때에 따라서는 법에서 정한 감속의 기준보다 더욱 더 감속하는 자세라 할 수 있다. 그리고 다른 운전자가 나의 존재를식별할 수 있도록 등화장치를 작동하는 방법도 활용할 수 있다.

정답 32. ④, ⑤ 33. ②, ⑤ 34. ①, ④ 35. ②, ③ 36. ①, ⑤ 37. ②, ③

38 A차량이 진행 중이다. 가장 안전한 운전방법 2가지는?

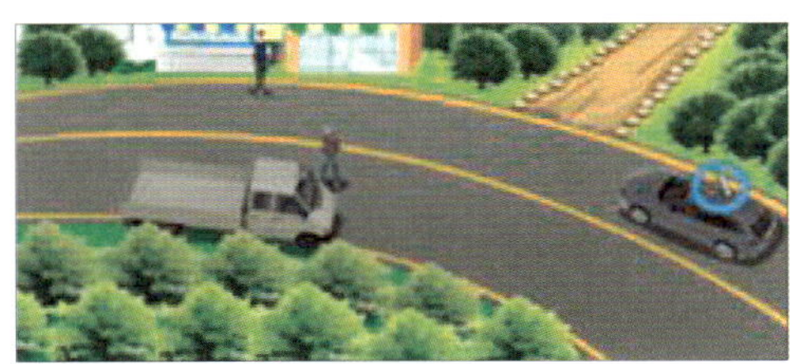

도로상황
- 좌측으로 굽은 편도 1차로 도로
- 반대편 도로에 정차 중인 화물차
- 전방 우측에 상점

① 차량이 원심력에 의해 도로 밖으로 이탈할 수 있으므로 중앙선을 밟고 주행한다.
② 반대편 도로에서 정차 중인 차량을 앞지르기하려고 중앙선을 넘어오는 차량이 있을 수 있으므로 이에 대비한다.
③ 전방 우측 상점 앞 보행자와의 사고를 예방하기 위해 중앙선 쪽으로 신속히 진행한다.
④ 반대편 도로에 정차 중인 차량의 운전자가 갑자기 건너올 수 있으므로 주의하며 진행한다.
⑤ 굽은 도로에서는 주변의 위험 요인을 전부 예측하기가 어렵기 때문에 신속하게 커브 길을 벗어나도록 한다.

해설
굽은 도로에서는 전방의 위험을 정확하게 예측할 수가 없기 때문에 여러 가지 위험에 대비하여 속도를 줄이는 것이 안전하다.

39 다음 상황에서 우선적으로 대비하여야 할 위험 상황 2가지는?

도로상황
- 편도 1차로 도로
- 주차된 차량들로 인해 중앙선을 밟고 주행 중
- 시속 40킬로미터 속도로 주행 중

① 오른쪽 주차된 차량 중에서 고장으로 방치된 차가 있을 수 있다.
② 반대편에서 오는 차와 충돌의 위험이 있다.
③ 오른쪽 주차된 차들 사이로 뛰어나오는 어린이가 있을 수 있다.
④ 반대편 차가 좌측에 정차할 수 있다.
⑤ 왼쪽 건물에서 나오는 보행자가 있을 수 있다.

해설
교통사고는 미리 보지 못한 위험과 마주쳤을 때 발생하는 경우가 많다. 특히 주차된 차들로 인해 어린이 교통사고가 많이 발생하고 있는데, 어린이는 키가 작아 승용차에도 가려 잘 보이지 않게 되고, 또 어린이 역시 다가오는 차를 보지 못해 사고의 위험이 매우 높다. 그리고 주차된 차들로 인해 부득이 중앙선을 넘게 될 때에는 반대편 차량과의 위험에 유의하여야 하는데, 반대편 차가 알아서 피해갈 것이라는 안이한 생각보다는 속도를 줄이거나 정지하는 등의 적극적인 자세로 반대편 차에 방해를 주지 않도록 해야 한다.

40 다음 상황에서 오르막길을 올라가는 화물차를 앞지르기하면 안 되는 가장 큰 이유 2가지는?

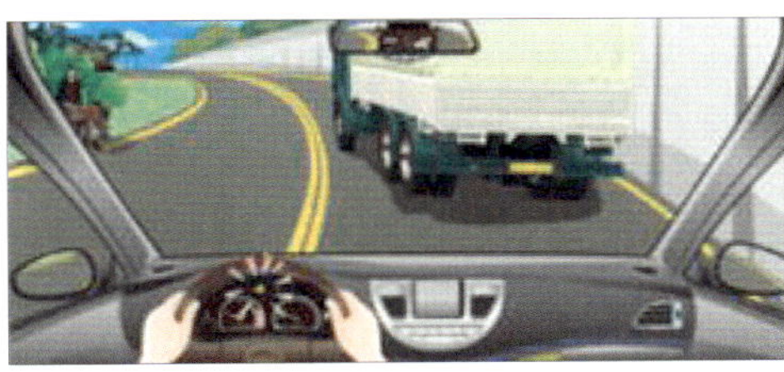

도로상황
- 좌로 굽은 도로, 전방 좌측에 도로
- 반대편 길 가장자리에 정차 중인 이륜차

① 반대편 길 가장자리에 이륜차가 정차하고 있으므로
② 화물차가 좌측 도로로 좌회전할 수 있으므로
③ 후방 차량이 서행으로 진행할 수 있으므로
④ 반대편에서 내려오는 차량이 보이지 않으므로
⑤ 화물차가 계속해서 서행할 수 있으므로

해설
오르막에서는 앞 차량이 서행할 경우라도 절대 앞지르기를 해서는 안 된다. 왜냐하면 반대편에서 오는 차량이 보이지 않을 뿐만 아니라 좌측으로 도로가 있는 경우에 전방 차량이 좌회전할 수 있기 때문이다.

41 A차량이 우회전하려 할 때 가장 주의해야 할 위험 상황 2가지는?

도로상황
- 우측 도로의 승용차, 이륜차
- 좌측 도로 멀리 진행해 오는 차량
- 전방 우측 보도 위의 보행자

① 좌측 및 전방을 확인하고 우회전하는 순간 우측도로에서 나오는 이륜차를 만날 수 있다.
② 좌측 도로에서 오는 차가 멀리 있다고 생각하여 우회전하는데 내 판단보다 더 빠른 속도로 달려와 만날 수 있다.
③ 우회전하는 순간 전방 우측 도로에서 우회전하는 차량과 만날 수 있다.
④ 우회전하는 순간 좌측에서 오는 차가 있어 정지하는데 내 뒤 차량이 먼저 앞지르기하며 만날 수 있다.
⑤ 우회전하는데 전방 우측 보도 위에 걸어가는 보행자와 만날 수 있다.

해설
우회전 시 좌측 도로에서 차가 올 때는 멀리서 오더라도 속도가 빠를 수 있으므로 안전을 확인 후 우회전하여야 한다. 특히 우회전할 때 좌측만 확인하다가 우측 도로에서 나오는 이륜차나 보행자를 발견치 못해 발생하는 사고가 많으므로 반드시 전방 및 좌·우측을 확인한 후 우회전 하여야 한다.

42 도심지 이면 도로를 주행하는 상황에서 가장 안전한 운전방법 2가지는?

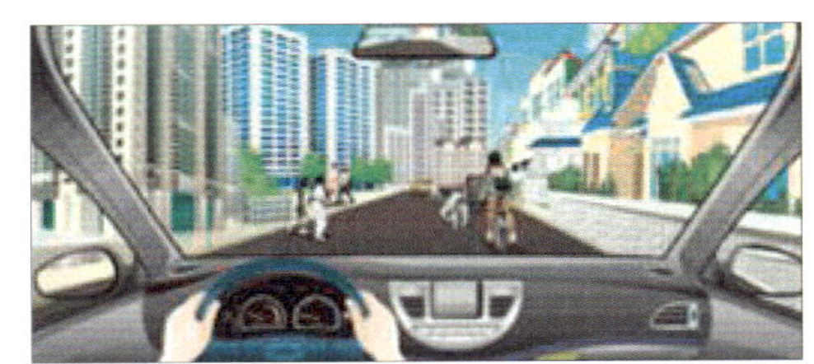

도로상황
- 어린이들이 도로를 횡단하려는 중
- 자전거 운전자는 애완견과 산책 중

① 자전거와 산책하는 애완견이 갑자기 도로 중앙으로 나올 수 있으므로 주의한다.
② 경음기를 사용해서 내 차의 진행을 알리고 그대로 진행한다.
③ 어린이가 갑자기 도로 중앙으로 나올 수 있으므로 속도를 줄인다.
④ 속도를 높여 자전거를 피해 신속히 통과한다.
⑤ 전조등 불빛을 번쩍이면서 마주 오는 차에 주의를 준다.

해설
어린이와 애완견은 흥미를 나타내는 방향으로 갑작스러운 행동을 할 수 있고, 한 손으로 자전거 핸들을 잡고 있어 비틀거릴 수 있으며 애완견에 이끌려서 갑자기 도로 중앙으로 달릴 수 있기 때문에 충분한 안전거리를 유지하고, 서행하거나 일시정지하여 자전거와 어린이의 움직임을 주시 하면서 전방 상황에 대비하여야 한다.

43 다음과 같은 도로를 주행할 때 사고 발생 가능성이 가장 높은 경우 2가지는?

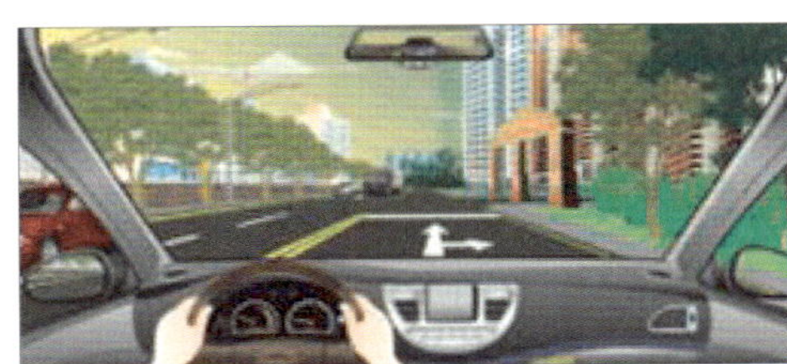

도로상황
- 신호등이 없는 교차로
- 전방 우측에 아파트 단지 입구
- 반대편에 진행 중인 화물차

① 직진할 때 반대편 1차로의 화물차가 좌회전하는 경우
② 직진할 때 내 뒤에 있는 후방 차량이 우회전하는 경우
③ 우회전 할 때 반대편 2차로의 승용차가 직진하는 경우
④ 직진할 때 반대편 1차로의 화물차 뒤에서 승용차가 아파트 입구로 좌회전하는 경우
⑤ 우회전 할 때 반대편 화물차가 직진하는 경우

해설
신호등이 없고 우측에 도로나 아파트 진입로가 있는 교차로에서는 직진이나 우회전할 때 반대편 차량의 움직임 및 아파트에서 나오는 차량에도 주의를 해야 한다. 반대편 도로에 있는 화물차 뒤쪽에서 차량이 불법 유턴 등을 할 수 있으므로 보이지 않는 공간이 있는 경우에는 속도를 줄여 이에 대비한다.

정답 38. ②, ④ 39. ②, ③ 40. ②, ④ 41. ①, ② 42. ①, ③ 43. ①, ④

44 다음 상황에서 우선적으로 예측해 볼 수 있는 위험 상황 2가지는?

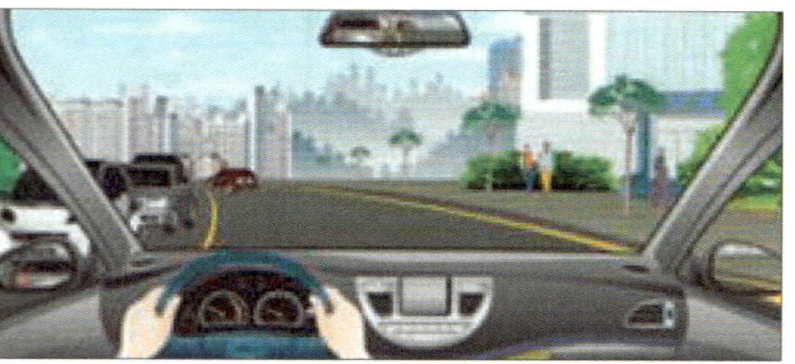

도로상황
- 좌로 굽은 도로
- 반대편 도로 정체
- 시속 40킬로미터 속도로 주행 중

① 반대편 차량이 급제동할 수 있다.
② 전방의 차량이 우회전할 수 있다.
③ 보행자가 반대편 차들 사이에서 뛰어나올 수 있다.
④ 반대편 도로 차들 중에 한 대가 후진할 수 있다.
⑤ 반대편 차량들 중에 한 대가 불법 유턴할 수 있다.

해설
반대편 차로가 밀리는 상황이면 차들 사이로 길을 건너는 보행자가 잘 보이지 않을 수 있으므로 갑작스러운 보행자의 출현에 대비하여야 한다. 또한 반대편에서 밀리는 도로를 우회하기 위해 유턴을 시도하기도 하는데, 도로가 좁아 한 번에 유턴하기가 어렵다. 이때 다른 진행차의 속도가 빠를 경우 유턴 차를 발견하고도 정지하기 어려워 사고를 일으키기도 한다.

45 대형차의 바로 뒤를 따르고 있는 상황에서 가장 안전한 운전방법 2가지는?

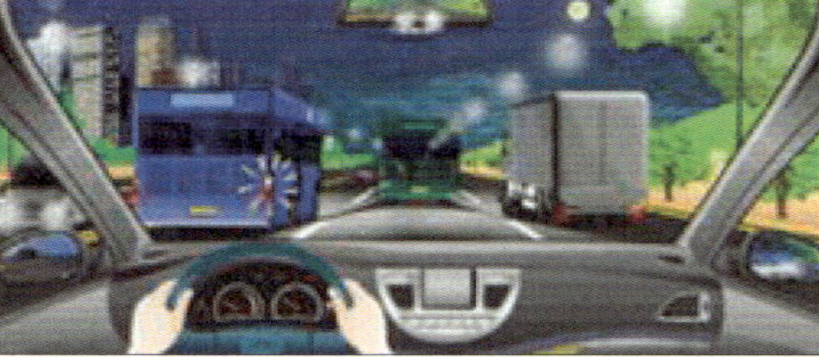

도로상황
- 편도 3차로
- 1차로의 버스는 2차로로 진로 변경을 준비 중

① 대형 화물차가 내 차를 발견하지 못할 수 있기 때문에 대형차의 움직임에 주의한다.
② 전방 2차로를 주행 중인 버스가 갑자기 속도를 높일 수 있기 때문에 주의해야 한다.
③ 뒤따르는 차가 차로를 변경할 수 있기 때문에 주의해야 한다.
④ 마주 오는 차의 전조등 불빛으로 눈부심 현상이 올 수 있기 때문에 상향등을 켜고 운전해야 한다.
⑤ 전방의 상황을 확인할 수 없기 때문에 충분한 안전거리를 확보하고 전방 상황을 수시로 확인하는 등 안전에 주의해야 한다.

해설
대형차의 경우는 소형차에 비해 사각이 크고 특히 야간에는 소형차를 발견하지 못할 수 있어 갑자기 소형차 앞쪽으로 차로를 변경하여 끼어들기 쉽다. 따라서 대형차의 사각범위에 들지 않도록 하고, 속도를 줄여 충분한 안전거리와 공간을 확보하여 전방의 상황을 수시로 확인할 수 있도록 하여야 한다.

46 경운기를 앞지르기하려 한다. 이때 사고 발생 가능성이 가장 높은 2가지는?

도로상황
- 전방에 우회전하려는 경운기
- 전방 우측 비포장도로에서 좌회전하려는 승용차
- 전방 우측에 보행자
- 반대편 도로에 승용차

① 전방 우측 길 가장자리로 보행하는 보행자와의 충돌
② 반대편에서 달려오는 차량과의 정면충돌
③ 비포장도로에서 나와 좌회전하려고 중앙선을 넘어오는 차량과의 충돌
④ 비포장도로로 우회전하려는 경운기와의 충돌
⑤ 뒤따라오는 차량과의 충돌

해설
황색 실선 구역에서는 절대로 앞지르기를 하여서는 안 된다. 그림과 같이 중앙선을 넘어 경운기를 앞지르기할 때에는 반대편 차량의 속도가 예상보다 빨라 정면충돌 사고의 위험이 있다. 또한 우측 도로에서 차량이 우회전 혹은 중앙선을 침범하여 좌회전할 수 있으므로 이들 차량과의 사고 가능성도 염두에 두도록 한다.

47 다음 교차로를 우회전하려고 한다. 가장 안전한 운전방법 2가지는?

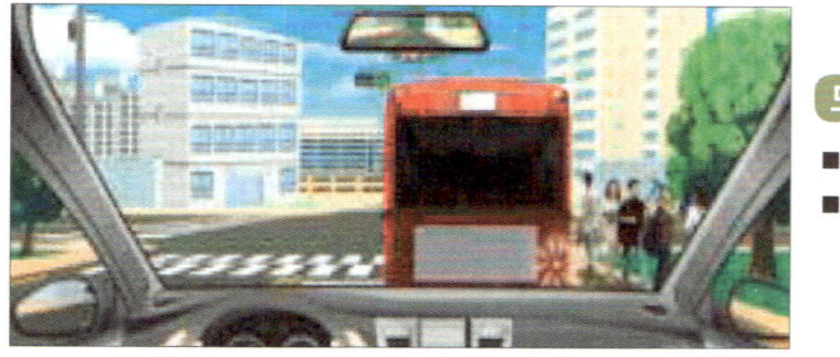

도로상황
- 전방 차량 신호는 녹색 신호
- 버스에서 하차한 사람들

① 버스 승객들이 하차 중이므로 일시정지 한다.
② 버스로 인해 전방 상황을 확인할 수 없으므로 시야 확보를 위해서 신속히 우회전한다.
③ 버스가 갑자기 출발할 수 있으므로 중앙선을 넘어 우회전한다.
④ 버스에서 하차한 사람들이 버스 앞쪽으로 갑자기 횡단할 수도 있으므로 주의한다.
⑤ 버스에서 하차한 사람들이 버스 뒤쪽으로 횡단을 할 수 있으므로 반대 차로를 이용하여 우회전한다.

해설
우회전하는 경우 정차 차량으로 인하여 전방 상황이 확인되지 않은 채 우회전하면 횡단하는 보행자와의 사고로 이어진다. 또한 정차 중인 승합차 옆을 통과할 때는 무단 횡단하는 보행자가 있는지 확인한 후 진행하여야 하고 편도 1차로의 황색 실선이 설치된 도로에서는 앞지르기를 해서는 안 된다.

48 다음 상황에서 우회전하려는 경우 가장 안전한 운전방법 2가지는?

도로상황
- 편도 1차로
- 불법주차된 차들

① 오른쪽 시야확보가 어려우므로 정지한 후 우회전 한다.
② 횡단보도 위에 보행자가 없으므로 그대로 신속하게 통과한다.
③ 반대방향 자동차 진행에 방해되지 않게 정지선 전에서 정지한다.
④ 먼저 교차로에 진입한 상태이므로 그대로 진행한다.
⑤ 보행자가 횡단보도에 진입하지 못하도록 경음기를 울린다.

해설
위험예측. 도로에서 설치된 횡단보도는 신호등이 설치되지 않은 횡단보도이다. 이때 운전자는 반대방향에서 좌회전을 하려는 운전자와 오른쪽의 횡단보도를 향해서 달려가는 어린이를 확인할 수 있다. 또 우회전 하려는 경우에는 도로통법령에 따라 다른 차마의 교통에 방행을 하지 않아야 하고 오른쪽에 정차 및 주차방법을 위반한 차들로 인해 오른쪽의 횡단보도가 가려지는 사각지대(死角地帶)에 존재할 수 있는 보행자를 예측하여 정지한 후 주의를 살피고 나서 우회전 행동을 해야 한다.

49 다음 도로상황에서 가장 안전한 운전방법 2가지는?

도로상황
- 비가 내려 부분적으로 물이 고여 있는 부분
- 속도는 시속 60킬로미터로 주행 중

① 수막현상이 발생하여 미끄러질 수 있으므로 감속 주행한다.
② 물웅덩이를 만날 경우 수막현상이 발생하지 않도록 급제동한다.
③ 고인 물이 튀어 앞이 보이지 않을 때는 브레이크 페달을 세게 밟아 속도를 줄인다.
④ 맞은편 차량에 의해 고인 물이 튈 수 있으므로 가급적 2차로로 주행한다.
⑤ 물웅덩이를 만날 경우 약간 속도를 높여 통과한다.

해설
전방 중앙선 부근에 물이 고여 있는 경우는 맞은편 차량이 통과하므로 인해 고인 물이 튈 수 있고, 수막현상으로 미끄러질 수 있기 때문에 차로를 변경하고 속도를 줄여 안전하게 통과한다.

정답 44. ③, ⑤ 45. ①, ⑤ 46. ②, ③ 47. ①, ④ 48. ①, ③ 49. ①, ④

50 급커브 길을 주행 중이다. 가장 안전한 운전 방법 2가지는?

도로상황
- 편도 2차로 급커브 길

① 마주 오는 차가 중앙선을 넘어올 수 있음을 예상하고 전방을 잘 살핀다.
② 원심력으로 차로를 벗어날 수 있기 때문에 속도를 미리 줄인다.
③ 스탠딩 웨이브 현상을 예방하기 위해 속도를 높인다.
④ 원심력에 대비하여 차로의 가장자리를 주행한다.
⑤ 뒤따르는 차의 앞지르기에 대비하여 후방을 잘 살핀다.

해설
급커브 길에서 감속하지 않고 그대로 주행하면 원심력에 의해 차로를 벗어나는 경우가 있고, 커브길에서는 시야 확보가 어려워 전방 상황을 확인할 수 없기 때문에 마주 오는 차가 중앙선을 넘어올 수도 있어 주의하여야 한다.

51 다음 상황에서 A차량이 주의해야 할 가장 위험한 요인 2가지는?

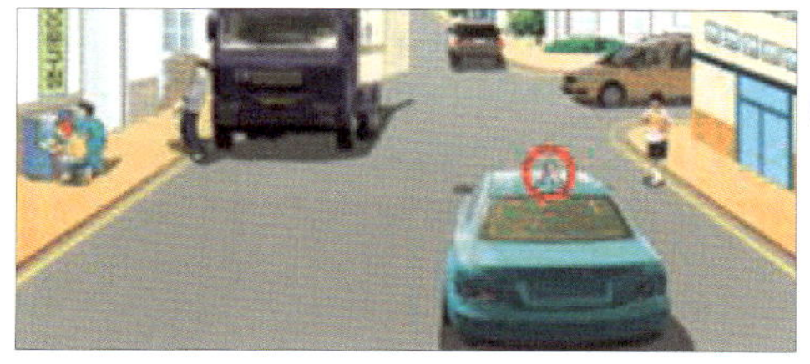

도로상황
- 문구점 앞 화물차
- 문구점 앞 어린이들
- 전방에 서 있는 어린이

① 전방의 화물차 앞에서 물건을 운반 중인 사람
② 전방 우측에 제동등이 켜져 있는 정지 중인 차량
③ 우측 도로에서 갑자기 나오는 차량
④ 문구점 앞에서 오락에 열중하고 있는 어린이
⑤ 좌측 문구점을 바라보며 서 있는 우측 전방의 어린이

해설
어린이 교통사고의 상당수가 학교나 집 부근에서 발생하고 있다. 어린이들은 관심 있는 무엇인가 보이면 주변 상황을 생각하지 못하고 도로에 갑자기 뛰어드는 특성이 있다. 우측에서 오락기를 바라보고 있는 어린이가 갑자기 차도로 뛰어나올 수 있으므로 행동을 끝까지 주시하여야 한다. 또한 주변에 도로가 만나는 지점에서는 갑자기 나오는 차량에 대비하여야 한다.

52 전방에 주차차량으로 인해 부득이하게 중앙선을 넘어가야 하는 경우 가장 안전한 운전행동 2가지는?

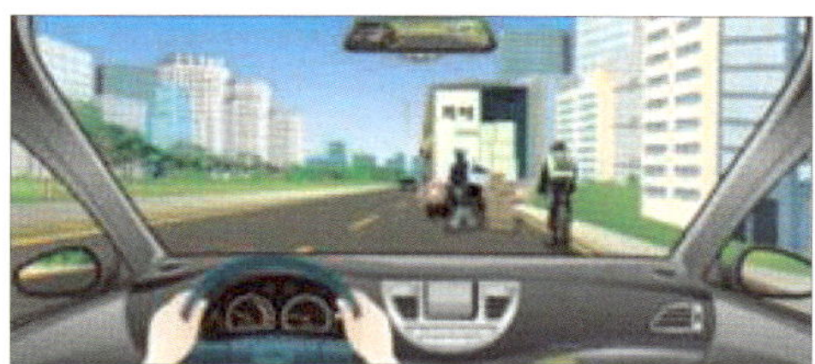

도로상황
- 시속 30킬로미터 주행 중

① 택배차량 앞에 보행자 등 보이지 않는 위험이 있을 수 있으므로 최대한 속도를 줄이고 위험을 확인하며 통과해야 한다.
② 반대편 차가 오고 있기 때문에 빠르게 앞지르기를 시도한다.
③ 부득이하게 중앙선을 넘어가야 할 때 경음기나 전조등으로 타인에게 알릴 필요가 있다.
④ 전방 자전거가 같이 중앙선을 넘을 수 있으므로 중앙선 좌측도로의 길가장자리 구역선 쪽으로 가급적 붙어 주행하도록 한다.
⑤ 전방 주차된 택배차량으로 시야가 가려져 있으므로 시야확보를 위해 속도를 줄이고 미리 중앙선을 넘어 주행하도록 한다.

해설
편도 1차로에 주차차량으로 인해 부득이하게 중앙선을 넘어야 할 때가 있다. 이때는 위반한다는 정보를 타인에게 알려줄 필요가 있으며 가볍게 경음기나 전조등을 사용할 수 있다. 특히 주차 차량의 차체가 큰 경우 보이지 않는 사각지대가 발생하므로 주차차량 앞까지 속도를 줄여 위험에 대한 확인이 필요하다.

53 다음 상황에서 사고 발생 가능성이 가장 높은 2가지는?

도로상황
- 전방 우측 휴게소
- 우측 후방에 차량

① 휴게소에 진입하기 위해 급감속하다 2차로에 뒤따르는 차량과 충돌할 수 있다.
② 휴게소로 차로 변경하는 순간 앞지르기하는 뒤차와 충돌할 수 있다.
③ 휴게소로 진입하기 위하여 차로를 급하게 변경하다가 우측 뒤 차와 충돌할 수 있다.
④ 2차로에서 1차로로 급하게 차로 변경하다가 우측 뒤차와 충돌할 수 있다.
⑤ 2차로에서 과속으로 주행하다 우측 뒤차와 충돌할 수 있다.

해설
고속도로 주행 중 휴게소 진입을 위하여 주행차로에서 급감속하는 경우 뒤따르는 차량과 충돌의 위험성이 있으며, 진입을 위해 차로를 급하게 변경하는 경우 우측 차선의 뒤차와 충돌의 위험이 있으므로, 주위상황을 살펴 미리 안전하게 차선을 변경하고 감속하여 휴게소에 진입하여야 한다.

54 다음 상황에서 가장 안전한 운전방법 2가지는?

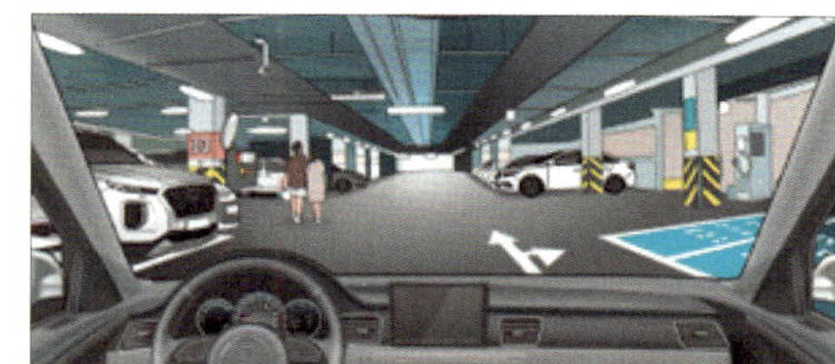

도로상황
- 지하주차장
- 지하주차장에 보행중인 보행자

① 주차된 차량사이에서 보행자가 나타날 수 있기 때문에 서행으로 운전한다.
② 주차중인 차량이 갑자기 출발할 수 있으므로 주의하며 운전한다.
③ 지하주차장 노면표시는 반드시 지키며 운전할 필요가 없다.
④ 내 차량을 주차할 수 있는 주차구역만 살펴보며 운전한다.
⑤ 지하주차장 기둥은 운전시야를 방해하는 시설물이므로 경음기를 계속 울리면서 운전한다.

해설
위험은 항상 잠재되어있다. 위험예측은 결국 잠재된 위험을 예측하고 대비하는 것이다. 지하주차장에서의 위험은 도로와 다른 또 다른 위험이 존재할 수 있으니 각별히 주의하며 운전해야 한다.

55 야간 운전 시 다음 상황에서 가장 적절한 운전 방법 2가지는?

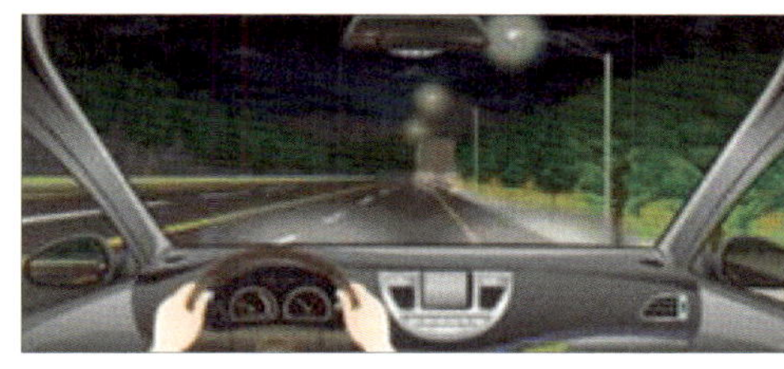

도로상황
- 편도 2차로 직선 도로
- 1차로 후방에 진행 중인 차량
- 전방에 화물차 정차 중

① 정차 중인 화물차에서 어떠한 위험 상황이 발생할지 모르므로 재빠르게 1차로로 차로 변경한다.
② 정차 중인 화물차에 경음기를 계속 울리면서 진행한다.
③ 전방 우측 화물차 뒤에 일단 정차한 후 앞차가 출발할 때까지 기다린다.
④ 정차 중인 화물차 앞이나 그 주변에 위험 상황이 발생할 수 있으므로 속도를 줄이며 주의한다.
⑤ 1차로로 차로 변경 시 안전을 확인한 후 차로 변경을 시도한다.

해설
야간 주행 중에 고장 차량 등을 만나는 경우에는 속도를 줄이고 여러 위험에 대비하여 무리한 진행을 하지 않도록 해야 한다.

정답 50. ①, ② 51. ③, ⑤ 52. ①, ③ 53. ①, ③ 54. ①, ② 55. ④, ⑤

56 다음 도로상황에서 좌회전하기 위해 불법으로 중앙선을 넘어 전방 좌회전 차로로 진입하는 경우 가장 위험한 이유 2가지는?

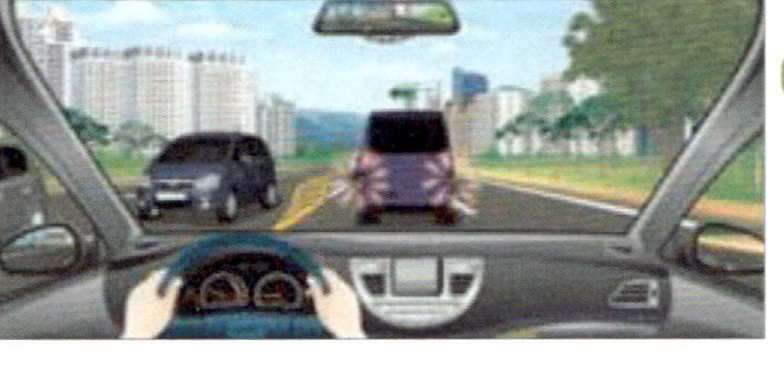

도로상황
- 시속 20킬로미터 주행 중
- 직진·좌회전 동시신호
- 앞차가 브레이크 페달을 밟음

① 반대편 차량이 갑자기 후진할 수 있다.
② 앞 차가 현 위치에서 유턴할 수 있다.
③ 브레이크 페달을 밟은 앞 차 앞으로 보행자가 나타날 수 있다.
④ 브레이크 페달을 밟은 앞 차가 갑자기 우측차로로 차로변경 할 수 있다.
⑤ 앞 차의 선행차가 2차로에서 우회전 할 수 있다.

해설
교차로 진입 전 2차로에 직진차량이 많을 때 비어있는 포켓차로로 진입하기 어렵다. 이 때 중앙선을 침범하면서 포켓차로로 바로 진입하려는 운전자들이 있다. 포켓차로에서는 좌회전뿐만 아니라 유턴 및 포켓 차로로의 차로변경도 가능할 수 있기 때문에 중앙선을 침범하게 되면 내 앞에서 유턴 및 차로변경을 하는 차량과 사고가능성이 있다. 또한 앞차가 브레이크 페달을 밟고 있는데 방향전환을 위해 서거나 전방에 어떤 위험을 만났기 때문으로 앞차 좌측으로 먼저 나아가는 것은 위험하다.

57 눈길 교통상황에서 안전한 운전방법 2가지는?

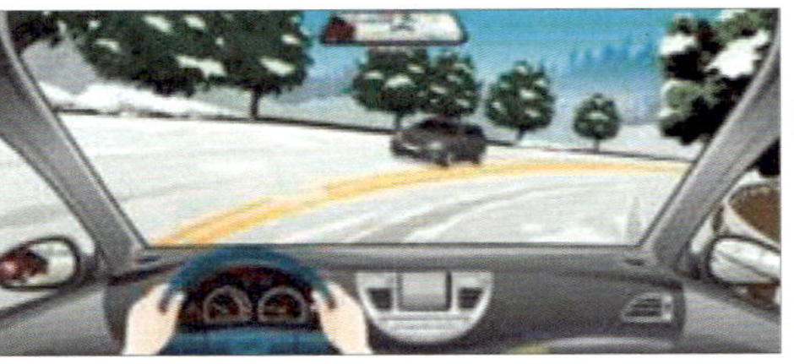

도로상황
- 시속 30킬로미터 주행 중

① 앞 차의 바퀴자국을 따라서 주행하는 것이 안전하며 중앙선과 거리를 두는 것이 좋다.
② 눈길이나 빙판길에서는 공주거리가 길어지므로 평소보다 안전거리를 더 두어야 한다.
③ 반대편 차가 커브길에서 브레이크 페달을 밟다가 중앙선을 넘어올 수 있으므로 빨리 지나치도록 한다.
④ 커브길에서 브레이크 페달을 세게 밟아 속도를 줄인다.
⑤ 눈길이나 빙판길에서는 감속하여 주행하는 것이 좋다.

해설
눈길에서는 미끄러지는 사고가 많으므로 중앙선에 가깝게 운전하지 않는 것이 좋고 브레이크 페달은 여러 차례 나눠 밟는 것이 안전하다. 눈길 빙판길에서는 제동거리가 길어지므로 안전거리를 더 확보할 필요가 있다.

58 중앙선을 넘어 불법 유턴을 할 경우, 사고 발생 가능성이 가장 높은 위험요인 2가지는?

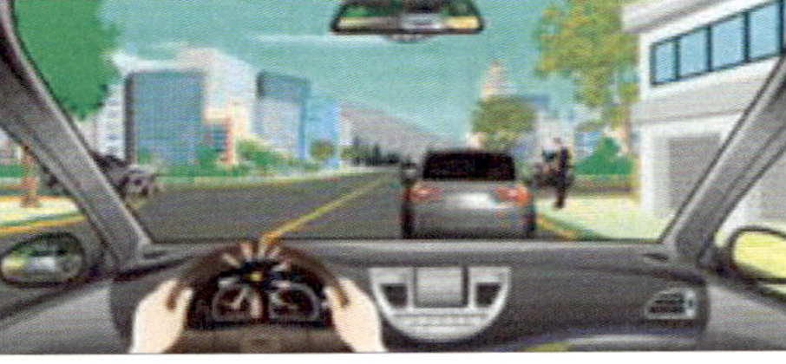

도로상황
- 좌우측으로 좁은 도로가 연결
- 전방 우측 도로에 이륜차
- 좌측 도로에 승용차

① 전방 우측 보도 위에서 휴대전화를 사용 중인 보행자
② 우회전하려고 하는 좌측 도로의 차량
③ 갑자기 우회전하려는 앞 차량
④ 가장자리에 정차하려는 뒤쪽의 승용차
⑤ 우측 도로에서 갑자기 불법으로 좌회전하려는 이륜차

해설
중앙선을 넘어 불법 유턴을 할 때 동일 방향 뒤쪽에서 중앙선을 넘어 발생하는 사고가 있을 수 있으며 좌 · 우측 도로의 차량들이 진출입하면서 사고가 발생하기도 한다. 나뿐만이 아니라 다른 차량도 반대편에 차량이 없다고 생각하여 위반하는 경우가 있다는 사실을 명심해야 한다.

59 반대편 차량의 전조등 불빛이 너무 밝을 때 가장 안전한 운전방법 2가지는?

도로상황
- 시속 50킬로미터 주행 중

① 증발현상으로 중앙선에 서 있는 보행자가 보이지 않을 수 있으므로 급제동한다.
② 현혹현상이 발생할 수 있으므로 속도를 충분히 줄여 위험이 있는지 확인한다.
③ 보행자 등이 잘 보이지 않으므로 상향등을 켜서 확인한다.
④ 1차로 보다는 2차로로 주행하며 불빛을 바로 보지 않도록 한다.
⑤ 불빛이 너무 밝을 때는 전방 확인이 어려우므로 가급적 빨리 지나간다.

해설
일부 운전자는 HID전조등을 불법적으로 부착하거나 상향등을 켜고 운행하는데 이는 다른 운전자들의 시력을 약화하여 안전에 문제를 일으킬 수 있다. 따라서 이러한 차량을 만났을 때는 속도를 줄이고 차량불빛을 비껴보아 현혹현상이 발생하지 않도록 하며 1차로보다는 2차로로 주행하는 것이 좀 더 안전하다.

60 다음 상황에서 가장 안전한 운전방법 2가지는?

도로상황
- 전방의 하얀색 차량 일시정지 중
- 신호기가 설치된 교차로
- 횡단보도가 있음

① 전방의 하얀색 차량이 직진할 수도 있으므로 서행한다.
② 교차로 좌측차로에 다른 차량이 나타날 수 있어 경음기를 계속 사용하며 통과한다.
③ 신호 교차로를 통과하기 위하여 속도를 높여 주행한다.
④ 횡단보도 통과하기 전에 무조건 일시정지 한다.
⑤ 보행자가 갑자기 뛰어 나올 수 있으므로 주의를 살피며 주행한다.

해설
교차로를 통과하려고 할 때에는 속도를 줄이고 발생할 수 있는 다양한 위험 요인에 대비해야 한다.

61 다음 상황에서 직진할 때 가장 안전한 운전방법 2가지는?

도로상황
- 1, 2차로에서 나란히 주행하는 승용차와 택시
- 택시 뒤를 주행하는 내 차
- 보도에서 손을 흔드는 보행자

① 1차로의 승용차가 내 차량 진행 방향으로 급차로 변경할 수 있으므로 앞차와의 간격을 좁힌다.
② 택시가 손님을 태우기 위하여 급정지할 수도 있으므로 일정한 거리를 유지한다.
③ 승용차와 택시 때문에 전방 상황이 잘 안 보이므로 1, 2차로 중간에 걸쳐서 주행한다.
④ 택시가 손님을 태우기 위해 정차가 예상되므로 신속히 1차로로 급차로 변경한다.
⑤ 택시가 우회전하기 위하여 감속할 수도 있으므로 미리 속도를 감속하여 뒤따른다.

해설
택시는 손님을 태우기 위하여 급정지 또는 차로 상에 정차하는 경우가 있으므로 뒤따를 때에는 이를 예상하고 방어 운전을 하는 것이 바람직하다.

정답 56. ②, ③ 57. ①, ⑤ 58. ②, ⑤ 59. ②, ④ 60. ①, ⑤ 61. ②, ⑤

62 다음 도로상황에서 가장 안전한 운전방법 2가지는?

도로상황

- 우측 전방에 정차 중인 어린이통학버스
- 어린이 통학버스에는 적색점멸등이 작동 중

① 경음기로 어린이에게 위험을 알리며 지나간다.
② 전조등으로 어린이통학버스 운전자에게 위험을 알리며 지나간다.
③ 비상등을 켜서 뒤차에게 위험을 알리며 일시정지 한다.
④ 어린이통학버스에 이르기 전에 일시정지하였다가 서행으로 지나간다.
⑤ 비상등을 켜서 뒤차에게 위험을 알리며 지나간다.

해설
어린이통학버스에 적색점멸등이 켜진 경우는 어린이가 버스에서 내리거나 탈 때이며 이때 뒤따르는 차는 일시정지한 후 서행으로 지나가야 한다.

63 다음 상황에서 가장 안전한 운전방법 2가지는?

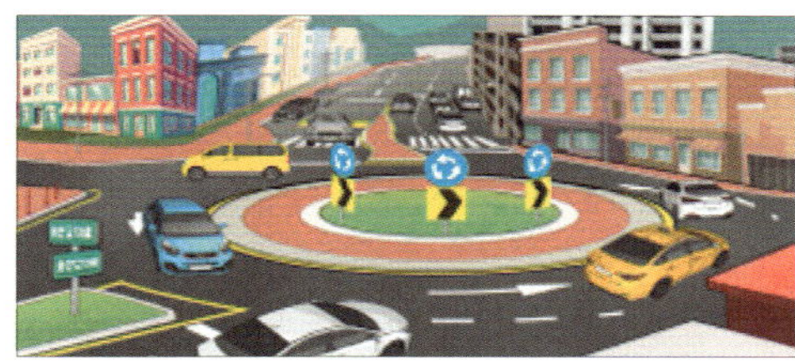

도로상황

- 회전교차로
- 진입과 회전하는 차량

① 진입하려는 차량은 진행하고 있는 회전차량에 진로를 양보하여야 한다.
② 회전교차로에 진입하려는 경우에는 서행하거나 일시정지 하여야 한다.
③ 진입차량이 우선이므로 신속히 진입하여 가고자 하는 목적지로 진행한다.
④ 회전교차로에 진입할 때는 회전차량보다 먼저 진입한다.
⑤ 주변 차량의 움직임에 주의할 필요가 없다.

해설
회전교차로에서는 회전이 진입보다 우선이므로 항상 양보하는 운전자세가 필요하며 회전시 주변차량과 안전거리 유지와 서행하는 것이 중요하다.

64 다음 도로상황에서 사고발생 가능성이 가장 높은 2가지는?

도로상황

- 편도 4차로의 도로에서 2차로로 교차로에 접근 중
- 시속 70킬로미터로 주행 중

① 왼쪽 1차로의 차가 갑자기 직진할 수 있다.
② 황색신호가 켜질 경우 앞차가 급제동을 할 수 있다.
③ 오른쪽 3차로의 차가 갑자기 우회전을 시도할 수 있다.
④ 앞차가 3차로로 차로를 변경할 수 있다.
⑤ 신호가 바뀌어 급제동할 경우 뒤차에게 추돌사고를 당할 수 있다.

해설
안전거리를 유지하지 않거나 속도를 줄이지 않은 상태에서 신호가 황색으로 바뀌면 급제동하거나 신호를 위반하는 상황이 발생한다. 따라서 교차로에 접근할 때는 안전거리를 유지하고 속도를 줄이는 운전습관이 필요하다.

65 다음 상황에서 가장 주의해야 할 위험 요인 2가지는?

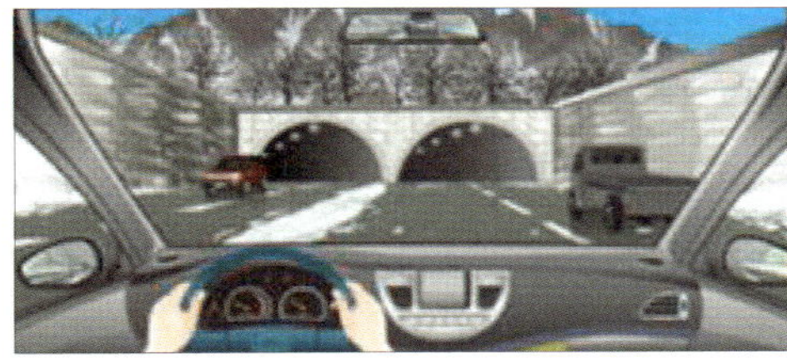

도로상황

- 내린 눈이 중앙선 부근에 쌓임
- 터널 입구에도 물이 흘러 얼어 있음

① 터널 안의 상황 ② 우측 전방의 차 ③ 터널 안 진행 차
④ 터널 직전의 노면 ⑤ 내 뒤를 따르는 차

해설
겨울철에 터널 입구의 노면은 터널 위에서 흘러내린 물 등으로 젖어 있거나 얼어 있어 미끄러운 경우가 많다. 따라서 터널 입구로 들어서거나 터널을 나올 때는 노면의 상황에 유의해야 한다.

66 A차량이 손수레를 앞지르기할 경우 가장 위험한 상황 2가지는?

도로상황

- 어린이 보호구역
- 전방 우측 보도 위에 자전거를 탄 학생
- 반대편에서 주행하는 이륜차
- 좌측 전방 주차된 차량

① 전방 우측 보도 위에 자전거를 탄 학생이 손수레 앞으로 횡단하는 경우
② 손수레에 가려진 반대편의 이륜차가 속도를 내며 달려오는 경우
③ 앞지르기하려는 도중 손수레가 그 자리에 정지하는 경우
④ A차량 우측 뒤쪽의 어린이가 학원 차를 기다리는 경우
⑤ 반대편 전방 좌측의 차량이 계속 주차하고 있는 경우

해설
전방 시야가 확보되지 않은 상태에서 무리한 앞지르기는 예상치 못한 위험을 만날 수 있다. 전방 우측 보도 위의 자전거가 손수레 앞으로 도로를 횡단하거나 맞은편의 이륜차가 손수레를 피해 좌측으로 진행해 올 수 있다. 어린이 보호구역에서는 어린이들의 행동 특성을 고려하여 제한속도 내로 운전하여야 하고 주정차 금지 구역에 주차된 위반 차들로 인해 키가 작은 어린이들이 가려 안 보일 수 있으므로 주의하여야 한다.

67 다음 상황에서 가장 안전한 운전방법 2가지는?

도로상황

- 뒤따라오는 차량

① 반대편에 차량이 나타날 수 있으므로 차가 오기 전에 빨리 중앙선을 넘어 진행한다.
② 전방 공사 구간을 보고 갑자기 속도를 줄이면 뒤따라오는 차량과 사고 가능성이 있으므로 빠르게 진행한다.
③ 전방 공사 현장을 피해 부득이하게 중앙선을 넘어갈 때 반대편 교통 상황을 확인하고 진행한다.
④ 전방 공사 차량이 갑자기 출발할 수 있으므로 공사 차량의 움직임을 살피며 천천히 진행한다.
⑤ 뒤따라오는 차량이 내 차를 앞지르기하고자 할 때 먼저 중앙선을 넘어 신속히 진행한다.

해설
공사 중으로 부득이한 경우에는 나의 운전 행동을 다른 교통 참가자들이 예측할 수 있도록 충분한 의사 표시를 하고 안전하게 진행한다. 또한 주차 차량에 운전자가 있을 때는 그 차의 움직임을 살펴야 한다.

68 다음 상황에서 발생 가능한 위험 2가지는?

도로상황

- 편도 4차로
- 버스가 3차로에서 4차로로 차로 변경 중
- 도로구간 일부 공사 중

① 전방에 공사 중임을 알리는 화물차가 정차 중일 수 있다.
② 2차로의 버스가 안전운전을 위해 속도를 낮출 수 있다.
③ 4차로로 진로 변경한 버스가 계속 진행할 수 있다.
④ 1차로 차량이 속도를 높여 주행할 수 있다.
⑤ 다른 차량이 내 앞으로 앞지르기 할 수 있다.

해설
항상 보이지 않는 곳에 위험이 있을 것이라는 생각하는 자세가 필요하다. 운전 중일 때는 눈앞에 위험뿐만 아니라 멀리 있는 위험까지도 예측해야 하며 위험을 대비할 수 있는 안전속도와 안전거리 유지가 중요하다.

정답 62. ③, ④ 63. ①, ② 64. ②, ⑤ 65. ②, ④ 66. ①, ② 67. ③, ④ 68. ①, ⑤

69 좌회전하기 위해 1차로로 차로 변경할 때 방향지시등을 켜지 않았을 경우 만날 수 있는 사고 위험 2가지는?

도로상황
- 시속 40킬로미터 주행 중
- 4색 신호등 직진 및 좌회전 동시신호
- 1차로 좌회전, 2차로 직진

① 내 차 좌측에서 갑자기 유턴하는 오토바이
② 1차로 후방에서 불법유턴 하는 승용차
③ 1차로 전방 승합차의 갑작스러운 급제동
④ 내 차 앞으로 차로변경하려고 속도를 높이는 1차로 후방 승용차
⑤ 내 차 뒤에서 좌회전하려는 오토바이

해설
방향지시등은 다른 차로 하여금 내 행동을 예측하고 대처할 수 있게 해주는 좋은 정보전달 방법이다. 누구나 방향지시등을 켜지 않은 차는 직진할 것이라는 예측을 하게 하는데 다음 행동에 대한 정보를 주지 않고 방향전환을 하는 것은 매우 위험하다.

70 자전거 전용 도로가 끝나는 교차로에서 우회전하려고 한다. 가장 안전한 운전방법 2가지는?

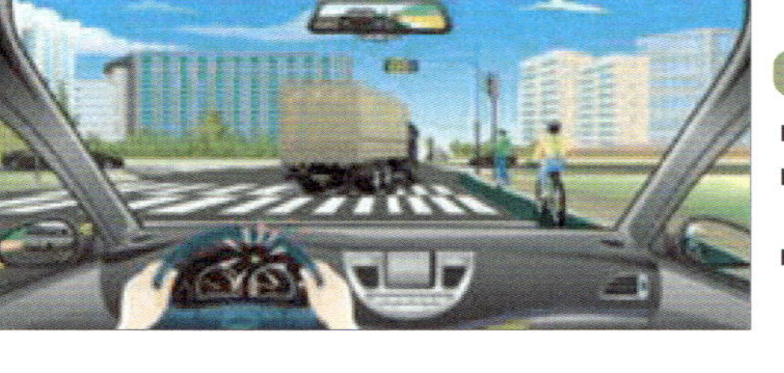

도로상황
- 십자형(+) 교차로
- 차량 신호등은 황색에서 적색으로 바뀌려는 순간
- 자전거전용도로

① 일시정지하고 안전을 확인한 후 서행하면서 우회전한다.
② 내 차의 측면과 뒤쪽의 안전을 확인하고 사각에 주의한다.
③ 화물차가 갑자기 정지할 수 있으므로 화물차 좌측 옆으로 돌아 우회전한다.
④ 자전거는 자동차의 움직임을 알 수 없으므로 경음기를 계속 사용해서 내 차의 진행을 알린다.
⑤ 신호가 곧 바뀌게 되므로 속도를 높여 화물차 뒤를 따라간다.

해설
자전거전용도로가 끝나는 지점의 교차로에서 우회전할 때에는 일시정지하여 안전을 확인한 후 서행하면서 우회전하여야 한다. 자동차 운전자는 측면과 뒤쪽의 안전을 반드시 확인하고 사각에 주의하여야 한다. 신호에 따라 직진하는 자동차 운전자는 측면 교통을 방해하지 않는 한 녹색 또는 적색에서 우회전할 수 있으나 내륜차(內輪差)와 사각에 주의하여야 한다.

71 편도 1차로 도로를 주행 중인 상황에서 가장 안전한 운전방법 2가지는?

도로상황
- 전방 횡단보도
- 고개 돌리는 자전거 운전자

① 경음기를 사용해서 자전거가 횡단하지 못하도록 경고한다.
② 자전거가 횡단하지 못하도록 속도를 높여 앞차와의 거리를 좁힌다.
③ 자전거보다 횡단보도에 진입하고 있는 앞차의 움직임에 주의한다.
④ 자전거가 횡단할 수 있으므로 속도를 줄이면서 자전거의 움직임에 주의한다.
⑤ 횡단보도 보행자의 횡단으로 앞차가 급제동할 수 있으므로 미리 브레이크 페달을 여러 번 나누어 밟아 뒤차에게 알린다.

해설
자전거 운전자가 뒤를 돌아보는 경우는 도로를 횡단하기 위해 기회를 살피는 것임을 예측할 수 있다. 따라서 전방의 자전거를 발견하였을 경우 운전자의 움직임을 잘 살펴 주의해야 한다. 전방의 횡단보도 보행자의 횡단으로 앞차가 일시정지할 수 있으므로 서행하면서 전방을 잘 주시하여 일시정지에 대비하여야 한다.

72 보행신호기의 녹색점멸신호가 거의 끝난 상태에서 먼저 교차로로 진입하면 위험한 이유 2가지는?

도로상황
- 출발하려는 상황
- 삼색신호등 중 적색
- 좌측도로에서 진행해오는 차가 속도를 줄이고 있는 상황

① 내 뒤차가 중앙선을 넘어 좌회전을 할 수 있으므로
② 좌측도로에서 속도를 줄이던 차가 갑자기 우회전을 할 수 있으므로
③ 횡단보도를 거의 건너간 우측 보행자가 갑자기 방향을 바꿔 되돌아 갈 수 있으므로
④ 내 차 후방 오른쪽 오토바이가 같이 횡단보도를 통과할 수 있으므로
⑤ 좌측도로에서 속도를 줄이던 차가 좌회전하기 위해 교차로로 진입할 수 있으므로

해설
횡단보도 보행신호가 거의 끝난 상태라도 보행자, 특히 어린이들은 방향을 바꿔 되돌아가는 경우가 있다. 또한 점멸상태에서 무리하게 횡단하려는 보행자들이 있기 때문에 설령 차량신호가 녹색이라도 보행자의 유무를 확인한 후 진행하는 것이 안전하다. 또한 차량신호가 적색인 상태에서 좌측도로에서 좌회전이 가능할 수 있으므로 예측출발은 하지 않아야 한다.

73 다음 상황에서 가장 안전한 운전방법 2가지는?

도로상황
- 회전교차로
- 회전교차로 진입하려는 하얀색 화물차

① 교차로에 먼저 진입하는 것이 중요하다.
② 전방만 주시하며 운전해야 한다.
③ 1차로 화물차가 교차로 진입하던 중 2차로 쪽으로 차로변경 할 수 있으므로 대비해야 한다.
④ 좌측의 회전차량과 우측도로에서 진입하는 차량에 주의하며 운전해야 한다.
⑤ 진입차량이 회전차량보다 우선이라는 생각으로 운전한다.

해설
회전교차로에 진입하려는 경우에는 서행하거나 일시정지 해야 하며 회전차량에게 양보해야 한다. 또한 하얀색 화물차가 내 앞으로 끼어들 경우 대비하여 속도를 낮춰 화물차와의 안전거리를 유지해야 한다.

74 도로교통법상 다음 교통안전시설에 대한 설명으로 맞는 2가지는?

도로상황
- 어린이보호구역
- 좌·우측에 좁은 도로
- 비보호좌회전 표지
- 신호 및 과속 단속 카메라

① 제한속도는 매시 50킬로미터이며 속도 초과 시 단속될 수 있다.
② 전방의 신호가 녹색화살표일 경우에만 좌회전 할 수 있다.
③ 모든 어린이보호구역의 제한속도는 매시 50킬로미터이다.
④ 신호순서는 적색-황색-녹색-녹색화살표이다.
⑤ 전방의 신호가 녹색일 경우 반대편 차로에서 차가 오지 않을 때 좌회전할 수 있다.

해설
확인을 통해 수집된 교통정보는 다음 상황을 예측하는 기초자료가 된다. 도로에는 정지한 것도 있고 움직이는 것도 있다. 움직이는 것은 어디로 움직일 것인지, 정지한 것은 계속 정지할 것인지를 예측해야한다. 또한 도로의 원칙과 상식은 안전을 위해 필요한만큼 실행하는 운전행동이 중요하다. 참고로 비보호 좌회전은 말 그대로 '보호받지 못하는 좌회전'인 만큼 운전자의 판단이 매우 중요하다.

정답 69. ④, ⑤ 70. ①, ② 71. ④, ⑤ 72. ③, ⑤ 73. ③, ④ 74. ①, ⑤

75 A차량이 좌회전하려고 할 때 사고 발생 가능성이 가장 높은 것 2가지는?

도로상황
- 뒤따라오는 이륜차
- 좌측 도로에 우회전하는 차

① 반대편 C차량이 직진하면서 마주치는 충돌
② 좌측 도로에서 우회전하는 B차량과의 충돌
③ 뒤따라오던 이륜차의 추돌
④ 앞서 교차로를 통과하여 진행 중인 D차량과의 추돌
⑤ 우측 도로에서 직진하는 E차량과의 충돌

해설
신호등 없는 교차로를 진행할 때에는 여러 방향에서 나타날 수 있는 위험 상황에 대비해야 한다.

76 다음 도로상황에서 가장 위험한 요인 2가지는?

도로상황
- 녹색신호에 교차로에 접근 중
- 1차로는 좌회전을 하려고 대기 중인 차들

① 좌회전 대기 중이던 1차로의 차가 2차로로 갑자기 들어올 수 있다.
② 1차로에서 우회전을 시도하는 차와 충돌할 수 있다.
③ 3차로의 오토바이가 2차로로 갑자기 들어올 수 있다.
④ 3차로에서 우회전을 시도하는 차와 충돌할 수 있다.
⑤ 뒤차가 무리한 차로변경을 시도할 수 있다.

해설
좌회전을 하려다가 직진을 하려고 마음이 바뀐 운전자가 있을 수 있다. 3차로보다 소통이 원활한 2차로로 들어가려는 차가 있을 수 있다.

77 교차로를 통과하려 할 때 주의해야 할 가장 안전한 운전방법 2가지는?

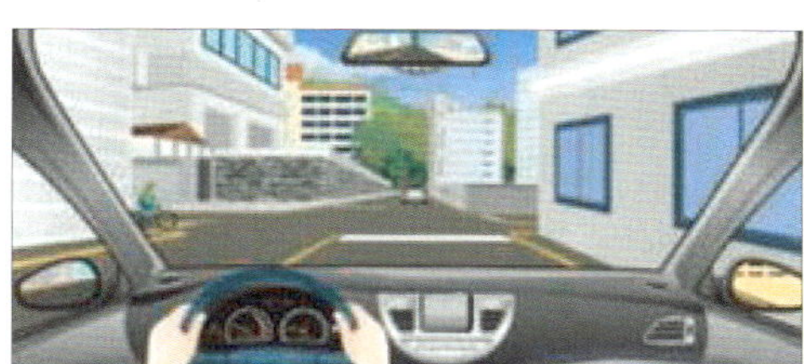

도로상황
- 시속 30킬로미터로 주행 중

① 앞서가는 자동차가 정지할 수 있으므로 바싹 뒤따른다.
② 왼쪽 도로에서 자전거가 달려오고 있으므로 속도를 줄이며 멈춘다.
③ 속도를 높여 교차로에 먼저 진입해야 자전거가 정지한다.
④ 오른쪽 도로의 보이지 않는 위험에 대비해 일시정지 한다.
⑤ 자전거와의 사고를 예방하기 위해 비상등을 켜고 진입한다.

해설
자전거는 보행자 보다 속도가 빠르기 때문에 보이지 않는 곳에서 갑작스럽게 출현할 수 있다. 항상 보이지 않는 곳의 위험을 대비하는 운전자세가 필요하다.

78 황색 점멸등이 설치된 교차로에서 우회전하려 할 때 가장 위험한 요인 2가지는?

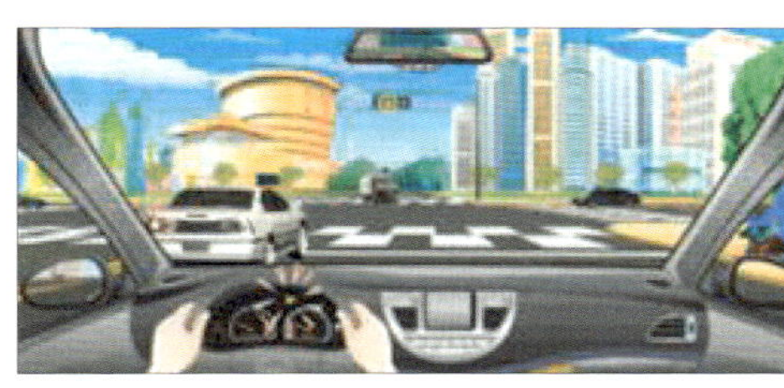

도로상황
- 전방에서 좌회전 시도하는 화물차
- 우측 도로에서 우회전 시도하는 승용차
- 좌회전 대기 중인 승용차
- 2차로를 주행 중인 내 차
- 3차로를 진행하는 이륜차
- 후사경 속의 멀리 뒤따르는 승용차

① 전방 반대 차로에서 좌회전을 시도하는 화물차
② 우측 도로에서 우회전을 시도하는 승용차
③ 좌회전 대기 중인 승용차
④ 후사경 속 승용차
⑤ 3차로 진행 중인 이륜차

해설
우회전 시는 미리 도로의 우측으로 이동하여야 하며 차로 변경 제한선 내에 진입하였을 때는 차로 변경을 하면 안 된다.

79 어린이보호구역을 안전하게 통행하는 운전방법 2가지는?

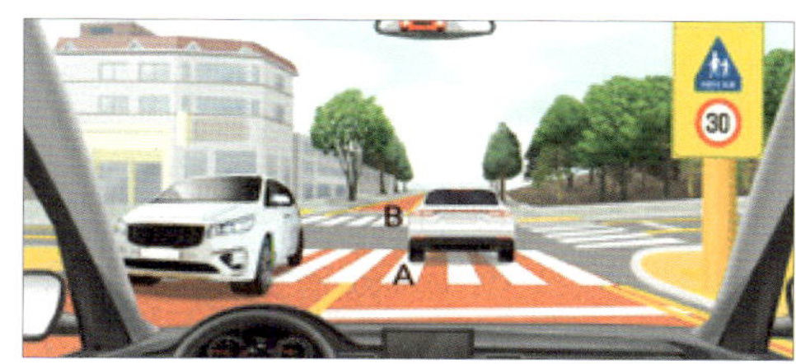

도로상황
- 어린이보호구역 교차로 직진하려는 상황
- 신호등 없는 횡단보도 및 교차로
- 실내후사경 속의 후행 차량 존재

① 앞쪽 자동차를 따라 서행으로 A횡단보도를 통과한다.
② 뒤쪽 자동차와 충돌을 피하기 위해 속도를 유지하고 앞쪽 차를 따라간다.
③ A횡단보도 정지선 앞에서 일시정지한 후 통행한다.
④ B횡단보도에 보행자가 없으므로 서행하며 통행한다.
⑤ B횡단보도 앞에서 일시정지한 후 통행한다.

해설
도로교통법 제27조 제7항. 모든 차 또는 노면전차의 운전자는 동법 제12조제1항에 따른 어린이 보호구역내에 설치된 횡단보도 중 신호기가 설치되지 아니한 횡단보도 앞(정지선이 설치된 경우에는 그 정지선을 말한다.)에서는 보행자의 횡단 여부와 관계없이 일시정지하여야 한다.

80 다음 상황에서 급차로 변경을 할 경우 사고 발생 가능성이 가장 높은 2가지는?

도로상황
- 편도 2차로 도로
- 앞 차량이 급제동하는 상황
- 우측 방향 지시기를 켠 후방 오토바이
- 1차로 후방에 승용차

① 승합차 앞으로 무단 횡단하는 사람과의 충돌
② 반대편 차로 차량과의 충돌
③ 뒤따르는 이륜차와의 추돌
④ 반대 차로에서 차로 변경하는 차량과의 충돌
⑤ 1차로에서 과속으로 달려오는 차량과의 추돌

해설
전방 차량이 급제동을 하는 경우 이를 피하기 위해 급차로 변경하게 되면 뒤따르는 차량과의 추돌사고, 급제동 차량 앞쪽의 무단 횡단하는 보행자와의 사고 등이 발생할 수 있으므로 전방 차량이 급제동하더라도 추돌 사고가 발생하지 않도록 안전거리를 확보하고 주행하는 것이 바람직하다.

81 다음 장소에서 자전거 운전자가 안전하게 횡단하는 방법 2가지는?

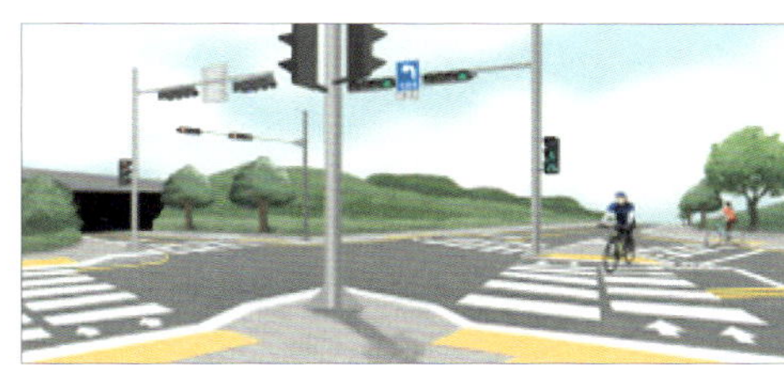

도로상황
- 자전거 운전자가 보도에서 대기하는 상황
- 자전거 운전자가 도로를 보고 있는 상황

① 자전거에 탄 상태로 횡단보도 녹색등화를 기다리다가 자전거를 운전하여 횡단한다.
② 다른 자전거 운전자가 횡단하고 있으므로 신속히 횡단한다.
③ 다른 자전거와 충돌가능성이 있으므로 자전거에서 내려 보도의 안전한 장소에서 기다린다.
④ 자전거 운전자가 어린이 또는 노인인 경우 보행자 신호등이 녹색일 때 운전하여 횡단한다.
⑤ 횡단보도 신호등이 녹색등화 일 때 자전거를 끌고 횡단한다.

해설
제13조의2(자전거등의 통행방법의 특례) 제6항. 자전거등의 운전자가 횡단보도를 이용하여 도로를 횡단할 때에는 자전거등에서 내려서 자전거등을 끌거나 들고 보행하여야 한다. 〈개정 2020. 6. 9.〉

정답 75. ①, ⑤ 76. ①, ③ 77. ②, ④ 78. ①, ⑤ 79. ③, ⑤ 80. ①, ⑤ 81. ③, ⑤

82 다음 상황에서 가장 안전한 운전방법 2가지는?

도로상황
- 자전거 탄 사람이 차도에 진입한 상태
- 전방 차의 등화 녹색등화
- 진행속도 시속 40킬로미터

① 자전거 운전자에게 상향등으로 경고하며 빠르게 통과한다.
② 자전거 운전자가 무단 횡단할 가능성이 있으므로 주의하며 서행으로 통과한다.
③ 자전거는 차이므로 현재 그 자리에 멈춰있을 것으로 예측하며 교차로를 통과한다.
④ 자전거 운전자가 위험한 행동을 하지 못하도록 경음기를 반복사용하며 신속히 통과한다.
⑤ 자전거 운전자가 차도 위에 있으므로 옆쪽으로도 안전한 거리를 확보할 수 있도록 통행한다.

해설

위험예측. 도로교통법에 따라 그대로 진행하는 것은 위반이라고 할 수 없다. 그러나 문제의 상황에서는 교차로를 통행하는 차마가 없기 때문에 자전거 운전자는 다른 차의 진입을 예측하지 않고 무단횡단할 가능성이 높다. 또 무단횡단을 하지 않는다고 하여도 교차로를 통과한 지점의 자전거는 2차로쪽에 위치하고 있으므로 교차로를 통과하는 운전자는 그 자전거와의 옆쪽으로도 안전한 공간을 만들며 서행으로 통행하는 것이 안전한 운전방법이라고 할 수 있다.

83 다음 상황에서 가장 안전한 운전방법 2가지는?

도로상황
- 편도 1차로
- 불법주차된 차들
- 보도와 차도가 분리되지 않은 도로

① 전방 보행자의 급작스러운 좌측횡단을 예측하며 정지를 준비한다.
② 직진하려는 경우 전방 교차로에는 차가 없으므로 서행으로 통과한다.
③ 교차로 진입 전 일시정지하여 좌우측에서 접근하는 차를 확인해야 한다.
④ 주변 자전거 및 보행자에게 경음기를 반복적으로 작동하여 차의 통행을 알려준다.
⑤ 전방 보행자를 길가장자리구역으로 유도하기 위해 우측으로 붙어 통행해야 한다.

해설

위험예측.
도로교통법 제31조(서행 또는 일시정지할 장소) 제②항 모든 차 또는 노면전차의 운전자는 다음 각 호의 어느 하나에 해당하는 곳에서는 일시정지하여야 한다. 〈개정 2018. 3. 27., 2020. 12. 22.〉

1. 교통정리를 하고 있지 아니하고 좌우를 확인할 수 없거나 교통이 빈번한 교차로 제25조(교차로 통행방법) ① 모든 차의 운전자는 교차로에서 우회전을 하려는 경우에는 미리 도로의 우측 가장자리를 서행하면서 우회전하여야 한다. 이 경우 우회전하는 차의 운전자는 신호에 따라 정지하거나 진행하는 보행자 또는 자전거등에 주의하여야 한다. 〈개정 2020. 6. 9.〉 ② 모든 차의 운전자는 교차로에서 좌회전을 하려는 경우에는 미리 도로의 중앙선을 따라 서행하면서 교차로의 중심 안쪽을 이용하여 좌회전하여야 한다. 다만, 시 · 도경찰청장이 교차로의 상황에 따라 특히 필요하다고 인정하여 지정한곳에서는 교차로의 중심 바깥쪽을 통과할 수 있다. 〈개정 2020. 12. 22.〉 ③ 제2항에도 불구하고 자전거등의 운전자는 교차로에서 좌회전하려는 경우에는 미리 도로의 우측 가장자리로 붙어 서행하면서 교차로의 가장자리 부분을 이용하여 좌회전하여야 한다. 〈개정 2020. 6. 9.〉 ④ 제1항부터 제3항까지의 규정에 따라 우회전이나 좌회전을 하기 위하여 손이나 방향지시기 또는 등화로써 신호를 하는 차가 있는 경우에 그 뒤차의 운전자는 신호를 한 앞차의 진행을 방해하여서는 아니 된다. ⑤ 모든 차 또는 노면전 차의 운전자는 신호기로 교통정리를 하고 있는 교차로에 들어가려는 경우에는 진행하려는 진로의 앞쪽에 있는 차 또는 노면전차의 상황에 따라 교차로(정지선이 설치되어 있는 경우에는 그 정지선을 넘은 부분을 말한다)에 정지하게 되어 다른 차 또는 노면전차의 통행에 방해가 될 우려가 있는 경우에는 그 교차로에 들어가서는 아니 된다. 〈개정 2018. 3. 27.〉 ⑥ 모든 차의 운전자는 교통정리를 하고 있지 아니하고 일시정지나 양보를 표시하는 안전표지가 설치되어 있는 교차로에 들어가려고 할 때에는 다른 차의 진행을 방해하지 아니하도록 일시정지하거나 양보하여야 한다.

도로교통법 제49조(모든 운전자의 준수사항 등) 제1항 제8호 운전자는 정당한 사유 없이 다음 각 목의 어느 하나에 해당하는 행위를 하여 다른 사람에게 피해를 주는 소음을 발생시키지 아니할 것
가. 자동차등을 급히 출발시키거나 속도를 급격히 높이는 행위
나. 자동차등의 원동기 동력을 차의 바퀴에 전달시키지 아니하고 원동기의 회전수를 증가시키는 행위
다. 반복적이거나 연속적으로 경음기를 울리는 행위

84 다음 상황에서 가장 바람직한 운전방법 2가지는?

도로상황
- 편도 3차로 도로
- 경찰차 긴급출동 상황(경광등, 싸이렌 작동)

① 차의 등화가 녹색이므로 교차로에 그대로 진입한다.
② 긴급차가 우선 통행할 교차로이므로 교차로 진입 전에 정지하여야 한다.
③ 2차로에 있는 차가 갑자기 좌측으로 변경할 수도 있으므로 미리 충분히 속도를 감속한다.
④ 긴급차보다 차의 신호가 우선이므로 그대로 진입한다.
⑤ 긴급차보다 먼저 통과할 수 있도록 가속하며 진입한다.

해설

제29조(긴급자동차의 우선 통행).제④항 교차로나 그 부근에서 긴급자동차가 접근하는 경우에는 차마와 노면전차의 운전자는 교차로를 피하여 일시정지하여야 한다. 〈개정 2018. 3. 27.〉 보기3번을 부연설명하면, 긴급자동차의 우선 통행을 위해 양보하고 있는 경우를 다수의 운전자가 차가 밀리는 경우로 보고 진로변경하는 사례가 빈번하다. 따라서 2차로에 있는 차가 왼쪽으로 진로변경할 가능성도 배제할 수 없다.

85 다음 상황에서 전동킥보드 운전자가 좌회전하려는 경우 안전한 방법 2가지는?

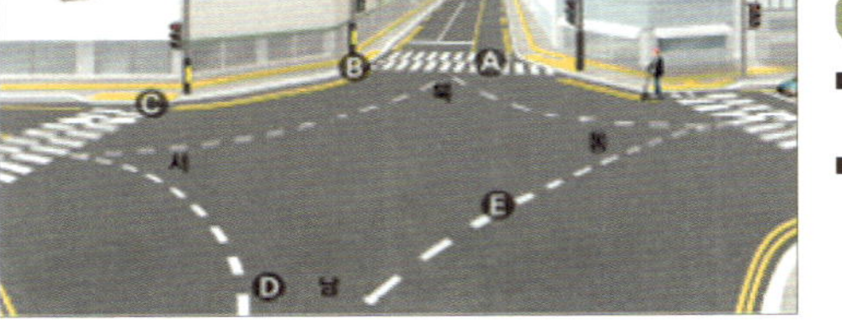

도로상황
- 동쪽에서 서쪽 신호등 : 직진 및 좌회전 신호
- 동쪽에서 서쪽 a횡단보도 보행자 신호등 녹색

① A횡단보도로 전동킥보드를 운전하여 진입한 후 B지점에서 D방향의 녹색등화를 기다린다.
② A횡단보도로 전동킥보드를 끌고 진입한 후 B지점에서 D방향의 녹색등화를 기다린다.
③ 전동킥보드를 운전하여 E방향으로 주행하기위해 교차로 중심안쪽으로 좌회전한다.
④ 전동킥보드를 운전하여 B지점으로 직진한 후 D방향의 녹색등화를 기다린다.
⑤ 전동킥보드를 운전하여 C지점으로 직진한 후 즉시 B지점에서 D방향으로 직진한다.

해설

도로교통법 제25조 제3항. 자전거등의 운전자는 교차로에서 좌회전하려는 경우에는 미리 도로의 우측 가장자리로 붙어 서행하면서 교차로의 가장자리 부분을 이용하여 좌회전하여야 한다.
법제처 법령해석사례. 안건번호 17-0078.(아래의 자전거는 현재는 자전거등에 해당한다.)

「도로교통법」 제25조제2항에서는 모든 차의 운전자는 교차로에서 좌회전을 하려는 경우에는 미리 도로의 중앙선을 따라 서행하면서 교차로의 중심 안쪽을 이용하여 좌회전하여야 하되(본문), 지방경찰청장이 교차로의 상황에 따라 특히 필요하다고 인정하여 지정한 곳에서는 교차로의 중심 바깥쪽을 통과할 수 있다(단서)고 규정하고 있고, 같은 조 제3항에서는 같은 조 제2항에도 불구하고 자전거의 운전자는 교차로에서 좌회전하려는 경우에는 미리 도로의 우측 가장자리로 붙어 서행하면서 교차로의 가장자리 부분을 이용하여 좌회전하여야 한다고 규정하고 있는바, 자전거 운전자의 교차로 좌회전 방법을 규정한 「도로교통법」 제25조 제3항이 자전거 운전자는 교차로에서 좌회전 신호에 따라 곧바로 좌회전할 수 없고, 진행방향의 직진 신호에 따라 도로 우측 가장자리에 붙어 "2단계로 직진-직진"하는 방법으로 좌회전하여야 한다는 이른바 "훅턴(hook-turn)"을 의미하는 것인지, 아니면 자전거 운전자의 경우에도 교차로에서 좌회전 신호에 따라 곧바로 좌회전할 수 있되, 같은 방향으로 같은 조 제2항에 따라 좌회전하는 자동차 등 운전자의 우측 도로 부분을 이용하여 좌회전하여야 한다는 의미인지?

※ 질의배경 : 경찰청은 자전거 운전자의 교차로 좌회전 방법에 관한 「도로교통법」 제25조 제3항이 진행방향의 직진 신호에 따라 "2단계로 직진-직진"하는 방법으로 좌회전하는 "훅턴"을 규정하고 있는 것으로 보고, 만약 자전거 운전자가 자동차 운전자 등과 같이 녹색 좌회전 화살표 신호 시 등에 곧바로 좌회전하는 경우에는 해당 규정 위반이라고 해석해 오고 있는데, 민원인은 경찰청의 위와 같은 해석에 이견이 있어 법제처에 법령해석을 요청함.

2. 결론
자전거등 운전자의 교차로 좌회전 방법을 규정한 「도로교통법」 제25조제3항은 자전거 운전자가 교차로에서 좌회전 신호에 따라 곧바로 좌회전할 수 없고, 진행방향의 직진 신호에 따라 도로 우측 가장자리에 붙어 "2단계로 직진-직진"하는 방법으로 좌회전하여야 한다는 "훅턴"을 의미하는 것입니다.

정답 82. ②, ⑤ 83. ①, ③ 84. ②, ③ 85. ②, ④

동영상형 문제 - 4지 1답형, 4지 2답형

01 다음 영상을 보고 확인되는 가장 위험한 상황은?

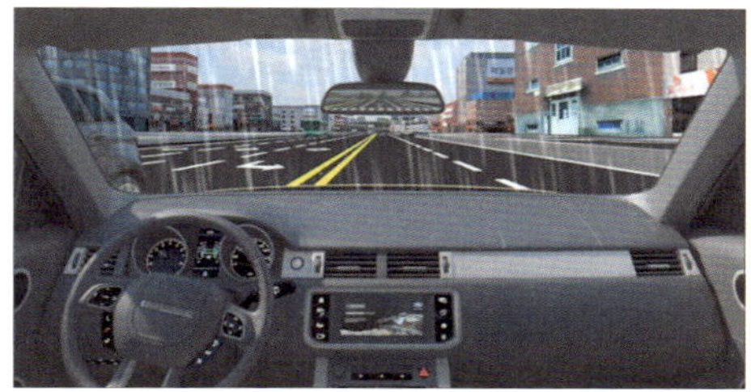

① 우측 정차 중인 대형차량이 출발하려고 하는 상황
② 반대방향 노란색 승용차가 신호위반을 하는 상황
③ 우측도로에서 우회전하는 검은색 승용차가 1차로로 진입하는 상황
④ 빗길 주행 중 수막현상(Hydroplaning)이 발생하는 상황

해설
우회전하려는 자동차가 직진하는 차의 속도를 느림으로 추정하는 경우 주차된 차들을 피해서 1차로로 한 번에 진입하는 사례가 많다. 따라서 우회전하는 자동차가 있는 경우 직진이 우선이라는 절대적 판단을 삼가고 우회전 자동차 운전자가 무리하게 진입하는 경우를 예측하며 운전할 필요성이 있다.

02 다음 영상을 보고 확인되는 가장 위험한 상황은?

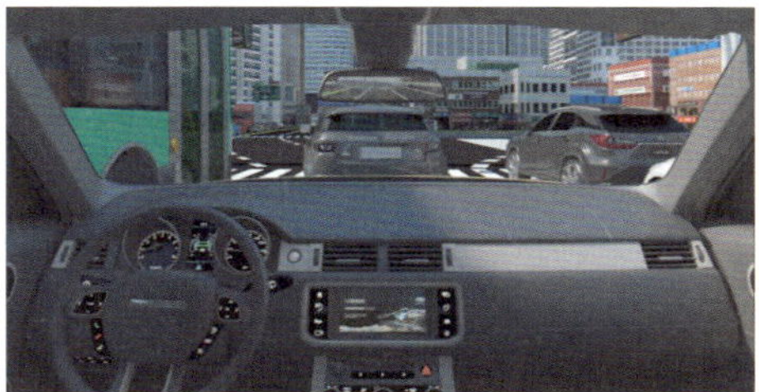

① 앞쪽에서 선행하는 회색 승용차가 급정지하는 상황
② 반대방향 노란색 승용차가 중앙선 침범하여 유턴하려는 상황
③ 좌회전 대기 중인 버스가 직진하기 위해 갑자기 출발하는 상황
④ 오른쪽 차로에서 흰색 승용차가 내 차 앞으로 진입하는 상황

해설
교차로에 진입하여 통행하는 차마의 운전자는 진입한 위치를 기준으로 진출하기 위한 진행경로를 따라 안전하게 교차로를 통과해야 한다. 그러나 문제의 영상처럼 교차로의 유도선이 없는 경우 또는 유도선이 있는 경우라 하더라도 예상되는 경로를 벗어나는 경우가 빈번하다. 따라서 교차로를 통과하는 경우 앞쪽 자동차는 물론 옆쪽 자동차의 진행경로에 주의하며 운전할 필요성이 있다.

03 다음 영상을 보고 확인되는 가장 위험한 상황은?

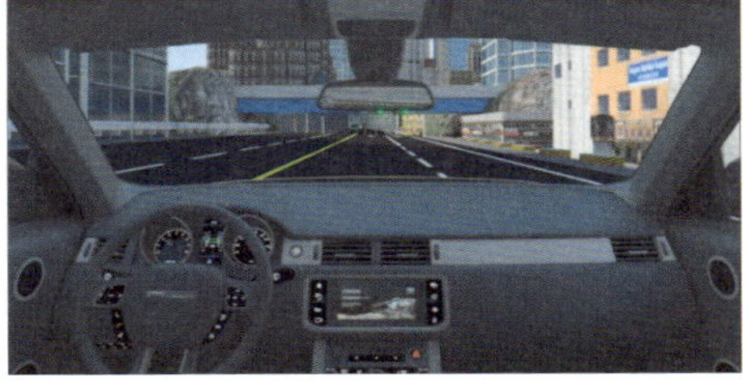

① 반대방향 1차로를 통행하는 자동차가 중앙선을 침범하는 상황
② 우측의 보행자가 갑자기 차도로 진입하려는 상황
③ 반대방향 자동차가 전조등을 켜서 경고하는 상황
④ 교차로 우측도로의 자동차가 신호위반을 하면서 교차로에 진입하는 상황

해설
교차로 좌우측의 교통상황이 건조물 등에 의해 확인이 불가한 상황이다. 이 경우 좌우측의 자동차들은 황색등화나 적색등화가 확인되어도 정지하지 못하고 신호 및 지시위반으로 연결되어 교통사고를 일으킬 가능성이 농후하다. 따라서 진행방향 신호가 녹색등화라 할지라도 교차로 접근 시에는 감속하는 운전태도가 필요하다.

04 다음 중 어린이보호구역에서 횡단하는 어린이를 보호하기 위해 도로교통법규를 준수하는 차는??

① 붉은색 승용차 ② 흰색 화물차
③ 청색 화물차 ④ 주황색 택시

해설
도로교통법 제27조(보행자보호), 도로교통법 제49조(모든 운전자의 준수사항 등)
어린이보호구역에서는 어린이가 언제 어느 순간에 나타날지 몰라 속도를 줄이고 서행하여야 한다. 갑자기 나타난 어린이로 인해 앞차 급제동하면 뒤따르는 차가 추돌할 수 있기 때문에 안전거리를 확보하여야 한다. 어린이 옆을 통과할 때에는 충분한 간격을 유지하면서 반드시 서행하여야 한다.

05 다음 영상을 보고 확인되는 가장 위험한 상황은?

① 교차로에 대기 중이던 1차로의 승용자동차가 좌회전하는 상황
② 2차로로 진로변경 하는 중 2차로로 주행하는 자동차와 부딪치게 될 상황
③ 입간판 뒤에서 보행자가 무단횡단하기 위해 갑자기 도로로 나오는 상황
④ 횡단보도에 대기 중이던 보행자가 신호등 없는 횡단보도 진입하려는 상황

해설
입간판이나 표지판 뒤에 있는 보행자는 장애물에 의한 사각지대에 있으므로 운전자가 확인하기 어렵다. 이 때 보행자는 멀리에서 오는 자동차의 존재에 관심이 없거나 또는 그 자동차를 발견했을지라도 상당히 먼 거리이므로 횡단을 할 수 있다고 오판하여 무단횡단을 할 가능성이 있다. 또한 횡단보도의 앞뒤에서 무단횡단이 많다는 점도 방어운전을 위해 기억해야 하겠다.

06 다음 영상을 보고 확인되는 가장 위험한 상황은?

① 주차금지 장소에 주차된 차가 1차로에서 통행하는 상황
② 역방향으로 주차한 차의 문이 열리는 상황
③ 진행방향에서 역방향으로 통행하는 자전거를 충돌하는 상황
④ 횡단 중인 보행자가 넘어지는 상황

해설
편도1차로의 도로에 불법으로 주차된 차량들로 인해 중앙선을 넘어 주행할 수밖에 없다. 이 경우 운전자는 진행방향이나 반대방향에서 주행하는 차마에 주의하면서 운전하여야 한다. 특히 어린이보호구역에서는 도로교통법을 위반하는 어린이 및 청소년이 운전자하는 자전거 등에 우의할 필요성이 있다.

정답 01. ③ 02. ④ 03. ④ 04. ③ 05. ③ 06. ③

07 다음 중 교차로에서 횡단하는 보행자 보호를 위해 도로교통법규를 준수하는 차는?

① 갈색 SUV차　　② 노란색 승용차
③ 주홍색 택시　　④ 검정색 승용차

해설
도로교통법 제27조(보행자의 보호) 제2항, 도로교통법 시행규칙 별표2(신호기가 표시하는 신호의 종류 및 신호의 뜻)
보행 녹색신호를 지키지 않거나 신호를 예측하여 미리 출발하는 보행자에 주의하여야 한다. 보행 녹색신호가 점멸할 때 갑자기 뛰기 시작하여 횡단하는 보행자에 주의하여야 한다. 우회전할 때에는 횡단보도에 내려서서 대기하는 보행자가 말려드는 현상에 주의하여야 한다. 우회전할 때 반대편에서 직진하는 차량에 주의하여야 한다.

08 교차로에서 직진하려고 한다. 이 때 가장 주의해야 할 차는?

① 반대편에서 우회전하는 연두색 차
② 내차 앞에서 우회전하는 흰색 화물차
③ 좌측도로에서 우회전하는 주황색 차
④ 우측도로에서 우회전하는 검정색 차

해설
도로교통법 제25조(교차로 통행방법) 도로교통법 시행규칙 별표2(신호기가 표시하는 신호의 종류 및 신호의 뜻)
• 교차로에 진입할 때는 전방주시를 잘하고, 교차로 전체의 차와 이륜차, 자전거, 보행자 등의 움직임을 확인하면서 서행으로 진입하되, 전방신호 변경에 대비하여야 한다.
• 특히, 직진할 때는 우회전하는 차와 만날 수 있기 때문에 우회전하는 차의 움직임을 잘 살펴야 한다.

09 다음 영상에서 운전자가 해야 할 행동으로 맞는 것은?

① 경찰차 뒤에서 서행으로 통행한다.
② 경찰차 운전자의 위반행동을 즉시 신고한다.
③ 왼쪽 차로에 안전한 공간이 있는 경우 앞지르기 한다.
④ 오른쪽 차로에 안전한 공간이 있는 경우 앞지르기 한다.

해설
영상에서 경찰차가 지그재그 형태로 차도를 운전하는 경우 가상의 정체를 유발하는 신호 및 지시를 하고 있다. 이 기법은 트래픽 브레이크(traffic brake)라고 말하기도 한다. 이는 도로에 떨어진 낙하물, 교통사고 발생 후속조치 그리고 그 밖의 위험상황 등이 있는 경우 2차 또는 3차로 연결될 교통사고예방에 관한 목적이 있다. 따라서, 다른 자동차 운전자는 속도를 줄이고 서행하며, 경찰차 운전자의 행동을 위반행동으로 오인하지 않아야 하며, 신호와 지시를 따라야 한다.

10 다음 영상에서 나타난 가장 위험한 상황은?

① 안전지대에 진입한 자동차의 갑작스러운 오른쪽 차로 진입
② 내 차의 오른쪽에 직진하는 자동차와 충돌 가능성
③ 안전지대에 정차한 자동차의 후진으로 인한 교통사고
④ 진로변경 금지장소에서 진로변경으로 인한 접촉사고

해설
안전지대는 도로교통법에 따라 진입금지 장소에 설치된다. 따라서 운전자는 안전지대에 진입해서는 아니 된다. 그러나 일부 운전자는 갈림목(JCT:JUCTION) 및 나들목(IC:INTERCHANGE)에서 경로의 결정이 지연되거나 순간적인 판단이 바뀌는 경우 또는 전화기 사용 등으로 주의분산을 경험하며 뒤늦게 진행방향으로 위험한 진로변경을 하기도 한다. 이 때 안전지대를 침범하는 위반행동을 경험하게 된다. 그러므로 운전자는 안전지대에서 비상점멸등을 작동하며 느린 속도로 통행하거나 정차한 차를 확인한 경우 그 차가 나의 진행하는 차로로 갑작스러운 진입을 예측하고 주의하며 대비해야 한다.

11 다음 영상에서 가장 위험한 상황으로 맞는 것은?

① 오른쪽 가장자리에서 우회전하려는 이륜차와 충돌 가능성
② 오른쪽 검은색 승용차와 충돌 가능성
③ 반대편에서 좌회전대기 중인 흰색 승용차와 충돌 가능성
④ 횡단보도 좌측에 서있는 보행자와 충돌 가능성

해설
영상 속 운전자는 우회전을 하려는 상황 및 우회전을 하고 있는 상황에서 오른쪽 방향지시등을 등화하지 않았다. 이는 도로의 교통참가자에게 정보전달을 하지 않은 것이다. 특히 우회전을 하려는 차의 운전자는 우회전 시 앞바퀴가 진행하는 궤적과 뒷바퀴가 진행하는 궤적의 차이(내륜차:內輪差)로 인해 다소 넓게 회전하는 경향이 있다. 이 때 오른쪽에 공간이 있는 경우 이륜차 운전자는 방향지시등을 등화하지 않고 우회전 하려는 앞쪽 차를 확인하며 그대로 직진운동을 할 것이라는 판단을 하게 되고 이는 곧 교통사고의 직접적인 원인이 되기도 한다.

12 다음 영상에서 나타난 상황 중 가장 위험한 경우는?

① 좌회전할 때 왼쪽 차도에서 우회전하는 차와 충돌 가능성
② 좌회전 할 때 맞은편에서 직진하려는 차와 충돌 가능성
③ 횡단보도를 횡단하는 보행자와 충돌 가능성
④ 오른쪽에 직진하는 검은색 승용차와 접촉사고 가능성

해설
녹색등화에 좌회전을 하려는 상황에서 왼쪽에서 만나는 횡단보도의 신호등이 녹색이 점등된 상태였으므로 보횡단 보도 진입 전에 정지했어야 했다. 이 때 좌회전을 한 행동은 도로교통법에 따라 녹색등화였으므로 신호를 준수한 상황이다. 그러나 횡단보도 보행자를 보호하지 않은 행동이었다. 교차로에서 비보호좌회전을 하려는 운전자는 왼쪽에서 만나는 횡단보도에 특히 주의할 필요성이 있음을 인식하고 운전하는 마음가짐이 중요하다.

정답　07. ④　08. ④　09. ①　10. ①　11. ①　12. ③

13 다음 영상에서 예측되는 가장 위험한 상황은?

① 1차로에서 주행하는 검은색 승용차가 차로변경을 할 수 있다.
② 승객을 하차시킨 버스가 후진 할 수 있다.
③ 1차로의 승합자동차가 앞지르기 할 수 있다.
④ 이면도로에서 우회전하는 승용차와 충돌 할 수 있다.

이면도로 등 우측 도로에서 진입하는 차량들과 충돌 할 수 있기 때문에 교통사고에 유의하며 운행하여야 한다.

14 다음 영상에서 운전자가 운전 중 예측되는 위험한 상황으로 발생 가능성이 가장 낮은 것은?

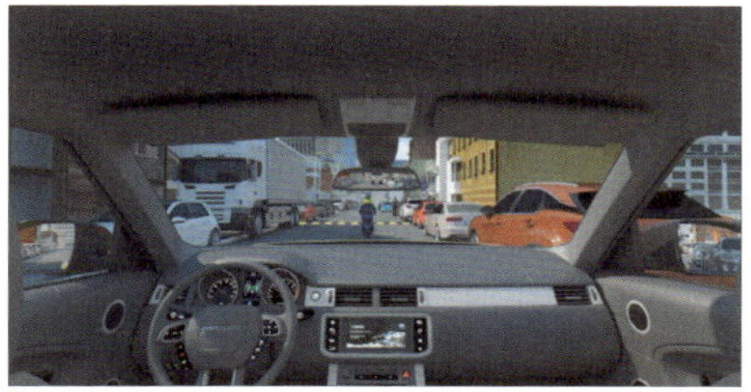

① 골목길 주정차 차량 사이에 어린이가 뛰어 나올 수 있다.
② 파란색 승용차의 운전자가 차문을 열고 나올 수 있다.
③ 마주 오는 개인형 이동장치 운전자가 일시정지 할 수 있다.
④ 전방의 이륜차 운전자가 마주하는 승용차 운전자에게 양보하던 중에 넘어질 수 있다.

해설

항상 보이지 않는 곳에 위험이 있을 것이라는 대비하는 운전자세가 필요하다. 단순히 위험의 실마리라는 생각이 아니라 최악의 상황을 대비하는 자세이다. 운전자는 충분히 예측할 수 있는 위험이 나타났을 때에는 쉽게 대비할 수 있으나 학습이나 경험하지 않은 위험에 대하여 소홀히 하는 경향이 있다. 특히 주택지역 교통사고는 위험을 등한히 할 때 발생된다.

15 ㅏ자형 교차로로 접근 중이다. 이 때 예측할 수 있는 위험요소가 아닌 것은?

① 좌회전하는 차가 직진하는 차의 발견이 늦어 충돌할 수 있다.
② 좌회전하려고 나오는 차를 발견하고, 급제동할 수 있다.
③ 직진하는 차가 좌회전하려는 차의 발견이 늦어 충돌할 수 있다.
④ 좌회전하기 위해 진입하는 차를 보고 일시정지할 수 있다.

해설

도로교통법 제19조(안전거리 확보 등), 도로교통법 제20조(진로양보의무)
• 전방주시를 잘하고 합류지점에서는 속도를 줄이고, 충분한 안전거리를 확보하면서 주행하되, 합류지점에서 진입하는 차의 발견이 늦어 급제동이나 이를 피하기 위한 급차로변경을 할 경우 뒤따른 차와의 추돌 등의 위험이 있다.

16 다음 영상에서 예측되는 가장 위험한 상황으로 맞는 것은?

① 전방의 화물차량이 속도를 높일 수 있다.
② 1차로와 3차로에서 주행하던 차량이 화물차량 앞으로 동시에 급차로 변경하여 화물차량이 급제동 할 수 있다.
③ 4차로 차량이 진출램프에 진출하고자 5차로로 차로 변경할 수 있다.
④ 3차로로 주행하던 승용차가 4차로로 차로 변경할 수 있다.

해설

위험예측은 위험에 대한 인식을 갖고 사고예방에 관심을 갖다보면 도로에 어떤 위험이 있는지 관찰하게 된다. 위험에 대한 지식은 관찰을 통해 도로에 일반적이지 않은 교통행동을 알고 대비하는 능력을 갖추어야 하는데 대부분 경험을 통해서 위험을 배우는 것이 전부이다. 경험을 통해서 위험을 인식하는 것은 위험에 대한 한정된 지식만을 얻게 되어 위험에 노출될 가능성이 높다.

17 다음 중 고속도로에서 도로교통법규를 준수하면서 앞지르기하는 차는?

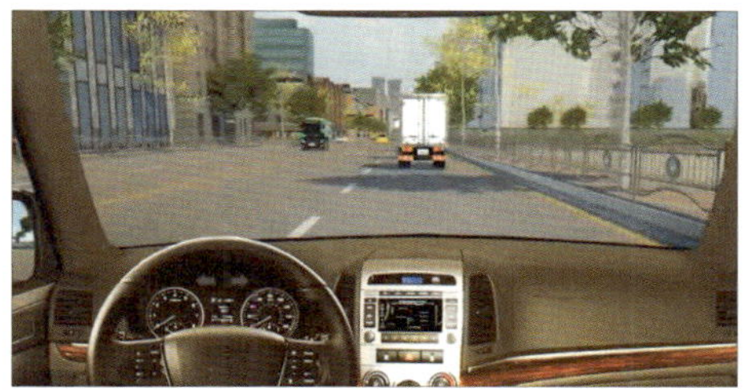

① 검정색 차　　② 노란색 승용차
③ 빨간색 승용차　　④ 주황색 택시

해설

도로교통법 제19조(안전거리 확보 등), 도로교통법 제20조(진로양보의무), 도로교통법 제21조(앞지르기 방법 등) 도로교통법 제22조(앞지르기 금지의 시기 및 장소)
• 앞차의 좌측에 다른 차가 앞차와 나란히 가고 있는 경우, 앞차가 다른 차를 앞지르고 있거나 앞지르려고 하는 경우, 위험방지를 위해 정지 또는 서행하는 경우 등은 앞지르기를 금지하고 있다.
• 특히, 앞지르기를 할 때 반드시 좌측으로 통행하여야 하며, 반대방향의 교통과 앞차 앞쪽의 교통에도 주의를 충분히 기울여야 하며, 앞차의 속도, 진로와 그 밖의 도로 상황에 따라 방향지시기, 등화 또는 경음기를 사용하는 등 안전한 속도와 방법으로 앞지르기 하여야 한다.

18 다음 영상에서 운전자가 해야할 조치로 맞는 것은?

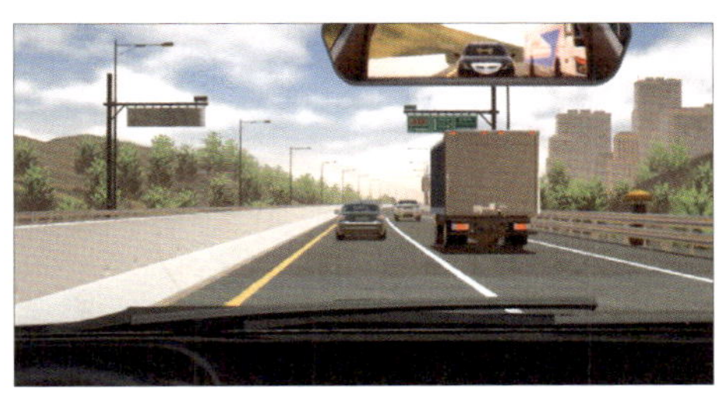

① 앞쪽 자동차 운전자에게 상향등을 작동하여 대응한다.
② 비상점멸등을 작동하며 갓길에 정차한 후 시시비비를 다툰다.
③ 경음기와 방향지시기를 작동하여 앞지르기 한 후 급제동한다.
④ 고속도로 밖으로 진출하여 안전한 장소에 도착한 후 경찰관서에 신고한다.

해설

불특정 운전자가 지그재그 운전을 하거나, 내가 통행하는 차로에서 고의로 제동을 하면서 진로를 막는 행우를 하는 경우 그 운전자에게 직접 대응하지 않고 도로의 진출로로 회피 및 우회하거나, 휴게소 등으로 진입하여 자동차 문을 잠그고 즉시 신고하여 대응하는 것이 바람직하다.

정답　13. ④　14. ③　15. ④　16. ②　17. ①　18. ④

19 다음 중 딜레마존이 발생할 수 있는 황색신호에서 가장 적절한 운전행동을 하는 차는?

① 속도를 높여 통과하는 화물차 ② 정지선 직전에 정지하는 흰색 승용차
③ 그대로 통과하는 주황색 택시 ④ 횡단보도에 정지하는 연두색 승용차

해설

도로교통법 제25조(교차로 통행방법), 도로교통법시행규칙 별표2(신호기가 표시하는 신호의 종류 및 신호의 뜻)

- 교차로에 진입할 때 신호기의 신호가 언제 바뀔지 모르기 때문에 서행으로 진입하면서 대비하여야 한다.
- 교차로 진입 전 속도를 줄이고 황색신호일 때 정지선 직전에서 일시정지하여야 하나, 미리 속도를 줄이지 않고 과속으로 진입하다가 교차로 진입 직전에 갑자기 황색으로 바뀌면 정지하지도 그대로 주행하지도 못하는 딜레마존에 빠지게 되어 위험한 상황을 맞게 됨에 주의하여야 한다.
- 딜레마존 상황에서 갑자기 급제동을 하게 되면 뒤따르는 차와의 추돌사고가 생길 수 있다.

20 신호등 없는 횡단보도를 통과하려고 한다. 보행자보호를 위해 가장 안전한 방법으로 통과하는 차는?

① 횡단하는 사람이 없어도 정지선에 정지하는 흰색 승용차
② 횡단하는 사람이 없어 속도를 높이면서 통과하는 청색 화물차
③ 횡단하는 사람을 피해 통과하는 이륜차
④ 횡단하는 사람을 보고 횡단보도 내 정지하는 빨간 승용차

해설

도로교통법 제5조(신호 또는 지시에 따를 의무) 도로교통법 제27조(보행자의 보호) 도로교통법 제48조(안전운전 및 친환경 경제운전의 의무) 도로교통법시행규칙 별표 2(신호기가 표시하는 신호의 종류 및 신호의 뜻), 별표 5(신호등의 신호 순서)

- 횡단하는 보행자는 정상적으로 횡단할 수 있는 녹색등화에서 횡단하는 경우도 있지만, 멀리서 뛰어오면서 녹색점멸신호에 횡단하려고 하는 경우 있고, 횡단보도 부근에서 무단 횡단하는 경우도 있어 주의하여야 한다.

21 좁은 골목길을 주행 중이다. 이 때 위험요소가 가장 적은 대상은?

① 주차된 차량을 피해 좌측으로 나오는 자전거
② 횡단하는 보행자
③ 반대편에서 직진하는 이륜차
④ 주차하고 있는 승용차

해설

도로교통법 제10조(도로의 횡단), 도로교통법 제27조(보행자의 보호)
주차된 차량을 피해 자전거가 좌측으로 앞지르기하려고 할 수 있고, 보행자는 횡단할 수 있으며, 마주오는 이륜차는 그대로 직진할 수 있는 위험을 예측하여야 한다.

22 다음 영상에서 가장 올바른 운전행동으로 맞는 것은?

① 1차로로 주행 중인 승용차 운전자는 직진할 수 있다.
② 2차로로 주행 중인 화물차 운전자는 좌회전 할 수 있다.
③ 3차로 승용차 운전자는 우회전 시 일시정지하고 우측 후사경을 보면서 위험에 대비하여야 한다.
④ 3차로 승용차 운전자는 보행자가 횡단보도를 건너고 있을 때에도 우회전 할 수 있다.

해설

운전행동 전반에 걸쳐서 지나친 자신감을 갖거나 함부로 교통법규를 위반하는 운전자는 대부분 위험예측능력이 부족한 운전자이다. 교통법규를 위반했을 때 혹은 안전운전에 노력을 다하지 못할 때 어떤 위험이 있는지 잘 이해하지 못하 는 운전자일수록 법규를 쉽게 위반하고 위험한 운전을 하게 되는 것이다. 도로에 보이는 위험이 전부가 아니고 항상 잠재된 위험을 보려고 노력하며 타인을 위해 내가 할 수 있는 운전행동이 무엇인지 고민해야 사고의 가능성을 줄일 수 있다.

23 교차로에 접근 중이다. 이 때 가장 주의해야 할 차는?

① 좌측도로에서 우회전하는 차 ② 반대편에서 직진하는 흰색 화물차
③ 좌회전하고 있는 청색 화물차 ④ 반대편에서 우회전하는 검정색 승용차

해설

도로교통법 제5조(신호 또는 지시에 따를 의무), 도로교통법 제25조(교차로 통행방법), 도로교통법시행규칙 별표2(신호기가 표시하는 신호의 종류 및 신호의 뜻), 도로교통법 시행규칙 별표5(신호등의 신호 순서)

- 신호를 위반하고 무리하게 진행하는 차도 있기 때문에 반드시 좌우측 진행하는 차를 확인하는 습관을 가져야 한다.
- 앞차가 대형차인 경우, 전방을 확인할 수 없기 때문에 가능하면 신호를 확인할 수 있도록 안전거리를 충분히 확보하고 후사경을 통해 뒤따르는 차의 위치도 파악하면서 진입하되 교차로 신호가 언제든지 바뀔 수 있음에 주의하여야 한다.

24 회전교차로에서 회전할 때 우선권이 있는 차는?

① 회전하고 있는 빨간색 승용차
② 진입하려는 흰색 화물차
③ 진출하고 있는 노란색 승용차
④ 양보선에 대기하는 청색 화물차

해설

- 회전교차로는 반시계방향으로 회전하고, 진입하는 차보다 회전하는 차가 우선권이 있으므로 진입하는 차가 양보하고, 진입할 때나 진출할 때 방향지시등을 켜고 서행으로 진출입하여야 한다.

정답 19. ② 20. ① 21. ④ 22. ③ 23. ③ 24. ①

25 영상과 같은 하이패스차로 통행에 대한 설명이다. 잘못된 것은?

① 단차로 하이패스이므로 시속 30킬로미터 이하로 서행하면서 통과하여야 한다.
② 통행료를 납부하지 아니하고 유료도로를 통행한 경우에는 통행료의 5배에 해당하는 부가통행료를 부과할 수 있다.
③ 하이패스카드 잔액이 부족한 경우에는 한국도로공사의 홈페이지에서 납부할 수 있다.
④ 하이패스차로를 이용하는 군작전용차량은 통행료의 100%를 감면받는다.

해설

단차로 하이패스는 통과속도를 시속 30킬로미터 이하로 제한하고 있으며, 다차로 하이패스는 시속80킬로미터 이하로 제한하고 있다. 또한 통행료를 납부하지 아니하고 유료도로를 통행한 경우에는 통행료의 10배에 해당하는 부가통행료를 부과, 수납할 수 있다.(유료도로법 시행령 제14조제5호)

26 다음 중 이면도로에서 위험을 예측할 때 가장 주의하여야 하는 것은?

① 정체 중인 차 사이에서 뛰어나올 수 있는 어린이
② 실내 후사경 속 청색 화물차의 좌회전
③ 오른쪽 자전거 운전자의 우회전
④ 전방 승용차의 급제동

해설

도로교통법 제27조(보행자보호), 도로교통법 제49조(모든 운전자의 준수사항 등)
이면도로를 지나갈 때는 차와 차 사이에서 갑자기 나올 수 있는 보행자에 주의하여야 한다. 이면도로는 중앙선이 없는 경우가 대부분으로 언제든지 좌측 방향지시등 켜지 않고 갑자기 차로를 변경하여 진입하는 차에 주의하여야 한다. 우회전이나 좌회전할 때 차체 필러의 사각지대 등으로 주변 차량이나 보행자를 잘 볼 수 없는 등 위험 요소에 주의하여야 한다.

27 다음 중 교차로에서 우회전할 때 횡단하는 보행자 보호를 위해 도로교통법규를 준수하는 차는?

① 주황색 택시　② 청색 화물차
③ 갈색 SUV차　④ 노란색 승용차

해설

도로교통법 제27조(보행자의 보호) 제2항, 도로교통법시행규칙 별표2(신호기가 표시하는 신호의 종류 및 신호의 뜻) 보행 녹색신호를 지키지 않거나 신호를 예측하여 미리 출발하는 보행자에 주의하여야 한다. 보행 녹색신호가 점멸할 때 갑자기 뛰기 시작하여 횡단하는 보행자에 주의하여야 한다. 우회전할 때에는 횡단보도에 내려서서 대기하는 보행자가 말려드는 현상에 주의하여야 한다. 우회전할 때 반대편에서 직진하는 차량에 주의하여야 한다.

28 다음 영상에서 우회전하고자 경운기를 앞지르기 하는 상황에서 예측되는 가장 위험한 상황은?

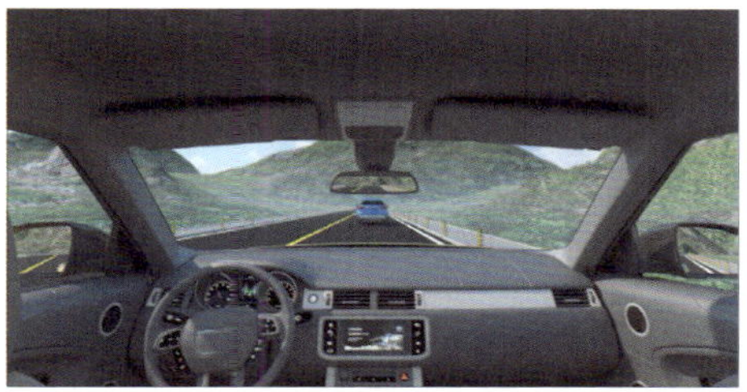

① 우측도로의 화물차가 교차로를 통과하기 위하여 속도를 낮출 수 있다.
② 좌측도로의 빨간색 승용차가 우회전을 하기 위하여 속도를 낮출 수 있다.
③ 경운기가 우회전 하는 도중 우측도로의 하얀색 승용차가 화물차를 교차로에서 앞지르기 할 수 있다.
④ 경운기가 우회전하기 위하여 정지선에 일시정지 할 수 있다.

해설

도로교통법 제19조(안전거리 확보 등), 도로교통법 제20조(진로양보의무)
- 진입로 부근에서는 진입해 오는 자동차를 일찍 발견하여 그 자동차와의 거리 및 속도 차이를 감안해 자기 차가 먼저 갈지, 자신의 앞에 진입시킬 지를 판단하여야 한다.
- 이 경우 우측에서 진입하려는 차가 있는데 뒤차가 이미 앞지르기 차로로 진로를 변경하려 하고 있어, 좌측으로 진로를 변경하는 것은 위험하다. 가속차로의 차가 진입하기 쉽도록 속도를 일정하게 유지하여 주행하도록 한다.

29 고속도로에서 진출하려고 한다. 올바른 방법으로 가장 적절한 것은?

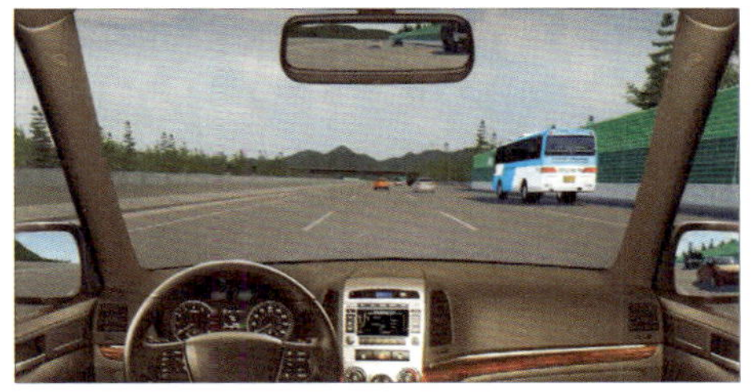

① 신속한 진출을 위해서 지체없이 연속으로 차로를 횡단한다.
② 급감속으로 신속히 차로를 변경한다.
③ 감속차로에서부터 속도계를 보면서 속도를 줄인다.
④ 감속차로 전방에 차가 없으면 속도를 높여 신속히 진출로를 통과한다.

해설

고속도로 주행은 빠른 속도로 인해 긴장된 운행을 할 수 밖에 없다. 따라서 본선차로에서 진출로로 빠져나올 때 뒤따르는 차가 있으므로 급히 감속하게 되면 뒤차와의 추돌이 우려도 있어 주의하여야 한다. 본선차로에서 나와 감속차로에 들어가면 감각에 의존하지 말고 속도계를 보면서 속도를 확실히 줄여야 한다.

30 한적한 도로 전방에 경운기가 있다. 이 때 위험요소가 아닌 것은?

① 갑자기 경운기가 진행방향을 바꿀 수 있다.
② 경운기에 실은 짚단이 떨어질 수 있어 급제동할 수 있다.
③ 다른 차량보다 속도가 느리기 때문에 앞지르기할 수 있다.
④ 앞차가 속도를 높이면서 도로 중앙으로 이동할 수 있다.

해설

도로교통법 제19조(안전거리 확보 등), 도로교통법 제20조(진로양보의무)
- 경운기는 레버로 방향을 전환하고, 방향지시등과 후사경 등이 안전장치가 없어 경운기의 움직임을 정확하게 파악할 수 없기 때문에 경운기를 뒤따라가는 경우, 충분한 공간과 안전거리를 유지하면서 움직임에 대비하여야 한다.

정답 25. ② 26. ① 27. ② 28. ③ 29. ③ 30. ③

31 안개 길을 주행하고 있을 때 운전자의 조치로 적절하지 못한 것은?

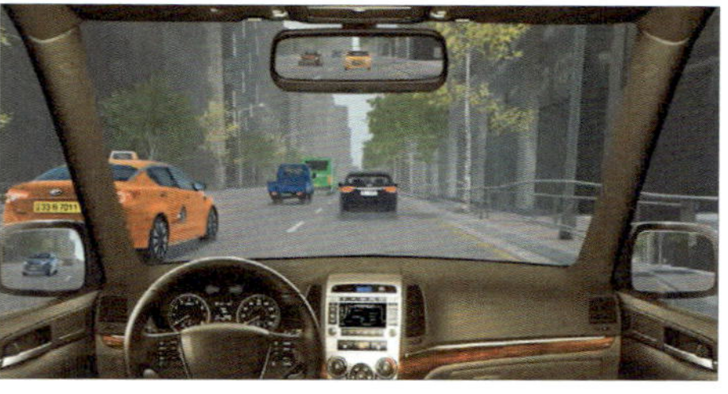

① 급제동에 주의한다.
② 내 차의 위치를 정확하게 알린다.
③ 속도를 높여 안개 구간을 통과한다.
④ 주변 정보 파악을 위해 시각과 청각을 동시에 활용한다.

해설
도로교통법 제17조(자동차등과 노면전차의 속도), 도로교통법 제19조(안전거리 확보 등), 도로교통법 제20조(진로양보의 의무) 도로교통법 제31조(서행 또는 일시정지 장소)
- 시야 확보가 어려워 안전거리를 확보하지 못한 상태에서 앞차가 급제동할 경우, 피하지 못하고 추돌하는 사고 등이 발생할 수 있다.

32 야간에 커브 길을 주행할 때 운전자의 눈이 부실 수 있다. 어떻게 해야 하나?

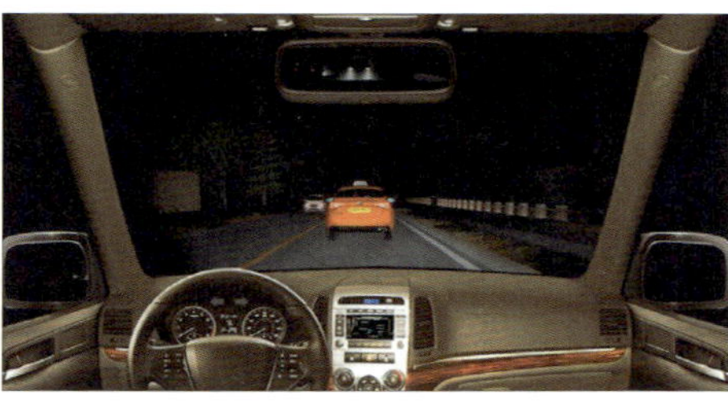

① 도로의 우측가장자리를 본다.
② 불빛을 벗어나기 위해 가속한다.
③ 급제동하여 속도를 줄인다.
④ 도로의 좌측가장자리를 본다.

해설
도로교통법 제19조(안전거리 확보 등), 도로교통법 제20조(진로양보의 의무), 도로교통법 제31조(서행 또는 일시정지 장소) 도로교통법 제37조(차와 노면전차의 등화)
- 야간은 전조등이 비치는 범위 안에서 볼 수밖에 없기 때문에 위험을 판단하는데 한계가 있어 속도를 줄이고, 다른 교통의 갑작스러운 움직임에 대처할 수 있도록 충분한 공간과 안전거리 확보가 중요하다.

33 다음 중 신호없는 횡단보도를 횡단하는 보행자를 보호하기 위해 도로교통법규를 준수하는 차는?

① 흰색 승용차　　② 흰색 화물차
③ 갈색 승용차　　④ 적색 승용차

해설
도로교통법 제27조(보행자보호)
신호등이 없는 횡단보도에서는 보행자가 있음에도 불구하고 보행자들 사이로 지나가 버리는 차량에 주의하여야 한다. 횡단보도 내 불법으로 주차된 차량으로 인해 보행자를 미처 발견하지 못할 수 있기 때문에 주의하여야 한다. 갑자기 뛰기 시작하여 횡단하는 보행자에 주의하여야 한다. 횡단보도를 횡단할 때는 당연히 차가 일시 정지할 것으로 생각하고 횡단하는 보행자에 주의하여야 한다.

34 다음 중 비보호좌회전 교차로에서 도로교통법규를 준수하면서 가장 안전하게 좌회전하는 차는?

① 녹색등화에서 좌회전하는 녹색 버스
② 녹색등화에서 좌회전하는 분홍색 차
③ 황색등화에서 좌회전하는 청색 차
④ 적색등화에서 좌회전하는 주황색 차

해설
도로교통법 제25조(교차로 통행방법), 도로교통법시행규칙 별표2(신호기가 표시하는 신호의 종류 및 신호의 뜻)
- 교통신호가 있는 비보호좌회전 교차로
  - 적색등화에서 좌회전
  - 황색등화에서 좌회전
  - 다른 교통에 방해되는 녹색등화에서 좌회전
- 교통신호가 있는 비보호 겸용좌회전 교차로
  - 적색등화에서 좌회전
  - 황색등화에서 좌회전
  - 다른 교통에 방해되는 녹색등화에서 좌회전
  - 다른 교통에 방해되는 직진 녹색등화에서 좌회전

35 녹색신호인 교차로가 정체 중이다. 도로교통법규를 준수하는 차는?

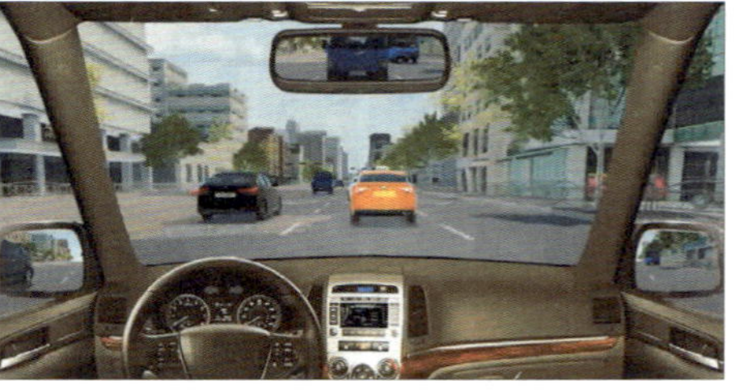

① 교차로에 진입하는 청색 화물차
② 정지선 직전에 정지하는 흰색 승용차
③ 청색 화물차를 따라 진입하는 검정색 승용차
④ 흰색 승용차를 앞지르기 하면서 진입하는 택시

해설
도로교통법 제25조(교차로 통행방법) 도로교통법시행규칙 별표2(신호기가 표시하는 신호의 종류 및 신호의 뜻)
- 교차로 정체 때 사고는 신호위반으로 인한 사고로 첫 번째 사례는 진행 중인 신호를 보고 진입하는 마지막 차량과 황색신호에서 무리하게 진입하는 차와의 충돌, 두 번째 사례는 신호가 변경되는 즉시 출발하는 차와 신호 위반하면서 무리하게 진입하는 차와의 충돌이 있음.
- 예측 출발 금지, 진입 때 서행으로 진입, 출발 전 안전 확인 후 출발이 필요함을 예측하고 위험에 대한 대비를 할 수 있도록 하기 위함.
- 정체된 차량 사이로 보행자가 나와서 횡단할 수 있고, 정체 차량 중간지점의 차가 차로를 변경하여 갑자기 나올 수 있으며, 우측 골목길에서 자전거가 나올 수 있는 등 위험요소가 있음.

정답 31. ③ 32. ① 33. ① 34. ① 35. ②